실무를 위한 식품가공저장학

FOOD PROCESSING & PRESERVATION

실무를 위한 식품가공저장학

노봉수 · 김석신 · 장판식 · 이현규 · 박원종 · 송경빈
이희섭 · 이수복 · 황금택 · 민세철 · 심재훈

수학사

머리말

식품 안전에 대한 관심이 높아지면서 가격에 앞서 보다 안전한 식품을 선택하기 원하는 소비자들의 욕구가 커짐에 따라 식품의 안전성과 편의성을 제공하는 식품과학자들의 의무 또한 막중해졌다. 식품과학 분야에도 새로운 기술이 보급되면서 과거와는 달리 비가열 처리 등의 가공방법을 사용하고, 유해미생물로부터 보다 안전한 포장방법을 선택하는 등 새로운 시도들이 이루어지고 있다. 또한 유기농 채소와 같이 신선한 상태에서 제공되는 식품을 선호하는 추세에 맞추어 기존의 가공이나 저장 방법과는 다른 유형을 요구받고 있다.

이러한 시대적 추세의 변화는 교육의 변화도 요구하고 있어, 이를 반영한 새로운 방향의 실무형 교재를 출간하게 되었다. 본 교재는 식품의 가공 및 저장에 대한 내용을 크게 3편으로 나누어 정리하였다. 식품의 가공 및 저장에 대한 필요성은 Part 1에서 다루고, Part 2에서는 가공과 저장의 원리로서 식품의 품질 변화를 최소화하면서도 안전하게 처리하는 방법으로는 어떠한 것들이 있는지, 새롭게 개발된 기술을 포함한 여러 가지 방법을 소개한다. 초음파 처리, 고전압 전기장 가열, 고압 처리, 오존 처리 등의 새로운 기술을 소개함은 물론이고, 이러한 기술들의 기본 원리에 해당하는 수분활성도 및 온도 조절에 의한 저장을 비롯하여 기체 조절, 첨가물 사용, 포장 등을 활용하는 저장기술을 싣고 있다. 또한 저자들의 연구 경험을 바탕으로 열처리를 최소화할 수 있는 방법의 일환으로 허들 기술(hurdle technology)에 대한 개념과 그 적용 예도 소개하였다. 그리고 Part 3에서는 식품가공의 각

론으로 식품군을 농산·축산·수산 식품과 유지식품으로 나누어 다루었고, 시판 가공되는 즉석식품을 비롯한 신선편이식품에 대한 제조 가공방법의 소개도 빼놓지 않았다.

본 교재의 특징으로는 스스로 공부하는 데 도움이 될 수 있도록 각 장마다 연습문제를 제시하여 독자의 이해 정도를 가늠케 한 것과, 현장에서 경험할 수 있는 Tip과 기본적인 가공실험을 소개함으로써 현장 실무능력 향상 및 적응도를 높이고자 한 것을 꼽을 수 있다. 실무교육을 위한 틀의 하나로 가공실험을 NCS교육에 맞추고자 다양한 실험을 15주 수업에 맞추어 소개하고 있으며, 용어 사용에 있어서는 한국식품과학회의『식품과학용어집』을 따랐다. 용어에 따라서는 예를 들어 '비타민'을 '바이타민'으로 표기하는 등 다소 익숙하지 않은 것도 있을지 모르나, 지난 20여 년에 걸쳐 마무리를 지은 용어편찬위원회의 기준에 따라 정리하는 것이 타당하다고 여긴 때문이다. 이에 대한 넓은 이해가 있기를 바란다.

본 교재는 이번 출간으로 완성됨이 아니라 앞으로도 더 매진하여 실무 전선에서 매우 가치 있는 교재로 우뚝 설 수 있도록 지속적으로 보완해 나갈 것이다. 더불어 출간을 도와준 수학사의 이영호 사장님과 직원 여러분께 감사를 표한다.

저자 일동

차례

PART 1 서론

CHAPTER 1 식품가공과 저장 왜 필요한가?

CHAPTER 2 식품의 변질 요인과 그 메커니즘

PART 2 가공과 저장의 원리

CHAPTER 3

수분활성도 저하에 의한 식품저장

CHAPTER 7

포장에 의한 식품저장

CHAPTER 8

비열 처리 및 최신 식품가공기술

PART 3 식품가공

CHAPTER 14

식용유지의 가공

CHAPTER 15

축산식품의 가공

CHAPTER 16

수산식품의 가공 및 저장

CHAPTER 17

음료 가공

CHAPTER 18

시판 간이식품

부록 가공실험

PART 1
서론

CHAPTER 01

식품가공과 저장 왜 필요한가?

식품은 안전하게 먹거나 편리성을 부과하기 위하여 가공 처리를 하게 된다. 또 식품의 지역적 한계성이나 계절에 따라 생산되는 시점이 다른 한계를 극복하고자 가공 처리하고 저장을 하게 된다. 그리고 식품을 구성하고 있는 성분들은 가공을 하거나 저장과정 중에 여러 가지로 변화되는데, 여기에서는 이러한 변화과정을 이해하고 효율적인 가공 처리를 위한 방법에 대해 알아보기로 한다.

1. 식품·식품가공·식품저장의 정의

식품이란 사람이 일상적으로 먹고 마시는 음식물로서 생명현상의 유지와 생활을 지속하기 위한 각종 영양소와 기호성을 갖는 영양 공급 물질이며 유해성분이 들어 있지 않은 천연물 혹은 가공한 가공품의 상태를 말한다. 즉 식품이란 동식물체를 직접 이용하거나 가공·저장·조리 등의 과정을 거쳐 섭취 이용되고 있는 모든 물질 또는 그 재료를 일컫는 정의이므로, 이화학적·생물학적 등의 종합적인 식품학적 특성뿐만 아니라 영양학적으로도 가치가 있어야 하며 식품으로서의 품질 가치도 충분히 인정되어야만 한다.

따라서, 식품가공 및 저장학은 식품재료를 처리하여 가공식품을 제조하는 일련의 과정과 가공식품의 취급·저장·유통·소비 등을 종합적으로 연구하는 학문으로, 그 기원은 인류가 탄생한 때부터 시작된다. 가공식품의 재료는 생육환경에 따라 농산재료, 원예재료, 수산재료, 축산재료 등이 있는데 이것들을 재배, 수확 또는 도살하는 데부터 식품가공 및 저장의 이론이 적용된다.

식품가공은 영어로 'food processing', 'food technology', 'food manufacture'라고 불

리는데, 'food processing'은 식품원료를 물리적·화학적 또는 생물학적 변화를 일으켜 저장성을 부여하거나 식미를 향상시키는 조작으로 원료의 텍스처에 큰 변화를 주지 않는 1차 가공, 원료의 텍스처를 변화시켜 새로운 식미를 창출하는 2차와 3차 가공으로 나눈다. 'food technology'는 비공학적 개념에서 가공 공정을 설명할 때에 주로 사용한다. 'food manufacture'는 일반적이고 전반적이면서 광범위한 개념으로, 넓은 의미의 식품제조로 가공 공정의 순서를 중요시하고 최종 제품의 생산을 목표로 하는 산업체에서 주로 사용하는 정의이다.

식품저장이란 가공식품을 저장하는 측면과 원료식품을 자연 그대로 저장하는 측면을 강조하는 2가지로 크게 구분할 수 있다. 따라서 식품저장학에서는 식품의 품질 저하를 피할 수 있는 범위 내에서 어느 정도 원형이나 성분의 변화를 허용하는 광의의 저장을 'food preservation'이라 하며, 식품의 원형이나 성분을 되도록 변화시키지 않는 협의의 방법을 'food storage'라고 하여 구별한다.

2. 식품가공 및 저장의 중요성

1) 식품가공·저장의 원료인 식량 문제의 현황

식량 부족을 극복하기 위한 여러 가지 방안의 모색은 인류의 초기나 현재를 막론하고 생존에 있어 가장 중요한 과제이나, 인류 역사의 초기에는 그 중요도가 더하였다. 최근에도 저개발지역에서 식량 문제가 더 심각한 것을 보아도 알 수 있다. 일반적으로 현재의 식량 수출국은 북미, 유럽, 오세아니아에 있는 몇 나라뿐이고 수입국은 중국을 제외한 아시아, 남미, 아프리카의 여러 나라에 걸쳐 분포되어 있다. 여기에는 자연적인 또는 정치적이거나 인위적인 요인이 있었는데, 현대의 국제화 및 지구촌화 시대에서는 무엇보다도 정치적·인위적인 요인이 점점 더 큰 비중을 차지하는 경향을 보이고 있다. 이러한 사실은 식량을 수출하는 나라가 모두 선진국은 아니며, 또한 식량을 수입하는 나라가 다 개발도상국이 아닌 추세에 의해 입증되고 있다.

과거 1980년대 이전의 경우, 선진국과 개발도상국으로 나누어 총 식량 생산량 및 국민 1인당 식량 생산량을 비교해보면 그림 1-1 및 그림 1-2에서와 같이 선진국과 개발도상국(미개발국 포함) 간에는 식량 생산의 잉여와 부족의 차이가 있음을 확인할 수 있다(아시아에

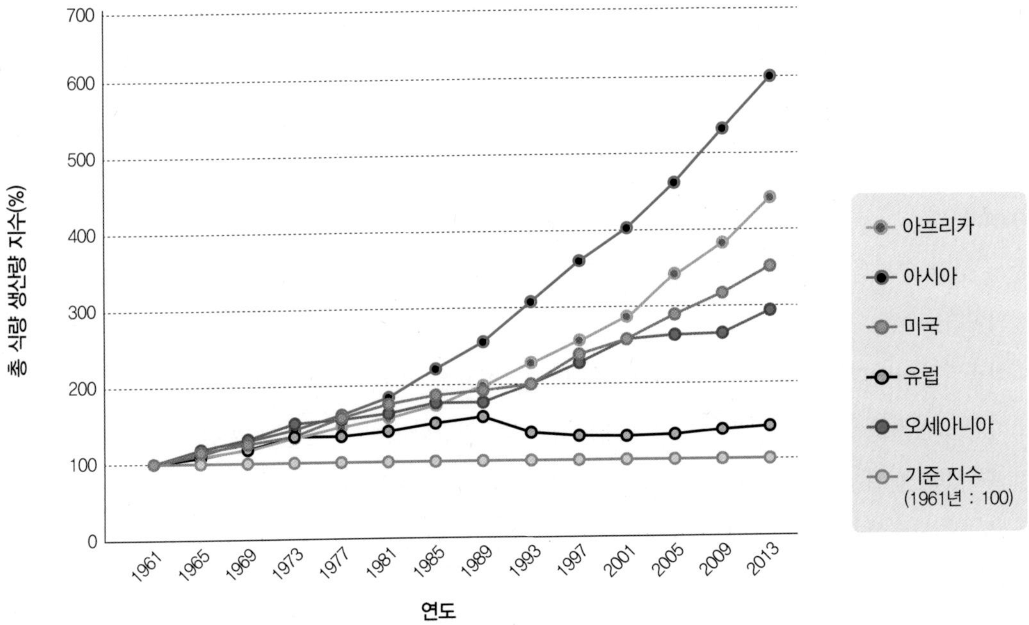

그림 1-1 전 세계 중요 지역/국가의 총 식량 생산량 변화 추이

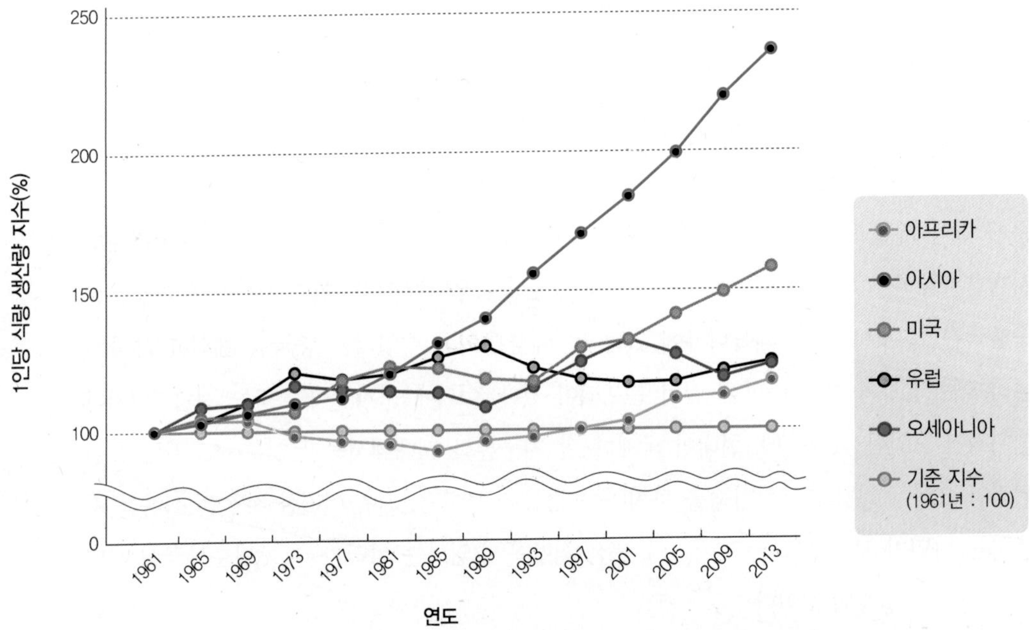

그림 1-2 전 세계 중요 지역/국가의 국민 1인당 식량 생산량 변화 추이

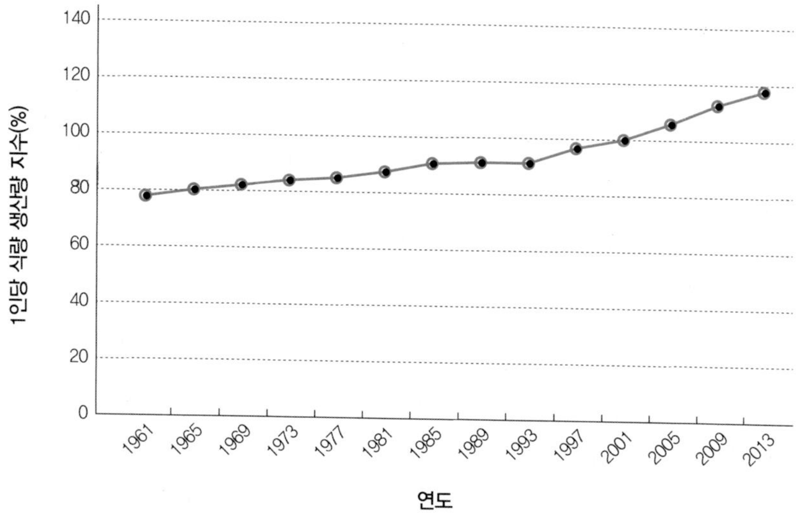

그림 1-3 전 세계의 국민 1인당 식량 생산량 변화 추이
(식량 생산량 지수는 2000년의 결과를 100으로 하여 환산한 수치임.)

서는 중국이 유일하게 국민 1인당 식량 생산량이 급증한 부농국이며 나머지 국가는 1인당 식량 생산량 증가가 미미하거나 오히려 감소하는 수준).

즉 선진국과 개발도상국으로 나누어 식량의 국내 소비 및 과부족을 비교해 보면 두 부류 사이에는 식량의 잉여와 부족의 뚜렷한 차이가 있는 것으로 국제연합(UN) 산하의 '식량농업기구(Food and Agriculture Organization; FAO)'에서 보고하고 있다. 즉 1960년과 1980년 사이에 선진국과 개발도상국 별로 각국 내에서의 식량 생산량에서 소비량을 제외한 과부족량을 연도별로 비교하면 거의 모든 면에서 선진국은 식량이 남고, 개발도상국은 절대적으로 부족한 상황이었다.

전 세계적으로 설명하자면 그림 1-3에서 나타내고 있듯이 1960년 이후부터 1980년도까지의 1인당 식량 생산량의 증가폭이 15 % 이하로 극히 저조한 상태로서, 이러한 문제점을 해결할 수 있는 대안을 제시해야만 하는 실정이었다.

따라서 1980년대 들어서면서 이러한 문제점을 해결하기 위한 원인 분석 및 대안 제시가 절실히 요구되었다.

2) 식량위기 극복 방안 및 식품가공·저장의 중요성

식량 문제와 밀접하게 관련되는 것이 인구의 증가이다. 세계은행의 예측에 의하면 2014년 현재 약 72억 명의 세계 인구는 다음 세기 말에는 110억 명을 초과할 것이며, 특히 아프리카는 세계 인구에서 차지하는 비율이 2100년에 25 %를 점유하게 될 것이라고 하였다.

1980년대 아프리카를 비롯한 저개발국가들은 식량 부족, 인구 폭발, 경작지의 저급화, 주거환경의 악화 등 환경 파괴의 결과와 과잉 경작이나 난민의 발생을 통해 더욱 환경 파괴를 가속화시키고 있었으며, 식량위기를 경고하는 명백한 징후들은 속속 현실로 나타나고 있었다. 반면 식량위기를 해결해 줄 획기적인 기술혁신의 가능성은 보이지 않았다. 이와 같은 악순환을 단절하기 위해서는 선진국으로부터 이들 국가로의 기술 이전이 반드시 필요하였다. 1985년 세계식량안보협정이 체결되었음에도 불구하고 식량위기가 식량대란으로 이어질 것인가는 계속될 기아와 포식이 공존하는 현실을 얼마나 조화롭게 헤쳐 나갈 것인가에 달려 있었다.

선진국은 식량이 넘쳐서 남고 개발도상국은 식량이 부족한 상황을 해결하기 위해서는 개발도상국 농촌에 좀 더 도움이 되는 개선 방안이 필요하였다. 무엇보다 식량 생산 증대를 위한 기술 개발이 절실하였으며, 품종 개량이나 재배방법의 개선, 병충해 방재 등의 개선 방안이 제기되었다. 두 번째로 식량 가격 하락 정책을 펼쳐야만 하였다. 식량 가격의 상승은 다른 산업에도 영향을 끼쳐서 식량을 구득하는 많은 빈곤자에게 큰 부담이 되므로, 이 재원을 다른 용도에 이용하는 것이 효과적이었던 것이다. 세 번째로 인구 증가에 따른 식량의 생산과 가공 및 저장의 합리적인 기술이 요구되었다. 즉 옛날 고대인과 같이 자연에서 채집 어획한 식품을 먹고 소규모 지역별 상거래를 통하여 문물을 교환하면서 살아온 시대를 지나, 교통수단이의 발달하고 사회가 다각화되면서 단순히 가정에서 조리하던 시대에

알아두세요!

세계식량안보협정

사람에게 먹는 권리는 가장 기본적 권리이다. 이러한 권리를 세계의 모든 사람이 인도주의적 입장에서 지켜 나가자는 결의가 '세계식량안보협정'이며, 1985년 11월 FAO 총회에서 채택되었다. 이 협정의 주목적은 모든 시대의 모든 인간은 그들이 필요로 하는 기초식량을 생산하거나 조달받을 수 있는 입장에 있으며, 그 도덕적 의무를 재확인하는 데 있다. 또 여기서는 세계식량안보의 공동목표와 기아 및 영양실조의 퇴치를 달성함에 있어 각국 정부, 민간 조직 및 주민의 행동 지침과 도덕적인 의의를 정하고 있다.

서 제조 가공으로 그 생산 형태가 바뀌었기 때문이다. 오늘날은 사회의 복잡한 물적 유통(physical distribution)과 더불어 상품시대가 되었으며 원료의 대량생산(mass production)이 가능해짐으로써 다소나마 식품을 장기간 저장할 수 있는 형태로 공급하기에 이르렀다. 따라서 과거의 '단순한 저장'의 개념에서 점차 '원료를 제조 가공하여 품질을 최대한으로 보존할 수 있는 기술을 요하는 가공·저장'의 개념이 필요하게 되었다. 즉 식량이나 식품의 품질이 다양한 외부 요인의 침입으로 인해 화학적 성분, 물리적 상태, 생물학적 인자 등이 변화하는 정도를 최대한 방지하는 데 경주해야 하는 것이 절실한 현실이다.

첫 번째와 두 번째의 방법론은 이미 실행에 옮겨 왔으며 그 결과가 극대에 도달하였음이 현실적으로 증명되었다. 따라서 앞으로는 세 번째의 방안, 즉 식품가공·저장 기술의 혁신적인 변화가 1980년대 이후부터 대두되었던 식량 위기를 극복하는 데 큰 기여를 할 것이며, 나아가 미래의 더 큰 식량문제를 해결할 대안으로 급부상하였다.

3. 식품가공·저장의 역사

1) 식품가공·저장의 필요성

식품은 원료 식량의 상태로 직접 이용되기도 하지만 가공이나 유통을 거쳐야 하는 특성상 반드시 저장해야만 한다. 특히, 식품의 품질보존과 안전성을 유지하기 위해서는 저장이 꼭 필요하다. 아울러 식품을 적당히 가공·저장함으로써 얻어지는 이익은 다양하다.

우선 식품 자체의 품질을 유지 또는 향상시키고, 계획적인 식품의 생산과 유통을 통하여 부가가치를 높이거나 인간의 식생활을 원만하게 영위시키며, 이 결과 인간생활에 있어 경제적, 산업적, 사회적, 문화적인 면 등 여러 가지 면에서 보다 많은 이익을 창출할 수 있다.

식품 가공 및 저장이 산업 및 경제적 측면에서 중요한 의미를 갖는 필요성과 이익에 대하여 정리하면 다음과 같다.

(1) 계획적 생산과 분배

식품(또는 식량)은 농·축산·수산업 등 자연을 대상으로 생산되는 것이 대부분이기 때문에 식품의 생산은 아무리 계획적으로 유도한다고 하더라도 자연의 환경적 요인에 의하여 항상 변동적이기 마련이다. 따라서 풍작이나 풍어가 되는 경우는 이를 저장하였다가 적당한 시기에 출하하거나, 반대로 부족할 때는 생산량을 증대시키는 방안 마련이 필요하다. 즉 식품저장은 대량생산된 식품을 일정 기간 동안 변패되지 않도록 유지하는 것이기 때문에 식품의 계획적 생산을 가능하게 하며, 필요에 따라 식품을 합리적으로 가공 및 분배시키는 일을 가능하게 한다.

(2) 경제적으로 유리한 유통과 적재

식품의 가공·저장성을 높이기 위하여 일정한 용기에 넣어 규격화하였을 경우, 취급하기가 쉽고, 가공 및 유통과 적재과정에서도 유리하다. 예를 들면, 건조가공의 경우는 식품의 부피가 줄어들고 가볍기 때문에 저장·유통과 적재 시에 유리하다.

(3) 식품의 손실 방지

식품의 손실은 양적인 손실에 못지않게 질적인 손실을 염두에 두지 않으면 안 된다. 식품이 변패되어 먹을 수 없게 되어 버려지는 것은 적당한 가공·저장 방법에 의하여 방지할 수 있다. 또한 영양 손실에 따른 질적 손실, 식품의 기호성 저하에 의한 양적인 손실 등도 가공 및 저장 방법의 개선에 따라 충분히 예방할 수 있다.

(4) 가격의 안정 도모

자연을 대상으로 하는 농·축산·수산물의 생산에 있어서는 그것이 일정한 계획에 의해 행하여졌다 하더라도 그 생산량은 항상 변동이 있다. 따라서 풍작이나 풍어 등 다량 생산에 의한 가격의 하락이나, 반대로 흉작에 의한 가격 상승은 흔히 있는 일이다. 그러므로 생산물에 저장성을 부여할 수만 있다면 생산물은 가격이 안정되고, 나아가 가공 및 생산 의욕 증대에도 큰 도움이 된다.

2) 식품가공 및 저장의 역사

(1) 식품가공·저장법의 기원

약 40만 년 전 베이징원인은 이미 불을 이용한 조리법을 알고 있었으리라 추정된다. 현재 세계 각지에 사회화되지 않은 상태로 남아 있는 수렵민족은 잡은 동물의 고기를 그대로 먹기도 하고 훈연(smoking)하거나 햇볕에 말려서 가공·저장하고 있는데, 이러한 방법은 인류가 옛날부터 이용했으리라 짐작된다. 그리고 천연의 서늘한 땅굴이 있는 곳에서는 그곳이 오늘날의 냉장고와 같이 이용되었으리라 추정된다.

B.C. 7세기 경에는 농경과 목축이 성행하였던 것으로 고고학에서 이미 규명하였는데, 이러한 목축업과 농업이 더욱 안정되었던 시대로 추정되는 B.C. 5세기 경의 지중해 지역 유적에서 가공·저장용 창고가 발굴되었다.

(2) 역사시대 초기에서 근대까지의 저장법

역사시대에 들어와 관개농업의 발달로 수확이 증대되고, 도시가 발달하면서 식품 생산자와 소비자 사이에 분업이 이루어지자 식품은 점차 교역의 중요한 대상으로 등장하였다. 아울러 식품은 생산자로부터 먼 곳에 있는 소비자에게 운송해야 할 필요성을 갖게 되었고, 따라서 종래보다도 더 많은 가공·저장 및 보존성이 요구되었다.

이와 같이 선사시대부터 역사시대 초기까지의 식품 가공·저장법을 살펴보면, 오늘날에도 행해지고 있는 건조법, 가열처리법, 연기에 의한 훈연법, 소금에 절이는 염장법, 발효법, 저온저장법 등의 원형이 그 옛날 이미 존재하였으며, 오늘날의 가공·저장법은 그와 같은 원형을 기본으로 하여 개발하고 발전시킨 것이다. 이 중에서도 천일건조(sun drying), 훈연(smoking), 염장(salting)은 19세기 전반까지 식품가공 및 저장 기술의 중요한 위치를 차지하였다.

또 다른 관점에서 보면, 식품의 가공 및 저장법은 세계 각지의 기후풍토와 관련해서 각 지역별로 독자적으로 발달해 왔다. 예를 들면, 한랭한 지대에서는 식품저장이 비교적 용이하였기 때문에 북극해 연안의 에스키모는 수렵한 동물의 고기를 주거지 주변에 무방비로 방치하였다가 식용하기도 하였다. 하지만 더운 지방에서는 여러 가지 다양한 형태의 저장 방법들이 고안되었다. 열대지방에서는 각종 식품들 중에서도 특히 고기의 부패속도가 매우 빠르다. 따라서 이러한 사실이 전체적인 이유가 될 수는 없지만 인도에서는 힌두교와 이슬람교 모두 소와 돼지의 도살과 식용을 금지하고 있다. 이와 같은 종교상의 법률은 부패된 식육에서 오는 식중독이나 전염병의 위험으로부터 방어하기 위한 방편이었다고 볼 수 있다.

아한대에 속하는 북유럽 여러 나라는 식량 생산에 있어서는 풍족하지 못하였으나, 한랭한 자연조건은 고기나 우유 등을 저장하는 데에 극히 유리하였다. 이에 따라 이 지역에서는 유제품 가공업이 발달하게 되었다. 즉 북유럽에서 유가공업이 발전하게 되었던 이유는 원래 목초의 생산지라는 점도 있지만 그보다는 기후가 원료유의 처리에 적합하다는 이유도 있었다.

우리나라는 주로 온대 기후 지역에 속하여 식품이 비교적 부패하기 쉬운 곳이다. 따라서 이에 적합한 각종 저장 및 가공 방법이 발달하여 왔다. 그 대표적인 것으로 김치를 들 수 있다. 강원도의 한랭한 겨울 기후를 이용한 동태 말림, 마산 지방에서 발달한 발효공업 등도 기후와 관계된 식품의 저장과 가공의 일면이라고 볼 수 있다. 또한 콩을 원료 자체로 저장하기보다는 된장이나 간장의 형태로 변형해 가공·저장하면 더욱 오랫동안 저장할 수 있었다. 아울러 젓갈 등의 염장법, 벌꿀을 이용한 당장법 등이 개발되었으며, 신라 지증왕(6세기) 때에는 석빙고를 이용한 식품의 냉장법이 개발되기도 하였다.

(3) 19세기 후반의 식품가공·저장법

19세기 후반에 이르러 종래의 천일건조, 훈연, 염장 기술 외에 통조림, 인공(강제)건조, 냉동법 등의 기술이 개발되었다.

① 통조림

통조림은 프랑스의 Nicolas Appert에 의해서 1804년에 발명되었다. 그 후 통조림 방법은 계속 개량되어 1810년에는 병 대신에 주석을 이용해 통조림이 만들어지게 되었으며, 1847년에는 대량생산 방식에 의한 제관법이 발명되어 공업화에 성공하였다.

② 인공(강제)건조

인공(강제)건조는 식품을 건조시키는 데 있어서 건조실을 제작하고, 그 속에 열풍을 보내어 건조시키는 방법이다. 이 방법은 1600년대에 고안되었지만 현재와 같은 건조과일, 건조채소의 기술적 기초가 확립된 것은 1880년대이다.

③ 식품냉동법

식품냉동법의 시초는 1875년에 독일의 Linde가 처음으로 암모니아에 의한 가스 압축식 냉동기를 완성했을 때부터이다. 이와 같은 저장기술의 진보로 인하여 종래와 같이 기상조건에 지배되지 않고 연중 어느 때나 대규모로 가공과 저장이 가능하게 되어 생산과 소비의 양면이 크게 근대화되었다. 또한 대량생산 방식이 확립됨으로써 저렴한 가공·저장식품이 시판됨에 따라 식생활을 획기적으로 향상시켰다.

④ 현대의 가공·저장법

19세기 후반의 가공·저장 기술은 통조림, 인공(강제)건조, 냉동법 등의 고안으로 눈부신 발전을 이룩하였다. 20세기에 들어와서 냉동기술은 과거의 완만냉동에서 급속냉동으로 발전하였고, 해동기술 측면에서도 급속한 발전을 이룩하였다. 또한 동결건조와 가스저장의 연구가 실용화 단계에 이르러 식품의 가공 및 저장 기술은 제2의 혁명을 맞이하기에 이르렀다.

표 1-1 식품가공저장법 관련 중요 역사

연도	내용
1500년 이전	조리는 방법, 굽는 방법, 볶는 방법, 건조법, 염장, 당장, 동굴 저장 등 모두 불, 바람, 일광, 해수, 암염 등의 자연조건을 이용하는 데 지나지 않았으며, 1492년 미국 인디언들이 pemmican이라는 식품을 건조하기 위하여 불을 이용한 것이 대표적인 보기임.
1600년	초보적인 열풍건조실을 만들어 열풍(hot air)을 사용한 인공건조법이 채용되기 시작함.
1780년	영국에서 뜨거운 물로 전처리한 후 채소를 건조시키는 방법을 고안함.
1795년	프랑스에서 채소를 열풍 건조시킴.
1800년대	1804년 Nicolas Appert(프랑스)가 광구병을 이용한 병조림법 발명, 1810년 Peter Durand(영국)가 주석을 이용한 can을 발견, 1819년 Thomas Kensett(영국) 등이 연어, 새우, 굴 통조림을 제조하기 시작함. 1824년 영국에서 권체기(seamer)를 개발하였으며, 1892년 전남 완도에서 전복 통조림을 우리나라 최초로 생산함.
1875년	독일(Linde)에서 암모니아를 이용한 압축식 냉동기를 처음으로 발명함.
1900년	통조림 기술이 더욱 발달되었고, 각종 건조방법이 개발됨.
1916년	독일(Plank)에서 급속동결 이론이 제창됨.
1922년	영국의 Kidd가 가스저장 연구를 시작함.
1929년	미국(Clarence Birdseye)에서 급속동결 장치의 발명과 더불어 냉동식품이 제조되기 시작함.
1942년	제2차 세계대전 중 통조림, 병조림, 건조, 냉동냉장의 가공기술이 개량 발전됨.
1950년	진공농축방법에 의한 액상식품의 생산과 진공·동결건조에 의한 우수한 복원성을 가진 건조식품의 제조가 가능하게 됨.
1953년	미국에서 방사선조사를 식품에 적용하는 연구가 개시됨(1896년 Henri Becquerel이 방사능을 최초로 발견, 동년 Roentgen이 X-선을 발견, 1898년 Schmidt와 Curies 부부가 라듐을 분리하는 데 성공함. 그 이후 α, β, γ-선을 발견하였으며 이러한 선행 연구 결과들을 식품저장에 적용하는 연구를 개시하였는데 특히 Cs^{137}, Co^{60} 등이 식품에 이용).
1960년 이후	1950년대까지 가공기술과 가공 기계가 진보, 개량됨과 동시에 식품화학의 발전에 의해 가공식품의 품질이 향상되었으며, 석유화학의 발달에 의해서 각종 플라스틱 제품이 용기나 포장재로서 많이 이용됨. 전자레인지(microwave oven), 전자냉동, 초음파 가공 등 전자공학을 식품가공에 응용하게 됨.

특히, 석유화학의 발달로 플라스틱 필름을 식품 포장 재료로 이용함으로써 식품의 품질 향상과 저장에 큰 기여를 하게 되었다. 식품의 방사선 처리는 현재 제한적으로 사용되고 있으나, 앞으로 식품 위생과 저장에 크게 기여할 것으로 기대하고 있다. 이상에서 설명한 식품의 가공·저장법이 발전해 온 발자취를 정리해 보면 표 1-1과 같다.

TIP 부패(putrefaction)와 발효(fermentation)의 공통점과 차이점?

부패(putrefaction)란 몸이나 유기물이 썩거나 붕괴되는 과정. 즉 단백질이나 기타 유기물이 부패미생물에 의해 분해되거나 모양을 바꾸어 인간에게 유독한 물질과 악취를 생성하는 변화를 지칭한다.

반면에 발효(fermentation)는 단백질이나 기타 유기물이 발효미생물에 의해 분해되거나 모양을 바꾸되 인간에게 유익한 물질과 이로운 냄새성분을 생성하는 변화를 말한다. 공통점은 미생물에 의해 분해작용이 일어난다는 것이고, 인간에게 해로운 것인지 유익한 것인지가 다를 뿐이다. 따라서 식품가공·저장학에서는 부패를 방지하는 방안을 모색하고, 발효를 유도하는 기술을 추구한다.

연습문제

[01~08] 다음 물음에 대하여 O 혹은 X로 답하시오.

01 1961년에는 유럽연합과 아프리카의 국민 1인당 식량 생산량에서는 큰 차이가 없이 비슷하였다. _____

02 전 세계적으로 볼 때 1961년에 비해 2000년에는 1인당 식량 생산량이 약 10 % 정도로 미미하게 증가하였다. _____

03 향후 약 50년 후에는 식품가공의 원료를 수확하거나 도살하는 현지에서 직접 가공·포장하는 기술이 발전할 것이므로 특별한 식품가공·저장의 기술이 필요 없게 될 것이다. _____

04 세계적 인구 폭발에 기여하는 정도는 저개발 국가일수록 심하게 나타난다. _____

05 식품가공·저장은 식품의 계획적인 대량생산을 가능하게 할 뿐만 아니라 합리적으로 분배시키는 일도 가능하게 한다. _____

06 B.C. 5세기경의 지중해 지역 유적에서는 훈연 상자가 발굴되었다. _____

07 선사시대부터 역사시대 초기까지의 식품가공·저장법을 살펴보면, 오늘날에도 행해지고 있는 건조법, 가열처리법, 훈연법, 염장법, 발효법, 저온저장법 등의 원형이 이미 존재하였으며, 오늘날의 식품저장법은 그와 같은 원형을 기본으로 하여 개발하고 발전시킨 것이다. _____

08 통조림은 독일인 Linde에 의해서 1804년에 발명되었으며, 그 후 계속 개량되어 1810년에는 병 대신에 주석을 이용해 통조림이 만들어지게 되었다. 1847년에는 대량생산 방식에 의한 제관법이 발명되어 공업화에 성공하였다. _____

09 다음 중 2007년 현재 식량 수출 지역(국가)이 아닌 것은?

① 유럽　② 미국　③ 아시아
④ 오세아니아　⑤ 중국

10 통조림 가공·저장법에 대한 연구를 처음으로 시도한 연구자는?

① Appert　② Becquerel　③ Roentgen
④ Schmidt　⑤ Kidd

11 전 세계적으로 1인당 식량 생산량을 증대시키기 위해 그동안 취해온 모든 방법들에 대해 설명하되 효과적인 방법과 그렇지 못하였던 방법을 나누어 서술하시오.

12 식품가공의 개념에는 'food processing', 'food technology' 및 'food manufacture'의 3가지가 있다. 이 3가지의 개념을 설명하되, 현대의 식품가공·저장학에서 주로 다루는 의미는 무엇인지 분명히 지적하시오.

13 현대의 식품저장학에서는 포장의 개념이 가공 분야에 많이 첨가되고 있다. 가공과 포장이 식품저장기술에 기여하는 바를 구체적으로 나열하고 각각에 대하여 상세히 설명하시오.

14 식품가공 및 저장을 대량으로 시행하게 되면 경제적 측면에서 볼 때, 설비 투자에 해당하는 만큼의 비용손실이 생길 수도 있지만 혁신적인 저장법 개발에 의한 고부가가치가 발생하여 오히려 이익이 창출될 수도 있을 것이다. 식품가공·저장이 산업적, 경제적인 방면에 끼치는 이익과 손실에 대하여 구체적으로 설명하시오.

15 열대지방에서는 식품의 부패속도가 매우 빠르기 때문에 옛날부터 식품저장에 대한 개념이 발달할 수밖에 없었던 반면, 한대지방에서는 식품가공·저장에 대한 기술개발이 상대적으로 미진하였다. 그럼에도 아한대 지역에 속하는 북유럽 여러 나라의 식품가공·저장 기술이 전 세계적으로 우수하다. 북유럽 국가에서 생산되는 대표적인 저장식품의 예를 들고 이러한 식품에 관련된 저장기술이 발전하게 된 이유에 대해서도 설명해 보시오.

16 식품저장 기간의 종류에는 ① 최대 저장기간(maximum possible shelf life, MSL), ② 포장 저장기간(packaged shelf life, PSL), ③ 최소 요구 저장기간(required shelf life, RSL) 등의 3가지로 크게 나눌 수 있는데, 이들 중 저장기간은 MSL이 가장 길고 다음으로는 PSL, RSL 순서로 길어야 저장하는 식품의 의미가 있다. 즉 저장식품의 제품 개발 시에는 MSL과 PSL이 RSL보다 더 길어야 제품 개발의 상업적인 근거가 있게 된다는 것이다. 이때의 MSL, PSL, RSL의 각각에 대한 정의를 내리고 각 기간의 차이점에 대하여 예를 들어 설명하시오.

정답과 해설

1. ○ **2.** × **3.** × **4.** ○ **5.** ○(식품산업은 원료 농수산물의 저장과 유통기간의 연장을 통해 상품성을 제고하고 일시에 수확되는 농수산물의 수급 조절 기능을 담당하여 가격 안정에 기여할 뿐만 아니라 가공과 저장을 통해 부가가치를 창출하며 농수산 부문의 소득증대와 고용확대에 기여한다.) **6.** × **7.** ○(현대에서 시행하고 있는 건조법, 가열처리법, 훈연법, 염장법, 발효법, 저온저장법 등은 선사시대부터 역사시대 초기까지의 식품가공·저장법 원형에서 출발한 것이며 오늘날의 식품가공·저장법은 그와 같은 원형을 기본으로 하여 개선·발전시킨 것이다.) **8.** × **9.** ③ **10.** ①

11. 비효과적인 방법 : 인구 억제, 식량증산을 위한 연구개발

효과적인 방법 : 혁신적 식품저장법 개발에 의한 식량 손실량 감소

12. 'food processing'은 식품원료를 물리적·화학적 또는 생물학적 변화를 일으켜 저장성을 부여하거나 식미를 향상시키는 조작으로 원료의 텍스처에 큰 변화를 주지 않는 1차 가공, 원료의 텍스처를 변화시켜 새로운 식미를 창출하는 2차와 3차 가공으로 나눈다. 'food technology'는 비공학적 개념에서 가공 공정을 설명할 때 주로 사용한다. 'food manufacture'는 일반적이고 전반적이면서 광범위한 개념으로 넓은 의미의 식품제조로, 가공 공정의 순서를 중요시하며 최종 제품의 생산을 목표로 하는 산업체에서 주로 사용하는 정의이다.

13. 식품가공 : 생활패턴 변화에 따른 다양한 가공식품의 개발은 식품의 상업적 판매를 위하여 최소한의 저장기간을 요구하고 있으며, 좋은 품질을 가진 가공식품이라도 유통·저장 및 판매에 필요한 최소한의 저장기간을 갖지 못한다면 그 제품의 개발과 대량생산은 어렵게 된다.

식품저장 : 과거에는 습도가 높은 조건에서는 조직감이 요구되는 식품의 저장이 어려운 경우가 있었다. 그런데 최근에는 식품의 품질보존에 적합한 포장재들이 개발되어 저장기간을 증가시킬 수 있어서 소비자의 다양한 제품에 대한 접근성이 높아지고 있다. 따라서 기능성 포장재의 개발뿐만 아니라 적합한 포장재의 선택을 위해서는 저장학에 대한 연구가 체계적으로 필요하다.

14. 식품저장에 의한 이익 : ① 계획적 생산과 분배가 가능함 ② 규격화 및 부피 감소에 의한 유통과 적재비용 절감 ③ 변패 감소에 의한 영양성분 및 기호성 감소 방지 ④ 출하시기 조절에 의한 가격의 안정 도모

식품저장에 의한 비용 : ① 예비가공 비용 ② 포장 비용 ③ 저장 비용

15. 북유럽 국가의 대표적 저장식품 : 발효 유제품

식품저장 기술이 발전하게 된 이유 : ① 목초 생산지 ② 고기나 우유 등을 저장하는 데 유리한 기후 ③ 식품을 고부가가치화하려는 의지가 강한 국민성

16. ① 최대 저장기간(MSL) : 산소, 수분, 빛과 같은 저장 위해 요인들이 완전하게 제거되었을 때 이루어질 수 있는 식품의 저장기간. 내용물은 온도를 제외한 모든 요인들로부터 완벽하게 보호받았을 때의 저장기간을 말하며 식품 자체의 안정성에 의해 저장기간이 결정된다. ② 최소 요구 저장기간(RSL) : 어떤 기간까지 식품이 반드시 유통되어야만 하는지를 최소로 요구하는 저장기간. 이 기간은 저장하고자 하는 가공식품의 개발 비용 및 유통 구조와 같은 경제적인 고려 사항에 의해 좌우된다. ③ 포장 저장기간(PSL) : 포장된 식품의 실제 유통 조건에서의 저장기간. 포장 조건 개선을 통해서 저장기간을 늘릴 수는 있지만 일반적으로 비용도 증가하게 되므로 저장기간 증가로 발생하는 경제적인 이익과 비용 등의 경제성 고려가 필수적이라고 할 수 있다.

CHAPTER 02

식품의 변질 요인과 그 메커니즘

식품가공 및 저장 중에 일어나는 변질에는 수분을 비롯하여 산소, 온도, 미생물, 효소 등이 관여한다. 수분의 경우 수분함량 자체보다는 수분활성도라는 개념을 적용하여야 식품의 변질반응을 보다 정확하게 설명할 수 있다. 이런 개념을 파악하고, 수분활성도와 등온흡습곡선에 대한 기본적인 이해가 뒤따라야 미생물의 증식, 효소작용, 비효소적 갈변반응, 지방질산화반응 등과 수분활성도의 관련성에 대해 명확하게 살펴볼 수가 있다. 따라서 각 요인들에 의해 일어나는 변질 메커니즘을 이해함으로써 이런 변질의 정도를 최소화할 수 있다. 그러므로 여기에서는 이와 같은 변질 메커니즘과 메커니즘에 영향을 미치는 인자들의 성질을 살펴보기로 한다.

1. 수분에 의한 변질

식품 중의 수분은 각종 영양소, 효소, 화학물질 등을 용해 또는 분산시키는 역할을 하거나 가수분해반응에서는 기질로서의 작용을 수행하는 한편, 미생물의 생육에도 필수적이기 때문에 식품의 변질과 밀접한 관계가 있다.

식품 중에 존재하는 수분은 자유수(free water)와 결합수(bound water)의 2가지 형태로 나눌 수 있다. 자유수는 식품을 건조시키면 쉽게 제거되며 고수분식품(high moisture food)에 약 6~96 % 들어 있으면서 0 ℃ 이하에서 잘 어는 특징이 있는 수분으로서, 각종 염류·당류·아미노산 등 수용성 물질의 용매로 작용하거나 단백질, 탄수화물 등의 분산매로 작용한다. 결합수는 탄수화물의 수산기(-OH), 단백질의 아미노기($-NH_2$)와 카르복실기(-COOH), 지방질의 수산기(-OH) 등과 수소결합이나 이온결합 등을 통해 결합되어 있는 수분으로서, 수화수(water of hydration)라고도 불리며 100 ℃에서 증발되지 않고 -18 ℃에서도 잘 얼지 않는 물이다. 결합수는 단층수(monolayer water)와 다층수(multilayer water)로 구별되는데, 단층수는 이온결합이나 수소결합에 의해 결합된 수분으로서 고수분

식품에 약 0.1~1 % 들어 있으며 제거하기 어려운 수분이다. 이에 비해 다층수는 수소결합이나 물리적 결합을 통해 식품의 내부표면(internal surface)이나 외부표면(external surface)에 존재하며 고수분식품에 약 1~5 % 들어 있고 단층수만큼 제거하기 어렵지는 않다.

1) 수분활성도 및 등온흡(탈)습곡선

(1) 수분활성도

수분함량은 같거나 비슷하더라도 저장 안정성은 다를 수 있고, 이러한 현상을 설명하기 위해서는 수분활성도라는 개념을 도입해야 할 필요가 있다. 수분활성도는 식품조직과 수분과의 결합 정도에 따라 달라지며, 그 결합 정도가 강해질수록 수분활성도는 감소하는데, 수분활성도(water activity; A_w)는 다음 식 (2-1)과 같이 정의된다.

$$A_w = \frac{p}{p_0} = \mathrm{ERH}/100 \qquad (2\text{-}1)$$

여기서 p_0 = 주어진 온도에서 순수한 수분(용매)의 수증기압
p = 주어진 온도에서의 식품(용액)의 수증기압
% ERH = 평형상대습도(equilibrium relative humidity, %)

묽은 용액의 수분활성도는 식 (2-2)의 라울의 법칙(Raoult's law)으로부터 유도된 식 (2-3)으로부터 구할 수 있다.

$$p = p_0 \mathrm{X} \qquad (2\text{-}2)$$

$$A_w = \frac{p}{p_0} = \mathrm{X} = \frac{n_1}{n_1 + n_2} \qquad (2\text{-}3)$$

여기서 X = 수분의 몰분률 n_1 = 수분의 몰 수 n_2 = 용질의 몰 수

(2) 등온흡(탈)습곡선

등온흡(탈)습곡선(moisture sorption/desorption isotherm)은 식품의 수분활성도 또는 저장환경의 평형상대습도를 X축에 배치하고 식품의 건물기준 수분함량(dry basis moisture content)을 Y축에 배치하여 그린 곡선이다. 동일한 식품이라도 수분함량이 높을 때와 낮을 때의 식품 내부구조가 달라지기 때문에 고수분 상태에서의 탈습곡선과 저수분 상태에서의 흡습곡선이 일치하지 않는 이력현상(hysteresis)이 존재한다(그림 2-1).

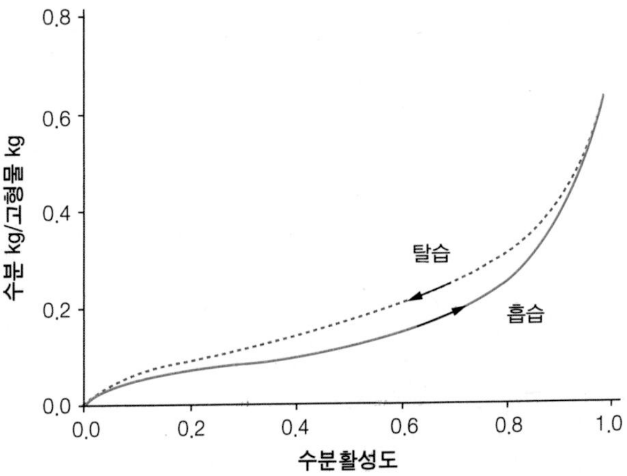

그림 2-1 등온흡(탈)습곡선에서 흡습곡선과 탈습곡선의 이력현상

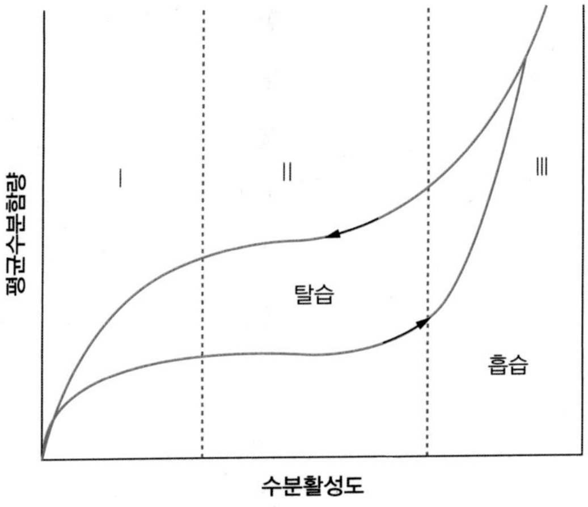

그림 2-2 등온흡습곡선에서의 3가지 영역

등온흡습곡선상에 있는 2개의 변곡점을 기준으로 제1영역, 제2영역 및 제3영역의 3가지 영역으로 나눌 수 있다(그림 2-2). 제1영역에서의 수분은 주로 이온결합되어 있는 단층수로 존재하는데, 식품별 단층수의 양은 고형물 100 g당 코코아 3.9 g, 커피 8.3 g, 계란 6.7 g, 우유 5.7 g 및 감자 5.1~7.8 g으로 알려져 있다. 제2영역에서의 수분은 수소결합 위주의 다층수로 존재하는 반면, 제3영역에서는 주로 모세관 응축현상(capillary condensation)을 보이는 자유수로 존재한다.

(3) 수분활성도와 가공·저장 안정성

수분활성도가 식품의 가공·저장 안정성과 밀접한 관련이 있는 이유는 식품에서의 미생물 증식, 효소반응, 비효소적 갈변반응, 지방질산화 등과 같은 화학반응의 속도가 식품의 수분활성도와 직접적인 관계가 있기 때문이다(그림 2-3).

식품 중의 미생물 증식은 수분활성도 임계값 이상에서 시작되고 수분활성도 값이 클수록 급속히 이루어지는데, 표 2-1에 식품의 수분활성도와 미생물 생육의 관계를 나타내었다. 일반적으로 곰팡이는 수분활성도 0.8 이상에서, 효모는 0.88 이상에서, 세균은 0.9 이상에서 생육할 수 있다. 그런데 세균 가운데에서도 *Micrococcus*는 수분활성도 0.87 이상에서, *Staphylococcus aureus*는 0.80 이상에서, 호염성 세균은 0.75 이상에서 생육이 가능한 경우도 있다. 또한 내삼투압성 효모들은 수분활성도 0.60 이상에서 생육이 가능하고, 내건성 곰팡이는 0.75 이상에서 생육할 수 있다.

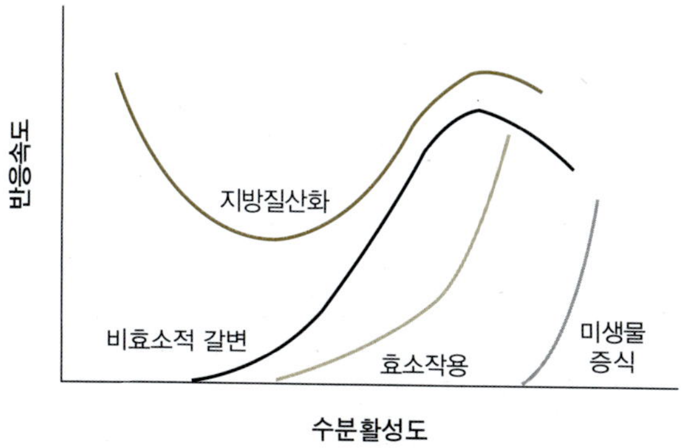

그림 2-3 식품의 수분활성도와 가공/저장 관련 각종 반응속도와의 관계

표 2-1 식품의 수분활성도와 미생물 생육의 관계

수분활성도	관련 미생물	관련 식품
1.00~0.95	*Pseudomonas*, *Escherichia*, *Proteus*, *Shigella*, *Klebsiella*, *Bacillus*, *Clostridium perfringens*, 효모 일부	과일, 채소, 육류, 어육류, 우유
0.95~0.91	*Salmonella*, *Vibrio parahaemolyticus*, *C. botulinum*, *Serratia*, *Lactobacillus*, *Pediococcus*, 곰팡이 일부, 효모 일부(*Rhodotorula*, *Pichia*)	체다치즈, 스위스치즈, 햄, 과일 농축액 일부
0.91~0.87	효모(*Candida*, *Torulopsis*, *Hansenula*), *Micrococcus*	salami 소시지, 스폰지케이크, 건조치즈, 마가린
0.87~0.80	곰팡이(*Penicillium*), *Saccharomyces*, *Staphylococcus aureus*, *Debaryomyces*	과일 농축액, 가당연유, 쌀, 콩, 밀가루, 폰당, 과일 케이크, 초콜릿 시럽, maple 시럽, 과일 시럽
0.80~0.75	호염성 세균, 곰팡이(*Aspergillus*)	잼, 마멀레이드, 마시멜로
0.75~0.65	*Saccharomyces bisporus*, 내건성 곰팡이	누가, 퍼지, 젤리, 견과류, 당밀, 건조과일 일부
0.65~0.60	내삼투압성 효모, 곰팡이 일부	건조과일, 토피, 캐러멜, 꿀
0.50	미생물 생육 없음	pasta, 향신료
0.40	미생물 생육 없음	전란분말
0.30	미생물 생육 없음	쿠키, 크래커, 빵 껍질
0.20	미생물 생육 없음	전지분유, 건조채소, 옥수수 플레이크

그림 2-3에 나타나 있는 것과 같이 식품 중의 효소작용과 반응물의 생성 정도 역시 수분활성도 임계값 이상에서 시작되며 수분활성도가 클수록 증가한다. 비효소적 갈변반응도 동일한 경향을 나타내지만, 반응속도가 최대값에 도달한 후에는 수분활성도가 증가해도 반응물질의 농도가 감소하기 때문에 반응속도가 오히려 감소한다. 지방질산화의 경우, 수분은 하이드로과산화물의 분해를 방해하거나 금속을 수화시켜 산화촉매로서의 효력을 감소시킴으로써 산화반응을 억제한다. 반면에 수분은 지방질이나 촉매를 산화반응의 표면으로 이동시켜 산화를 촉진하기도 한다. 그림 2-3에 나타낸 바와 같이 수분활성도가 극히 적은 경우는 수분의 보호작용이 없어 지방질이 산화되기 쉬우나, 수분활성도가 증가하면서 수분의 보호작용으로 산화속도가 느려지다가, 수분활성도 값이 더욱 커지면 오히려 수분이 산화를 촉진하게 되는 것이다.

(4) 등온흡습곡선의 작성

식품의 수분활성도 측정 및 등온흡습곡선을 작성하는 방법 중 마노미터법(manometer method)은 수증기 압력을 직접 측정하는 압력 측정법이며, 전기법(electrical method)은 센서를 이용하여 상대습도를 전기적으로 측정하는 방법이고, 중량법(gravimetric method)은 일정한 상대습도 조건하에서 수분함량의 변화를 무게 변화로 측정하는 방법이다. 중량법이 등온흡습곡선의 작성에 가장 자주 사용되는 방법인데, 일정한 상대습도를 갖는 여러 종류의 포화 염류 용액이 담긴 데시케이터에 식품을 저장하면서 평형수분함량을 측정하는 방법이다(표 2-2).

등온흡습곡선을 나타내는 방정식은 여러 가지가 있는데, 그 가운데 BET식(Brunauer-

표 2-2 포화염 용액 종류별 상대습도

염 종류	용해도 (g/물 100 g)	평형상대습도 %(실온 기준)	염 종류	용해도 (g/물 100 g)	평형상대습도 %(실온 기준)
LiBr	240	7	$NaNO_2$	150	65
LiCl	100	11	NaCl	40	75
CH_3COOK	500	22	KCl	50	85
$MgCl_2$	300	32	$BaCl_2$	50	90
K_2CO_3	150	43	K_2SO_4	20	97
NaBr	120	58			

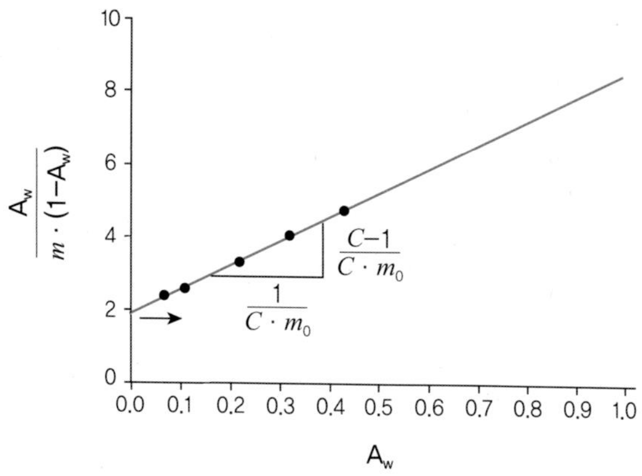

그림 2-4 A_w(=X축)와 $\frac{A_w}{m \cdot (1-A_w)}$(=Y축)와의 직선관계 그래프

Emmet-Teller equation)이 자주 사용되어 왔다. BET 방정식은 다음의 식 (2-4)와 같고, 이를 재정리한 방정식 (2-5)는 그림 2-4와 같이 직선의 형태로 표현할 수 있으며, 직선의 기울기인 $\frac{C-1}{C \cdot m_0}$와 절편인 $\frac{1}{C \cdot m_0}$을 각각 구하여 단층수값(monomolecular layer value)인 m_0와 상수 C값을 산출할 수 있다. 단, 수분활성도가 0.5를 초과하면 직선에서 벗어나게 되므로 이 BET식을 이용한 단층수값 계산은 수분활성도가 0.5보다 작은 조건에서의 실험값만 사용한다.

$$m = C \cdot m_0 \frac{A_w}{1-A_w} \frac{1}{1+(C-1)A_w} \tag{2-4}$$

$$\frac{A_w}{m(1-A_w)} = \frac{1}{C \cdot m_0} + \frac{C-1}{C \cdot m_0} A_w \tag{2-5}$$

여기서 A_w = 수분활성도 m = 건물기준 수분함량(수분 kg/고형물 kg)
m_0 = 단층수값(수분 kg/고형물 kg) C = 상수

2) 수분에 의한 녹말의 호화, 노화

녹말 입자 속에 존재하는 녹말 분자는 아밀로스와 아밀로펙틴으로 구성되어 있으며, 이러한 녹말은 직접적 또는 물분자들을 통한 서로의 수소결합에 의해 결합되어 마이셀(micelles)을 형성하고 있다. 마이셀은 규칙성을 나타내는 부분을 갖고 있어 X-선을 조사하면 일정한 산란현상(scattering)을 나타내는데, 이러한 규칙적인 현상을 보여 주는 녹말을 β녹말이라 한다. β녹말을 물과 함께 가열하면 녹말 입자는 물을 흡수하게 되고 팽

윤(swelling)이 일어난다. 팽윤된 녹말 입자들이 계속적으로 물을 흡수하게 되면 과다하게 흡수한 물로 인해 녹말의 구조가 붕괴되는 호화현상이 나타나게 되는데, 이때 어느 정도 투명한 교질 상태의 용액(colloidal solution)이 형성되고 점도의 계속적인 급증 후 갑작스럽고 급격한 감소가 일어나며 녹말 입자의 결정성도 소실되어 복굴절을 나타내는 성질도 상실된다(α녹말). 이와 같이 녹말 입자들의 현탁액은 투명한 교질용액이 형성되며, 녹말의 농도가 크거나 냉각될 때는 흔히 풀(paste)로도 표현되는 반고체 상태(semi-solid)의 젤(gel)이 형성된다. 이상과 같은 변화의 전체 과정을 녹말의 호화, 젤라틴화 또는 교질화라고 한다.

노화는 호화 또는 젤라틴화된 녹말의 현탁액에서 녹말 분자들이 자연발생적으로 침전하여 불용성의 덩어리를 형성하는 과정을 말한다. 즉 호화된 녹말의 현탁액 중의 일부 녹말 분자들이 상호 간에 수소결합으로 다시 결합되는 과정을 통해 반결정성 상태(semi-crystalline state)를 보여준다. 따라서 노화는 호화된 녹말이 반결정 상태의 침전을 형성하는 과정이라 할 수 있으며 주로 아밀로스 분자들의 마이셀이 형성되는 것으로 추측하고 있다. 녹말의 노화 정도를 측정하기 위한 가장 보편적인 방법으로는 X-선 회절법, 시차주사열량계법, 물성측정법 등이 있다.

녹말의 노화가 진행되면 소화율이 저하될 뿐만 아니라 식품의 조직감에도 변화를 일으켜 바람직하지 않은 상태가 된다. 때로는 노화가 필요한 식품도 있으나 많은 녹말 식품들은 노화 발생을 품질 저하로 간주하고 이를 억제하고자 한다. 녹말의 노화에 영향을 주는 요인들로서는 녹말의 종류 및 농도, 수분함량, 온도, pH, 염류 등이 있는데, 일반적으로 옥수수, 밀 등의 곡류 녹말은 노화되기 쉬우며 감자, 고구마, 칡, 타피오카 등의 녹말은 잘 노화되지 않는다. 이러한 노화현상은 단지 녹말 함량, 아밀로스/아밀로펙틴 비율에만 의존하는 것은 아니지만 일반적으로 볼 때 아밀로스 함량이 큰 녹말일수록 노화되기 쉬우며, 그 반면에 아밀로펙틴의 함량이 클수록 노화되기 어렵다.

녹말의 노화속도는 일반적으로 녹말의 농도가 증가됨에 따라 증가하고 수분함량이 30~60 % 사이에서 노화가 잘 일어난다. 온도가 60 ℃ 이상에서는 노화가 잘 일어나지 않는다. 즉 온도가 60 ℃ 이하에서는 노화가 잘 일어나는데, 특히 0~5 ℃가 노화가 가장 잘 일어나는 범위이다. 반면에 냉동된 상태에서는 노화는 잘 일어나지 않으며, pH가 산성일 때와 수소결합을 촉진하는 염류가 존재할 때 노화가 촉진된다.

노화 억제방법으로는 수분함량의 조절, 냉동, 당 첨가, 유화제의 사용, 효소 이용, 변성녹말 사용 등이 있다. 앞서 언급한 노화의 영향을 고려할 때 수분함량과 온도는 노화의 속도와 정도에 영향을 주는 중요한 인자로서 이의 적절한 조절을 통해 노화를 억제할 수 있을 것이다. 하지만 식품에 따른 고유한 특성인 물성 및 보관온도 등을 고려할 때 이들의 조절은 한계가 있다.

유화제들은 호화 녹말의 노화가 중요하게 영향을 미치는 빵, 과자류의 스테일링(stailing)을 방지하는 데 효과적인 것으로 알려져 있다. 또한 최근에는 스테일링을 억제하고자 빵 등에 아밀레이스 효소를 사용하고 있다.

2. 산소에 의한 변질

식품을 구성하는 성분 중 지방질을 비롯한 향기성분들이 산소에 의하여 산화반응을 일으키며 이러한 변화는 품질에 상당한 영향을 미친다. 따라서 식품의 변질을 억제하고 가공 및 저장성을 높이기 위해서는 지방질의 산패와 관련된 변화과정을 이해하는 것이 중요하며, 이러한 산화반응에 영향을 미치는 요인들을 관리할 필요가 있다.

1) 지방질의 산화

식용유지나 지방질을 많이 함유하고 있는 유지식품은 가공 및 저장 중에 화학적·미생물학적인 여러 가지 원인에 의하여 불쾌한 냄새와 맛을 형성하여 그 품질이 저하되는 경우가 있는데, 이러한 지방질의 변질은 산패에 의하여 일어나는 경우가 대부분이므로 지방질의 변질을 산패와 동일하게 취급하는 경우가 많다. 지방질의 변질 또는 산패 현상은 식품가공·저장학 분야에서는 중요한 화학변화 중의 하나이므로 이에 대하여 충분히 이해하는 것이 필요하다.

지방질의 산패를 일으키는 원인으로는 여러 가지가 있으나, 대체로 다음과 같은 4가지 종류로 나눌 수 있다. 첫째는 수분, 산·알칼리, 지방질 가수분해 효소인 라이페이스(lipase)에 의하여 중성지방질이 지방산과 글리세롤로 분해되어 불쾌한 냄새나 맛을 형성하여 변질되는 가수분해에 의한 산패이다. 둘째는 지방질성분들이 산화에 의하여 산패되는 경우인데, 자동산화와 가열산화의 2종류가 있다. 셋째, 식물성 유지는 산화적 산패가 일어나기 전에 불쾌한 냄새와 맛을 나타내는 경우가 있는데, 이러한 현상을 향미 변환(flavor reversion) 혹은 변향에 의한 산패라고 한다. 마지막으로 지방질 또는 유지식품이 외부의 바람직하지 않은 냄새를 흡수하여 산패되는 경우가 있다.

한편, 유지의 산패는 다음과 같이 산화에 의한 산패(oxidative rancidity)와 비산화적 산패(non-oxidative rancidity)로 크게 나눌 수도 있다. 산화에 의한 산패는 지방질이 산소를 흡수함으로써 일어나는 산패를 말하며, 이것은 생화학적 산패와 비생화학적 산패로 나누어진다. ① 생화학적 산패는 주로 리폭시제네이스에 의한 불포화지방산의 산화를 말하며, 헴화합물이나 엽록소 등의 산화촉진제(prooxidant)에 의한 지방질의 산화도 이에 포함된다. ② 비생화학적 산패는 생화학적 물질과 무관한 자동산화에 의하여 일어나는 것으로서, 이것을 보통의 산화적 산패 또는 자동산화에 의한 산패라고 한다.

비산화적 산패는 산화에 의하여 일어나는 것이 아니며, 이것은 가수분해에 의한 산패와 케톤에 의한 산패로 나눌 수 있다. ① 가수분해적 산패는 중성지방질이 가수분해에 의하여 변질되는 것을 지칭하고, ② 케톤에 의한 산패는 저급 지방산을 함유한 지방질이 변질되는 경우인데, *Penicillium glaucum*과 같은 미생물의 작용에 의하여 홀수 탄소 수의 methyl ketone이 생성되어 불쾌한 냄새의 원인이 되는 것이다.

여기서는 산패의 대부분을 차지하는 가수분해에 의한 산패와 산화에 의한 산패, 효소에 의한 산패, 변향에 의한 산패 등에 대하여 이해하고자 한다.

2) 산화반응에 영향을 주는 인자

(1) 온도의 영향

일반적으로는 저장온도에 비례하여 산화반응속도가 상승한다. 그러나 산화반응의 특성상 예외적인 경우도 발견된다. 예를 들면 0℃ 이하에서 저장했을 때가 0℃ 이상에서 저장했을 때보다 지방질의 산화속도가 빠른 경우가 있다. 이것은 동결에 의해서 얼음 결정이 석출되어 금속촉매의 농도가 증가되는 효과에 기인하여 자동산화가 촉진되기 때문이다. 또한 저장온도가 높아짐에 따라 반응 생성물인 카보닐 화합물이 아미노 카보닐반응에 의해 소실되고 냄새가 감소되는 경우도 있다. 예를 들면 유제품을 고온에서 저장하면 이취의 본체인 2-alkenal류와 2,4-alkadienal류가 유단백질과 반응하여 감소하므로 오히려 이취가 억제된다.

(2) 금속의 영향

금속은 미량 존재하더라도 현저한 촉매작용을 하여 지방질이나 지방산의 자동산화를 촉진한다. 금속의 종류는 코발트, 구리, 철, 망간, 니켈 등 산화환원반응이 쉬운 중금속이 문제를 유발시킨다. 공업적으로 정제된 지방질일지라도 0.2 ppm의 구리나 미량의 코발트, 철 등을 함유하면 산화가 촉진된다.

(3) 광선의 영향

광선(3.8 Å 부근의 자외선)에 의해 과산화물의 분해속도가 빨라지며 이에 따라 분해 생성물인 알데하이드가 증가하고 이취 발생이 현저해진다.

(4) 산소분압의 영향

식품가공 및 저장 환경의 산소 분압이 낮을 때의 산화속도는 산소압에 비례하지만 약 150 mmHg 이상인 경우에는 산소압과 비례하지 않는다. 이러한 사실을 식품의 통조림 저장에 적용함으로써 통조림 저장 시 통 내부의 산소 분압을 일정한 값 이하까지 감소시켜야만 산화 억제 효과가 있음을 확인하였다.

(5) 수분의 영향

수분은 단분자막을 형성하여 식품 내 지방질이 공기 중의 산소 흡수를 억제하는데 이와는 달리 건조식품은 단분자막을 형성하지 못하여 산화되기 쉽다. 따라서 식품 표면이 물분자로 단분자막을 형성할 수 있을 정도의 수분을 함유한 식품이 가장 안전하다.

(6) 생화학적 물질의 영향

지방산의 산화를 촉진시키는 것에는 헤모글로빈, cytochrome 등의 헴 화합물, 엽록소 등의 감광물질, 리폭시제네이스 등의 효소가 있다. 지방산의 산화를 촉진하는 효소에는 리폭시제네이스와 리포하이드로퍼옥시데이스가 있는데, 이 효소들은 두류, 곡류 등 식물계에 분포하여 전자는 불포화지방산이 산화되어 과산화물이 될 때까지 촉매작용을 하고 후자는 과산화물의 분해를 촉매한다. 또한, 리폭시제네이스는 상온에서 작용을 시작하는 반면에 리포하이드로퍼옥시데이스는 가열해야만 활성화되어 작용하기 시작하는 특징이 있다.

(7) 산화 억제 물질의 영향

중성지방질과 공존하여 산화방지작용을 하는 것으로 인지방질이 있다. 천연에 존재하는 인지방질 중에서 중요한 것은 레시틴과 세팔린이다. 식물유지 중에 함유되어 있는 산화방지물질은 토코페롤, 세사몰과 플라보노이드 등이며 이것들은 페놀성 OH기를 갖고 있어서 산화방지 능력을 나타낸다. 따라서 페놀성 산화방지제가 인공적으로 제조되었는데 실용화된 것은 BHT(butylated hydroxytoluene), BHA(butylated hydroxyanisole), 갈산프로필(propyl gallate) 등이다.

산화방지제와 함께 첨가했을 때 산화 억제 효과를 증가시키는 물질이 있는데 이것들을 상승제(synergist, enhancer)라고 한다. 상승제에는 아스코브산, 시트르산, 피트산(phytic acid), methyl mercapto succinic acid, 중합인산염 등이 있다.

3) 지방질 이외의 식품성분의 산화

산화 중 가장 문제가 되는 성분은 지방질류이지만 이것 이외도 감귤류 등의 정유성분들이 terpene계 탄화수소의 산화에 의한 off-flavor 현상, 바이타민류의 산화에 의한 감퇴, 페놀계통 물질의 산화, 중합에 의한 착색현상 등이 있다. 이들 자동산화의 메커니즘은 완전히 해명되지 않았지만 대부분의 경우 과산화물을 중간 반응산물로 하는 일련의 라디칼 반응에 의한 자기 촉매적 자동산화의 메커니즘이 지배적이라고 알려져 있다.

(1) 정유성분

오렌지, 레몬 등 감귤류의 정유 중 오렌지는 *d*-limonene, *l*-linalool, *d*-, *l*-terpineol, citral, citronellal, *n*-capric aldehyde, *n*-nonyl alcohol, 카프린 에스터(caprylic esters), methyl-anthranilate, 폼산, 아세트산, 카프릴산, octyl alcohol 등으로 되어 있는데 terpene계의 탄화수소가 자동산화하고 중합, 가수분해, 수지화 등으로 알코올, 케톤, 에폭사이드, 과산화물 등이 생성된다.

(2) 바이타민류

바이타민 A의 자동산화는 ionone 고리구조의 불포화 부위에서 일어나고, 그 부위에 산화가교가 생성된다. 특히 이것은 헤민(hemin)이 촉매하며 산화 흡수량도 시간이 경과할수록 크게 증가한다. 바이타민 C[L-ascorbic acid(AH_2)]는 탈수소되어 L-dehydroascorbic acid(A)가 되고 A는 탈수되어 2,3-diketogulonic acid가 되는데 AH_2와 A의 산화반응은 가역적이며, AH_2의 자동산화는 pH와 농도에 따라 산화반응속도가 일정하지 않다.

바이타민 E는 순수한 상태에서는 안정하지만 불포화지방산과 공존 시에는 불포화지방산의 산화과정에서 생기는 라디칼에 수소가 관여하여 안정화됨과 동시에 자신은 산화한다.

(3) 천연색소

카로텐은 켤레 이중결합으로 결합된 탄화수소로 되어 있기 때문에 자동산화가 쉬우며, 산소 흡수량도 시간에 따라 커진다. 잔토필의 자동산화는 3-hydroperoxide의 생성으로부터 출발한다고 추정하고 있다. 엽록소도 과산화물에서 유래되고 있으며 이때의 산화반응을 allomerization이라고 한다.

3. 열에 의한 변질

식품 변질 원인인 미생물 증가, 효소반응, 호흡현상, 화학반응 등은 저온(냉장 또는 냉동) 처리를 하거나 혹은 가열 처리를 통하여 억제되므로 저장에 유용한 방법이다. 하지만 일부 성분 혹은 식품에서는 변질이 일어날 수 있다. 따라서 저온에서 발생되는 변질뿐만 아니라 가열과정에서 일어나는 변화에 대하여 생물학적, 물리적, 화학적 변화는 물론 가열에 따른 품질의 변화를 우선 온도의 함수로 살펴보아야 하며, 탄수화물의 변화 중 캐러멜화, 아미노카보닐반응, 호화, 단백질의 변성 등은 물론, 수용성 바이타민과 지용성 바이타민, 식품 고유의 색깔 및 향기 변화에 대하여 이해할 필요가 있다.

1) 저온(냉장 및 냉동)에서의 변질

(1) 생물학적 변화

① 냉해

냉해(chilling injury, cold injury) 또는 저온 장해라고 불리는 변질로서 열대 또는 아열대성 과채류 식물을 최적 저장온도 이하(어는점보다 높으나 최적 저장온도보다 낮은 범위)에서 저장했을 때 손상되는 생리 장해를 말한다. 호흡작용 변화나 막투과성 변화 등의 이상 대사현상이 발생하여 갈변, 붉은 반점 발생, 표면 손상 등의 증상을 보인다. 예를 들면 바나나를 최적 저장온도(12~13 °C) 이하에 저장(냉장고 등)하면 과피가 흑변으로 빠르게 진행되는 현상이다(표 2-3). 이에 대한 정확한 메커니즘은 아직 확립되지 않았으며 하나의 가설로서는 열대성 식물은 녹는점이 높은 포화 지방을 많이 함유하고 있어서 저온에서 지방질이 다른 성분과 결합된 고체 형태로 전환되어 세포벽에 이상이 생기는 것에 기인한다는 것인데, 세포벽에 단단히 결합되어 있던 효소 등 구성성분의 이탈이 가속화되어 변질반응이 증가하는 것으로 예측된다. 온도뿐 아니라 저장기간, 과채류의 성숙도, 저장 공기 조성, 습도 등이 냉해에 영향을 주는데, 이러한 냉해는 마늘에서도 나타난다. 다진 마늘을 이용할 때 녹색으로 변하는 현상이 나타나는데, 이를 녹변 또는 청변이라고 한다. 녹변은 모든 품종의 마늘에서 나타날 수 있으며 수확 후 저장 조건, 특히 저온(10 °C 이하)에서 약 4개월 이상 장기간 보관한 저장마늘에서 종종 나타난다. 저온에서 오랜 기간 저장했던 마늘일수록 다진 후 녹변이 빨리 나타나며 진한 청색으로 변한다. 녹변은 밭 마늘보다는 논 마늘에서 많이 나타난다고 알려져 있다.

표 2-3 채소, 과일의 저장 적온

종류	저장 적온(℃)	종류	저장 적온(℃)
바나나	13~15	복숭아	4
고구마	10~13	사과	-1~11
호박	10~13	당근	0
파인애플	5~7	양파	0
토마토	4~10	양배추	0
밀감	4~7		

② 신선도 저하

대부분의 과채류는 수확 후에도 호흡에 의한 성숙작용을 계속 유지하는 생명현상을 보인다. 식물의 호흡현상은 호기적 호흡작용을 하면 이산화탄소, 물, 열, 휘발성 물질 등이 생산되므로 호흡속도가 빨라지면 식품의 변화가 빠르다는 것을 의미한다. 따라서 생명현상과 관련된 과정을 지속하여 미생물에 대한 자연방어 메커니즘 및 신선도를 유지할 수 있는 최저의 호흡속도를 유지하는 것이 중요하다. 이러한 생명현상은 온도가 낮을수록 천천히 진행되므로 저온에서 적절한 기간에 원하는 숙성 정도를 완수할 수 있다. 하지만 저온에서도 억제가 되는 상태로 멈추어 있는 것이 아니므로 성분상의 변화는 진행된다.

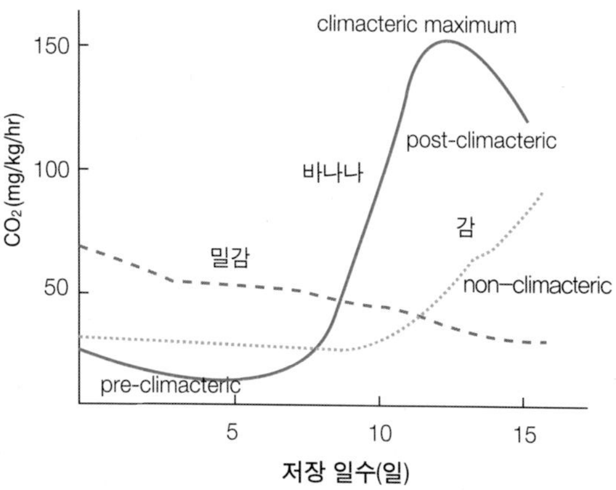

(점감형 : - - - , 일시 상승형 : —— , 말기 상승형 : ······)

그림 2-5 수확 과일들의 호흡작용(유, 무 현상의 후숙 사이클: climacteric and non-climacteric cylce)

또한 어떠한 과채류는 일정한 온도에서 저장하였을 때 일정한 속도로 호흡하지 않고 어느 분기점에서 급격한 호흡작용을 보인다. 이러한 호흡을 보이는 것을 climacteric rise 현상이라 한다(그림 2-5). 따라서 이러한 과채류의 호흡작용으로 품질이 좋아지는 경우도 있으나 일반적으로 선도가 떨어져 상품성을 잃는 상태를 선도 저하라고 한다. 이는 단지 과채류뿐만 아니라 육류에서도 발생한다. 육류에서는 사후에 생명현상은 발생하지 않으나 자가분해(autolysis, 자기소화)가 진행되어 적절한 정도의 맛과 향을 향상시키는 작용도 있다. 그러나 이러한 처리도 너무 지나치면 육류의 선도가 저하되어 상품성을 잃을 수 있다.

③ 미생물 생육

저온, 특히 냉장은 미생물의 생육을 지연시키는 것으로 미생물의 번식을 완전히 저지시킬 수는 없다. 특히 최근 미생물들도 진화하여 과거보다 저온에 대한 내성이 더욱 강한 미생물들이 출현하고 있으며 대부분의 저온성 미생물은 위해균이므로 이에 따른 변질을 유념하여야 한다. 저온성 세균은 식육, 어패류, 우유 등의 저온 보존식품에서 증식하여 식품의 변질, 부패 등 직간접적으로 오염을 일으킬 가능성이 있다. 냉동 중에는 사멸되지 않고 대부분의 살아있는 미생물의 활동이 감소한다. 미생물 종류에 따라서는 낮은 온도에서도 미생물이 생존할 수 있으나 일반적으로 생물학적 반응이 아주 느려지거나 완전히 멈춘다. 특별한 효모나 곰팡이는 -18 ℃에서도 생존한다고 보고되었으며 포자는 더 낮은 온도에서도 생존 가능하다. 따라서 저온에서 장기간 저장하면 미생물에 의한 변질이 발생한다.

(2) 물리·화학적 변화

① 수분 증발

습도 조절이 잘 안 되는 일반 냉장고에 저장할 때 고수분 식품(과채류, 육류 등)은 수분이 쉽게 증발하는데, 일반적으로 과채류의 수분 손실이 4 % 정도면 식용에 치명적이다. 냉장 저장 시에 식품 중의 수분이 증발하면 중량이 감소하고 과일이나 채소는 위축, 연화, 변색 등의 현상이 함께 발생한다. 수분 증발은 산화작용도 동시에 진행되는 경우가 많아 변질을 더욱 촉진시키며, 녹말의 경우에는 수분 증발이 노화를 촉진시킨다.

② 냉동변질

냉동된 식품에서도 수분 손실이 일어난다. 특히 육류에 많이 발생하는데 장기간 냉동 저장된 식품의 표면(고압)과 주위(저압)의 압력 차이로 인해 수분의 증발(얼음의 승화)이 비가역적으로 점차 내부로 진행되어 다공질의 건조층이 생기게 되는데, 이러한 현상을 냉동변질(freeze burn)이라 한다. 냉동변질은 냉동식품의 색, 조직, 향미, 영양가, 휘발성 물질 등을 비가역적으로 변화시켜 품질의 저하를 일으키는데, 냉동변질을 방지하기 위해서는 공기와의 접촉을 막아주는 포장 등이 효과적이다.

③ 얼음 형성에 의한 조직 변화

식품 내 수분이 냉동되면 약 9 % 정도 체적이 팽창하여 세포나 조직에 기계적 손상을 줄 수 있다. 또한 냉동식품의 경우 얼음의 결정 형태 및 수는 냉동속도 등에 의해 좌우되는데 냉동속도를 빠르게 한 급속동결은 미세한 얼음 입자가 세포 내에 균일하게 분산되어 품질 손상이 거의 없다. 그와 반대로 완만한 속도로 동결시킨 식품 중의 얼음 입자는 결정이 크고 모양도 다양하며 세포가 찌그러진 모양으로 손상되어 식품의 품질을 크게 떨어뜨린다. 한편 급속동결한 식품도 냉동 저장 상태에서 매우 불안정하여 얼음 결정의 수, 크기, 모양, 배열 등의 변화가 발생되는데 이러한 현상을 얼음 입자의 재결정이라고 부른다. 순수한 물의 경우에는 −96 ℃에서도 재결정이 일어난다. 얼음의 재결정은 대부분이 크기가 작은 얼음이 큰 얼음 입자에 흡수되면서 얼음 입자의 크기가 증가되어 완만동결과 같은 손상을 일으킬 수 있다. 따라서 저장기간이 오래되면 얼음 크기가 증가하여 세포의 형태를 변화 혹은 기능을 잃게 하여 품질을 떨어뜨릴 수 있다(그림 2-6).

냉동에 의한 품질 저하는 과실류가 동물성 식품이나 곡류에 비하여 세포구조의 차이로 현저하게 발생한다. 과실류 세포는 동물성 세포와 달리 액포가 존재하므로 액포가 손상되

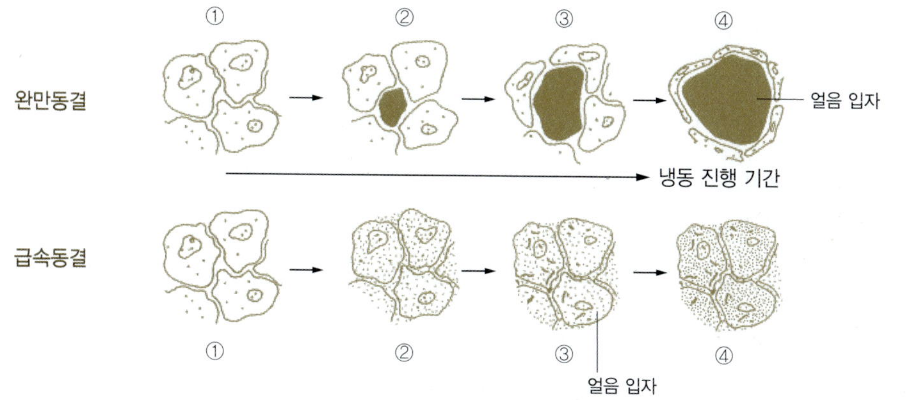

그림 2-6 완만과 급속 동결 중 조직에서의 얼음 결정진행 과정 비교

면 다량의 액이 유출되기 쉽다. 또한 동물성 세포는 냉동에 대한 내성이 있어 과실류만큼의 품질 저하가 일어나지 않는다.

④ 드립 발생

드립(drip)은 식품에서 용액이 분리되는 현상을 말한다. 일반적으로 냉동식품을 해동할 때 많이 발생한다. 이는 냉동 중에 식품조직의 물리적 손상으로 보수력이 감소하여 방출되는 것으로 최대 빙결정 생성대를 통과하는 시간과 밀접한 관계가 있는데 급속동결이 완만동결에 비하여 드립이 적고 식품의 형태도 원래의 모습에 가깝다. 드립된 용액 속에는 단백질, 염류, 바이타민 등과 같은 수용성 영양성분이 있으며 풍미, 중량 감소 및 조직감 저하에 관여한다. 냉장에서도 고기의 드립이 발생하는데, 특히 스트레스를 받은 돼지를 도살하여 0~5 ℃로 갑자기 온도를 내리면 고기가 수축되어 수분 보유능이 감소하여 육즙이 방출되며 경직한다.

⑤ 유화계의 파괴

유화(emulsion)란 서로 섞이지 않는 2종류 액체를 계면활성제 등의 유화제를 넣어 현탁액으로 만드는 조작을 말한다. 일반적으로 유화액의 종류는 수중유적형(W/O) 또는 유중수적형(O/W)이 있으며, 이러한 유화능은 냉동에 의해 불안정해져 서로 잘 섞여 있는 현탁 유화액이 파괴될 수 있다.

⑥ 단백질의 변성

대부분의 단백질은 냉장온도에서 안정하지만, 일부 단백질에서는 변성이 발생하는 경우도 있다. 냉동에서는 단백질 변성이 흔히 발생한다. 일반적으로 단백질이 비가역적으로 변성이 되면 용해성, 점도, 젤 형성능, 기포 형성능 등이 변화하는데, 이러한 변화의 주된 원인은 냉동 상태에서 단백질식품에 변성이 일어나면 조직감 등의 품질이 떨어지고 해동할 때 드립이 발생하기 때문이다. 따라서 식품의 품질을 유지하기 위해서는 단백질의 냉동변성을 방지하는 것이 중요하다.

단백질 냉동변성은 냉동온도가 낮으면 낮을수록 억제된다. 따라서 단백질의 냉동변성 방지를 위하여 매우 낮은 온도(-30 ℃ 이하)에서의 냉동 저장방법과 새로운 냉동 저장 기계의 개발이 제안되고 있으나 고비용 등의 이유로 식품산업계에서 활발하게 이용되고 있는 실정은 아니다. 하지만 단백질 변성 방지제는 적은 비용으로 품질을 유지할 수 있어서 널리 이용되고 있다. 특히, 생선 단백질이 다른 근육 단백질(쇠고기, 돼지고기 또는 가금류)보다 냉동변성이 쉽게 일어나므로 냉동 저장 시 생선 단백질의 변성을 방지하기 위하여 냉동변성 방지제의 개발에 힘쓰고 있다. 현재 어육 고기풀(surimi) 제조에 일반적으로 이용되고 있는 냉동변성 방지제는 저분자의 당들과 당알코올들로서 설탕과 소비톨이 1:1의 비율로 8 %(w/w) 첨가된 것을 사용하고 있다. 이들은 상대적으로 값이 싸고, 이용이 쉬우며, 갈변화 반응이 적고 우수한 물성을 보여 조리 시 영양 감소와 드립에 의한 손실을 저감화하고 경도를 증가시키는 장점을 가지고 있어 상업적으로 널리 사용되고 있다. 그러나 다량으로 첨가했을 때는 감미가 높아지는 단점이 있어 이들과 동일한 효과를 가지는 저감미의 새로운 소재 개발이 활발히 진행되고 있다. 최근에는 자당(sucrose)에 비해 저감미도를 나타내는 고분자들인 polydextrose, maltodextrins 및 올리고당들이 냉동변성 방지 효과를 나타내는 것으로 보고되고 있다.

TIP 유화시스템이 붕괴되면?

우유를 냉동하였다가 녹여서 보관 후 먹게 되면 균질화된 유지방의 유화 상태가 깨져서 밑부분은 탈지우유, 윗부분은 지방층으로 분리된다.

마요네즈를 냉장고의 낮은 온도에서 오래 보관하면 유화시스템이 붕괴되어 식초 등 물성분과 기름성분이 분리되는 현상을 보이는 경우도 있다.

⑦ 녹말의 노화

호화된 녹말(α녹말)은 실온에서 시간이 경과되면서 점점 굳어져서 노화(retrogradation)된 녹말(β녹말)으로 되돌아가는데, 이러한 노화는 수소결합의 증가로 불규칙적인 배열을 하고 있던 녹말 분자들이 규칙적인 분자 배열을 한 마이셀 구조로 되돌아가기 때문이다. 온도가 낮을수록 녹말 분자 사이의 수소결합이 증대되는 경향이 있는데, 냉장온도인 0~5 ℃가 가장 노화가 잘 일어나는 범위이다. 특히 떡이나 빵이 실온보다 냉장고에서 더욱 빨리 굳는 것은 이러한 녹말의 노화현상이 촉진되기 때문이다. 녹말에 노화가 진행되면 소화율이 저하될 뿐 아니라 식품의 조직감에도 변화를 일으켜 바람직하지 않은 상태가 된다. 때로는 노화가 필요한 식품도 있으나 많은 녹말 식품은 노화 발생을 품질 저하로 보고 이를 억제하고자 한다.

빵 제품에서는 노화와 스테일링(staling)이라는 용어를 오랫동안 서로 혼동하여 사용하였다. 노화와 스테일링을 구분하자면 노화는 단지 녹말의 결정화를 정의하고 스테일링은 녹말의 결정화가 주요한 과정이나 녹말 이외 성분들의 변화들도 고려한 것이다. 그러나 빵의 스테일링은 주성분인 녹말의 노화가 주원인으로 사실상 구분이 어렵다. 빵을 제조한 후 시간이 지나면서 빵 속 조직이 점차로 단단해지며 탈수 또는 건조 현상, 유지의 산패, 단백질 변성 등이 발생하여 맛과 향이 급속도로 저하된다. 이와 같은 품질의 저하를 빵 스테일링이라 한다. 따라서 빵 제품은 냉장 저장 시 스테일링이 발생하므로 주의하여야 한다. 노화 억제방법으로는 수분함량의 조절, 냉동방법, 당 첨가, 유화제의 사용, 효소 이용, 변성녹말 사용 등이 있다. 떡 제품에서도 빵과 같이 스테일링이 중요한 품질 저하의 원인이나 떡에서의 노화 억제 연구는 빵에 비해 상대적으로 미미하여 이에 대한 연구가 필요하다.

⑧ 효소작용

효소의 경우도 미생물과 같이 저온에서 반응이 완전히 억제되지는 않는다. 더욱이 효소는 냉동 상태에서도 활성이 중단되지 않고 단지 속도만 늦어지는 경우가 종종 발견되므로 미생물보다도 저온에서 변질현상에 중요한 영향을 미친다고 할 수 있다. 효소의 활성은 완전히 동결된 상태보다는 부분적으로 냉동된 상태에서 많은 문제를 일으킨다. 즉 부분적인 냉동이 일어난 식품에서는 비동결 부위에서 용질이 농축된 현상을 나타내므로 효소의 반응이 촉진된다. 그림 2-7과 같이 냉동 전과 부분 냉동된 상태를 비교하면 용질이 약 2배(②)와 6배(①) 정도 농축되는 효과를 볼 수 있다. 따라서 비농축된 부분에 효소와 기질이

	초기 저농도	초기 고농도
동결하지 않은 상태 동결 상태	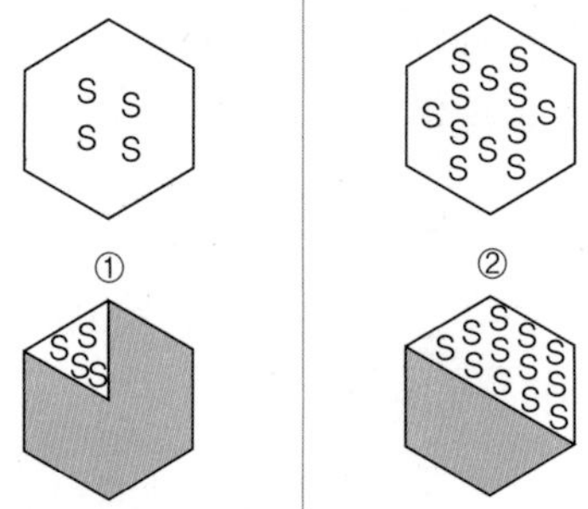	
비동결 상태에서의 용질의 농도	4 S/L	12 S/L
동결 상태에서의 용질의 농도	24 S/L	24 S/L

그림 2-7 식품 동결에 의한 용질의 농축 효과

(S = 용질 : 수분을 제외한 나머지 부분은 동일하며, 이상적으로 거동한다는 가정하의 모식도)

존재하므로 효소의 반응이 증대된다. 또한 라이페이스, 포스포라이페이스, 리폭시제네이스 등은 -20 ℃에서도 활성을 보이는 경우가 있다. 채소류(배추, 시금치 등)를 장기간 냉동 저장하였을 때 생선 비린내와 유사한 냄새가 발생하는데, 그 원인은 포스포라이페이스에 의한 작용이라는 연구보고가 있다.

⑨ 색, 바이타민 및 향의 변화

채소류의 냉동 저장 시에 색 및 향미의 변화가 일어날 수 있는데 특히 녹색채소의 엽록소가 파괴되어 페오피틴(pheophytin)으로 변환되면 갈색 및 황색으로 변화가 일어난다. 또한 카로테노이드와 안토사이아닌 등의 색소도 냉동 중 산화 등의 작용으로 색이 변화된다. 동물성 색소에 중요한 인자인 마이오글로빈/헤모글로빈도 산화되어 갈변이 일어나게 된다. 색소와 마찬가지로 바이타민들도 냉동 저장 시 파괴되는데, 특히 바이타민 C의 손실이 높다. 온도가 낮을수록 향의 변화는 적으나 냉동 및 냉장에서도 향의 변화는 계속 진행된다. 연구에 의하면 과일(예: 파인애플) 및 지방질 함량이 높은 고기 등은 냉장 저장에서 과일은 호흡과 발효에 의해, 고기는 지방산화에 의해 이취가 발생하므로 향미 화학적 품질 저하도 보고되었다. 또한 냉장 저장 시에는 향기나 냄새가 심한 식품과 다른 식품을 같이 가공·저장하면 향이나 냄새가 다른 식품으로 옮겨질 수 있으므로 주의해야 한다.

⑩ 지방질의 변화

냉동에서도 지방질의 산화가 발생한다. 지방질의 산화는 풍미의 저하, 변색, 산패 등을 일으킨다. 특히 지방질 함량이 높은 육류 및 어류 식품에서 품질을 떨어뜨리는 중요한 원인으로 지적되고 있다. 지방질의 산화는 비교적 높은 냉동온도에서 장기간 저장한 경우에 일어난다. 일반적으로 지방산의 형태가 중성지방질보다 산화속도가 매우 빠른데, 냉동온도에서도 라이페이스의 활성이 존재하므로 중성지방질에 작용하여 지방산을 생성하게 함으로써 산화를 촉진시킨다.

2) 가열에 의한 변질

(1) 식품가공·저장 중 가열에 따른 품질 변화 반응의 속도론

식품 중의 미생물을 살균하거나 효소작용을 억제하기 위해 식품을 가열하게 되는데 식품의 온도는 가열매체의 온도에 도달할 때까지 계속 상승하게 되며, 식품의 온도가 상승하면 식품 내에서 여러 가지 반응이 활발하게 일어난다. 하지만 목표로 하는 살균이나 효소파괴만 일어나는 것이 아니라 원하지 않는 성분의 변화나 각 성분들 간의 반응으로 품질이 변화하고 신선도가 떨어지게 된다. 식품 중의 탄수화물, 단백질, 지방질, 바이타민뿐만 아니라 색소나 약리성분 등 특수성분도 온도 상승에 따라 변화한다. 이에 따라 식품의 영양성분, 색깔, 풍미, 물성 등의 변화가 일어나 질적 저하가 초래되므로 이에 대해 주의를 기울여야 하고, 이러한 품질 변화를 최소화하기 위해 초고압 등 여러 가지 비가열처리(non-thermal treatment) 기술이 적용되기도 한다.

모든 반응속도는 온도가 올라가면 빨라지는데 변질과 관련된 반응속도도 이와 마찬가지이므로 온도가 올라가면 그만큼 저장기간도 짧아진다. 이러한 온도에 따른 반응속도의 증가배수를 Q_{10}값 또는 온도계수라고 부르는데, 이는 온도가 10℃ 증가할 때 반응속도의 증가 비율로서 다음 식 (2-6)과 같이 정의된다.

$$Q_{10} = \frac{k_{T+10}}{k_T} \qquad (2\text{-}6)$$

여기서 k_T는 T℃에서의 반응속도, k_{T+10}은 (T+10)℃에서의 반응속도이다.

(2) 탄수화물의 변화

탄수화물 중에서 당류는 단독으로 또는 다른 성분과 상호반응하여 갈변을 일으키거나 이취를 생성하는 등 품질 저하를 유발한다. 당류가 단독으로 반응하는 대표적인 변질의 예로서 캐러멜화(caramelization)를 들 수 있다. 고리구조의 환원당은 안정하지만 반응성이 높은 enol형은 탈수, 분해되어 5-hydroxymethyl-2-furfural(HMF)을 형성하고 이어 축합을 통해 고분자화하면서 수지 상태의 갈변물질로 변하게 된다. 캐러멜화는 pH 6.5~8.2에서 잘 일어나지만 산성이나 알칼리성에서도 진행되는데 이는 산이나 알칼리가 당의 고리구조를 파괴함과 동시에 enol화를 촉진하기 때문이다. 비환원당인 설탕은 포도당 등의 단당류와 비교할 때는 상대적으로 안정하지만 산성조건이나 고온조건에서는 가수분해 및 탈수 과정을 거치면서 캐러멜화가 진행되어 갈변한다. 이러한 캐러멜화는 상대적으로 높은 온도(180~200 ℃)에서 진행되는 것이 일반적이다.

식품에는 당류만 존재하는 경우보다 아미노산, 아민류, 펩타이드, 단백질 등 질소화합물이 공존하는 경우가 더 흔하기 때문에 당류와 질소화합물의 상호반응에 의한 갈변반응, 즉 메일라드반응(Maillard reaction) 또는 아미노카보닐 반응이 잘 일어난다. 단당류 중에서 5탄당이 6탄당보다 반응속도가 빠르고, 단당류가 이당류보다 반응성이 크다. 또한 포도당 등의 알도스와 과당 등의 케토스는 반응기구가 다른데, 케토스는 단독으로 enol화를 일으키기 때문에 반응 초기에는 과당이 포도당보다 반응속도가 빠르다가 반응 후기에는 역전되는 경향을 보인다. 또 글루코사민과 같은 아미노당도 갈변되기 쉬우나 소비톨과 같은 당알코올은 갈변이 잘 일어나지 않는다. 아미노산 중에서 라이신이나 아르지닌과 같은 염기성 아미노산이 아민기가 많아서 글리신과 같은 중성 아미노산이나 글루탐산과 같은 산성 아미노산보다 갈변을 일으키기 쉽다. 메일라드 갈변반응은 온도가 상승하면 반응속도가 빨라지는데 그 Q_{10}값은 2~3이다.

또한 식품의 pH가 증가할수록 빨라지는데 알칼리성 pH에서 가장 빠르며, pH 3 이하의 산성 조건에서는 반응속도가 매우 느리다. 식품의 수분함량이 10~15 %일 때 반응속도가 가장 크고, 수분함량이 이보다 작거나 많으면 오히려 반응속도가 감소한다. 온도가 80 ℃보다 낮은 조건에서는 산소가 반응을 촉진시키지만, 온도가 80 ℃보다 높아지면 산소 존재 유무가 반응에 영향을 끼치지 않는다. 이 외에도 철이나 구리 등의 금속이온이 존재하면 반응이 가속된다.

이와 같은 메일라드반응에 의해 식품의 색깔은 갈변하여 달라지고, 향기성분의 생성으로 냄새도 달라지며, 라이신과 같은 필수아미노산의 손실도 일어난다. 최근 감자와 같은 식품에 자연적으로 존재하는 아스파라진과 당의 메일라드반응에 의해 아크릴아마이드(acrylamide)가 생성될 가능성이 제기되었다. 인간에 대한 잠재적 발암물질로 의심받고 있는 아크릴아마이드는 120℃ 이상에서 온도가 상승함에 따라 그 농도가 증가하는데, 삶거나 찌는 과정에서는 거의 검출되지 않는데, 튀기거나 굽는 과정에서 일정량 이상이 생성된다고 한다.

식품 중에 녹말이 수분과 함께 존재하는 경우 가열을 통해 호화가 일어난다. 수분함량이 높으면 호화가 잘 일어나지만 수분함량이 적으면 더 높은 온도로 가열해야 호화가 일어난다. 호화온도는 대략 60℃ 전후이며, 온도를 높이면 호화시간이 짧아진다. 식품의 pH가 알칼리성일 때 호화가 가장 잘 일어나고, 그 다음 중성 pH, 그리고 산성 pH의 순서이다. 호화와 달리 녹말을 150~190℃의 비교적 높은 온도에서 가열하면 포도당 사이의 글루코사이드 결합이 절단되어 가용성의 덱스트린이 형성된다. 이 덱스트린은 녹말보다 분자량이 작고 물에도 녹기 쉬우며 효소작용도 받기 쉬워 소화도 잘 된다.

(3) 단백질의 변화

식품을 가열하면 단백질이 응고되어 구조가 바뀌는 변성(denaturation)이 일어나면서 점도 증가, 용해도 감소(소수성기의 표면 노출로 친수성 감소), 생리활성의 변화(효소의 불활성화, 면역기능의 소실, 알레르기항원 감소), 색의 변화(마이오글로빈의 산화로 갈색의 메트마이오글로빈 형성), 소화성 향상(소화효소의 접근성이 좋아지고 효소의 작용부위가 증가), 점탄성 구조의 형성(어육 단백질 가열로 어묵 제조), 산화방지성의 증가, 활성기 노출로 인한 반응성 증가 등이 일어난다. 단백질의 열에 의한 변성은 55~75℃에서 잘 일어나며 온도가 높아지면 변성속도도 빨라진다. 또한 수분이 많으면 상대적으로 저온에서 열변성이 잘 일어나며, 열변성은 단백질의 등전점에서 잘 일어나기 때문에 pH를 등전점에 가까운 산성으로 만들어 주면 열변성 온도가 낮아진다.

단백질 식품을 가열하면 메일라드반응에 의해 라이신 등의 필수아미노산의 손실도 일어나는데, 특히 곡류 단백질의 경우 가열온도가 상대적으로 높은 경우가 많기 때문에 생물값(biological value)의 급격한 감소가 일어나기 쉽다. 우유 단백질은 카세인의 열 안정성 때문에 축육 단백질이나 달걀 단백질에 비해 열에 안정한 편이지만 가열 살균시 유청 단백질인 β-lactoglobulin이 변성되어 가열취가 형성된다. 반면에 대두를 가열하면 대두에 함유되어 있는 트립신 억제물질을 불활성화시켜 대두 단백질의 소화성과 활용도를 향상시킨다. 단백질에 시스틴, 시스테인, 메싸이오닌 등 황함유 아미노산이 많이 함유되어 있을 경우 100 ℃ 이상의 온도에서 가열하면 유리된 유황성분이 환원되어 H_2S를 형성하고 이것이 식품 중의 철이나 용기재료와 반응하여 FeS와 같은 황화물을 형성하여 흑변의 원인이 된다. 이러한 흑변은 통조림 제조시 축육 단백질, 달걀 단백질, 옥수수 단백질(zein), 강낭콩 단백질(legumelin) 등에서 일어나기 쉽다.

또한 단백질을 가열할 때 아미노산 사이에 가교결합이 형성될 수 있는데 그중에서 신장의 비대를 유발하는 것으로 알려진 라이시노알라닌(lysinoalanine)이 있다. 이것은 원래 대두를 알칼리 처리할 때 많이 생성되는 것으로 알려졌는데 실제로는 우유를 가열하여 제조하는 농축우유, 가당연유에서도 발견되고 있으며 가열온도가 높아질수록 생성속도도 빨라진다. 육류에 들어 있는 마이오신이나 액토마이오신 등의 근원 섬유 단백질은 가열하면 응고와 수축이 일어나 육제품의 텍스처를 달라지게 하며, 육가공시 보수력과 결착력을 좌우하게 된다.

특히 어육 단백질에 소금 1~2 %를 첨가하여 가열하면 탄성이 있는 젤을 얻을 수 있다. 또 콜라겐, 엘라스틴과 같은 육기질 단백질은 육류의 질긴 텍스처의 원인이 되는 단백질인데 그중에서 콜라겐은 가열하면 수용성의 젤라틴이 되어 텍스처가 부드러워지고 소화성이 향상된다.

(4) 지방질의 변화

지방질을 함유한 식품을 가열하면 산화로 인한 산패가 일어나 식품에 불쾌한 냄새와 맛을 부여할 뿐만 아니라 중합 등의 반응으로 분자량이 큰 이중체, 삼중체 등의 중합체나 고리형 화합물이 형성되고, 이런 유지식품을 섭취할 경우 소화기관의 자극, 내장기관의 비대화, 성장 억제 등이 일어날 수 있다. 특히 오랫동안 반복 사용한 튀김유는 성장 억제 등의 독성효과는 물론 발암성까지 있는 것으로 의심받고 있다. 특히 가열 산화된 식용유지를 사용하여 만든 비스켓, 스낵류 등은 유해한 산화 생성물의 함유 가능성도 있고, 지방질성분이 표면적이 넓은 피막상태로 식품 중에 존재하기 때문에 저장온도가 상승할 경우 더욱 산화되기 쉬우며, 산화로 인해 필수지방산이나 바이타민의 손실도 발생한다.

(5) 바이타민의 변화

① 지용성 바이타민

바이타민 A는 산소 존재 하에서 가열하면 손실이 있지만 보통의 조리 조건에서는 안정하다. 우유를 저온 살균 또는 고온 살균할 때 바이타민 A는 약간 손실되며, 녹색채소 통조림의 경우 바이타민 A의 활성은 15~20 % 저하되나, 통조림 수프 등에 착색료로 첨가하는 β-카로텐은 대단히 안정하다. 바이타민 D는 바이타민 A와 같은 정도로 안정하며 우유를 살균할 때 바이타민 D는 충분히 안정하게 유지된다. 바이타민 E는 대기 중의 산소에 대해 예민하고, 조리시 손실은 크지 않지만 채소 통조림 살균 시에는 상당한 손실이 있다.

② 수용성 바이타민

바이타민 C는 과일이나 채소를 데쳐서 아스코브산 산화효소를 불활성화시키면 안정화되기 때문에 가열조건이 적절할 경우 그 손실을 10 % 이하로 줄일 수 있다. 또한 산 함량이 높은 감귤 주스 통조림은 가열 후 바이타민 C가 90 % 이상 유지된다. 우유의 저온 살균과 UHT 살균에서 바이타민 C의 손실은 20 % 내외인데 탈기과정을 거쳐 우유 내의 산소를 제거하면 안정성이 더욱 높아진다.

바이타민 B_1의 경우 가열손실은 식품의 종류, 가열 조건에 따라 크게 달라지는데, 우유의 경우 병조림 살균하면 25 % 손실되나 HTST 또는 UHT 살균하면 손실을 10 % 이내로 줄일 수 있다. 바이타민 B_2는 바이타민 B_1에 비해 가열에 대해 저항성이 크기 때문에 식품 가열시 손실을 무시할 수 있을 정도이나, 빛에 대한 감수성이 높기 때문에 빛을 쪼이거나 빛을 쪼이면서 가열하면 손실이 커지게 된다. 나이아신은 바이타민 B그룹 중에서 가열에 대해 가장 안정한 편이다. 바이타민 B_6와 판토텐산은 바이타민 B_1보다 가열에 안정하고, 콩, 쇠고기, 우유의 가열시 그 손실이 10 % 이내이다. 폴산은 우유를 병조림 살균하면 50 % 손실되고, UHT 살균하면 10~20 %의 손실이 생기며, 바이타민 B_{12}는 전자에 의해 100 %, 후자에 의해 20 % 손실이 생긴다. 바이오틴의 경우 어육제품이나 우유의 살균에서 가열에 의한 손실은 거의 없다.

(6) 색깔의 변화

녹색의 엽록소(chlorophyll)은 가열에 의해 Mg을 잃고 페오파이틴으로 변하여 퇴색되며, 엽록소 a가 엽록소 b보다 열에 예민하다. 엽록소은 알칼리에 의해 클로로필린(chlorophyllin)이 되어 짙은 녹색을 띠게 되므로, 채소 조리시 탄산수소소듐을 사용하거나 가공할 때 원료를 석회수에 침지하면 녹색이 잘 유지된다. 또한 엽록소와 클로로필린의 Mg이 Cu와 같은 다른 금속으로 치환되면 녹색이 안정화되기 때문에 녹색 완두(green pea) 통조림 제조시 황산동이나 클로로필린의 구리염을 사용한다. 안토사이아닌은 딸기, 포도, 복숭아, 사과 등의 과실에 함유되어 있는데 산화·환원이나 가열에 의해 퇴색하기 쉽기 때문에 통조림 제조시 색도 유지가 쉽지 않다. 카로테노이드는 지용성이고 산소나 빛에 불안정하여 변색되지만 가열에는 비교적 안정하다. 육류의 색소 단백질인 마이오글로빈은 가열함에 따라 메트마이오글로빈으로 산화되어 갈색으로 변하고 아질산염을 첨가하여 가열하면 나이트로소마이오글로빈(nitrosomyoglobin)이 되어 안정한 선홍색을 띤다.

(7) 향기의 변화

식품을 가열하면 여러 가지 향기가 발생하는데 이 가열 향기는 주로 메일라드반응에 의해 생성되고, 그 밖에 지방질의 분해나 함황화합물 등의 열분해에 의해 생성되기도 한다. 빵을 구울 때, 홍차를 제조할 때, 커피나 코코아를 볶을 때 메일라드반응에 의해 피라진(pyrazine)류가 생성되어 향기를 준다. 달걀을 삶을 때나 밥을 지을 때 H_2S가 냄새를 제공하고, 양배추와 같은 채소류를 삶을 때 dimethyl sulfide 등이 발생하여 냄새를 느끼게 되며, 파나 양파를 가열할 때 dimethyl sulfide가 환원되어 methylmercaptan이 생성되면서 냄새를 낸다.

4. 미생물에 의한 변질

식품에 오염된 미생물의 생육과정에서 식품성분의 다양한 변화가 수반되며, 이는 식품의 품질에 중대한 영향을 미치게 된다. 따라서 식품의 변질을 막고 가공 적성 및 저장성을 높이기 위해서는 식품과 관련된 미생물의 종류와 특성, 미생물 생육에 의한 변화, 그리고 미생물 생육에 영향을 미치는 요인 등에 대한 이해가 필수적이며, 이를 다양한 저장기술에 적용할 수 있을 것으로 기대한다.

1) 가공·저장 중 변질 관련 미생물의 종류 및 특징

일반적으로 가공식품은 농축산물 및 수산물 등의 천연원료로부터 제조되며, 따라서 원료 내에 존재하는 미생물의 생육 양상이 최종적으로 생산된 가공식품의 미생물학적 상태에 영향을 미치게 된다. 예를 들면 수산식품의 경우는 해양 미생물의 오염이 주를 이루며, 채소, 곡류, 과일류 등에서는 토양 미생물이 주로 발견됨을 알 수 있다. 식품의 주원료인 농산물에서는 특히 토양 미생물이 중요한데, gram 양성 및 음성 세균, 방선균, 사상균, 효모 등이 널리 분포하며, *Bacillus*, *Clostridium*, *Aerobacter*, *Escherichia*, *Micrococcus*, *Pseudomonas*, *Flavobacterium*, *Proteus*, *Streptococcus*, *Leuconostoc*, *Acetobacter*, *Streptomyces* 등이 대표적이다. 표 2-4에 식품에서 발견되는 부패 미생물의 종류를 나타내었다.

이러한 식품 내 미생물의 생육 양상을 요약하면, ① 식품 중의 미생물상은 대개 1~2종의 우점종이 존재하고, ② 통기성 식품에는 호기성 미생물군이, 산소가 적은 식품에서는 혐기성 또는 통성혐기성 미생물군이 생육하며, ③ 수분함량이 높은 식품에는 세균류가, 수분함량이 적은 건조식품에는 곰팡이, 효모가 우선적으로 생육하고, ④ 낮은 온도에서는 저온세균이, 당을 함유한 산성식품에는 젖산세균이 주로 생육하며, ⑤ 가공식품에서는 원료에 오염된 미생물이, 가열 처리 식품에서는 내열성 포자형성균이 주로 문제가 되고, ⑥ 초기의 다양한 미생물상은 시간이 경과하면서 일부 우점종을 중심으로 점차 단순해지는 경향을 나타낸다.

식중독은 식품 위생상 매우 중요하며, 식중독 유발 가능성이 있는 식품의 경우에는 보관 또는 저장이 무의미하므로 이러한 미생물의 오염을 막기 위한 다양한 노력이 필요하다. 최근 세계적으로 식품 위생에 대한 관심이 높아져 식품의 제조과정에서부터 안전성을 확보하

표 2-4 식품 종류별 부패 미생물 분포

식품 종류	주요 부패 미생물
야채, 과일	세균류 : *Bacillus*, *Pseudomonas*, *Erwinia*, *Lactobacillus* 진균류 : *Aspergillus*, *Botrytis*, *Alternaria*, *Fusarium*
곡류 및 가공품	세균류 : *Bacillus*, *Pseudomonas* 진균류 : *Aspergillus*, *Penicillium*, *Candida*
어패류	세균류 : *Bacillus*, *Pseudomonas*, *Escherichia*, *Proteus*, *Clostridium*, *Vibrio*, *Micrococcus* 진균류 : *Candida*, *Torulopsis*, *Rhodotorula*
유제품	세균류 : *Lactobacillus*, *Streptococcus*, *Micrococcus*, *Clostridium*, *Brevibacterium* 진균류 : *Aspergillus*, *Botrytis*, *Alternaria*, *Fusarium*
육제품	세균류 : *Bacillus*, *Pseudomonas*, *Erwinia*, *Lactobacillus* 진균류 : *Candida*, *Torulopsis*, *Saccharomyces*

고자 노력하고 있으며, 특히 HACCP(식품위해요소 중점관리기준; Hazard Analysis Critical Control Point) 제도의 도입이 보편화되는 등 철저한 식품 위생 관리가 요구되고 있다.

2) 미생물 생육에 영향을 미치는 요인

미생물은 단일 균으로보다는 여러 다른 미생물들과 함께 식품에 존재하게 되므로 이들 균 상호 간의 영향을 함께 고려하여야 한다. 대표적인 것이 공생과 길항(antagonism) 관계이며, 이에 대한 이해를 통해 생물학적으로 미생물의 제어가 가능하게 된다. 한 종류의 미생물이 다른 미생물의 생육에 긍정적인 영향을 미치는 경우를 편리공생(commensalism)이라 하며, 김치 발효과정에서 젖산세균이 생산한 젖산이 *Debaryomyces* 속 미생물에 의해 분해되고, 결과적으로 산도가 감소하여 부패세균이 다시 생육 가능해지는 예를 들 수 있다. 한편 두 종류 이상의 미생물이 생육에 필요한 요소들을 얻고자 경쟁함으로써 상호 부정적인 영향을 미치는 경우를 경쟁(competition)이라 하며, 청주 발효에서 젖산세균의 생육이 증가하여 효모가 사멸되면, 결과적으로 알코올 발효가 저하되고 산 생성량의 증가가 현저해지는 이상 부패현상이 이 경우에 해당한다. 이 외에도 한 종류의 미생물이 생산하는 대사산물이 다른 균의 생육을 억제하는 길항현상이 있는데, 대표적인 것이 젖산세균이 생산하는 박테리오신(bacteriocin)의 병원균 억제 효과이다.

(1) 온도에 의한 영향

온도는 세포의 기능에 매우 큰 영향을 미치며, 미생물도 일정 온도 범위 내에서 생육하여 증식할 수 있다. 식품 저장 시에는 일반적으로 온도를 낮추어 저온으로 유지함으로써 부패 미생물 및 병원성 미생물의 생육을 억제하고 식품 유래 효소의 작용 또한 감소시킬 수 있다. 한편 열처리 식품에서와 같이 높은 온도로 처리하면 미생물의 사멸을 유도할 수 있으며, 이러한 과정을 가열 살균이라 한다. *Bacillus*나 *Clostridium* 속의 미생물은 포자를 생성하여 높은 내열성을 나타내므로 살균 조건을 결정할 때 주의하여야 한다.

(2) 광선에 의한 영향

일반적으로 미생물의 생장에 광선이 필요하지는 않으며, 대부분 어두운 곳에서 더 잘 자란다. 하지만 일부 곰팡이류의 경우는 빛에 의해 포자 형성, 포자 발아, 자실체 형성 등이 유도되는 것으로 알려졌다. 식품이 주로 노출되는 가시광선 영역에서는 미생물의 생육 억제 효과가 관찰되지 않으나, 직사광선 중 자외선은 세포 내 DNA의 치명적인 손상을 유발하여 매우 강력한 살균력을 가진다. 이러한 자외선에 대한 저항성은 미생물에 따라 매우 다르며, 일반적으로 gram 양성의 구균이 gram 음성균에 비해 내성이 강한 것으로 보고되었다. 또한 건조 세포 또는 포자가 일반 세포나 영양 세포에 비해 높은 내성을 나타낸다. 자외선은 강한 살균작용에도 불구하고 투과성이 낮아 식품에의 적용이 제한적이다. 최근 주목을 받고 있는 방사선조사의 활용 범위가 점차 확대될 것으로 기대한다.

(3) 압력에 의한 영향

많은 미생물은 대기압 하에서 생존하나, 일부 세균은 심해와 같은 특수한 환경에서 서식하기도 한다. 일반 세균은 압력에 대한 내성이 강하여 생육을 억제하기는 어려우나, 가압처리에 의해 세포의 대사 활성이 영향을 받아 생육속도가 저하될 수 있다. 압력에 의한 생육 저해는 온도에 따라 서로 다르며, pH 등의 다른 요인과 함께 미생물 생장에 영향을 미칠 수 있으므로 식품의 저장 기술을 개발할 때 고려될 수 있다.

(4) 수분에 의한 영향

수분은 모든 생명체의 생명현상 유지에 매우 중요한 요소이며, 미생물의 경우에도 종류에 따라 요구되는 수분의 차이는 있으나 반드시 필요한 요소의 하나이다. 일반적으로 물은 자유수와 결합수의 형태로 존재하며 미생물이 이용 가능한 물은 자유수와 약하게 결합된 일부 결합수이다. 따라서 미생물 생육에는 단순한 수분함량보다 수분활성도가 중요한 개념으로 고려되며, 곰팡이의 경우 약 0.8, 효모는 0.88, 세균은 0.9의 수분활성도를 최저 생육조건으로 요구한다. 대개 세균과 효모는 약 40 % 이상의 수분함량을 가진 식품에 생육하며, 곰팡이는 15 % 정도의 수분함유 식품에서도 생육이 가능하다.

(5) pH에 의한 영향

생명현상 유지를 위해 수소 이온 농도(pH)가 매우 중요한데, 미생물에 따라 각각 최적의 생육 pH 범위를 가진다. 대부분의 식품 미생물은 중성 또는 약알칼리 조건(pH 6.5~8)에서 최적의 생장속도를 나타낸다. 미생물의 종류 및 균주에 따라서 최적 pH는 다르게 나타나며, 이러한 차이가 발생하는 이유는 미생물이 주변 환경 pH의 변화에 대응하여 세포 내 pH 조절에 에너지를 소비하는 양상이 서로 다르기 때문으로 추측한다.

세균류는 대개 pH 6.8~7의 중성영역에서 최적의 생육속도를 보인다. 만약 pH를 4~4.5로 낮추면 부패균의 생육은 대부분 억제되지만, 효모나 곰팡이의 번식 가능성이 있으며, pH 4 이하의 산성 영역에서도 *Lactobacillus* 속을 포함한 젖산세균이나 *Acetobacter* 등 아세트산균이 생육할 수 있으므로 주의하여야 한다.

(6) 산소에 의한 영향

생육에 필요한 산소 요구성에 따라 미생물을 분류하면 ① 산소가 없으면 생육이 불가능한 편성호기성 미생물, ② 산소를 요구하지만 비교적 낮은 농도(2~10 %)의 산소를 요구하는 미호기성 미생물, ③ 산소를 이용하지만 산소 없이도 생장이 가능한 통성혐기성 미생물, ④ 산소를 이용하지 못하나 산소 존재 하에서도 사멸되지 않는 내성혐기성 미생물, ⑤ 산소 존재시 생장이 불가능한 편성혐기성 미생물로 나눌 수 있다.

일반적으로 곰팡이는 호기성 미생물에 해당하며, 효모는 상황에 따라 선택적으로 호기적 또는 혐기적 생명현상을 영위할 수 있다. 이러한 미생물별 산소 요구성은 실제 식품저장 중 미생물의 생육에 직접적인 영향을 미치게 된다. 예를 들면 전통 장류 제조를 위해 메주를 발효할 경우에 표면 부위는 공기와 접촉하여 건조한 상태이므로 수분함량이 적은 조건에서 자라는 호기성 곰팡이가 생육하게 되며, 상대적으로 수분함량이 높고 산소 공급이 부족한 메주 내부에서는 단계적으로 효모, 세균 등이 발견된다. 특히 통조림과 같은 열처리 가공식품에서 살균 공정이 불완전한 경우에 *Clostridium botulinum*과 같은 혐기성 식중독균이 번식할 수 있으므로 주의해야 한다.

(7) 영양소 및 생육인자에 의한 영향

식품 미생물의 대부분은 종속영양(heterotroph) 형태를 취하므로 생육을 위해 외부에서 영양소의 공급이 요구된다. 공급된 영양소는 균체의 구성물질과 에너지 생산에 활용되며, 대표적으로 탄소원, 질소원, 생육인자 등이 있다. 미생물이 이용 가능한 탄소원의 범위는 매우 다양하며, 화합물의 형태나 균의 종류에 따라 그 이용도가 달라진다. 가장 보편적인 탄소원은 포도당이며, 기타 단당류나 이당류, 그리고 녹말과 같은 고분자물질의 이용 여부는 각 미생물 종에 따라 크게 다르다. 질소원은 단백질의 구성성분인 아미노산 생합성을 위해 필수적이며, 미생물 생육에 절대적인 영향을 미치는데, 일반적으로 아미노산류가 질소원으로 선호된다.

(8) 화학물질 첨가에 의한 영향

미생물의 생육을 억제하기 위해 유기산, 알코올을 포함한 다양한 화학물질이 보존제로 사용되며, 이들 물질의 첨가에 의해 미생물의 생장이 지연되거나 사멸될 수 있다. 일반적으로 미생물의 사멸을 목적으로 처리하는 것을 살균제(disinfectant)라 하고, 생육을 지연 또는 억제하는 것을 보존제(preservative)라 한다. 식품의 경우는 보존제의 사용이 보편적이며, 이러한 물질들도 첨가해 주는 농도가 높으면 일정한 살균력을 가지는 경우가 많다. 보존제와 살균제의 영향은 미생물의 종류, 포자의 유무, 온도, 배지조성 등에 따라 크게 달라진다.

3) 미생물에 의한 식품의 변질

미생물에 의한 식품의 변화는 크게 ① 부패 미생물의 생육과정에서 생산되는 각종 대사 관련 효소의 작용으로 식품성분이 분해되어 본래의 맛과 향, 영양분이 상실되거나 바람직하지 못한 성분으로 변질, 또는 유해성분으로 변화되는 경우, ② 미생물의 번식으로 인해 성분의 변화는 적으나, 식품의 모양이나 색이 변질되어 상품가치가 저하되는 경우, ③ 외관이나 성분의 변화는 없지만 식중독 원인균이 증식하여 균체 자체 또는 미생물이 생산한 유독물질이 심각한 질병(식중독 등)을 유발하는 경우로 나눌 수 있다. 한편 단백질, 지방, 탄수화물 등 식품의 주요 성분들은 미생물이 생산하는 효소의 작용에 의해 저분자 구성물질인 아미노산, 지방산, 단당류 및 소당류 등으로 분해되고, 다시 미생물의 대사과정을 거쳐 부패산물이 생산된다. 특히, 단백질의 변질로 인해 발생하는 암모니아, 아민, 황화물 등은 불쾌한 냄새를 생성하여 가장 문제가 되는데, 일반적으로 암모니아는 아미노산의 아미노기제거(deamination)반응에 의해서, 그리고 아민은 카복실기제거반응(decarboxylation)에 의해 만들어진다. 또한 생선 부패취의 주요 성분인 트라이메틸아민(trimethylamine; TMA)의 생성도 중요한 식품변질의 결과라 할 수 있다.

5. 효소에 의한 식품의 변질

식품의 저장과정에서 미생물에 의한 변패의 경우, 미생물 자체보다 세포 내에 존재하거나 외부로 분비되는 각종 효소반응에 의한 것이 주를 이룬다. 하지만 이 외에도 식품 내에 존재하는 다양한 효소들이 식품의 저장과정에서 원치 않는 반응을 일으켜 식품성분의 변화를 유발할 수 있으므로 식품효소의 활성을 조절하거나 억제할 수 있는 방법을 사전에 고려해야 한다. 따라서 효소의 정의, 효소반응의 특징 및 영향을 미치는 인자에 대해 이해하고, 효소에 의한 식품변질 가능성을 타진할 필요가 있다.

1) 산화효소에 의한 갈변

(1) 갈변반응에 관여하는 효소

과일 및 채소류를 수확하거나 가공·저장 과정에서 기계적 손상 또는 생리적 손상이 발생하면 급속도로 갈변현상이 진행되는 경우가 있다. 이러한 갈변반응은 외관과 풍미를 변화시킬 뿐 아니라 식품 내의 각종 유용성분을 감소시켜 영양가 및 상품가치를 저하시키게 된다. 이러한 갈변반응에 관여하는 효소들을 표 2-5에 나타내었다.

(2) 효소적 갈변반응에 영향을 미치는 요인

갈변효소들도 온도, pH, 기질농도, 염농도 등에 의해 영향을 받는다. 사과의 갈변현상은 pH 4.5 이상에서 주로 일어나며, pH 5~7에서 빠르게 진행되는데, 이는 갈변의 주요 효소인 폴리페놀옥시데이스가 산성조건에서 효소 활성이 급격히 감소하기 때문이다. 따라서 가공한 과일을 산성 용액에 침지하면 저장성을 높일 수 있다.

한편 효소는 고유의 최적온도를 가지므로, 식품 내 산화환원효소의 최적 반응온도를 피해 저장하면 변질을 억제할 수 있다. 일반적으로 냉장 및 냉동 등의 방법으로 저온에서 저장할 경우 이들 효소의 반응을 억제하여 저장성을 증진할 수 있게 된다. 하지만, 저온저장 식품이 해동되거나 상온에 방치되면 세포조직의 파괴 등에 의해 더욱 급격한 효소반응이 일어나며 갈변이 촉진될 수 있으므로 각별히 주의하여야 한다. 시금치, 배추 등 건조 채소류는 냉장보관 전에 데치기(blanching) 과정을 거치는 것이 일반적인데, 이는 퍼옥시데이스 등 채소 내의 산화환원효소를 미리 열불활성화시켜 식품성분의 변질을 막기 위함이다.

효소활성을 억제하기 위해 적절한 저해제를 사용할 수 있는데, 아황산염은 효소적 갈변과 비효소적 갈변을 방지하는 강력한 저해제이다. 이 외에도 항산화제인 아스코브산 등을 처리하여 산화반응을 억제하는 것도 가능하다. 한편 열처리과정을 거치지 않는 과일류의 경우는 저장 중 효소반응에 의해 품질 저하가 일어날 수 있는데, 이런 경우에는 수분활성

표 2-5 갈변효소의 종류 및 특징

효소 종류	특징
페놀분해효소(phenolase) 복합체	페놀류를 산화하는 효소를 총칭하며, 동물세포 내의 타이로시네이스(tyrosinase)는 L-타이로신과 dihydroxy phenylalanine에 선택적으로 작용하며, 식물 중의 효소는 monophenol과 diphenol에 작용하여 갈변을 일으킨다. 또한 사과의 갈변에 polyphenol oxidase가 관여하는 것이 대표적인 예이다.
하이드로퍼옥시데이스 (hydroperoxidase)	퍼옥시데이스와 카탈레이스를 총칭하며, 과산화수소 존재 하에서 식품 내에 존재하는 페놀류와 방향족 아민을 산화하여 갈색의 중합체를 형성한다.
아스코브산 산화효소 (ascorbic acid oxidase)	L-아스코브산을 특이적으로 산화하며, 페놀류를 직접 산화하지 않으나, 세포조직을 산화상태로 전환하여 갈변을 촉진한다.
엽록소가수분해효소 (chlorophyllase)	식물조직 내의 엽록소에 작용하여 phytyl ester 결합을 선택적으로 가수분해하여 클로로필라이드(chlorophyllide)를 생성하며, 이것이 산과 반응하면 갈색을 나타내게 된다.

도를 낮추어 효소반응을 저해할 수 있다. 수분활성도를 낮추기 위해서 당 또는 염을 첨가할 수 있는데, 풍미를 감안하여 당을 사용하는 경우가 일반적이다.

2) 지방질 산화효소에 의한 변질

지방산의 산화는 식품의 풍미를 심각하게 변질시키고, 유독성을 나타낼 수 있으므로 주의하여야 한다. 열처리를 하지 않거나, 처리 정도가 낮은 채소류는 저장 중에 산화반응이 일어나 풍미가 변화하게 된다. 이는 주로 지방질 산화효소에 의한 것으로 가수분해효소인 라이페이스는 중성지방질을 분해하여 산화되기 쉬운 지방산을 유리시키고, 산화효소인 리폭시제네이스는 지방산 및 그 에스터를 산화시킨다. 이들 효소류는 식물체에 널리 존재하며, 리폭시제네이스는 콩과식물에서 높은 함량을 보인다. 냉동 채소류의 탈색도 효소반응에 의한 과산화물의 생성에 기인한다.

이 외에도 제빵을 위한 밀가루 반죽 발효과정에서 리폭시제네이스에 의한 카로테노이드 및 바이타민 성분의 분해가 일어나 퇴색되는 경우가 있다. 또한 귀리가루의 장기저장 중에는 리폭시제네이스에 의해 산화된 불포화지방산이 곡류에 함유된 항산화제와 산화중합반응을 일으켜 쓴맛을 내기도 한다.

데치기(예비 열처리)를 함으로써 과산화효소, 리폭시제네이스 등 산화효소를 불활성화하여 식품성분의 변질을 막고, 지방질 분해효소 작용에 의한 이취 발생을 최소화할 수 있으므로 널리 사용된다.

3) 가수분해효소에 의한 변질

(1) 단백질 분해효소에 의한 변화

동물체 근육세포조직의 분해효소는 카텝신으로서 육류의 숙성기간이 경과함에 따라 이들 효소의 작용으로 가용성 단백질의 분해가 일어나게 된다. 따라서 저장기간이 길어지면 맛의 저하, 유리 아미노산 및 펩타이드의 증가 등이 발생하며, 냉동 저장을 통해 이를 일부 방지할 수 있으나 해동시 많은 문제점이 발생할 수 있음을 고려해야 한다.

(2) 지방질 분해효소에 의한 변화

저장 중에 지방질이 가수분해되어 지방산이 생성되면, 냄새와 맛이 변질되므로 심각한 변화라 할 수 있다. 지방질이 함유된 우유의 산패취는 라이페이스에 의해 생성된 저급 지방산에 기인한다. 유지방은 피막단백질로 둘러싸여 보호되므로 라이페이스의 작용이 어려우나 균질화, 교반 또는 가열 및 냉각을 반복하는 과정에서 효소반응이 가능해진다. 생육을 건조육으로 만드는 가공과정에서 갈변이 일어나기도 하며 라이페이스에 의해 산가가 증가하기도 하므로 이를 잘 관리하여야 한다. 한편 채소나 곡류의 경우 열처리하지 않고 냉동하면 2~4주 후에 이취를 나타낼 수 있는데, 이는 냉동 중에도 라이페이스의 작용에 의해 산화가 촉진되기 때문이다.

(3) 탄수화물 분해효소에 의한 변화

일반적으로 곡류의 발아과정에서 α-아밀레이스, β-아밀레이스, 분지제거 효소 등 다양한 탄수화물 분해효소가 발현되어 당 함량의 증가 등 많은 생리적 변화를 유발하는 것으로 알려져 있다. 밀, 보리, 쌀과 같은 곡류에는 많은 양의 녹말이 함유되어 있으며, 이러한 녹말입자의 구조에 의해 특유의 물성이 나타난다. 수확된 건조 곡류의 경우는 크게 효소적인 변화가 없지만, 미생물의 오염 등을 통해 효소작용이 일어날 수 있는데, 아밀레이스에 의해 녹말의 분해가 일어나면, 유리 당 함량의 증가를 통해 단맛이 증가할 수 있으며, 특히 외관의 변화와 함께 녹말구조의 변화가 유발되어 고유의 특성을 상실할 수 있다.

과채류의 경우에는 수분함량이 높으므로, 곡류에 비해 더욱 많은 변화가 일어날 수 있다. 예를 들면 과일이 지나치게 숙성하면 세포의 골격을 유지하는 펙틴질의 함량이 감소하여 연화현상과 풍미 향상이 일어나게 되는데, 여기에는 펙틴 분해효소가 관여한다. 우선

펙틴에스터가수분해효소가 펙틴질에 작용하여 펙틴산(pectinic acid)과 펙트산으로 분해하고, 여기에 폴리갈락투로네이스가 작용하여 저분자의 갈락투론산을 생성한다. 따라서 과채류 저장 중에 과육의 연화가 발생하게 된다. 이를 방지하기 위해서는 과즙 제품의 경우, 가열에 의해 효소를 실활시키거나 pH를 산성으로 낮추어 효소반응을 억제할 수 있다. 또한 오이 저장 중 연화의 원인효소인 폴리갈락투로네이스 저해를 위해 타닌(tannin)류를 첨가하기도 한다.

(4) 기타 효소에 의한 변화

향신료로 사용되는 마늘의 경우, 파쇄하면 세포조직 내에 존재하는 알리인가수분해효소(alliinase)가 알리인(alliin)을 분해하여 특유의 풍미를 내는 알리신(allicin)을 생성하는데, 이 효소는 온도에 민감하므로 50 ℃ 이상의 고온에서 가공 또는 저장할 경우 풍미를 상실할 수 있으므로 주의하여야 한다. 따라서 마늘의 경우는 냉동건조방식으로 가공 및 보관하는 것이 가장 효율적이다. 이 외에도 건조분말 형태로 가공하여 보관하는 식품의 경우 중요한 효소가 실활되지 않도록 가공조건을 고려하여야 한다.

6. 비효소적 갈변에 의한 변질

식품의 가공 및 저장 중 일어나는 색깔의 변화는 크게 2가지로, 효소가 직접 관여하는 효소적 갈변과 효소활성과는 관계없이 일어나는 비효소적 갈변으로 구분된다. 효소적 갈변은 저온에서 일어나는 반응이며, 비효소적 갈변은 높은 온도에서 가열처리 후 주로 일어난다.

1) 아미노카보닐 반응

아미노기를 함유한 아미노산, 펩타이드, 단백질 등과 카보닐기를 갖고 있는 당이 높은 온도로 가열되면서 갈색 물질을 생성하는 화학반응으로서, 식품을 가공하거나 저장 중에 반응에 참여하는 카보닐 화합물이 있는 경우 환원당이 문제가 된다. 녹말이 산이나 효소 또는 가열과정 중에 녹말 결합이 끊어지면서 환원당 그룹의 수가 증가하고 이 환원당에 함유되어 있는 카보닐기가 아미노산이나 단백질 또는 펩타이드와 반응을 하는 것이다. 이와 같은 갈변반응은 식품의 가공 또는 저장 중 단순히 색깔을 갈색으로 변화시킬 뿐만 아니라 갈변반응에서 형성된 성분들은 그 가공식품의 냄새와 맛에도 큰 영향을 준다. 특히 가공식품 중의 당류와 아미노산류, 그중에서도 필수아미노산인 라이신 등의 급격한 손실로 인하여 전체적으로 영양가의 감소를 가져오는 등 식품의 품질에 큰 영향을 미친다.

이러한 식품의 갈변은 사과, 청주, 분유, 식초, 식용유, 수산 건제품 등의 갈변에서와 같이 이미, 이취의 발생이나 바이타민의 손실로 품질이 저하되는 경우가 대부분이다. 그러나 다른 한편으로는 홍차, 커피, 간장, 된장, 맥주의 색이나 빵, 비스킷, 땅콩 등을 구울 때의 갈변반응에서와 같이 색깔뿐만 아니라 풍미에도 영향을 주어 식품의 품질을 향상시키는 경우도 있다.

갈변반응은 당의 카보닐기와 아미노산의 아미노기가 결합해서 개시되므로 아미노카보닐 반응(amino-carbonyl reaction), 메일라드반응(Maillard reaction)이라고 한다.

2) 캐러멜 반응

캐러멜 반응은 아미노카보닐 반응과 달리 아미노기 성분이 존재하지 않는 상황에서도 가열에 의해 일어나는 반응이다. 주로 당 함량이 높은 식품을 가열할 때 이러한 캐러멜 반응이 일어난다. 당류의 가열 분해물 또는 가열 산화물에 의한 갈변반응으로 당류를 가열하면 설탕은 160~180 ℃, 포도당은 147 ℃에서 분해되기 시작하는데 설탕은 포도당과 과당으로 분해되고, 이어서 과당은 탈수과정을 거쳐 HMF가 된다. 이것은 아미노카보닐 반응과 마찬가지의 과정을 거쳐서 중합되어 착색물질이 생긴다. 포도당은 과당에 비하여 캐러멜 반응이 안 되는데 3번의 탈수과정을 거쳐서 갈색 물질을 만들게 된다.

3) 아스코브산에 의한 산화반응

아스코브산은 바이타민 C의 환원형으로 이것 자체가 환원력이 있기 때문에 효과적인 산화방지제로 사용되기도 한다. 특히 효과적인 항갈색화 반응의 목적으로 이용되는데 과즙, 채소 등의 건조제품, 냉동제품, 통조림제품, 감자튀김, 맥주 등의 갈색화를 억제할 목적으로 사용되고 있다. 하지만 아스코브산이 산화되어 데하이드로아스코브산으로 된 다음에 이것은 다시 2,3-diketogluconic acid로 산화되는 과정이 비가역적 반응으로 산화과정을 거치면서 갈변반응을 나타내는데 여러 과정을 거쳐서 결국 furfural로 변하고 다량의 이산화탄소를 발생한다.

아스코브산 수용액을 가열할 때 생성되는 분해 생성물들로서는 furfural, furfuryl alcohol, 2-furoic acid 등과 같은 furan 유도체들과 감마-뷰티롤락톤, 3-하이드록시-2-파이론과 같은 pyrrole 유도체들이다.

아스코브산이 많이 함유된 과일이나 채소 등에는 이를 산화시키는 아스코브산 산화효소가 있어 이 효소에 의해 산화반응이 촉진된다. 이 효소를 불활성화시킨 경우에도 비효소적 갈변반응은 일어난다. 아스코브산에 의한 산화반응은 아스코브산이 많은 감귤류 또는 기타 과실 주스나 농축물, 분말 오렌지 등의 갈변에 중요한 역할을 한다. 이는 오렌지 속에 함유되어 있는 당류와 아스코브산의 산화물이다.

4) 갈변반응에 영향을 미치는 인자와 억제방법

(1) 아미노카보닐 반응에 영향을 주는 인자

아미노카보닐 반응에 영향을 주는 인자들과 그 특성을 이용하여 억제할 수 있는 방법은 다음과 같다.

① 온도의 영향

10 ℃의 온도차로 갈변은 3~5배 촉진되므로 10 ℃ 이하로 냉각하면 갈변이 방지된다. 또, 80 ℃ 이상에서는 산소의 유무에 관계없이 같은 정도로 갈변하지만 실온으로 저장하면 산소가 있을 때 갈변이 촉진된다.

② pH의 영향

pH는 6.5~8.5에서 착색이 빠르고, pH 3 이하에서는 갈변반응속도가 매우 느리다. 갈변반응속도의 순서는 다음과 같다.

pH 6.5~8.5 > pH 3~5 > pH 1~2

주로 먹는 식품은 알카리성보다는 산성 쪽에 가까우므로 실제로 pH는 큰 의미는 없다.

③ 당의 종류

환원당은 pyranose 고리구조가 열려서 알데하이드형이 되어 반응을 일으킨다. 오탄당 > 육탄당 > 설탕 순이고, 오탄당이 육탄당보다 약 10배나 갈변 속도가 빠르다.

자일로스 > 아라비노스 > 과당 > 포도당

자일리톨이나 에리쓰리톨, 소비톨 등과 같은 당알코올이나 팔라티노스 등은 갈변반응에 관여할 카보닐기를 갖고 있지 않기 때문에 실제로 갈변반응이 거의 일어나지 않는다. 즉 단맛을 조절하기 위하여 당류를 첨가하고 가열 처리하는데 색깔의 변화를 원하지 않는 경우라면 당알코올의 이용을 고려해 볼 만하다.

④ 카보닐 화합물

α-, β-불포화 알데하이드, furfurals은 갈변하기 쉽고, 케톤류는 갈변하기 어렵다.

⑤ 아미노 화합물

단독으로 갈변하는 일은 적지만 카보닐 화합물과 공존하면 갈변이 촉진된다. 아미노산, 펩타이드, 단백질, 아민이 갈변에 관여하지만 일반적으로 아민이 아미노산보다 갈변 속도가 크다. 아미노기가 γ- 위치에 있는 것이 가장 크며 그 다음에 β- 위치, 그 다음에 α- 위치에 있을 때 가장 작은 것으로 알려져 있다. α-보다 β-알라닌이 갈변 속도가 빠르고, 글리신이 가장 반응하기 쉬우며, 그 밖에는 별 차이가 없다.

⑥ 농도

멜라노이딘 색소의 양 Y는 온도가 일정할 때 환원당의 농도[S]에 비례하고, 유리 아미노기를 가진 질소화합물의 농도[A]와 경과시간[T]의 제곱에 각각 비례한다. 즉 k가 속도 상수라면 멜라노이딘 색소의 양 Y는 다음과 같이 표현할 수 있다.

$$Y = k \cdot [S][A]^2[T]^2$$

⑦ 수분

완전 건조 상태에서는 갈변이 진행되지 않으나, 수분 1 % 이하에서도 갈변반응이 진행되는 것으로 보고되었다. 수분함량이 증가할수록 반응속도가 빨라지는데 수분활성도가 0.6~0.8 사이에서 최대값을 보이다가 다시 감소한다. 감소되는 이유는 희석 효과로 인한 것이다.

⑧ 금속이온의 영향

조건에 따라 다르나 철, 구리이온은 reductones의 산화를 촉매하므로 갈변을 촉진한다.

(2) 산소 제거

그 외의 갈변반응 억제방법으로는 산소 제거이다. 아미노카보닐 반응에서도 산소의 제거는 갈색화 정도를 낮추어 줄 수 있는데, 아미노카보닐 반응뿐만 아니라 아스코브산의 산화에도 산소의 제거는 매우 중요하다. 산소를 제거할 수 있는 방법으로는 질소를 충전하거나 진공 상태를 유지하여야 하나 감자칩과 같은 경우 산소 제거 체계를 도입함으로써 특정 산화효소들이 적당한 기질과 함께 또 하나의 기질인 산소를 이용하도록 유도하는 것이다. 효소로서는 포도당산화효소와 카탈레이스를 사용한다. 이들은 기질인 포도당과 산소를 이용하여 글루콘산이 되는 동시에 용기 속의 산소는 소비되어 제거되는 효과를 얻는다.

$$\text{Glucose} + 2H_2O + 2O_2 \xrightarrow[\text{oxidase}]{\text{glucose}} \text{Gluconic acid} + 2H_2O_2$$

$$2H_2O_2 \xrightarrow{\text{catalase}} 2H_2O + O_2$$

즉 밀폐 용기 내의 산소가 효소에 의해 소비되어 용기 내의 갈변화뿐만 아니라 지방의 산패까지도 억제시킨다.

(3) 환원성 물질의 첨가

갈변반응은 산화가 주요 과정이므로 환원성이 강한 물질을 첨가하여 주면 상대적으로 산화반응이 억제된다. 실제로 이용되는 환원성 물질로는 아황산가스(SO_2), -SH 화합물이 있다. 과실류나 채소류에 널리 이용되고 있는 방법 중의 하나는 아황산가스나 아황산염 용액에 의한 처리방법이 있으나, 아황산가스는 농도를 조절하기가 어렵고 강한 부식성과 더불어 독성 문제로 아황산염 용액에 침지시키는 방법을 사용하고 있다.

주석이온은 강한 환원력이 있어 갈변화를 억제시킬 수는 있으나 이를 위해 식품에 첨가하지는 않고 다만 통조림 식품의 경우 용기에서 녹아 나오는 미량의 성분이 통조림의 내용물의 갈변화를 억제시켜 주는 것으로 생각된다. 금속이온은 비효소적 갈변을 촉진시키므로 EDTA와 같은 킬레이트 화합물을 첨가하여 금속이온의 반응성을 억제시켜 주는 것인데, 이때 시트르산을 함께 첨가하면 상승 효과를 기대할 수 있다.

산화방지제의 하나인 아스코브산의 첨가는 부분적으로 자신이 갈변화되기도 하지만 갈변반응을 억제시켜 주는 효과가 있다. 특히 아스코브산은 산소와 반응함으로써 자기 자신이 산화되고 산소를 제거하여 주는 효과를 제공한다. 통조림제품에서 상부에 산소를 제거하지 못한 경우 상부의 산소를 제거함으로써 통조림통의 부식을 억제하여 주는 것으로 알려져 있다. 이론적으로는 3.3 mg이면 공기 1 mL 속의 산소를 완전히 제거하여 준다는 것을 의미한다.

TIP 배추를 무르게 하는 효소

배추 조직 내에 존재하는 펙틴에스터가수분해효소의 활성화, 폴리갈락투로네이스 등 연화효소의 불활성화와 함께 칼슘염 첨가에 의한 펙틴질 가수분해 억제를 통하여 신선한 조직감을 갖는 김치를 제조하고 저장·유통할 수 있다.

연습문제

※ 다음 물음에 답하시오.

01 다음 세균 가운데 가장 낮은 수분활성도에서 생육이 가능한 세균은?

① *Staphylococcus aureus* ② *Clostridium perfringens* ③ *Escherichia coli*
④ *Vibrio parahaemolyticus* ⑤ *Clostridium botulinum*

02 다음 중 노화현상이 아닌 것은?

① 빵을 냉장고 넣어 두었더니 가운데 부위가 딱딱해짐
② 찹쌀떡을 먹다가 남은 것을 그대로 실온에 방치하였더니 딱딱해짐
③ 말랑말랑한 식빵을 토스트 기계에 넣고 잠시 꺼내 보니 갈색으로 딱딱해짐
④ 찬밥이 쉴까봐 냉장고에 넣어 두었더니 딱딱해짐

03 찹쌀떡의 저장성을 향상시키기 위해 다음과 같은 처리를 하였더니 약 2주일이 지나도 여전히 말랑말랑하였다. 처리한 방법으로 합당치 않은 것은?

① 계면활성제 첨가 ② 지방질 첨가
③ 당 첨가 ④ 보존제 첨가

04 다음에서 노화속도를 빠르게 일으키는 것은 어느 것인가?

① 아밀로스 함량이 클수록 노화속도가 빠르다.
② 아밀로펙틴의 함량이 클수록 노화속도는 빠르다.
③ 수분함량을 45 %에서 30 % 이하가 되도록 유지하면 노화는 더욱 빨라진다.
④ 온도를 70 ℃ 이상 되도록 올려 주면 노화는 더욱 가속화된다.

05 다음 물음에 대하여 O 혹은 X로 답하시오.

(1) 수소제거반응은 산화반응의 일종이다. _____
(2) 산화되기 쉬운 유기화합물 종류로는 불포화유지, 정유, 클로로겐산, 카복실산 등이 있다. _____
(3) 비산화적 산패는 가수분해에 의한 산패와 케톤에 의한 산패로 나눌 수 있다. _____

06 식품의 변질반응의 온도계수(Q_{10}값)가 3이라고 할 때 10 ℃에서 90일간 저장 가능하다면, 30 ℃에서는 며칠간 저장 가능하겠는가?

① 30일 ② 20일 ③ 10일
④ 5일 ⑤ 3일

07 녹말의 호화와 관계가 가장 깊은 것은?

① 사슬이 절단되어 분자량이 작은 덱스트린이 된다.
② 녹말 사슬과 사슬 사이의 수소결합이 끊어진다.
③ 수소결합을 형성하여 결정성을 띄게 된다.
④ 호화 개시온도는 일반적으로 100 ℃ 내외이다.
⑤ 녹말 입자가 팽윤하여 점성이 감소한다.

08 지방질의 산화를 촉진하는 요소로 볼 수 없는 것은?

① 광선 ② 가열 ③ 금속
④ 헴 화합물 ⑤ 토코페롤

09 단백질의 가열변성에 관한 다음 설명 가운데 <u>틀린</u> 것은?

① 단백질의 수분함량이 적을수록 가열변성 온도가 높아진다.
② 단백질의 등전점에서 응고가 잘 일어난다.
③ 단백질에 염이 많이 들어 있으면 낮은 온도에서 가열변성이 된다.
④ 아미노산 사이의 peptide 결합이 가수분해되어 단백질의 성질이 크게 달라진다.
⑤ 단백질에서 볼 수 있는 면역작용, 효소작용 등의 효력을 잃는다.

10 엽록소의 녹색을 오래 보존하는 방법은?

① 엽록소의 Mg을 Cu로 치환 ② 엽록소의 Mg을 Ca으로 치환
③ 엽록소의 Mg을 K으로 치환 ④ 엽록소의 Mg을 Na으로 치환
⑤ 엽록소의 Mg을 H로 치환

11 다음 중 감염형 식중독균에 해당하는 것을 고르시오.

① *Staphylococcus aureus* ② *Salmonella typhimurium*
③ *Clostridium botulinum* ④ *Aspergillus* 속 곰팡이균

12 다음 중 식품의 변패현상과 주요 원인균의 연결이 옳지 않은 것은?

① 우유의 산패-*Streptococcus lactis*
② 저장과즙의 혼탁-*Torulopsis* 속
③ 무가스산 생성-*Clostridium thermosaccharolyticum*
④ 우유의 점질화-*Alcaligenes*

13 다음 중 사과의 갈변에 주로 관여하는 효소는 무엇인가?

① polygalacturonase ② polyphenol oxidase ③ glycosyltransferase
④ debranching enzyme ⑤ lipase

14 다음 식품변질과 원인 효소의 연결이 잘못된 것을 고르시오.

① 밀가루 반죽의 퇴색-dehydrogenase
② 우유의 산패취-lipase
③ 녹말의 분해-β-amylase
④ 근육 단백질 분해-cathepsin

15 효소에 의한 변질을 억제시킬 수 있는 방법이 아닌 것은?

① pH를 조정　② 온도를 높여 가열
③ 저해제 첨가　④ 바이타민 첨가

16 김치의 신선도를 유지하기 위하여 행하여지는 바람직한 처리가 못되는 것은?

① polymethylgalcturonase의 불활성화
② pectin esterase의 불활성화
③ 염화칼슘의 첨가
④ polygalcturonase의 불활성화

17 바람직하지 못한 효소를 불활성화할 목적으로 100 ℃에서 열처리를 하였다. 시료를 냉장고에 보관하여 2~3일 지난 후 효소의 활성을 측정하여 보니 이 효소의 상당 부분이 재생되어 활성을 보이고 있다. 다음 중 어떤 효소에 해당되는가?

① peroxidase　② polyphenol oxidase
③ lipase　④ ascorbate oxidase

18 갈변반응 중 일어나는 현상이 아닌 것은?

① 영양성분의 손실　② Strecker 반응에 의한 알데하이드 생성
③ 이미 또는 이취의 발생　④ 바람직한 색깔로의 변화
⑤ 데하이드로아스코브산의 환원에 의한 아스코브 산화

정답과 해설

1. ① **2.** ③ **3.** ④ **4.** ① **5.** (1) ○ (2) × (3) ○
6. ③ **7.** ② **8.** ⑤ **9.** ④ **10.** ① **11.** ②
12. ③(*Bacillud stearothermophillus*, *B. pepo*, *B. coagulans*에 의함)
13. ② **14.** ① **15.** ④ **16.** ② **17.** ① **18.** ⑤

PART 2
가공과 저장의 원리

CHAPTER 03

수분활성도 저하에 의한 식품저장

수분은 식품의 변질 요인 중에서 가장 으뜸을 차지하는 요인이기 때문에 건조, 염장, 당절임 등을 이용하여 수분함량이나 수분활성도를 감소시키면 식품을 오랫동안 보존할 수 있다. 본 장에서는 건조에 의한 저장원리와 건조과정의 3단계에 대해 알아보고, 건조에 따른 품질의 변화를 살펴보며, 여러 가지 건조기의 특성과 적용 식품의 예를 알아보기로 한다. 또한 삼투압의 기본 개념과 염장 및 당절임의 원리에 대해 알아보고, 염장방법과 당절임방법, 미생물 생육 억제 효과와 식품의 품질 변화를 연구한다.

1. 건조에 의한 식품저장

1) 건조에 의한 저장원리와 건조이론

건조(drying, dehydration)란 식품 중의 수분을 증발이나 승화에 의해 제거하는 것으로서, 식품 내 수분의 감소와 용질 농도의 상대적 증가로 인한 식품의 수분활성도 저하가 건조에 의한 저장원리의 핵심이다. 수분활성도가 저하하면 미생물 증식이나 효소작용에 기인하는 변질을 지연시킬 수 있고, 식품성분 간의 화학반응에 의한 변화도 줄일 수 있다.

건조과정을 통해 식품의 저장기간을 연장할 수 있을 뿐만 아니라 무게와 부피도 감소하여 수송이나 저장이 간편해지고, 단위당 영양성분 등의 식품 가치가 향상되며, 건조과정 중에 풍미, 색깔, 텍스처 등이 좋아지기도 한다. 그러나 건조 조건에 따라서 풍미 저하, 퇴색, 영양성분 손실, 텍스처 손상 등 품질 저하가 일어날 수 있으므로, 가능한 한 저온에서 짧은 시간에 수분을 신속하게 제거하여 목표 수분함량에 도달하도록 건조해야 한다. 또한 건조식품의 품질은 건조 후 온도, 습도, 산소분압 등의 저장 조건에 좌우되므로 적절한 조건에서 저장해야 한다.

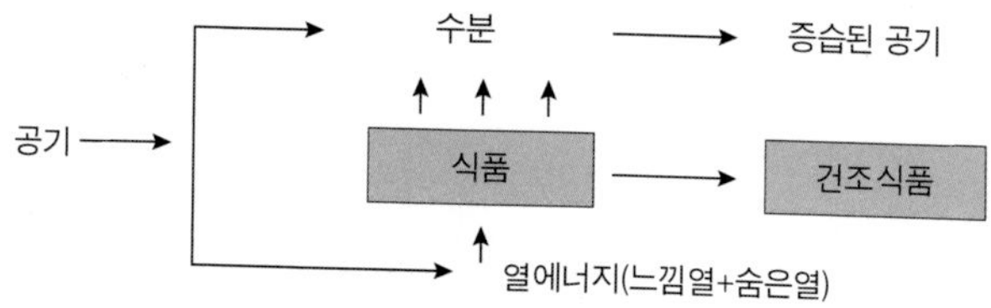

그림 3-1 열풍건조의 원리

가장 자주 활용되는 열풍건조법을 기준으로 건조이론을 설명하면 공기는 식품의 온도상승에 필요한 느낌열(感熱; sensible heat)과 수분의 증발에 필요한 숨은열(潛熱; latent heat)을 제공하는 동시에 식품으로부터 방출되는 수증기를 제거하는 운반기체(carrier gas)의 역할을 수행한다(그림 3-1).

2) 건조속도와 건조단계

건조속도는 수분함량의 변화를 시간으로 나눈 것인데, 수분함량에는 습량기준(wet-weight basis)과 건물기준(dry-weight basis)이 있다. 습량기준 수분함량(%)은 시료 중 수분의 무게를 시료의 전체 무게로 나눈 것이고, 건물기준 수분함량(%)은 시료 중 수분의 무게를 시료 중의 고형물 무게로 나눈 것이다.

식품이 일정한 온도와 습도를 지닌 공기와 접촉하고 있으면 식품에서 공기 중으로 나가는(탈착; desorption) 수분의 양과 공기에서 식품으로 들어오는(흡착; adsorption) 수분의 양이 같은 평형 상태에 도달하게 된다. 이때의 식품의 수분함량을 평형수분함량(equilibrium moisture content)이라 부르고, 일정한 온도와 습도 조건에서 평형수분함량보다 많은 수분을 유리수 또는 자유수라고 부르는데, 이는 일정한 온습도 조건의 건조과정 중에 제거할 수 있는 수분을 가리킨다.

식품의 건조는 세 가지 시간적 단계(그림 3-2)를 거친다. 첫째 단계는 조절기간(settling down period)인데 이 단계에서는 식품의 표면이 공기와 평형을 이루는 단계이다. 둘째 단계는 항률 건조기간(constant rate period)인데 건조속도가 일정한 단계이다. 셋째 단계는 감률 건조기간(falling rate period)인데 건조속도가 점점 감소하는 단계로서 이 단계가 시작되는 수분함량을 임계수분함량(critical moisture content)이라 부른다. 그림 3-2에서 A~B 구간은 조절기간, B~C구간은 항률 건조기간, C~D구간은 감률 건조기간이고, C에 해당하는 수분함량이 임계수분함량이다. 항률 건조기간 중에는 식품의 온도가 상승하

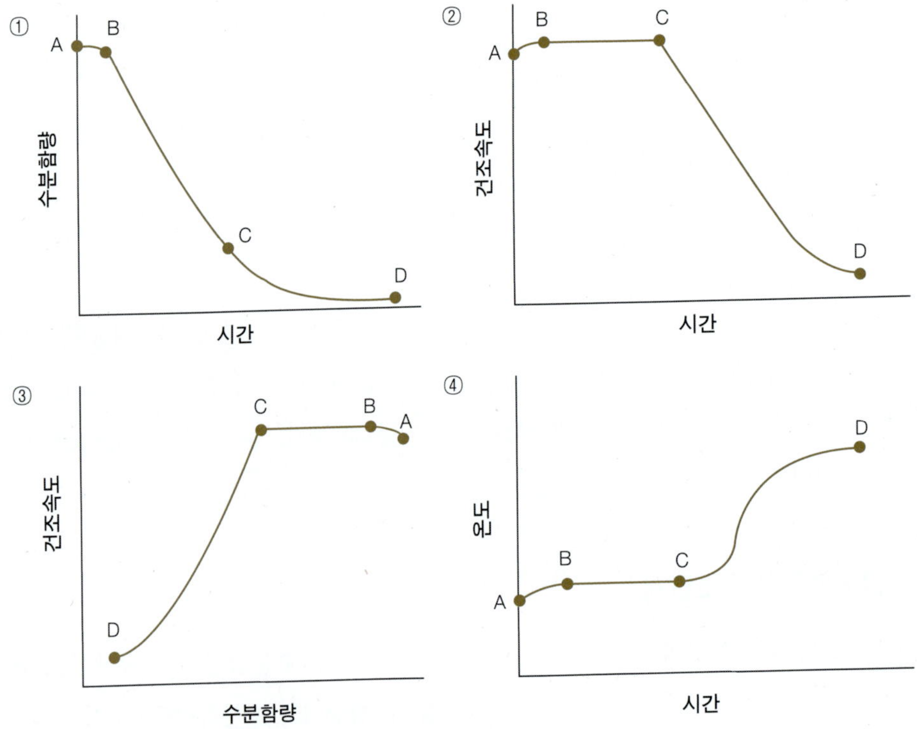

그림 3-2　건조시간, 건조속도, 수분함량, 온도의 관계

① 건조시간에 대한 식품의 수분함량의 변화　② 건조시간에 대한 건조속도의 변화
③ 식품의 수분함량에 대한 건조속도의 변화　④ 건조시간에 대한 식품 온도의 변화

지 않지만, 표면에서의 증발속도가 감소하기 시작하는 감률 건조기간 중에는 식품의 온도가 점점 증가하게 된다. 실제 식품의 건조과정에서는 항률 건조기간은 아주 짧거나 아예 없는 경우도 있고, 건조과정의 대부분을 감률 건조기간이 차지한다. 또한 감률 건조기간도 제1 감률 건조기간, 제2 감률 건조기간, 제3 감률 건조기간으로 나눌 수 있을 정도로 식품은 건조시간이 경과할수록 점점 더 마르기 어려운 특성을 지니고 있다.

항률 건조기간 중에 식품의 표면은 액체인 물로 포화되어 있고, 물이 식품의 내부에서 표면으로 이동하는 속도와 식품의 표면에서 수증기로 증발하는 속도가 같다. 이 단계에서는 열풍에서 식품으로 열이 전달되는 속도와 식품에서 열풍으로 수분이 증발하는 속도가 균형을 이루고 있다. 즉 건조속도는 열 전달속도에 좌우되기 때문에 건조속도는 열 전달속도를 증발 잠열로 나누면 구할 수 있다. 또한 식품 표면에서의 수증기 증발로 인해 식품 표면의 온도는 열풍의 습구 온도에 해당하는 일정한 온도에 머무르게 된다.

감률 건조기간 중에 식품의 표면이 마르기 시작하면서 식품 내부에서 표면으로의 수분 이동속도가 감소한다. 이에 따라 표면에서의 수분 증발량이 감소하면서 식품 표면의 온도가 오르기 시작하여 궁극적으로는 공기의 건구 온도에 근접하게 된다. 감률 건조기간 중에 식품 내부에서 표면으로의 수분 이동은 모세관 이동(capillary movement)이나 확산 이동(diffusion movement)에 의해 이루어진다.

3) 건조 중 식품의 변화

식품의 건조과정 중에 식품 내부의 수분이 표면으로 이동하면서 수용성 물질을 운반하여 표면에 남겨두고 자신만 증발함으로써 결과적으로 표면에 고형물의 층이 형성된다. 건조속도가 지나치게 빠를 경우 표면에 수분이 통과하기 어려운 피막이 형성되어 건조속도가 오히려 감소하고 내부에 수분이 남아 있는 채 건조과정을 마치게 되는 표면경화(case hardening) 또는 겉마르기현상이 나타날 수 있다. 이를 방지하기 위해서는 건조할 때 공기의 온도와 습도를 조절하여 건조속도가 지나치게 빠르지 않도록 조절할 필요가 있다. 또한 동결건조를 제외한 대부분의 건조과정 중에 식품의 수축현상(shrinkage)이 일어난다. 건조 초기에는 수축 정도가 제거되는 수분의 양에 비례하지만 건조 후기에는 수축현상이 덜 일어나면서 형태와 크기가 고정된다.

건조는 식품에 물리적 변화뿐만 아니라 화학적 변화도 일으켜 식품의 색깔, 향미, 텍스처, 영양가, 저장성 등에 영향을 끼친다. 바이타민 C는 가열과 산화작용에 예민하기 때문에 열풍건조 등의 건조과정 중에 손실이 일어나지만, 동결건조 중에는 손실이 거의 없다. 바이타민 B_1은 건조과정 중에 75 %의 손실이 있는데, 데치기(blanching)를 하면 15 % 정도만 손실이 발생한다. 건조과정 중의 효소적 또는 비효소적 갈변은 데치기나 아황산 처리로 감소하고, 지방질산화방지를 위해서는 산화방지제를 첨가하는 것이 효과적이다.

4) 식품의 건조장치

식품의 건조방법은 가열 원리를 기준으로 열풍 건조법(drying by heated air), 접촉 건조법(drying by heated surface), 복사 건조법(drying by radiating source), 그리고 동결 건조법(freeze drying)으로 구분할 수 있다.

식품의 건조장치를 분류하여 보면 열풍 건조법 건조장치로는 킬른 건조기, 캐비닛 건조기, 터널 건조기, 컨베이어 건조기, 빈 건조기, 유동층 건조기, 기송식 건조기, 회전식 건조기, 분무 건조기 등이 있고, 접촉 건조법 건조장치로서 드럼 건조기, 진공 선반 건조기, 진공대 건조기 등이 있으며, 복사 건조법 건조장치로서 복사열 건조기, 적외선 건조기, 마이크로파 건조기 등이 있고, 동결 건조법 건조장치로서 회분식 동결 건조기, 다중 진공실 동결 건조기, 터널 동결 건조기 등이 있으며, 그 밖의 건조방법으로는 탈수 동결, 퍼프 건조, 포말 건조 등이 있다.

(1) 킬른 건조기

킬른 건조기(kiln dryer)는 그림 3-3에 있는 바와 같이 공기 히터, 틈바닥(slatted floor), 교반장치(turner 또는 rake)로 이루어져 있으며, 일반적으로 시료를 0.1~0.2 m 두께로 가하여 건조하는데, 건조시간이 길고 건조과정의 조절이 쉽지 않다. 호프(hop), 사과절편(apple ring), 맥아 등의 건조에 사용한다.

(2) 캐비닛 건조기

그림 3-4의 캐비닛 건조기(cabinet dryer)는 트레이 건조기(tray dryer)라고도 하며, 단열 캐비닛 내에 공기 순환 팬(circulating fan), 식품 트레이, 히터로 구성된다. 히터로는 가스 버너, 스팀식 열교환기, 전기 히터 등을 사용한다. 이 건조기는 저렴하게 제작할 수 있고 유지보수가 용이하며, 과실, 채소의 건조나 실험 공장 규모의 작업(pilot scale work)에 사용한다.

(3) 터널 건조기

터널 건조기(tunnel dryer)는 단면이 정사각형(가로 2 m, 세로 2 m)이고 길이가 24 m 정도의 터널에 금속망 트레이를 적재한 트럭(식품 선반차)이 이동하는 동안 히터로 가열한 열풍을 송풍기로 2.5~6.0 m/s의 속도로 순환시켜 식품을 건조하는 장치이다. 이 건조기는 과실이나 채소를 건조하는 데 많이 쓰이는 반연속식 건조장치이며, 원료식품과 열풍의 상대적인 흐름의 방향에 따라 병류식(co-current system)과 역류식(counter-current system)으로 나눈다(그림 3-5). 병류식은 원료식품의 입구(wet end)에서 증발속도가 빠르다가, 식품이 터널을 따라 움직일수록 온도가 낮고 습도가 높은 공기와 접촉하므로 건조속도가 감소한다. 따라서 건조제품의 출구(dry end)에서 아주 낮은 수분함량의 제품을 얻기는 어려우나, 과열로 인한 식품의 열손상 위험을 최소화할 수 있다. 이와는 대조적으로 역류식은

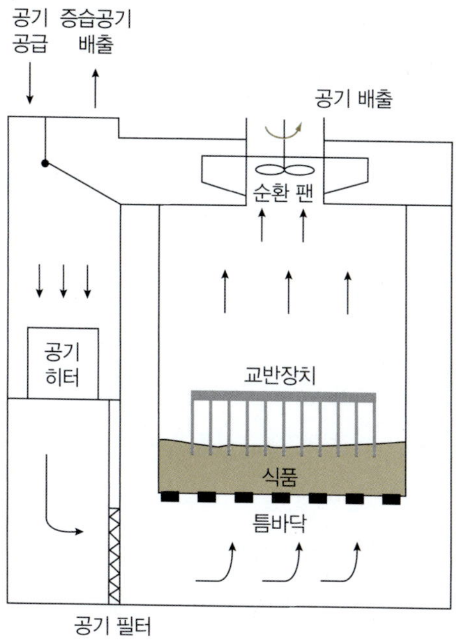

그림 3-3 킬른 건조기

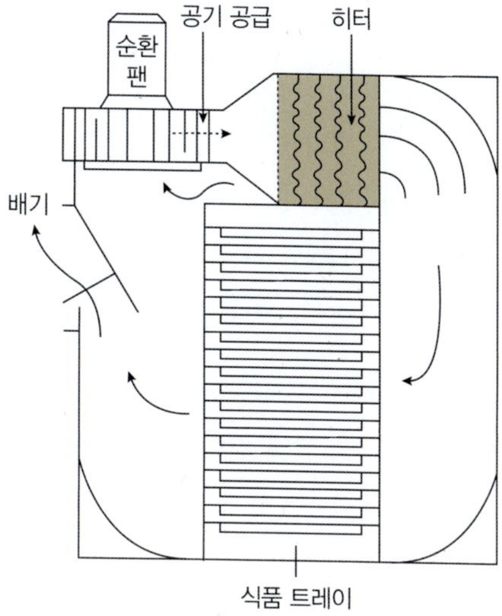

그림 3-4 캐비닛(또는 트레이) 건조기

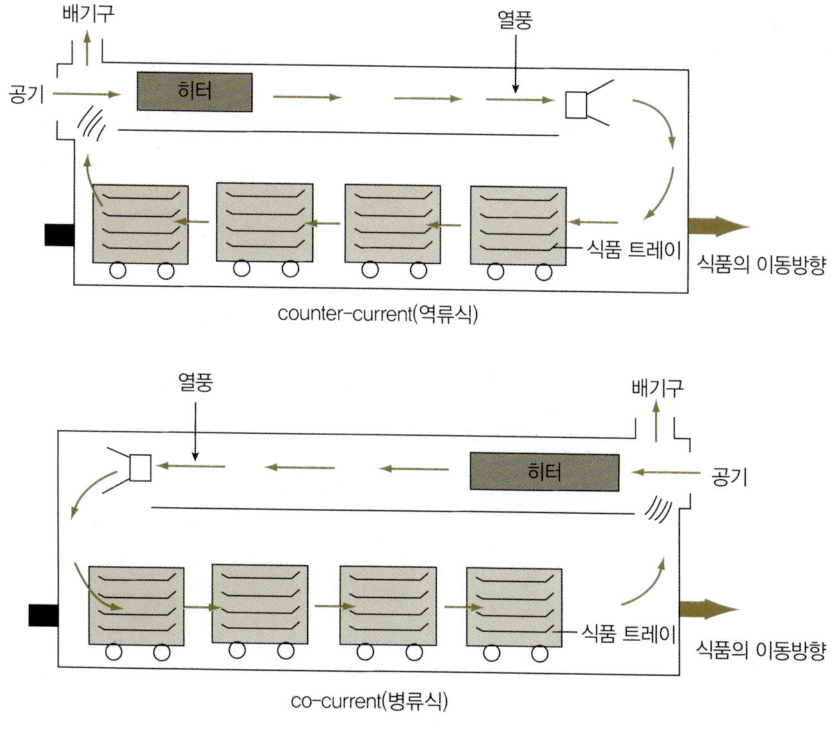

그림 3-5 역류식(위) 터널 건조기와 병류식(아래) 터널 건조기

원료식품의 입구에서 증발속도가 낮아 변질의 위험이 있으며, 건조제품의 출구에서 아주 낮은 수분함량의 제품을 얻을 수 있는 반면에 과열로 인한 식품의 열손상 위험이 있다. 일반적으로 역류식이 병류식보다 열에너지 사용면에서 더 경제적이다.

(4) 컨베이어 건조기

컨베이어 건조기(conveyor dryer)는 식품을 벨트 컨베이어(belt conveyor)상에서 이동시키며 건조하는 장치이다. 이 건조기는 병류식과 역류식을 동시에 활용할 수 있어 효과적이다(그림 3-6). 또 경우에 따라 열풍이 다공성 벨트와 식품을 뚫고 흐를 수 있는 통류식(through-flow system) 컨베이어 건조기도 사용할 수 있는데, 원료식품 입구에서는 열풍을 상향으로 흐르게 하고, 건조제품 출구에서는 건조제품이 열풍에 의해 뜨는 것을 방지하기 위하여 하향으로 흐르게 조절한다. 이 건조기의 경우 공기가 통과하여 잘 흐를 수 있는 재료라야 사용이 가능하고 건조기의 가격이 상대적으로 비싸기 때문에 컨베이어 건조기에서 수분함량 10~15 %까지 건조한 후 마감건조(finish drying)는 빈 건조기(bin dryer)를 사용하기도 한다.

(5) 빈 건조기

빈 건조기(bin dryer)는 틈바닥망(false bottom), 송풍기, 가열기로 구성된 상자 모양의

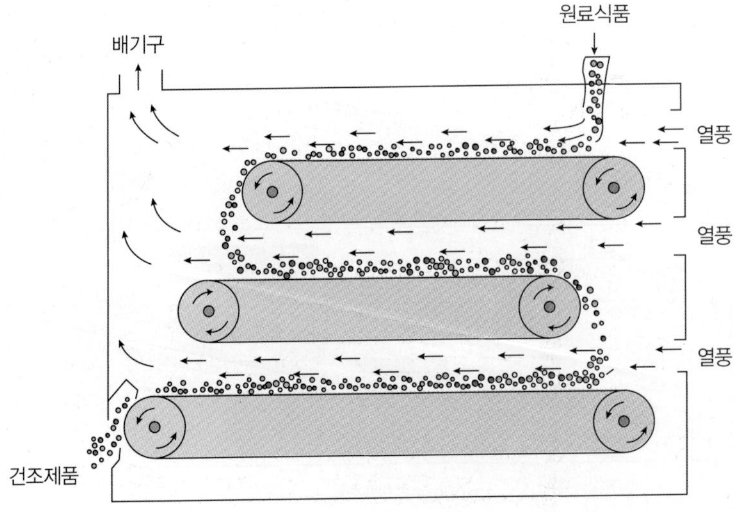

그림 3-6 병류식 및 역류식 동시 활용 컨베이어 건조기

빈으로 이루어져 있고, 건조속도가 느려 건조시간이 오래 걸리나 제작비나 운영비가 적게 들기 때문에 식품의 마감 건조에 자주 사용한다.

(6) 유동층(또는 부유식) 건조기

유동층 건조기(fluidized bed dryer)는 그림 3-7에 나타낸 것과 같이 다공판(perforated plate), 히터, 송풍기, 집진기(cyclone)로 구성되어 있고, 회분식 또는 연속식 시스템이 있다. 열풍을 다공판 위에 투입한 식품의 아래에서 위로 불도록 하고 식품이 열풍 중에 부유하도록 열풍의 방향과 속도를 조절하여 건조하는 방식이다. 이 건조기는 열풍으로 부유가 가능한 식품에 적용할 수 있으며, 건조속도가 빠르고 작업의 조절이 간편하며 건조가 균일한 장점이 있다. 완두, 두류, 당근, 양파, 감자, 육류, 밀가루, 코코아, 커피, 소금, 설탕 등의 건조에 이용한다.

(7) 기송식 건조기

기송식 건조기(pneumatic dryer)는 유동층 건조방식으로 작동하며 열풍의 속도를 확

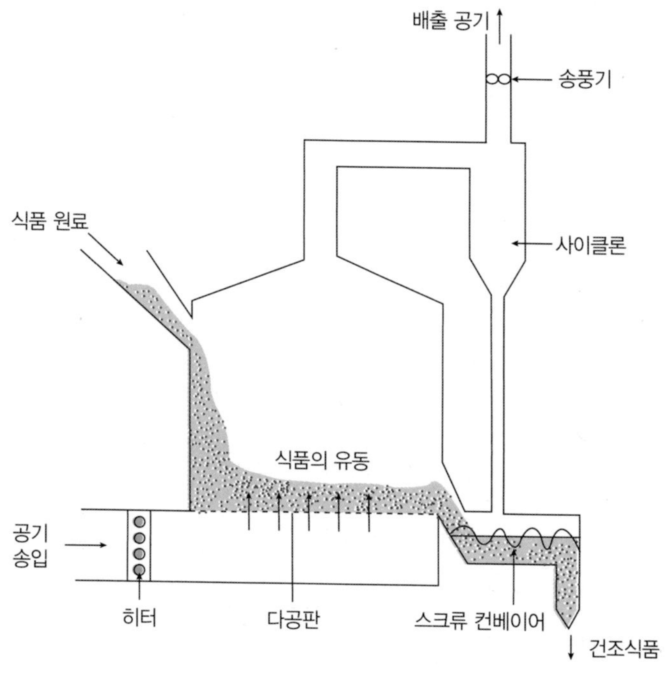

그림 3-7 유동층 건조기

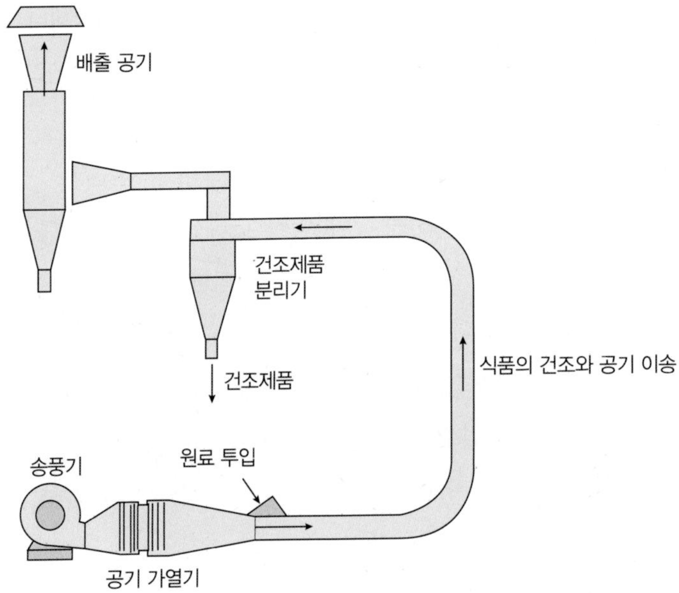

그림 3-8 기송식 건조기

대함으로써 건조와 이송을 동시에 하는 장치이다(그림 3-8). 건조속도가 빠른 이 건조기 역시 열풍으로 부유가 가능한 식품에 적용할 수 있으며, 각종 곡식, 밀가루, 감자 입자(potato granule), 육류 조각(meat cubes)의 건조에 이용한다.

(8) 회전식 건조기

회전식 건조기(rotary dryer)는 원료식품을 원통형 용기에서 회전시키면서 열풍을 통과시켜 건조하는 장치이다(그림 3-9). 이 건조기는 흐름성(free flowing characteristics)이 좋은 육류 필렛(pellet), 그래뉼 슈거(granulated sugar), 코코아빈 등에 적용하고 있으며, 건조속도가 빠르고 건조가 균일한 장점이 있다.

(9) 분무 건조기

분무 건조기(spray dryer)는 액체식품을 건조하는 데 사용한다(그림 3-10). 액체식품을 직경 10~200 μm의 입자 크기로 분무하여 표면적이 극대화된 상태에서 열풍과 접촉시킴으로써 별도의 분말화 과정 없이 1~10초 안에 신속하게 건조시키는 방법이다. 이 경우 대부분의 건조가 항률 건조기간 중에 일어나기 때문에 식품의 온도가 열풍의 습구온도에

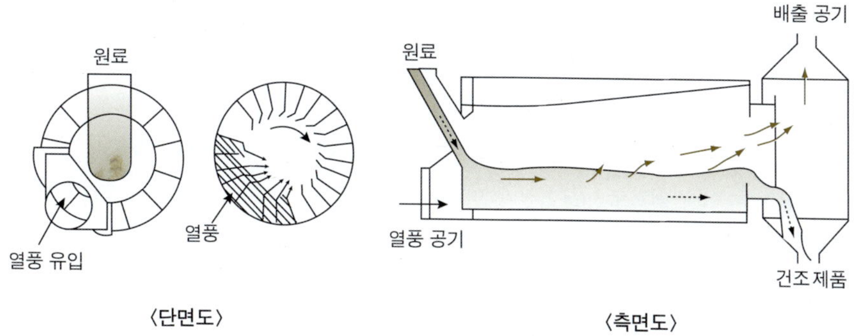

그림 3-9 회전식 건조기

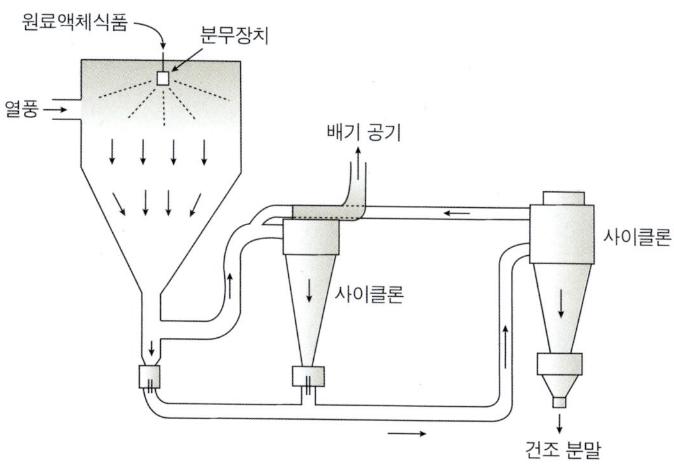

그림 3-10 분무 건조기

근접하여 열손상이 적은 장점이 있다. 열풍의 가열은 스팀 히터를 사용하고, 열풍의 순환은 원심팬(centrifugal fan)을 사용한다. 분무장치로는 고압 노즐형(pressure nozzle), 이류체 노즐형(two-fluid nozzle), 원심식 원반형(centrifugal atomizer)이 있다. 고압 노즐형은 $3.6 \sim 48.4 \times 10^6$ MPa 정도의 고압으로 액체식품을 펌핑하는 방법이고, 이류체 노즐형은 고속의 공기 등의 기체로 액체식품을 분무하는 방법으로 실험실 규모의 작업에 많이 사용하는 방법이며, 원심식 원반형은 고속으로 회전하는 디스크 중심 가까이에 액체식품을 넣어 순간적으로 분무시키는 방법이다. 건조실(drying chamber)은 열풍과 분무 액체가 만나 순간적으로 건조가 이루어지는 공간으로 건조실 모양에 따라 수직식과 수평식이 있고, 열풍의 방향에 따라 병류식과 향류식이 있으며, 분무 액체의 방향에 따라 하향식과 상향식이 있

TIP 요구르트를 분무 건조하면 젖산세균은 어떻게 되나?

답은 '생존한다'이다.

반고체 상태의 요구르트를 균질화시켜 흐름성을 좋게 하여 분무 건조하면 대부분의 건조가 항률 건조기간 중에 순간적으로 이루어진다. 따라서 요구르트의 품온이 열풍의 습구온도 근방에 머물러 열손상이 적기 때문에 젖산세균이 살아 남는다. 그러나 냉동건조를 하면 대부분의 젖산세균이 살아남는다.

다. 분말의 회수 시스템(recovery system)으로 사이클론 분리기(cyclone separator)나 백필터(bag filter)를 사용한다. 분무 건조기는 우유, 유청, 아이스크림 믹스, 버터, 치즈, 유아식, 커피, 차, 액란, 주스 등의 건조에 사용한다.

(10) 드럼 건조기

드럼 건조기(drum dryer)에서는 스팀으로 가열한 금속 실린더(metal cylinder)가 수평축을 중심으로 회전하는 동안 액체식품을 드럼 표면에 일정한 두께의 막(film)의 형태로 도포하고 드럼이 한 바퀴 회전하는 동안 식품이 필름 상태로 마르면 드럼에 균일하고 날카롭게 접촉되어 있는 칼날(scraping knife)로 떼어 낸 후 분말화 공정을 거친다. 이 드럼 건조기(그림 3-11)에는 단식 드럼 건조기, 복식 드럼 건조기, 쌍드럼 건조기 및 진공 드럼 건조기가 있는데, 이 중에 진공 드럼 건조기는 열에 민감한 물질의 건조에 쓰이며 제작경비가 많이 든다. 드럼 건조기에서의 건조속도는 드럼의 회전속도, 스팀 압력(드럼 온도), 막 두께에 좌우되는데, 흔히 2~30초에 건조가 이루어질 정도로 건조속도가 빠르며 열 에너지의 경제적 사용이 가능하다. 이 건조기는 주로 액체식품에 적용 가능하고, 우유, 수프믹스, 유아식, mashed potato의 건조에 이용하고 있다.

(11) 진공 선반 건조기와 진공대 건조기

진공 선반 건조기(vacuum shelf dryer)는 열에 민감한 식품을 건조하기 위한 장치로서 과실 주스 농축액의 건조에 사용하고 있으며, 진공 건조실(vacuum-tight chamber) 내에 가열 매체가 순환하는 선반(shelf)과 그 위에 얹어 놓는 금속 트레이로 이루어져 있다.

진공대 건조기(vacuum band dryer)는 과실 주스 농축액, 토마토 농축액, 커피 추출 농

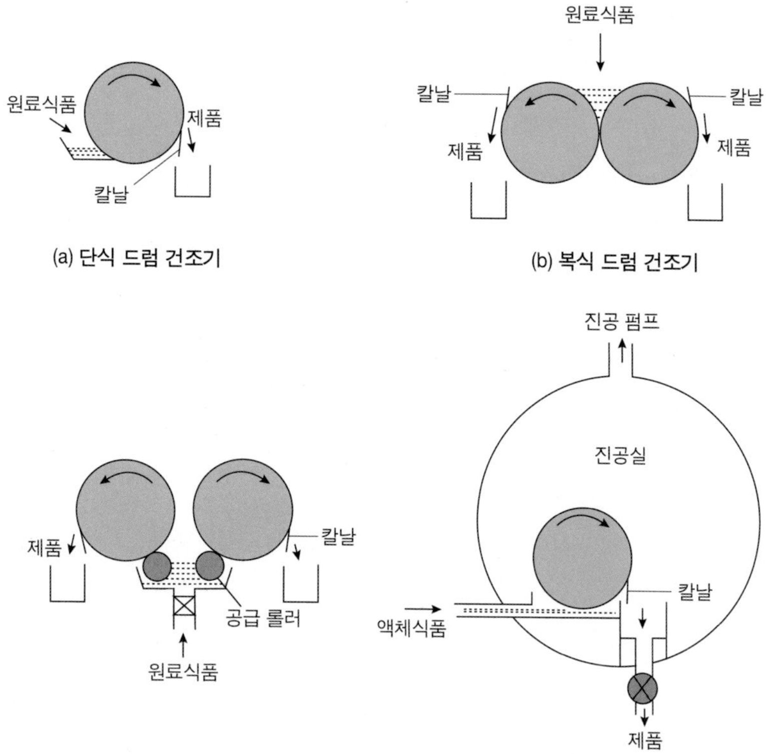

(c) 쌍드럼 건조기 (d) 진공 드럼 건조기

그림 3-11 단식 드럼 건조기, 복식 드럼 건조기, 쌍드럼 건조기 및 진공 드럼 건조기

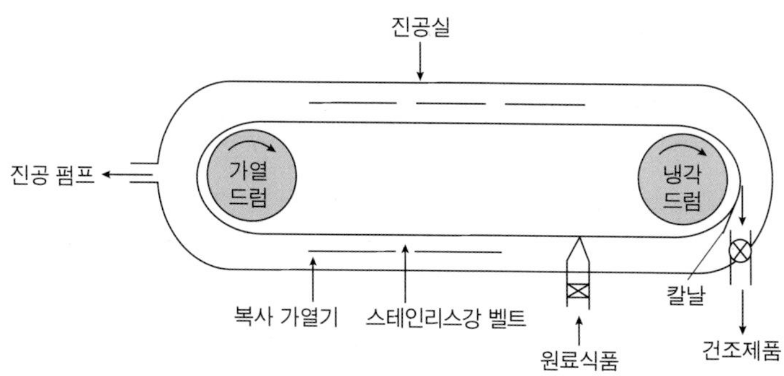

그림 3-12 진공대 건조기

축액 등의 액체식품을 건조하는 장치로서 진공실 내부에 연속적으로 회전하는 스테인리스 스틸 벨트와 가열 드럼, 냉각 드럼, 복사 가열기, 칼날로 구성되어 있다(그림 3-12).

(12) 복사열 건조기, 적외선 건조기 및 마이크로파 건조기

복사열 건조기(radiant heating dryer)는 식품 내부로의 열 침투가 제한되어 있고 가열이 불균일하며, 이에 따라 건조도 균일하지 않은 단점이 있다.

적외선 건조기(infra-red dryer)는 컨베어 벨트 바로 위에 적외선 가열장치를 배치한 건조장치로서 빵 속, 녹말, 커스터드 분말, 케이크 믹스, 차, 아몬드, 향신료 등의 건조에 사용한다.

마이크로파를 이용한 건조기로는 열풍을 병용한 마이크로파 열풍 건조기, 진공을 병용한 마이크로파 진공 건조기, 동결 건조를 병용한 마이크로파 동결 건조기가 있다.

(13) 동결 건조기

동결 건조 중 식품은 낮은 온도를 유지하고, 용질의 이동, 수축 현상, 표면 경화 등이 거의 없으며, 재수화성(reconstitution)도 좋기 때문에 건조 방법 중에서 가장 우수한 방법이라고 볼 수 있다. 동결 건조기(freeze dryer)에는 회분식 동결 건조기, 다중 진공실 동결 건조기, 터널 동결 건조기가 있다.

회분식 동결 건조기(batch freeze dryer)는 그림 3-13에 있는 바와 같이 진공실, 진공 펌프, 가열장치, 응축기로 구성되어 있고, 건조시간은 7~8시간 걸린다. 진공 펌프의 능력은 10분 이내에 진공실 내부의 압력을 5~10 mmHg 이하로 떨어뜨린 후 1 mmHg 이하의 압력을 계속 유지할 수 있어야 한다. 가열장치로는 접촉식이나 복사식이 있고 마이크로파를 활용할 수도 있다.

다중 진공실 동결 건조기(multicabinet freeze dryer)는 4개의 회분식 캐비닛이 2개의 진공실 안에 나누어져 있는 반연속식 동결 건조기로서 하루에 5 t을 처리할 수 있다. 또한 터널 동결 건조기(tunnel freeze dryer)는 커피 등의 연속식 대량 건조에 사용하고 있다.

(14) 그 밖의 건조장치

탈수 동결(dehydro freezing)은 열풍으로 부분 건조하여 원래 무게의 50 %까지 무게와 부피를 감소시킨 후 냉동 보관하는 방법으로 과실이나 채소에 적용하고 있다.

퍼프 건조(puff drying)는 수분함량이 비교적 적은 15~40 %의 식품을 밀폐 용기에 1/3 정도 채워 넣고 1~5기압의 압력에서 120~150 ℃까지 가열한 후 밀폐 용기를 신속하게 개방하여 상압 중으로 기체와 수증기를 분출시켜 puffing하면서 다공질 구조의 건조제품을 얻는 방법으로 건조속도가 빠르고 재수화성이 좋은 제품을 제조할 수 있다.

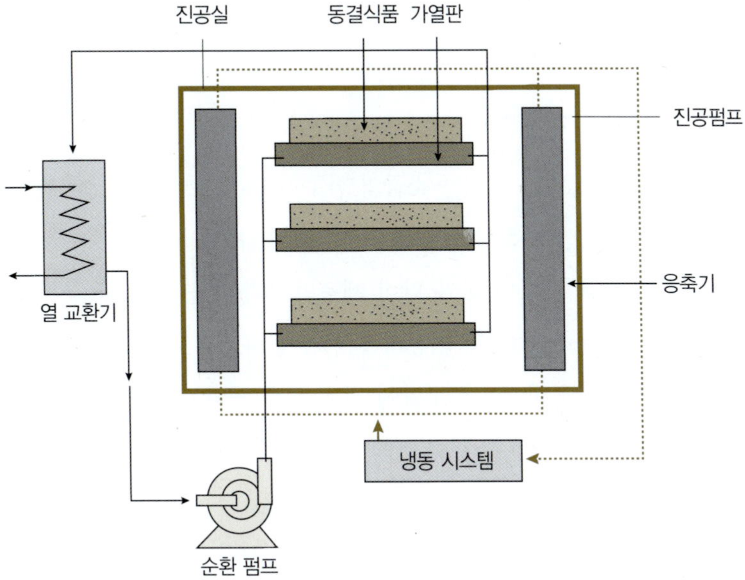

그림 3-13 회분식 동결 건조기

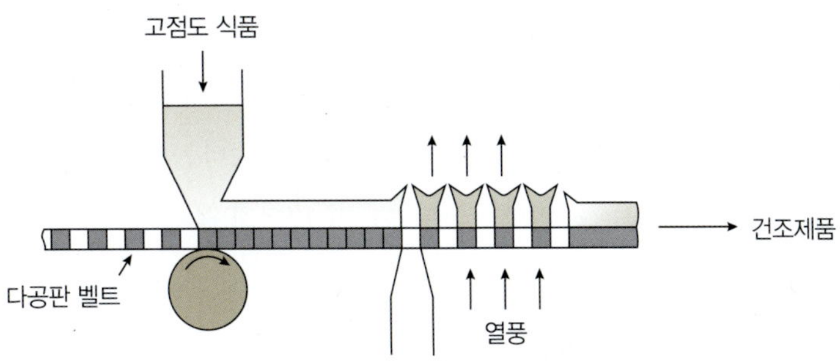

그림 3-14 포말 건조 시스템

포말 건조(foam mat drying)는 액체식품에 기포 형성제로서 카복시메틸셀룰로스, 메틸셀룰로스, 모노글리세라이드 등을 1% 정도 가하고 공기나 질소가스를 주입하여 거품을 형성한 후 터널식으로 건조하는 방법으로, 건조가 신속히 일어나고 건조제품의 품질도 우수하기 때문에 과실 주스나 유아식의 건조에 사용한다(그림 3-14).

2. 염장에 의한 식품저장

1) 염장에 의한 식품저장의 원리

염장에 의해 식품을 저장하는 원리는 소금의 삼투작용(osmosis), 소금의 단백질 분해 억제작용, 소금 용해로 인한 산소 용해도 감소 등으로 설명하고 있다.

삼투작용은 그림 3-15에 나타낸 바와 같이 세포의 반투막을 통해 물 분자가 저농도 상태에서 고농도 상태로 이동하여 액체 기둥의 높이가 달라짐으로써 압력차(삼투압)가 생기는 현상이다. 식품을 소금에 절이면 삼투압에 의해 식품 중의 수분이 탈수되는 한편, 식품의 모세관 등 미세한 통로를 통해 소금이 식품 내부로 침투하거나, 용질이 고농도에서 저농도로 직접 이동하는 확산현상을 통해 소금이 식품 내부로 이동하게 된다. 이에 따라 식품은 수분을 잃고 소금의 농도가 높아지므로 수분활성도가 감소하는데다가, 식품 중의 미생물 세포 자체도 삼투압에 의한 탈수와 이에 따른 원형질 분리(plasmolysis)로 생육이 억제된다. 소금의 삼투압은 1 % 소금 용액의 경우 7.6기압, 10 % 소금 용액은 62.8기압으로 1 % 설탕 용액의 삼투압 0.68기압에 비해 상대적으로 높다. 또 칼슘염이나 마그네슘염 등의 불순물이 들어 있는 소금보다 순도가 높은 소금일수록 삼투속도가 빠르고, 소금 용액의 농도와 온도가 높을수록 삼투속도도 빠르다. 그리고 건염법보다는 염수법의 삼투속도가 크고 어체를 염장할 때 껍질을 벗긴 경우의 삼투속도가 벗기지 않은 경우보다 더 크다.

일반적으로 세균은 소금 10 % 농도에서 생육이 억제되는데, 소금에 대한 저항성은 병원

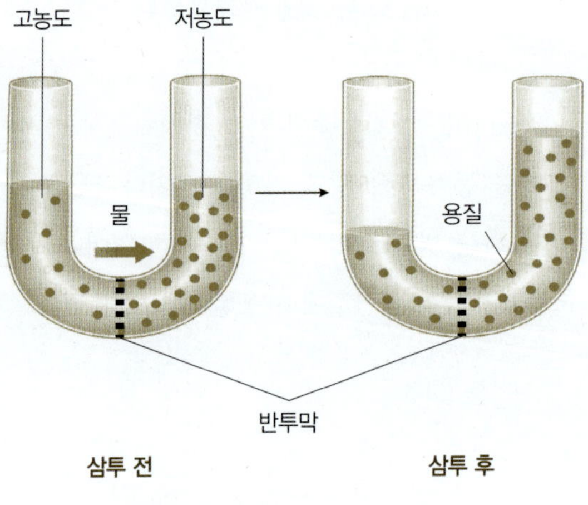

그림 3-15 삼투압의 기본 개념

균보다 부패균이, 간균보다 구균이, 무포자 형성균보다 포자 형성균이 강한 것으로 알려져 있다. 식중독 세균인 *Clostridium botulinum*은 소금 6 % 농도에서, *Bacillus cereus*는 소금 10% 농도에서 생육이 억제된다. 그 반면 *Saccharomyces* 속의 효모는 소금 15 % 농도에서, *Zygosaccharomyces* 속의 간장 효모는 소금 20 % 농도에서, *Penicillium* 속의 곰팡이는 소금 20~30 % 농도에서 생육이 억제된다.

한편 소금은 식품 중의 단백질 분해 억제작용이 있는 것으로 알려져 있다. 이것은 그림 3-16과 같이 소금이 단백질 분해효소보다 먼저 단백질 분자의 peptide 결합에 경쟁적으로 결합함으로써 단백질 분해효소의 접근을 봉쇄하기 때문이다. 그 밖에 소금 용액의 농도가 높아질수록 산소의 용해도가 감소함으로써 호기성 세균의 발육에 영향을 줄 수 있고, 또한 소금이 존재함으로써 세균의 CO_2에 대한 감도를 예민하게 하는 작용을 하기도 한다.

그림 3-16 단백질의 peptide 결합에 대한 소금의 경쟁적 결합

2) 염장방법

염장방법으로 염수법과 건염법이 주로 사용되어 왔고, 또 이를 개량한 개량 염수법, 개량 건염법, 염수 주사법도 쓰이고 있다.

(1) 염수법

염수법은 식품을 소금 용액 중에 침지하는 방법으로 습염법(물간법; brine salting)이라고도 한다. 염수법을 사용할 경우 식품에서 수분이 빠져나오므로 소금의 농도를 일정하게 유지하기 위하여 여러 차례 소금을 첨가하여야 하고, 장시간 방치할 때 염수층이 형성되므로 수시로 교반해야 한다. 염수법은 소금의 침투가 균일하여 간이 골고루 배고, 품질이 균일하며, 제품의 짠맛을 조절하기 쉽다. 또 과도한 탈수작용이 일어나지 않으므로 외관이나 맛, 수율이 좋고, 염장과정에서 식품이 공기와 접촉하지 않으므로 유지의 산화도 잘 일어나지 않는다. 그러나 염장 중 자주 교반하지 않으면 침출된 수분이 얇은 막의 형태로 식품 표면을 덮어 식염의 침투와 탈수를 방해함으로써 염장 초기에 부패하는 수가 있다. 이러한 현상은 소금 농도가 낮을 때 잘 일어나고 심할 경우 소금은 침투하지만 탈수가 일어나지 않거나 오히려 물이 흡수되는 경우도 생긴다. 또 염수법은 건염법에 비해 소금 사용량이 많은 것도 단점이다.

(2) 건염법

건염법은 식품에 소금을 직접 뿌려 염장하는 방법으로 마른간법(dry salting)이라고도 하며, 식품 표면의 수분이나 내부에서 빠져나온 수분에 소금이 녹으면서 식품 표면이 포화 상태의 소금 용액으로 덮여 있는 상태가 된다. 따라서 식품 외부와 내부의 삼투압 차이가 크기 때문에 소금의 침투와 탈수가 빨리 진행되어 적은 양의 소금으로도 효과적인 염장을 할 수 있고, 염장 초기의 부패도 적다. 또 염장이 잘못 되었을 때 그 피해를 부분적으로 국한할 수 있다. 하지만 건염법은 소금의 침투가 균일하지 못해 품질이 고르지 못하고, 식품 내의 수분이 지나치게 탈수되어 외관이 좋지 못하며 수율도 낮은 단점이 있다. 또 염장과정 중에 식품 표면이 공기에 노출되어 유지 산화로 인한 변색을 일으킬 수 있으며, 이를 방지하기 위해서는 산화방지제를 사용해야 한다.

(3) 개량 염수법

이 방법은 염장 용기 안에서 식품에 건염 처리를 하면서 한 층씩 재우며 쌓아 올린 뒤 적당히 가압함으로써 식품에서 빠져나온 수분에 의해 소금의 포화 용액이 만들어지게 하는 일종의 개량 염수법으로 개량 물간법이라 부른다. 염장이 두 단계로 이루어질 때 처음 염장을 가염지(presalting)라 하고 두 번째 염장을 본염지라고 한다. 어패류의 경우 가염지로 대부분의 수분을 제거하여 염장 초기의 변질을 억제하고 본염지로 염장 효과를 높일 수 있다. 이 개량 염수법은 염수법과 건염법의 단점을 상호 보완한 것으로서, 염장 초기에 부패될 위험이 적고 소금의 침투가 균일하며 외관이나 수율이 좋고 유지 변색도 막을 수 있다.

(4) 개량 건염법

개량 건염법은 먼저 염수로 가염지를 하여 식품 표면에 부착되어 있는 세균이나 점질물 등을 제거하고 나서, 건염법으로 본염지를 하여 염장 효과를 높이는 방법이다. 기온이 높을 때나 선도가 떨어진 식품을 염장할 때 변패를 막는 데에 효과적인 방법이다.

(5) 염수 주사법

크기가 큰 육류는 염지시간이 길기 때문에 염지과정 중에 변질되기 쉬우며 때로는 세균이 번식하여 부패하는 수도 있다. 이와 같은 경우에 염지시간을 1/3 이내로 단축시키고 균일하게 염지하기 위해 소금 용액을 주사하는 방법을 사용하는데 이를 염수 주사법(brine injecting method)이라 한다. 이 방법은 일찍부터 햄이나 베이컨의 제조에 이용되어 왔으며 근육 주사법(stitch pumping method)과 맥관 주사법(vascular pumping method)으로 나눌 수 있다.

근육 주사법(그림 3-17)은 주사기에 물 100, 소금 29~30, 아세트산칼슘 2~5로 배합된 액(pickle)을 넣고 근육 중심부에 주입하는 것으로 염지시간이 1/3로 단축된다. 맥관 주사법은 Morgan법이라고 하는데, 가축을 도살하고 박피한 후 흉부를 절개하여 좌심실로부터 대동맥 속에 주사침을 장치하고 우심실에는 구멍을 뚫어 혈압과 같은 압력으로 혈관 내에 염지액을 주입하는 것으로 3~4분 만에 혈관을 통해 전신에 퍼지게 된다. 이것을 해체한 후 냉각하여 다시 건염법으로 염지한다. 이 방법은 염지가 균일하고 침투가 빠른 장점이 있으나 혈관에 손상 부위가 일부만 있어도 모세혈관 내의 침투가 완전치 못한 것이 단점이다. 주로 햄 제조에 이용되는데 주사량은 육류 무게의 8~10 % 정도면 된다.

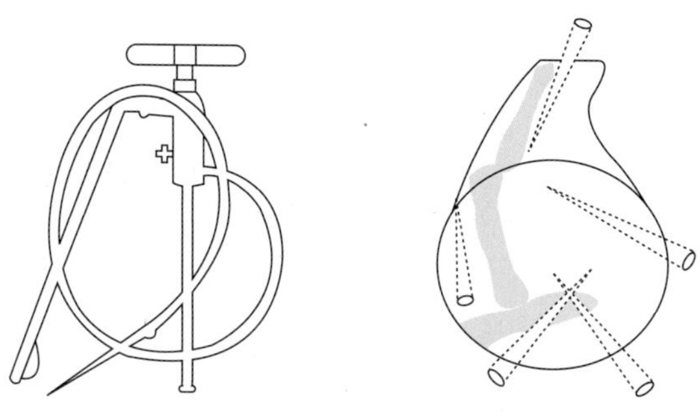

그림 3-17 근육 주사법

3) 염장 후에 일어나는 변화

(1) 수분함량의 변화

염장에 의한 수분함량의 변화는 세 가지로 설명할 수 있다. 첫째, 높은 삼투압에 의해 탈수작용이 일어난다. 둘째, 식품 내에 침투한 소금으로 인해 생긴 소금 용액에 식품 단백질이 용해되어 콜로이드 용액을 형성하고 이 용액의 삼투압도 높기 때문에 수분을 다시 흡수하게 된다. 셋째, 소금의 침투량이 많아져 식품 중의 소금 농도가 높아지면 단백질의 용해성이 감소하여 염석(salting out) 현상이 생기므로 수분의 흡수는 정지한다. 따라서 염장식품의 수분함량은 이 세 가지 작용이 평형을 이루는 점에서 결정된다.

염수법의 수분함량은 소금 농도와 온도에 따라 변화한다. 소금 농도 10 % 이상의 경우 소금 농도가 높을수록 탈수량이 많고, 염장 온도가 낮을수록 탈수량은 감소한다.

건염법은 소금 사용량이 많을수록 탈수량도 많다. 건염법으로 제조한 어육제품의 수분은 55~60 % 정도이나 장시간 충분히 염지하면 자유수의 대부분이 탈수되어 30~40 %의 수분함량을 지닌 제품을 얻을 수 있다.

(2) 중량의 변화

식품을 염장하면 식염이 침투하고 수분이 증가하거나 감소하며 육질의 일부가 용출되므로 제품의 무게가 변화한다. 건염법의 경우 소금 사용량이 많을수록 무게가 감소하는데, 다량의 소금을 사용하면 원료육 100 g당 30 g 정도의 감량이 있다. 염수법에서는 무게 변화가 염장 조건에 따라 증가하기도 하고 감소하기도 한다.

(3) 화학성분의 변화

근육 단백질은 묽은 소금 용액에서는 용해되나 농도가 높아지면 변성되고 일단 변성되면 묽은 소금 용액에서도 용해되지 않는다. 또 식품을 염장하게 되면 가용성 단백질, 무기질, 바이타민, 엑기스분(extracts) 등의 일부가 소금 용액에 녹아 손실이 발생한다. 손실 정도는 온도, 농도, 염장방법, 염장기간, 식품의 성질 등에 따라 다른데 온도가 높을수록, 신선도가 낮을수록 염장기간이 길수록 손실이 많아진다.

(4) 탄성의 변화

염건품을 만들면 육조직이 단단해지고 탄성이 있는 제품이 된다. 2~3 %의 소금을 어육에 넣고 마쇄하면 점착성이 있는 솔(sol) 형태의 고기풀이 되고, 이를 가열하든가 상온에 오래 두면 탄성이 있는 젤(gel) 상의 구조로 바뀐다. 고등어, 정어리 같은 생선의 경우 고온으로 놓아두면 다시 구조가 붕괴되는 되풀림(returning) 현상이 일어나기도 한다.

(5) 자가분해

염장육의 자가분해(autolysis)는 식염에 의하여 어느 정도 저해되기는 하나 포화에 가까운 소금 농도에서도 완만하게 진행된다. 효소가 많은 내장을 제거하지 않을 경우 자가분해는 더 잘 일어난다.

(6) 염장 어육의 적변

여름철에 염장어류는 종종 적변하는 수가 있는데, 이는 고농도의 소금 용액에서 발육하는 미생물이 적색 색소를 생산하기 때문이다. 적변의 최적 온도는 45~48 ℃이며 25 ℃에서는 적변하는 데 3배의 시간이 걸린다. 적변 방지를 위해 소브산(sorbic acid) 등을 첨가하고 염장 용기를 깨끗이 소독하는 것이 중요하다.

3. 당절임에 의한 식품저장

1) 당절임에 의한 식품저장의 원리

당절임(당장; sugaring)을 하면 당액의 삼투압작용에 의해 식품 중의 수분은 감소하고 대신 당의 농도가 높아져 전체적으로 수분활성도가 감소하며, 식품 중의 미생물 세포 자체도 삼투압에 의해 탈수와 원형질분리를 겪게 되어 생육이 억제된다.

그러나 당은 소금에 비해 삼투압이 낮아(1 % 설탕 용액의 삼투압 0.68기압, 1 % 소금 용액의 삼투압이 7.6기압) 식품 내부로의 침투가 잘 되지 않는다. 그래서 식품을 먼저 묽은 당액이나 물로 가열하여 조직을 연화시킨 후 짙은 농도의 당액에 침지한다. 여러 가지 당액

표 3-1 여러 가지 당액의 실온에서의 최저 수분활성도

당액의 종류	용해도%(w/w)	최저 수분활성도
설탕	67	0.86
포도당	47	0.92
전화당	63	0.82
설탕 37.6 % + 전화당 62.4 %	75	0.74
염화소듐	27	0.74

의 실온에서의 수분활성도는 0.7~0.9 사이의 범위를 보인다(표 3-1). 당의 삼투압은 몰수에 비례하므로 동일한 농도일 경우 당의 분자량이 작을수록 크다. 예를 들어 포도당이나 과당 같은 단당류의 삼투압이 설탕과 같은 이당류의 삼투압보다 크다. 당절임 원리를 활용한 식품으로는 잼, 젤리, 마멀레이드(marmalade), 프리저브(preserve), 당절임 과실, 가당연유 등이 있다.

2) 당절임의 미생물 생육 억제 효과

세균에 대한 당류의 생육 억제 효과는 과당 > 포도당 > 설탕 > 젖당의 순서를 보인다. 효모에 대해 과당이나 포도당 용액은 설탕 용액보다 5~10 % 낮은 농도에서도 설탕 용액과 같은 생육 억제력을 보이며, 곰팡이에 대해서도 포도당은 설탕보다 더 효과적으로 억제한다.

일반적으로 미생물은 당 농도가 50 % 이상이 되면 생육이 억제되나 내삼투압성 효모(osmophilic yeast)는 당 함량 80 %의 고농도에서 견딜 수 있어 꿀, 초콜릿, 잼, 당밀 등에서도 번식할 수 있다. 곰팡이도 높은 당 농도에서 번식하는데 *Penicillium glaucum*은 당 농도 65 %에서도 생육한다. 미생물의 생육 최저 수분활성도는 세균 0.9, 효모 0.88, 곰팡이 0.8 정도로 알려져 있다. 내삼투압성 효모인 *Sachharomyces rouxii*는 수분활성도 0.81인 당절임에서도 발견되는데, 이 균의 발육에 필요한 최저 수분활성도는 0.73인 것으로 알려져 있다. 미생물 생육 억제와 관련되는 수분활성도 값은 산도, 산소 분압 등 환경 인자에 영향을 받는다. 잼이나 젤리의 경우 산도가 0.8 %일 때 당 농도가 45 %이면 세균과 효모의 발육을 억제할 수 없지만 산도가 1.2 %일 때는 억제할 수 있다. 또 당절임 과일의 경우 파라핀으로 덮든가 밀폐 용기에 포장하여 산소를 차단하면 표면에서의 곰팡이 성장을 억제할 수 있다.

01 다음 물음에 대하여 O 혹은 X로 답하시오.

(1) 부유식 건조기는 트레이 건조기보다 열 전달 속도도 빠르고 건조속도도 빠르다. ________

(2) 임계 수분함량은 일반적인 건조방법으로는 도달할 수 없는 수분함량이며, 감률 건조기간 중 식품의 온도는 일반적으로 상승하여 식품에 열손상을 일으킬 수 있다. ________

02 식품의 열풍 건조과정 중에서 항률 건조기간(constant rate period)과 관련된 다음 설명 중 틀린 것은?

① 식품 표면이 수분으로 젖어 있다.
② 건조속도는 시간에 따라 일정하다.
③ 식품의 표면온도는 건조기 내 공기의 습구온도와 비슷하다.
④ 내부에서 표면으로의 수분이동과 표면에서의 증발속도가 평형을 이룬다.
⑤ 건조속도는 열 전달속도와 독립적인 관계에 있다.

03 어느 식품의 건물기준 수분함량이 25 %일 때 이 식품의 습량기준 수분함량은 몇 %인가?

① 20 % ② 25 % ③ 30 %
④ 35 % ⑤ 40 %

04 식품의 열풍건조와 관계없는 것은?

① 용질이 표면으로 이동한다.
② 건조 중 갈변이 일어나기 쉽다.
③ 건조 중 영양성분이 식품 내부로 확산된다.
④ 열풍의 온도가 높으면 표면 경화가 일어나기 쉽다.
⑤ 건조 전반부에 식품의 수축이 일어나다가 건조 후반부에 형태와 크기가 고정된다.

05 동결 건조식품의 특징과 관계없는 것은?

① 건조 중 식품의 수축이 적다. ② 건조 중 표면경화가 거의 없다.
③ 건조 중 용질의 이동은 무시할 수 있다. ④ 건조 후 지방질산화가 잘 일어나지 않는다.
⑤ 건조 후 재수화성(복원성)이 우수하다.

06 다음 건조기 중에서 원리상 공기와 관련이 가장 적은 것은?

① 유동층 건조기(fluidized bed dryer) ② 분무 건조기(spray dryer)
③ 기송식 건조기(pneumatic dryer) ④ 포말식 건조기(foam-mat dryer)
⑤ 드럼 건조기(drum dryer)

07 건조기와 용도의 다음 관계 중 틀린 것은 ?

① 유동층 건조기(fluidized bed dryer)-완두 ② 분무 건조기(spray dryer)-우유
③ 기송식 건조기(pneumatic dryer)-두유 ④ 빈 건조기(bin dryer)-마감건조
⑤ 킬른 건조기(kiln dryer)-맥아

08 분자량 46인 용질을 46 % 함유하는 수용액의 수분활성도를 계산하시오.

09 염수법과 건염법의 단점을 설명하시오.

10 터널 건조기(tunnel dryer)의 병류식과 역류식의 장점을 설명하시오.

11 얇은 스펀지에 물을 적셔서 열풍건조할 경우와 설탕물을 적셔서 열풍건조할 경우를 비교하여 설명하시오.

12 감열(느낌열, sensible heat)과 잠열(숨은열, latent heat)에 대해 설명하시오.

13 소금의 단백질 분해 억제작용에 대해 설명하시오.

14 온도 20 ℃의 1 kg 식품의 수분함량을 90 %에서 10 %로 건조할 때 필요한 열에너지를 계산하시오. 이때 식품의 비열은 3.8 kJ/kg℃, 물의 비열은 4.186 kJ/kg℃, 그리고 물의 증발잠열은 2257 kJ/kg이고, 식품은 60 ℃에서 감압 건조된다고 가정한다.

정답과 해설

1. (1) ○ (2) × **2.** ⑤ **3.** ① **4.** ③ **5.** ④ **6.** ⑤ **7.** ③ **8.** 0.75

9. (1) 염수법의 단점 : 염장 중 자주 교반하지 않으면 염장 초기에 부패 발생 가능. 건염법에 비해 소금 사용량 많음.
(2) 건염법의 단점 : 소금 침투 불균일, 품질 불균일, 지나친 탈수로 외관 불량, 수율 낮음. 염장과정 중에 유지 산화로 인한 변색 가능(산화방지제 사용 필요).

10. (1) 병류식의 장점 : 원료식품의 입구(wet end)에서 증발속도가 빠름. 과열로 인한 식품의 열손상 위험 최소화 가능.
(2) 역류식의 장점 : 건조제품의 출구에서 아주 낮은 수분함량의 제품을 얻음. 일반적으로 병류식보다 열에너지 사용면에서 더 경제적.

11. 얇은 스펀지는 다공질구조이다. 여기에 물을 적셔서 열풍건조할 경우는 가해진 열에 비례하여 수분이 증발하는 항률 건조만 존재하고, 설탕물을 적셔서 열풍건조할 경우는 항률 건조가 진행되다가 표면에 운반된 설탕 때문에 스펀지의 다공질구조가 메워지면서 감률 건조가 진행된다.

12. 감열 : 물체에 열을 가하거나 제거할 때에 물체의 상태는 변하지 않고 물체의 온도가 변화할 경우 가하거나 제거한 열을 감열이라 한다.
잠열 : 물체에 열을 가하거나 제거할 때에 물체의 온도는 변하지 않고 물체의 상태가 변화할 경우 가하거나 제거한 열을 잠열이라 한다.

13. 소금의 단백질 분해 억제작용은 소금이 단백질 분해효소보다 먼저 단백질 분자의 peptide 결합에 경쟁적으로 결합함으로써 단백질 분해효소의 접근을 봉쇄하기 때문이다.

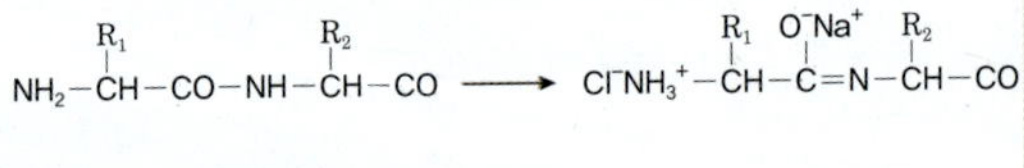

14. 처음에 1 kg의 식품은 900 g의 수분과 100 g의 고형물을 가지고 있다. 건조한 후 식품 중 수분의 양을 x라고 하면 $\frac{x}{x+100}=0.1$이므로 x = 11 g이 된다. 따라서 900 − 11 = 889 g의 물이 건조에 의해 제거되어야 하므로 필요한 열에너지는 1 kg × (60 ℃ − 20 ℃) × 3.8 kJ/kg℃ + 0.889 kg × 2257 kJ/kg = 2158.5 kJ이 된다.

CHAPTER 04

온도 조절에 의한 식품저장

식품의 온도가 5~60 ℃의 범위에 있을 때 미생물이나 효소의 작용 또는 이화학적 반응 때문에 식품의 품질은 변화하기 쉽다. 따라서 식품을 가열하여 미생물이나 효소를 불활성화시키거나, 냉장·냉동하여 미생물의 생육이나 효소작용을 억제함으로써 식품을 오랫동안 저장할 수 있다. 본 장에서는 가열 처리에 의한 식품저장 설명을 통하여 열 전달 메커니즘을 이해하고, 미생물과 효소의 내열성을 파악하며, 여러 가지 가열 살균방법과 상업적 살균의 개념을 정확히 알고, 살균이 식품의 품질에 끼치는 영향과 가열 살균 공정 계산을 배워보며 통조림, 병조림 및 레토르트 식품의 제조과정을 알아보기로 한다. 또 냉장·냉동 설명을 통해서 냉장·냉동의 원리와 냉동 사이클을 이해하고, 냉동곡선과 콜드 체인 시스템, 냉동장치에 대해 배우는 한편, 냉동이 식품 품질에 끼치는 영향을 살펴본다.

1. 가열 처리에 의한 식품저장

1) 열 전달 메커니즘과 냉점

열 전달 메커니즘은 원리상으로 전도(conduction), 대류(convection) 및 복사(radiation)의 세 가지로 나눌 수 있다. 통조림은 가열에 의한 식품저장법의 대표적 사례인데 이 경우 주로 열의 전도와 대류 메커니즘이 가열에 관여한다. 고체식품, 반고체식품, 점도가 높은 액체식품의 경우는 열이 주로 전도로 전달되는데, 이에 대한 예로 잼, 어묵, 육가공품 등이 있다. 액체식품의 경우는 대류에 의해 열이 전달되는데 주스나 맥주 같은 액체식품은 신속하게 가열되는 반면, 넥타나 과실 통조림 같이 액체에 입자(particulate)가 들어 있는 경우는 느리게 가열된다. 또 수프 같은 녹말질 식품은 초기에는 대류에 의해 가열되나 나중에는 전도에 의해 가열되기도 한다. 식품을 가열하는 경우 가장 늦게 가열되는 위치, 즉 냉점(cold point)까지 원하는 온도로 가열하는 것이 중요하기 때문에 냉점에 열전기 쌍온도계(thermocouple thermometer)를 꽂아 식품의 온도 변화를 측정한다. 이 냉점(그림 4-1)은

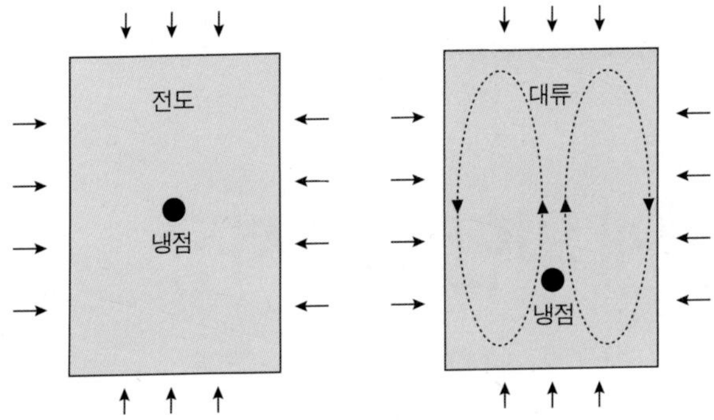

그림 4-1 전도형 식품과 대류형 식품의 냉점 위치

전도형 식품의 경우 공간의 중심에 위치하지만 대류형 식품의 경우는 중심보다 아래에 위치한다.

2) 미생물의 내열성

미생물의 내열성(heat resistance)에 영향을 끼치는 인자로는 미생물 생활주기(life cycle)에서의 상태(포자 상태인가, 영양 세포 상태인가), 포자의 농도, 식품의 pH, 당의 농도, 염의 농도, 단백질이나 지방질의 존재 등이 있다.

미생물이 영양세포(vegetative cell) 상태일 때는 100 ℃에서 쉽게 사멸하지만 포자(spore) 상태일 때에는 100 ℃에서 사멸시키기 어렵기 때문에 121 ℃ 습열에 의한 살균이 필요하다. 포자를 형성하는 세균으로는 호기성균인 *Bacillus* 속과 혐기성균에 속하는 *Clostridium* 속이 있는데, 포자의 농도가 높을수록 미생물의 내열성은 커진다.

축육, 어육, 유제품, 채소 등 pH가 4.5 이상인 저산성식품(low acid food)의 경우 미생물의 내열성이 크기 때문에 121 ℃에서 가열해야 사멸한다. 하지만 토마토, 오렌지, 살구, 복숭아, 배 등 pH가 3.7~4.5인 산성식품(acid food)의 경우 미생물의 내열성이 작아 100 ℃ 이하에서 사멸시킬 수 있으며, 통조림의 대표적 식중독균인 *Clostridium botulinum*은 이 pH 영역에서 생육이 불가능하므로 손쉽게 가열하여 제거할 수 있다. 특히 레몬 주스 등 pH가 3.7 미만의 고산성식품(high acid food)의 경우 내열성이 더욱 작으므로 100 ℃ 이하에서 쉽게 사멸시킬 수 있다. 식품의 탄수화물 중 녹말은 미생물의 내열성에 영향을 끼치지 않지만 당의 경우는 농도가 높으면 미생물의 내열성이 커지고, 단백질이나 지방질도 내열성을 강화시킨다. 영양세포의 경우 염의 농도가 높아짐에 따라 생육이 억제되나, 포자의 경우는 염 농도 4 %까지는 내열성이 오히려 커지다가 8 % 이상의 농도에서 내열성이 감소한다.

3) 효소의 내열성과 재활성화

효소가 가열에 의해 완전히 불활성화하지 않으면 식품은 저장 중에 효소에 의해 변질될 수 있다. 효소는 최적 온도 이상에서 신속하게 파괴되는데, 대부분의 효소는 80 ℃에서 몇 분간 가열하면 비가역적으로 파괴된다. 또 효소와 포자의 내열성은 온도에 따라 상대적인데 예를 들어 과산화효소(peroxidase)는 110 ℃ 이하에서는 포자보다 내열성이 작으나 110 ℃ 이상에서는 오히려 내열성이 큰 것으로 알려져 있다. 즉, 포자가 사멸하는 높은 온도 범위에서 효소는 오히려 파괴되지 않고 저장 중에 문제를 야기할 수 있기 때문에 110 ℃보다 낮은 온도에서 데치기(blanching)를 하여 미리 파괴하여야 한다. 또한 미생물 살균의 지표효소(index enzyme)로는 우유 살균의 경우 인산가수분해효소(phosphatase)를, 과실 통조림 살균의 경우는 과산화효소를 활용한다.

효소 중에서 과산화효소는 120~150 ℃에서의 살균 후에 다시 재활성화(regeneration)하여 문제가 된 예가 있다. 피클 중의 과산화효소는 85 ℃ 살균에서 파괴되지 않으며, 양배추의 과산화효소는 120 ℃에서 가열한 후 재활성화한다고 알려져 있다. 또 펙틴에스터가수분해효소도 멸균 조건에서 살아남을 수 있으며, 과실 통조림이나 채소 통조림 중의 효소들은 멸균 조건에서 생존할 수 있다.

4) 식품의 가열 살균방법

(1) 저온 살균법

저온 살균법(pasteurization)은 병원성 세균을 사멸하기 위한 것으로 63 ℃에서 30분간 가열하여 살균하고 살균 후에는 즉시 30 ℃ 이하로 냉각하는 것이 좋다. 다른 살균방법에 비해 상대적으로 저온에서 더 오랜 시간 가열하므로 저온 장시간 살균(low temperature long time; LTLT)이라고도 부른다.

(2) 고온 단시간 살균법

고온 단시간 살균법(high temperature short time pasteurization; HTST)은 미국에서 많이 사용하는 우유 살균방법으로 75 ℃에서 15초 가열하여 병원균을 사멸하는 방법이다.

(3) 초고온 순간 살균법

초고온 순간 살균법(ultra-high temperature pasteurization; UHT)은 우리나라에서 많이 사용하는 우유 살균방법으로 135 ℃에서 2~3초간 가열하는 방법이다. 이 경우 고압 고온의 수증기를 직접 식품에 불어넣게 되어 식품이 희석되므로 그만큼 미리 농도를 높여줄 필요가 있다. UHT 살균 직후 차단성이 우수한 테트라 팩(Tetra Pak)에 무균 포장(aseptic packaging)을 하면 냉장하지 않고도 수개월 동안 보존할 수 있다.

(4) 고압 수증기 살균법

고압 수증기 살균법(high pressure steam sterilization)은 원래 100 ℃ 이상에서 포자를 사멸하기 위한 것으로 통조림 식품을 1기압의 수증기로 121 ℃에서 습열 살균하는 방법이다. 이 방법의 살균은 100 ℃ 이하에서도 이루어지는데 통조림 김치나 통조림 과실의 경우 60~70 ℃에서 30분 가열 처리하기도 한다.

(5) 간헐 살균법

간헐 살균법(discontinuous sterilization)은 고압 살균기가 없는 경우 미생물의 포자를 사멸하기 위한 것으로 포자 발아를 유도한 후 다시 살균하여 포자는 물론 세균도 다 사멸시킬 수 있는 방법이다. 이 방법은 1일 1회 100 ℃에서 20~50분씩 3일 연속으로 같은 시간에 반복 가열 살균한다.

(6) 상업적 살균법

상업적 살균법(commercial sterilization)은 통조림 식품의 영양적, 관능적 품질 변화를 최소화하기 위한 것으로서 통조림 식품을 완전 살균하기보다는 살균 목표 미생물과 실제 유통기한 등 상업적 목적을 감안하여 가열 살균하는 방법이다. 일반적으로 산성의 과실 통조림에 많이 적용하며 70~100 ℃의 온도에서 살균한다.

5) 살균이 식품의 품질에 끼치는 영향

(1) 영양가

살균 같은 가열처리는 식품 중의 영양성분, 예를 들어 바이타민(특히 수용성 바이타민)

등의 손실을 초래하는데, 바이타민 B_1의 경우 100 ℃ 이하에서는 포자보다 내열성이 작지만 100 ℃ 이상에서는 내열성이 크다. 따라서 가급적 높은 온도에서 짧은 시간 살균하는 것이 영양소의 손실을 줄일 수 있다. 즉, 이때에도 고온 단시간 살균의 개념이 유리하게 적용될 수 있다.

(2) 색깔

식품의 색깔은 가열 살균으로도 변할 수 있는데, 토마토 통조림의 경우 리코펜(lycopene)의 변색이 일어난다. 또한 가열 살균 과정으로 인해 메일라드 반응, 캐러멜 반응, 또는 효소적 갈변 등에 의한 갈변도 일어날 수 있다. 색깔의 변화를 최소화하기 위해서는 영양소의 손실을 줄일 수 있는 고온 단시간 살균의 개념을 적용하는 것이 바람직하다.

(3) 향미와 텍스처

가열로 인해 향미의 변화가 생기고, 젤라틴이나 펙틴의 젤 형성능이 감소하거나 녹말의 점도가 감소함으로써 텍스처의 변화도 생긴다.

(4) 식품성분

가열 살균으로 인해 단백질의 변성이 일어나고 이에 따라 유리 SH기가 증가한다. 또 변성이 지나치게 일어나면 단백질 분해효소의 작용이 느려진다. 유지의 경우 산화반응의 온도계수(Q_{10}값)는 2.0이므로 가열 살균으로 인해 산화반응은 촉진된다. 다만 산소가 없는 조건이라면 유지는 습열에 의한 가열시 안정하다. 지나치게 오래 가열할 경우 녹말의 분해가 일어나고 amino-carbonyl 반응도 일어날 수 있다.

6) 가열 살균 공정 계산

가열 살균 공정 계산(thermal process calculation)에서 가열 치사 속도와 생균수는 다음 식 (4-1)과 같이 나타낼 수 있다.

$$\frac{dN}{dt} = -kN \qquad (4\text{-}1)$$

여기서 k : 반응속도 상수, N : 생균수

위 식을 시간 $t=t_0$부터 $t=t$까지, 생균수 $N=N_0$부터 $N=N$까지 적분하여 얻은 식을 정리하여 상용 로그로 나타내면 식 (4-2)가 된다. 여기서 D값(decimal reduction time)은 생균을 90 % 사멸시키는 데 필요한 시간으로, 즉 생균수를 1/10(1로그)로 감소시키는 데 필요한 시간으로 정의할 수 있다.

$$\log_{10}\frac{N}{N_0} = -\frac{1}{D}t \tag{4-2}$$

살균값(sterilizing value; SV)은 다음 식 (4-3)과 같이 정의할 수 있으며, 흔히 가열 살균 공정에서 생존할 가능성이 높은 병원균의 SV를 12로 하여 살균한다.

$$SV = \log_{10}\frac{N_0}{N} \tag{4-3}$$

가열 치사시간(thermal death time)은 F값으로 나타내며, 원하는 살균값에 D값을 곱하여 식 (4-4)와 같이 나타낼 수 있다.

$$F = SV \times D \tag{4-4}$$

Z값은 D값을 1 log 감소시키는 데 필요한 온도 상승값으로 정의되며, 식 (4-1)과 유사한 식 (4-5)로부터 유도하여 식 (4-6)과 같이 나타날 수 있다.

$$\frac{dD}{dT} = -kD \tag{4-5}$$

$$\log_{10}\frac{D_{T_2}}{D_{T_1}} = -\frac{1}{z}(T_2 - T_1) \tag{4-6}$$

이를 F값과의 관계로 나타내면 식 (4-7)로 표현되고, 또 치사율(lethal rate; L)은 식 (4-8)로 정의된다. 살균 공정 중 온도가 변하였다면 식 (4-9)와 같이 각 온도에서의 F_0값을 더하여 총 F_0값을 구할 수 있다.

$$\log_{10}\frac{F}{F_0} = \frac{1}{z}(T_0 - T) \tag{4-7}$$

$$L = \frac{F_0}{F} = 10^{(T-T_0)/z} \tag{4-8}$$

$$F_0 = F_1 10^{(T_1-T_0)/z} + F_2 10^{(T_2-T_0)/z} + F_3 10^{(T_3-T_0)/z} + \cdots \tag{4-9}$$

7) 통조림, 병조림 및 레토르트 식품의 제조과정

(1) 공관과 병의 종류

공관(can)은 1810년 듀란(Petre Durand)이 개발하였다. 공관으로는 강판(steel plate)에 주석을 도금한 석관(tinplate can)인 위생관(sanitary can)을 많이 사용하여 왔다(그림 4-2). 또 주석이 아닌 다른 금속을 도금한 TFS can(tin free steel can)이 있는데, TFS can에는 chrome coated steel can, aluminum coated steel can, phosphate-chromate steel can 등이 있으며, 최근 알루미늄관(aluminium can)도 많이 사용하고 있다.

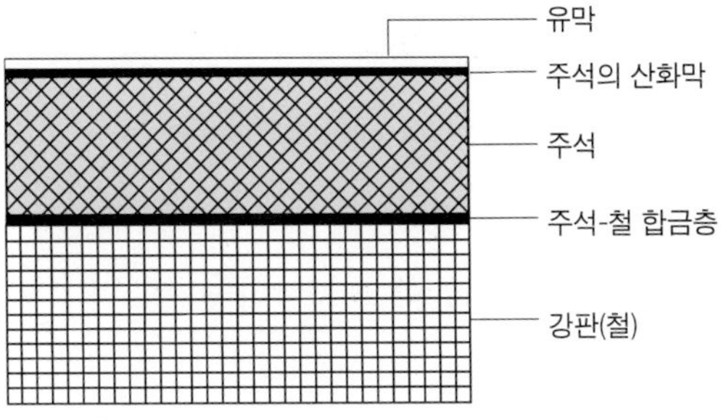

그림 4-2 주석관의 단면

부식성이 있는 식품을 충전할 경우 캔 내면의 부식 방지를 위해 can enamel을 도포한다. 공관의 측면 부위의 옆이음(side seam)은 97.5 % 납과 2.5 % 주석으로 납땜(soldering)하든가 나일론 접착제로 접착(cementing)하든가 고주파 처리(welding)로 밀봉한다. 흔히 옆이음이 있는 캔은 three piece can이라 하고 옆이음이 없는 타발관(drawn can)은 two piece can이라 한다.

유리병에 식품을 넣고 뚜껑으로 밀봉한 후 가열 살균한 것이 병조림이다. 병조림은 통조림에 비해 취급 중 파손되기 쉽고 무거우며 빛에 의한 퇴색 등 변질이 일어날 수 있지만, 내용물을 볼 수 있다는 장점이 있다. 유리병은 형태가 너무 다양해 분류가 어렵기 때문에 뚜껑의 형식에 따라 앵커 캡 병(anchor cap jar), 피닉스 캡 병(phoenix cap jar), 스크류 캡 병(screw cap jar), 트위스트 오프 캡 병(twist-off cap jar), 사이드 실 캡 병(side seal cap jar), 옴니아 캡 병(omnia cap jar), PP 캡 병(pilfer proof cap jar; PP cap jar) 등으로 구분한다.

TIP CPP와 OPP

CPP(cast polypropylene)는 polypropylene 수지를 녹여 제조한 필름으로, 이 CPP 필름은 물성이 강하지 않아 잘 늘어난다. 포장산업에서 필름을 잡아당기는 것을 연신(orientation)이라고 하는데 CPP 필름을 연신시킨 필름을 OPP(oriented polypropylene)라 한다. CPP와 달리 OPP 필름은 물성이 강하고 잘 늘어나지 않아 여기에 접착제를 묻혀 포장 테이프로 사용한다.

레토르트 식품은 봉지 형태의 레토르트 파우치(retort pouch)나 도시락 형태의 레토르트 트레이(retortable tray)처럼 통조림에 비해 두께가 상대적으로 얇은 용기에 식품을 넣어 가열 살균하기 때문에, 살균시간이 상대적으로 짧고 품질 변화가 크지 않은 장점이 있으면서도 can 식품과 동일한 저장 안정성이 있는데다가, 저장 공간이 크지 않아도 되고 개봉이 용이하며 무게가 가벼운 장점을 지니고 있다.

레토르트 파우치의 종류로서 알루미늄박을 포함하는 불투명 파우치인 알루미늄박 적층 포장재(Al. foil laminate)와 알루미늄박을 포함하지 않는 투명 파우치로 구분하며, 불투명 파우치로는 PET/Al.foil/Nylon/PP, PET/Al.foil/PE, PET/Al.foil/PP 등이 있고, 투명 파우치로는 PET/PVDC/PE, PET/PE, PET/PP 등이 있다. 그리고 레토르트 트레이도 알루미늄 sheet로 만들어진 불투명형과 이를 포함하지 않는 투명형으로 나누어진다.

(2) 식품원료의 세척과정, 데치기과정, 제핵 및 박피 과정

① 세척과정

식품원료에 부착되어 있는 토사, 먼지, 농약, 미생물 등을 잘 세척하여 최대한 제거해야 한다. 특히 미생물 균 수가 많으면 살균 저항성이 높아지므로 식품원료에 부착되어 있는 초기 미생물 수를 대폭 줄여야 한다.

② 데치기 과정

세척한 원료식품을 통조림 살균 전에 82~93℃의 열수나 수증기로 3분 이내 가열하는 과정을 말한다. 데치기과정(blanching)을 통해 원료의 박피를 용이하게 할 수 있고, 폴리페놀산화효소의 작용을 방지할 수 있으며, 식품 내부의 기체를 제거하는 등의 효과를 얻을 수 있다.

③ 제핵 및 박피 과정

박피(剝皮) 전에 복숭아, 배 등의 과실은 제핵(除核)이나 제심(除芯)을 하고 2등분한다. 박피하는 방법에는 손으로 칼을 이용하여 박피하는 수 박피법(hand peeling), 사과 같은 과실을 기계로 박피하는 기계 박피법, 2~3분간 증기나 열탕에 처리한 후 박피하는 증기법, 90~95 ℃의 알칼리 용액(NaOH와 Na_2CO_3 혼합액, 1~2 % 농도)에 20~120초간 담근 후 박피하는 알칼리법, 20 % 황산 용액에 1분간 담갔다가 냉수에서 12시간 담근 후 박피하는 산 박피법, 처음에는 1~2 % HCl 또는 H_2SO_4 용액에 담갔다가 냉수로 씻은 후 다시 3 % NaOH 용액으로 처리하여 박피하는 산·알칼리 병용법 등이 있다.

(3) 식품원료의 충전과정

원료식품을 공관 내에 충전(filling)할 때 내용물의 팽창에 대비한 여유 공간으로 식품 상부에 헤드 스페이스(head space)를 6~10 mm 정도 남겨 두어야 한다. 원료식품의 충전은 과일처럼 상온 상태에서 담는 cold pack과 잼이나 토마토케첩처럼 열전도가 느려 뜨거운 상태에서 담는 hot pack으로 나뉜다. 또 과일이나 채소의 경우 고형물과 함께 조미액을 주입하는데, 과일의 경우 당 농도 60~65 %의 설탕 시럽을, 채소의 경우 소금 1~2 %의 염수(brine)를 함께 넣되, 철분이나 염류가 들어 있지 않은 것을 사용한다.

(4) 탈기과정

통조림 식품은 가열 살균과정 중에 내압이 발달하고 내용물과 공기가 팽창하며 수증기압이 증가하기 때문에, 헤드 스페이스를 비워 두어야 하고 통조림 공관을 완전히 밀봉하기 전에 미리 캔 내부의 공기와 수증기를 제거해야 한다. 이 과정을 탈기과정(exhausting)이라 한다. 탈기과정을 통해 통조림 내부의 공기 팽창으로 인한 공관 파손을 방지할 수 있고, 산화로 인한 공관 내면의 부식도 예방할 수 있으며, 식품 중의 바이타민 C나 다른 영양소의 산화를 줄일 수 있고, 식품의 변색이나 향미 변화를 막을 수 있으며, 호기성 세균이나 곰팡이의 발육을 저지할 수 있고, 잔존하는 효소의 활성을 감소시키며, 통조림 공관이 냉각될 때 자연스럽게 진공이 형성되어, 이로 인해 통조림 식품 저장 중 부패 변질로 인한 팽창을 쉽게 알 수 있다.

탈기방법으로는 액체식품의 경우처럼 미리 가열된 식품을 담은 즉시 권체하거나 식품을 담은 후 뚜껑을 가권체한 상태에서 가열한 후 본권체하는 가열 탈기법(heat exhaust, hot filling), 열에 예민한 식품이나 건조식품의 경우처럼 가열 처리가 곤란한 식품을 진공 권체기로 밀봉하는 기계적 탈기법(mechanical exhaust), 육류나 어육류같이 가열 속도가 느린 식품의 경우 통조림 밀봉 직전에 헤드 스페이스에 수증기를 불어넣은 후 즉시 밀봉하는 수증기 주입법(steam-flow closing) 등이 있다.

(5) 권체(밀봉)과정

통조림 권체에는 탈기과정 전의 가권체(clinching)와 탈기한 후의 본권체(seaming)가 있으나, 일반적으로는 가권체를 하지 않고 제1권체롤(first operation seaming roll)과 제2권체롤(second operation seaming roll)로 한꺼번에 밀봉하는 이중 권체(double seaming)를 한다. 밀봉을 위해 진공 권체기(vacuum seamer), 수동식 권체기(hand seamer), 반자동 권체기(semitro seamer) 등을 이용한다. 어느 경우이든 그림 4-3의 이중 권체기(double seaming machine)의 구조를 지니고 있다. 즉 제1권체롤, 제2권체롤 척(chuck), 리프터(lifter)로 이루어져 있다.

(6) 살균과정

통조림 살균기는 회분식 살균기와 연속식 살균기로 나눌 수 있다. 회분식에는 정치식 레토르트(non-agitating batch retort, 그림 4-4), 회전식 레토르트(agitating batch retort)가 있고(그림 4-5), 회전식에는 축 회전식(axial rotation)과 상하 반전식(end-over-end rotation)이 있다. 연속식에는 압력식 살균기(pressure sterilizer)와 수압식 살균기(hydrostatic sterilizer, 그림 4-6)가 있다.

8) 통조림의 표시 및 검사

통조림의 표시(can marking)는 1단에 재료명 및 제조방법, 2단에 업체명, 3단에 제조 연월일을 표시한다. 재료명 및 제조방법은 약자가 정해져 있고, 제조 연월일의 첫 번째 숫자는 제조년의 끝 숫자이며, 두 번째 숫자는 월을 나타내는데 1월부터 9월까지는 숫자 그대로 사용하되, 10월은 O(October), 11월은 N(November), 12월은 D(December)로 표시한다. 통조림 검사(can examination) 방법에는 타검, 외관검사, 가온시험(incubation test), 관능검사 등이 있고 관능검사의 경우 향미, 색깔, 텍스처 등을 종합하여 판정한다.

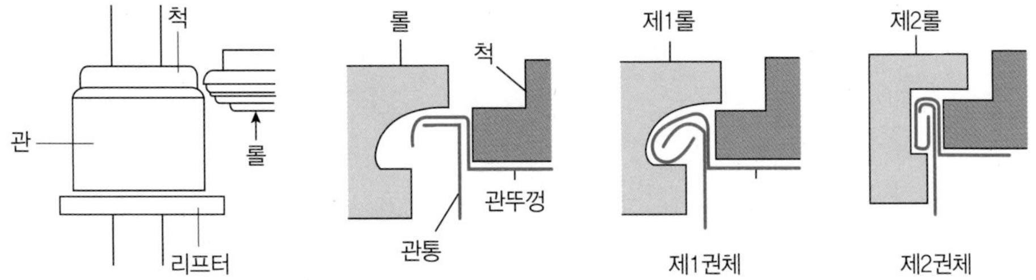

그림 4-3 이중 권체기의 구조

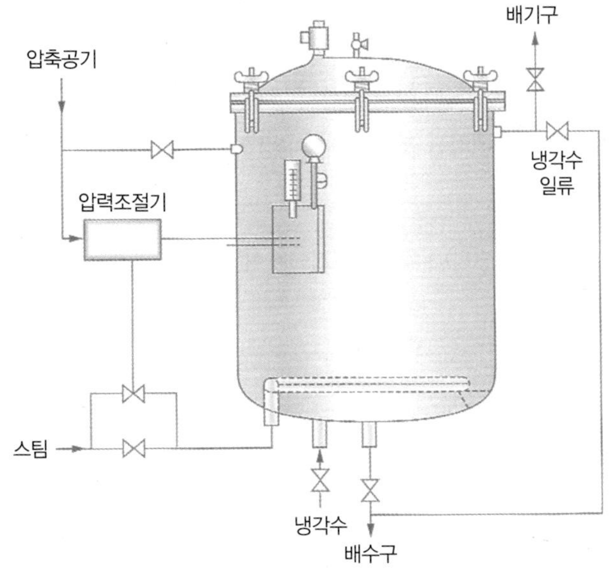

그림 4-4 회분식 정치식 레토르트의 구조

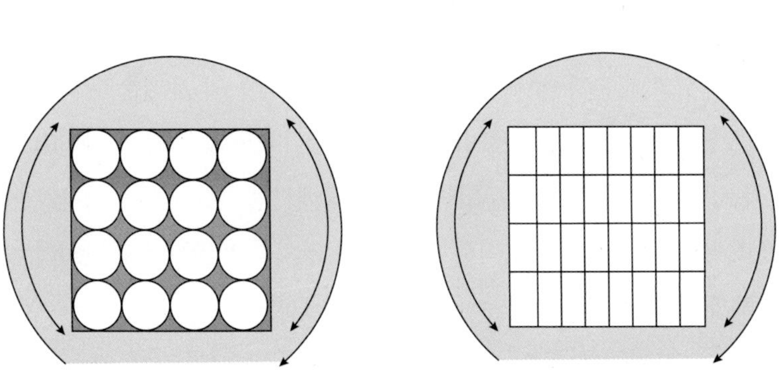

(a) 축 회전식

(b) 상하 반전식

그림 4-5 회분식 회전식 레토르트의 구조

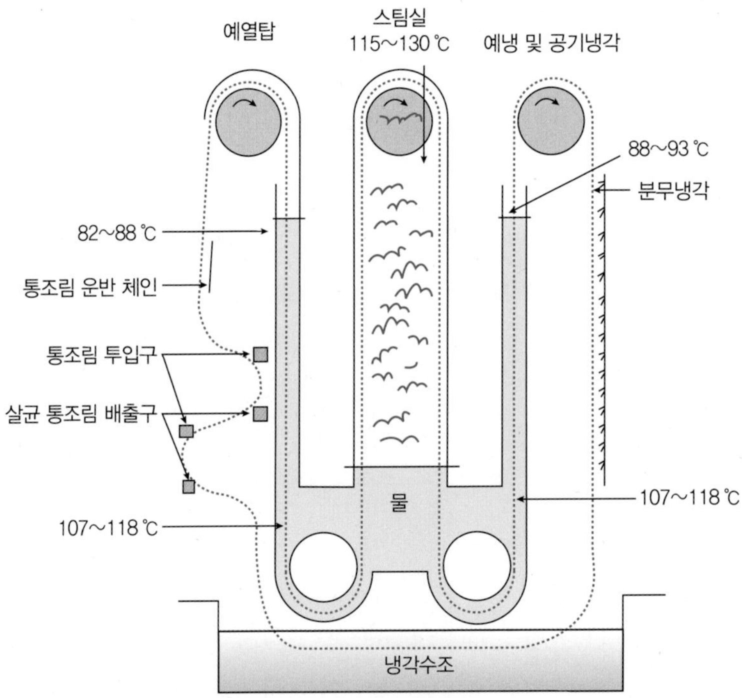

그림 4-6 수압식 레토르트의 구조

2. 저온(냉장 및 냉동) 저장

국민소득 증가와 더불어 유통물류제도 등 산업구조의 변화와 가정의 냉장고 등의 보급 증가로 냉장/냉동 식품에 대한 소비패턴이 급격한 성장을 보이고 있다(그림 4-7). 이러한 현상은 국내뿐 아니라 경제 선진국(미국, 유럽, 일본 등)에서는 이미 한번쯤 겪어온 현상이다. 식품산업에서의 저온저장(냉장/냉동)은 사실 그 역사 및 유래를 살펴볼 때 산업적이라 할 수 있는 단계는 200여 년 정도밖에 되지 않았다. 1800년대에 브라인(brine; ice-salt system)이 식품의 저온저장법에 이용되었으며, 미국에서는 1920년대에 일반 가정에 냉장고가 보급되었고, 1930년대에 와서야 식품 냉장/냉동 장치의 보급이 식품산업에서 중요한 수단으로 성장하게 되었다.

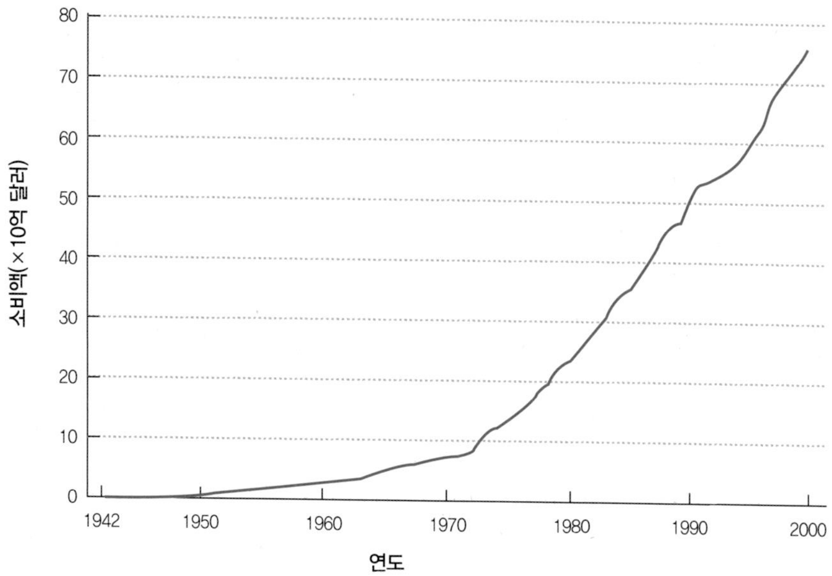

그림 4-7 미국의 냉동식품 소비 증가 패턴(1942~2000년)

1) 냉장/냉동 저장의 정의 및 원리

(1) 냉장/냉동의 정의

일반적으로 '저온' 혹은 '냉장'이란 '상온' 이하의 온도를 말한다. 『식품공전』에서도 '상온'의 정의는 15~25 ℃를 일컫는 것으로 상온 이하의 온도라 함은 15 ℃ 이하의 온도를 말한다. 따라서 넓은 의미로 '저온' 혹은 '냉장'은 상온(15 ℃) 하의 모든 온도 범위로 냉동도 포함된다. 하지만 일반적으로 '냉장'은 '냉동'과 구분하여 사용하므로 협의의 '냉장저장'은 0~15 ℃ 사이의 온도로 식품을 얼리지 않은 상태에서 저장하는 것을 말하고 '냉동저장'은 식품을 어는점 이하로 저장하는 것을 말한다(그림 4-8).

(2) 식품의 냉장법/냉동법 기본 원리

물과 염류 등을 제외한 대부분의 식품원료는 유기물이라 쉽게 변질하는 특성을 갖는다. 유기물은 생물학적(효소, 미생물 등), 화학적(자체 성분 간의 반응, 비효소적 갈변 등) 및 물리적(열, 빛 등) 요인에 의해 쉽게 변질된다. 위의 요인들 중 식품에 가장 크게 영향을 주는 요인은 효소라 할 수 있는데, 이러한 효소들은 식품 자체에 존재하거나 미생물들이 식품에 침입하여 자가분해함으로써 생성되거나 미생물이 밖으로 배출하는 효소를 말한다. 효소의

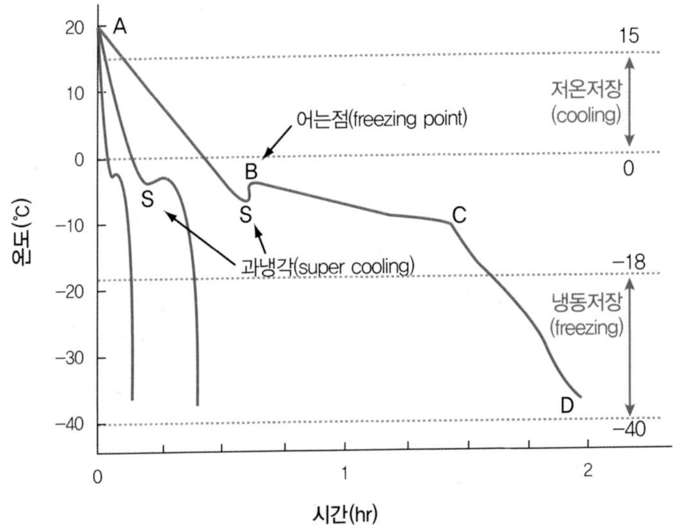

그림 4-8 냉동곡선(시간-온도)

활성에 영향을 주는 것 가운데 수분과 온도가 중요하다. 온도를 제어하여 효소의 활성을 낮추는 방법을 냉장법이라 할 수 있고, 수분과 온도를 동시에 제어하는 방법은 냉동법이라 할 수 있다.

① 냉장법

냉장법은 주로 과채류와 육류제품에 많이 사용되며 수분이 많아 변질되기 쉬운 원료를 단기간 저장하기 위한 방법이다. 이러한 식품을 냉장저장하면 일반적으로 미생물의 생육 억제, 각종 대사작용(호흡, 증산 발근, 발아 등)의 억제, 각종 화학반응에 의한 품질 저하작용 억제 및 습도 조절로 인한 수분 손실 억제 등과 같은 장점을 가질 수 있다.

② 냉동법

일반적으로 온도만 조절하여 제어하는 냉장법은 단기간 저장에 이용되나 수분과 온도를 동시에 조절하는 냉동법은 장기간 저장에 사용된다. 냉동저장은 식품 중에 함유되어 있는 수분의 대부분을 빙결시켜서 저장하는 방법으로, 국제냉동협회에서는 −18 ℃ 이하의 온도에서 저장하도록 권장하고 있다. 단지 수분함량을 낮추는 것(자유수 감소)만으로는 품질 변화를 모두 제어할 수 없다. 예를 들면 삼투압을 이용한 농축액(A_w; ~0.8 정도까지)을 볼 때 변질의 정도는 감소하나 변질은 계속 진행되어 단기간 저장법으로만 사용되지만, 수분과 온도를 동시에 제어하는 냉동(일반적으로 A_w; ~0.75까지, -18℃ 이하)은 보다 효율적으로 생물학적 작용(미생물, 효소)과 화학적 변화를 억제하므로 장기 저장에 이용할 수 있다.

2) 냉장/냉동고 기본 원리

냉장·냉동기로 현재 압축식이 가장 많이 사용되고 있다. 압축식 냉동기는 ① 압축기(compressor), ② 응축기(condenser), ③ 팽창밸브(expansion valve), ④ 증발기(evaporator)의 4개 주요 부분으로 구성되어 있다. 압축식 냉장·냉동기의 기본 원리는 다음과 같다(그림 4-9).

① 압축기에서 증기형태의 냉매(가정용으로는 Freon gas를 많이 사용)를 압축하면 체적이 감소하고 압력과 온도가 상승한 과열증기(냉매가 압축되어 고온, 고압의 기체상태가 됨)가 된다.

② 응축기는 압축기에서 압축된 고온·고압의 냉매 가스에서 열을 외부로 제거하여 액화시켜 수액기(liquid receiver)로 보내는 장치이다. 즉 통풍에 의해 냉각되어 고온, 고압의 기체상태인 냉매가 액체로 되는 장치이다. 이때 냉매 가스로부터 열을 제거하기 위하여 물 또는 공기가 사용된다. 응축기에서 사용하는 물 또는 공기는 냉매의 응축잠열과 압축열을 흡수하여 온도가 상승한다. 응축기의 입구 부분은 포화증기로 되고 중간부분에서는 포화액으로 되며, 배출 부근에서 상온고압의 과냉각액이 된다. 이때 수

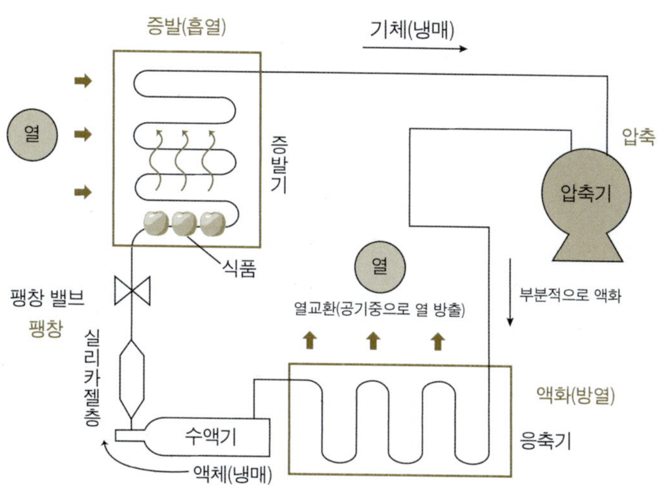

그림 4-9 냉동기의 원리(refrigeration cycle)

액기를 응축기와 팽창밸브 사이에 설치하여 응축기에서 액화된 액을 일시 저장한다.

③ 팽창밸브는 액체 냉매를 분사하는 장치로서 과냉각된 고압의 냉매가 팽창하여 감압되는데, 이때 액이 일부 증발하며 저온 저압의 포화액이 된다.

④ 증발기는 포화된 냉매액을 저온 저압으로 증발시켜 냉장/냉동의 목적으로 흡열작용을 하는 장치이다. 즉 압력이 낮은 액상냉매가 저온에서 증발하면서 필요한 증발잠열을 냉장고에서 빼앗는다. 증발기를 거친 기체냉매는 다시 압축기로 이동하여 위와 같은 순환 공정을 계속 반복한다.

전반적으로 요약하면 기체상태의 냉매를 압축기에서 압축하여 응축기로 보내면, 응축기에서는 냉매의 열을 제거하여 액체냉매로 응축하여 수액기에 보관한다. 액체냉매는 팽창밸브를 통과하면서 압력이 떨어져 증기-액체의 혼합물로 변하여 증발기로 들어간다. 증발기에서 액체입자의 냉매는 기화하여 증기로 변하고, 이때 필요한 증발잠열을 주위(냉장고 또는 식품)에서 흡수하여 냉장/냉동이 이루어는 원리이다.

3) 급속/완만 동결

(1) 냉동곡선

식품이 냉동되는 과정을 시간과 온도의 관계식으로 나타낸 것을 냉동곡선(freezing curve)이라고 한다(그림 4-10). 식품을 냉동하넌 그 품온은 급격히 직선적으로 강하하여 식품의 어는점에 도달한다. 이때 식품의 수분이 얼기 시작하는데 식품의 빙결점은 종류에 따라 차이가 있으며 대략 -1~-2 ℃의 범위에 있는 경우가 많다. 그런데 빙결점에 도달한 식품은 그 수분 모두가 얼게 되는 것이 아니라 일부분만 얼게 되므로 완전히 빙결이 끝날 때까지는 다소의 시간이 필요하게 된다. 이와 같이 빙결에 필요한 시간은 주변 환경의 온도와 식품의 종류, 또는 그 특성에 따라 다소의 차이가 있다.

식품이 냉각되어 식품 내에 얼음결정이 생성되면 식품 중 용액의 농도는 그만큼 증가(농축)하는 것이 되기 때문에 그 식품의 빙결점은 다소 내려간다. 그리하여 주변 환경의 온도가 내려감에 따라 식품 중의 물과 얼음의 비율이 차츰 달라지고, 육류와 어류의 경우 -5 ℃에서 전 수분량의 80 % 정도가 얼음으로 변하므로 일반적으로 -1~-5 ℃까지의 범위를 최대 얼음결정 생성대(zone of maximum ice crystal formation)라고 한다.

(2) 완만동결과 급속동결의 차이

식품을 냉동할 때 최대 얼음결정 생성대는 중요한 의미를 지니며 이 영역을 통과하는 시간에 따라 식품의 품질이 좌우된다(그림 4-10). 보통 최대 얼음결정 생성대를 통과하는 시간이 30분 이내면 급속냉동이라 하고, 그 이상의 시간이 걸리면 완만냉동이라 한다.

식품을 급속냉동하게 되면 수많은 작은 얼음 입자가 형성되고, 반면에 서서히 냉동하면 크기가 크고 수가 적은 얼음 입자가 형성된다. 어떤 식품을 냉동할 때 온도를 완만하게 내

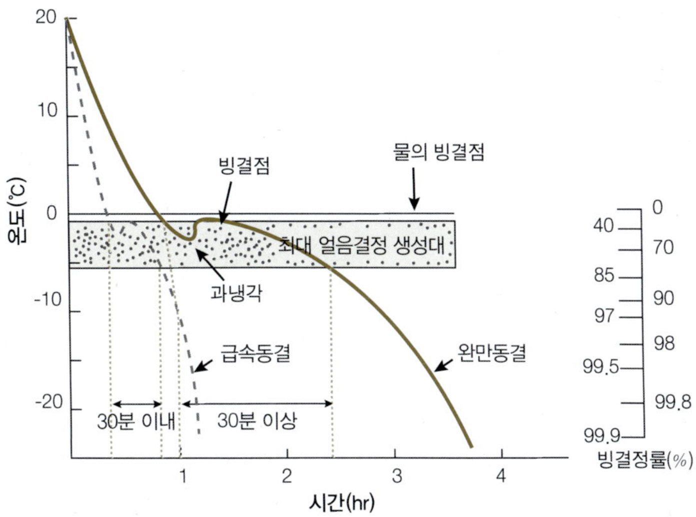

그림 4-10 식품의 냉동곡선

표 4-1 완만동결과 급속동결의 차이점

구분	완만동결(slow freezing)	급속동결(quick freezing)
최대 얼음결정 생성대 통과시간	30분 이상	30분 이하
얼음결정 위치	세포 외부	세포 내부
동결속도	1 ℃/min 이하	1 ℃/min 이상
얼음결정의 크기 형태	결정이 크고(70 μ 이상) 모양도 다양	결정이 작고(70 μ 이하) 모양이 균일
식품(세포) 형태	찌그러진 모양의 냉동 상태 (세포의 형태 파손)	냉동시 모양 변화 최소 (세포의 원형 유지 가능)
전반적 특성	냉각속도 늦음 얼음 크기 큼 얼음 수 적음	냉각속도 빠름 얼음 크기 작음 얼음 수 많음

려주면 소수의 얼음핵만이 형성되어 서서히 성장하여 큰 얼음 결정을 만든다. 즉 일정한 중량의 물을 얼음으로 전환시킬 때 얼음핵의 수가 소수이면 얼음결정이 클 수밖에 없다. 반면에 이 식품을 빠르게 낮은 온도에서 냉동시키면 수많은 얼음핵이 형성되어 제한된 결정의 성장을 이룰 수 있다. 따라서 결정의 크기는 얼음핵의 수에 반비례하여 감소된다. 액체식품의 경우 결정의 크기를 균일하게 조절하려면 냉동 중에 식품을 교반해 주면 된다(표 4-1).

4) 냉동방법 및 장치

냉동저장은 식품 중에 함유되어 있는 수분의 대부분을 빙결시켜서 저장하는 방법으로, 국제냉동협회에서는 -18℃ 이하의 온도에서 저장하도록 권장하고 있다. 일반적인 상업적 냉동 방법 및 장치는 아래와 같이 구분할 수 있다.

(1) 공기 동결법

공기 동결법(air freezing)은 보통 냉동된 실내에서 매우 차가운 공기를 이용하여 냉동하는 장치법이다.

① 정지 공기 동결법

정지 공기 동결법(sharp freezing)은 일반적인 동결법으로 냉각관을 선반 모양으로 조립하고, 그 위에 식품을 얹은 다음, 동결실 내의 정지한 공기 중에서 동결하는 방법이다(그림 4-11).

장점으로는 동결 장치가 간단하고, 모양에 구애됨이 없이 대량 처리가 가능하다는 점이

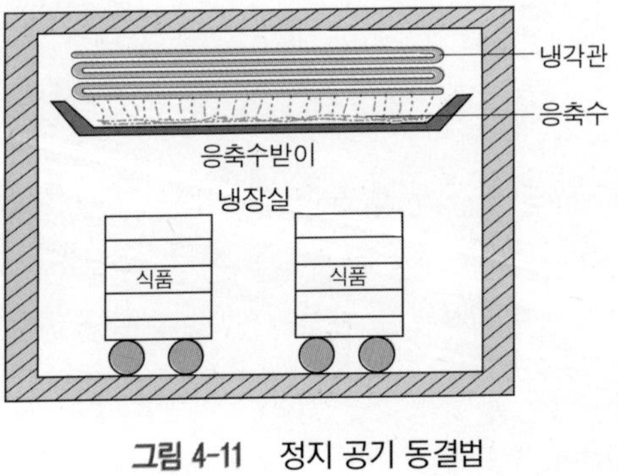

그림 4-11 정지 공기 동결법

다. 단점으로는 공기순환이 느리거나 없어 완만동결된다는 점이다. 효율성이 떨어져 최근에는 잘 사용하지 않는다.

② 송풍 동결법

송풍 동결법(air-blast freezing)은 동결실이 상자터널형(insulated tunnel; 보온처리된 터널)이며 식품을 선반(tray rack)이나 컨베어 위에 얹어 식품표면에 차가운 냉풍(-30~-40 ℃)을 팬으로 순환(3~5 m/s)시켜 단시간에 동결하는 방법이다(그림 4-12). 이때 식품의 운반방향과 공기의 방향이 같으면 순방향이라고 하고 반대이면 역방향이라 한다. 장점으로는 경제적이며 다양한 크기와 모양의 식품에 이용할 수 있다는 점이다. 단점으로는 포장이 안 된 식품의 경우 표면에서 과다한 증발이 발생 가능하며 개별 포장된 식품에서도 바람직하지 않은 팽창이 일어날 수 있다.

③ 부상식 동결법

부상식 동결법(fluidized-bed freezing)은 작은 고체 입자나 분말형 식품을 다공판 벨트 위에 놓고 공기를 아래에서 위로 통과시키며 동결한다(그림 4-13). 이 방법은 열전달이 효

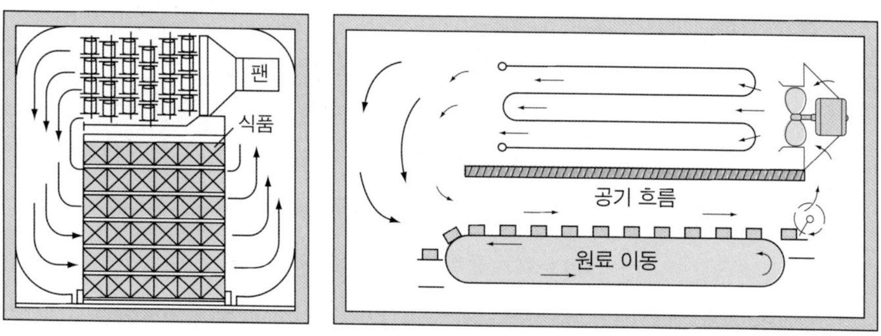

그림 4-12 송풍 동결법

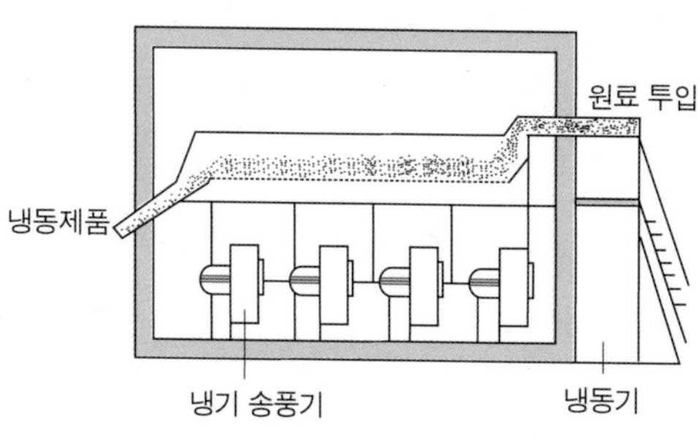

그림 4-13 부상식 동결법

율적이고 빠른 냉동이 가능하나 식품이 크거나 모양과 크기가 균일하지 않으면 적용하기 어렵다.

(2) 접촉식 동결법

금속 접촉식 동결법(contact freezing)은 냉각된 냉매 또는 염수를 흘려 금속판을 냉각(-30~-40 ℃)시킨 후, 이 금속판 사이에 식품을 넣고 양면을 밀착하여 동결하는 방법이다(그림 4-14). 즉 금속판과 식품이 직접 접촉하기 때문에 공기 동결법에 비해 열전달이 용이하고 포장이 부풀지 않는 장점이 있다. 또한 급속동결이 되고, 동결품의 모양이 일정하며, 동결 장치가 차지하는 면적이 작은 것은 장점이나, 식품의 형상 및 두께 등에 제약을 받으며, 조작이 다소 번거롭다는 단점도 있다. 아이스크림과 같은 식품에 많이 사용된다.

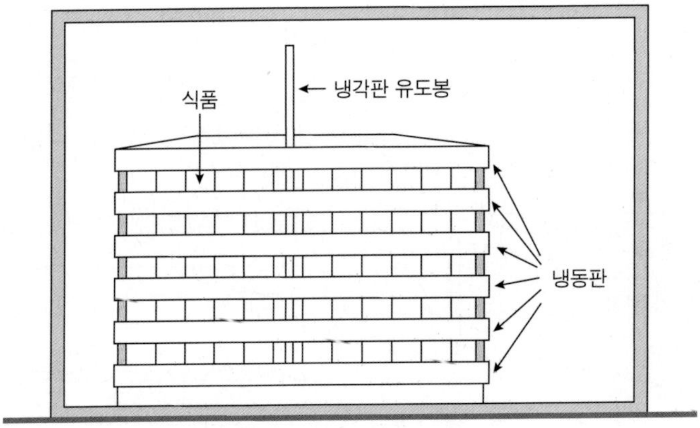

그림 4-14 접촉식 동결법 및 원리

(3) 침지식 동결법

침지식 동결법(liquid immersion freezing)은 냉각 부동액 또는 브라인과 같은 2차 냉매를 이용한 액체 속에 식품을 침지하여 동결하는 방법이다(그림 4-15). 초기에는 포화 식염수를 사용하여 고농도의 식염이 식품에 침투하여 영향을 주거나 오염될 우려가 있었으나, 최근에는 방수 및 내한성이 있는 포장재 등이 발달되어 밀착 포장하여 침지액에 넣을 수 있다. 또한 식품을 포장한 채 냉동함으로써 유해성 등으로 인해 식품에 직접 접촉시 사용허가가 곤란하였던 염화칼슘, 염화마그네슘, 프로필렌 글리콜 등도 이용할 수 있게 되었다. 이 방법은 동결속도가 빠르고, 연속조작이 가능하며, 조작이 간편하다는 장점이 있다. 단점

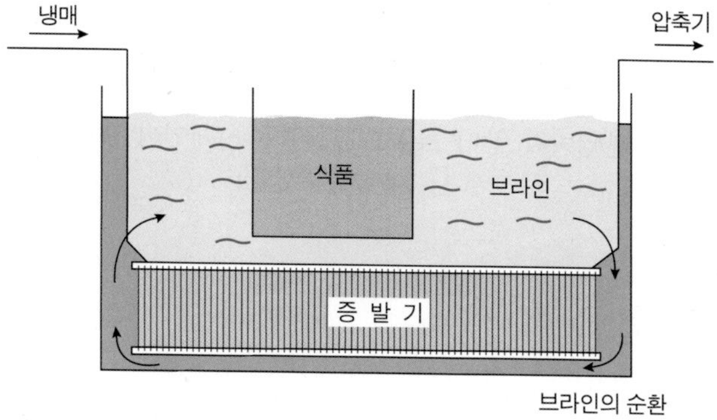

그림 4-15 침지식 동결법

으로는 저온에서 냉매의 점도가 증가할 수 있고 냉매의 온도를 일정하게 유지하기 어렵다는 점이 있다. 닭고기와 같은 고체식품의 냉동에 많이 이용된다.

(4) 분무식 냉동법

분무식 냉동(spray freezing)은 무해하고, 쉽게 증발하는 액체질소, 액화 이산화탄소 등의 냉매를 비포장 또는 얇게 포장된 식품에 직접 살포하여 급속동결(very rapid freezing)하는 방법(그림 4-16)으로 새우, 양송이 등과 같은 고가제품의 개별 급속냉동(individual quick freezing; IQF)에 이용되고 있다. 하나씩 분리하여 개별 급속냉동을 하면 고유의 모양을 유지할 수 있다. 침지식 동결법과의 차이점은 이 방법이 냉매가 상 변화를 일으킬 때 흡수하는 기화열을 이용하여 냉동한다는 점이다. 이때 냉매로 액체질소(기화점; -195.8 ℃)

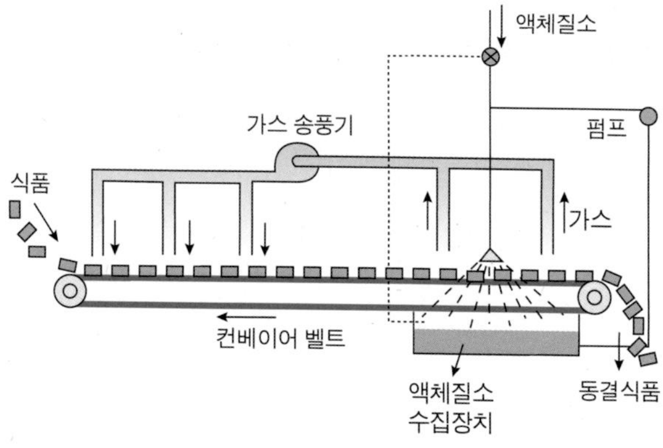

그림 4-16 분무식 냉동법

을 사용하여 식품을 매우 빠르게 냉동할 수 있다. 분무식 냉동법의 장점으로는 초급속으로 동결되고, 연속작업이 가능하며, 동결 장치에 맞는 블록으로 하지 않아도 된다는 점 등다. 단점으로는 설치비, 운영비가 많이 소요되고, 제품에 균열이 생길 우려가 있다는 점 등을 들 수 있다.

5) 저온(냉장 및 냉동)에서의 변질

저온에서의 변질에 관한 사항은 「2장 식품의 변질 요인과 그 메커니즘」 편을 참조하기 바란다.

6) 냉동식품의 저장 및 유통 체계

(1) 냉동식품의 저장 및 유통

냉동식품에서도 저장기간이 경과하면 물리적 및 생물학적 반응이 점증적으로 진행되고, 축적되어 제품의 품질에 비가역적 변질이 발생한다. 제품을 소비하기 적절한 상태까지의 기간을 저장기간(storage life)이라 한다. 고품질 저장기간(high quality life)이란 관능검사 결과가 처음의 높은 품질 상태(즉시 냉동한 상태)와 통계적($P < 0.01$)으로 차이가 없는 상태까지의 저장기간을 말한다. 실질적인 저장기간(practical storage life; PSL)은 냉동 후에 저장한 기간이 소비하기에 적당하게 제품의 특성을 유지하는 것을 말한다.

따라서 실질적인 저장기간을 많이 사용하는데 일반적인 냉동고가 -18 ℃를 유지하는 이유는 상대적으로 -18 ℃ 이하에서 자유수는 대부분 얼고 결합수만 남으며, 냉동된 식품의 동결률과 비동결률을 살펴봐도 -18 ℃ 이하에서 변화가 거의 없기 때문이다. 일반적인 화학반응의 경우에는 Q_{10}값(10 ℃ 간격에서의 변화 값) 2를 많이 사용하나 식품의 경우 Q_{10}값이 2~40으로 매우 크기 때문에 Q_1값(1 ℃ 간격에서의 변화 값)을 사용한다. 냉동시 -18 ℃까지는 온도의 강하에 따른 Q_1값의 감소가 현저하나 -18 ℃ 이하에서는 Q_1값 감소율이 크게

TIP 냉동 냉매

Circulator는 보통 -20 ℃를 유지하여 주는데 실험실에서 급속 냉각을 시키는 목적으로 사용되며 순환 냉매로 프로필렌글리콜이 많이 이용된다.

감소하므로 경제성을 감안하여 -18 ℃에 저장한다. 즉 일반적인 냉동식품은 -18 ℃ 이하로 낮추어도 저장일수가 현저히 증가하지는 않는다.

(2) 저장온도와 식품 저장기간

우수한 냉동식품을 생산하는 노력도 중요하지만 유통과정에서 제품의 품질이 손상되지 않도록 유지하는 노력도 중요하다. 냉동식품의 생산에서 소비자의 손에 도달할 때까지 낮은 온도를 유지하는 것이 중요한데 냉동식품의 생산에서부터 소비까지 전 구간을 적당한 저온으로 유지하며 냉동식품을 취급하는 것을 저온 유통체계(cold chain system)라 한다. 주로 우유, 아이스크림, 육류, 농산물, 수산물 등에서 많이 사용된다.

냉동식품을 저장할 경우 소비자에게 도달되는 최종 품질은 저장온도와 저장기간에 의하여 결정된다. 냉동식품의 상품가치를 허용하는(tolerance) 저장시간(time)과 저장온도(temperature)와의 관계를 시간온도한계(Time-Temperature Tolerance; T.T.T.)라 하며, 이를 표현한 그림을 TTT 곡선(TTT-curve)이라고 한다(그림 4-17).

TTT 곡선은 각각의 냉동식품을 여러 가지 온도에 나누어 저장하면서 품질 보존기간을 계산한다. 각각의 온도에서 1일간 품질 저하량을 계산할 수 있다. 예를 들면 (표 4-2) 쇠고기의 경우 각각 -20 ℃, -15 ℃, -10 ℃에서의 품질 보존기간이 각각 500일, 200일, 100일이라 하면 각 온도에서의 1일당 품질 저하량이 0.002, 0.005. 0.010으로 나타난다. 따라서 예를 들면 (표 4-3) 생산지에서 저장한 것이 -20 ℃로 100일, 수송한 것이 -10 ℃로 30일, 소비

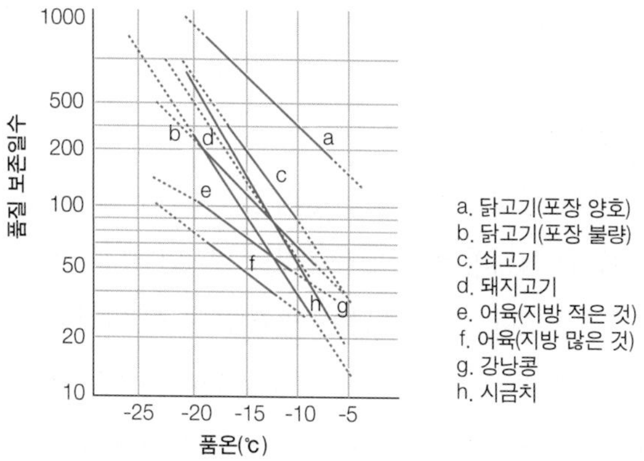

그림 4-17 품질 보존 특성 곡선(TTT-curve)

자료 : 김상순 외, 식품가공저장학, 수학사

표 4-2 T.T.T로부터의 쇠고기 1일당 품질 저하량 계산 값 예제

품온(쇠고기)	품질 보존기간(t)	1일당 품질 저하량(d)
-20 ℃	500일	1/500 = 0.002
-15 ℃	200일	1/200 = 0.005
-10 ℃	100일	1/100 = 0.010

표 4-3 쇠고기의 냉동저장 기간에 따른 총 품질 저하량

저장 구분	품온(℃)	일수(t)	1일당 품질 저하량(d)	총 품질 저하량(D)
생산지 동결저장	-20	100	0.002	0.002×100 = 0.200
수송 중	-10	30	0.010	0.010×30 = 0.300
소비자 동결저장	-15	95	0.005	0.005×95 = 0.475
225일 경과한 시점의 품질 저하량(D)		225		0.200+ 0.300+ 0.475 = 0.975

자가 저장한 것이 -15 ℃로 95일 저장한 쇠고기의 품질은 각각의 온도에서의 1일당 품질 저하량을 저장일수로 곱하면 계산할 수 있다. 이때 모두 합한 것이 0.975로 계산이 된다. 보통 상품가치를 상실한 품질 저하량이 1.000이므로 이는 1.000 이하인 0.975로 상품가치가 유지된 것이다. 만약 품질 저하량이 1.000 이상이면 상품가치가 상실된 것으로 판매하거나 소비하면 안 된다는 것을 의미한다. 즉 1일 품질 저하량 × 기간 = 품질 저하량이 나오며 이를 모든 기간 동안 합산한 값이 1 이하이면 식용이 가능한 품질을 유지한 상태라는 것을 보여준다.

(3) 냉동식품의 품질 확인 지시계(TTI)

TTT 곡선은 냉동식품의 품질을 온도와 저장기간으로 계산할 수 있는 장점이 있으나 소비자의 관점에서는 냉동된 상태의 식품의 유통경로 및 1일 품질 저하량을 알 수가 없으므로 섭취 여부를 결정할 수 없다. 따라서 많은 제조사에서는 안전하고 품질이 높은 냉동식품이라는 점을 소비자에게 확인하게 하고자 노력을 한다. 이러한 관점에서 소비자가 냉동식품의 품질을 확인할 수 있는 간편하고 저렴한 지시계(time temperature indicator; TTI)를 제품에 이용한다.

현재 사용되는 지시물질로는 효소, 화학물질, 미생물, 마이크로칩 등이 연구되었다. 온도

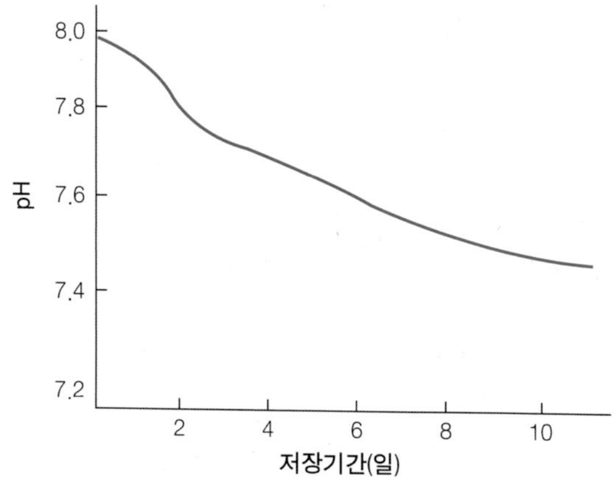

그림 4-18 시간-온도 지시계에 의한 저장기간 중 pH의 변화

가 어느 정도 이상이 되면(즉, 보관을 잘못한 경우) 효소적 반응에 의해 pH 변화로 지시약의 반응으로 색 변화가 나타나던가(그림 4-18), 또는 녹는점의 차이를 이용하여 물성 변화를 나타내는 것도 있다. 또한 온도와 기간에 따라 저장하고 있는 동안 점진적인 색의 변화를 나타낼 수도 있다. 즉 지난 시간 동안의 저장온도에 대한 이력을 쉽게 알 수 있다. 하지만 현재 개발된 지시계의 대부분은 측정시 식품의 품질 변화와 지시계의 반응이 완전히 일치하기 어렵고 비용이 많이 든다는 점에서 사용에 한계가 있다.

7) 냉동식품의 해동

냉동식품을 식용하거나 가공하기 위해서는 이를 녹여야 하는데 이러한 녹이는 조작을 해동(thawing)이라 한다. 해동은 식품을 냉동하는 과정보다 물과 얼음의 열전도 등의 특성으로 인하여 더욱 많은 시간이 소요된다(그림 4-19). 따라서 냉동식품의 품질이 변화할 수 있는 중요한 공정이다. 하지만 해동에 대한 과학적 접근은 많이 진행되지 않고 있다. 일반적으로 해동과정 중에 수분이 식품 표면으로 유출하게 되는데(drip 현상), 이는 식품의 상품적 가치를 손상시키는 경우가 많다. 또한 식품의 온도가 상승하는 해동이 장시간 소요되는 과정을 거치면서 구조적 변화가 일어나고 수분의 이동이 이루어지면서 손쉽게 미생물의 번식과 효소반응이 일어나고 영양소의 손실이 발생한다. 따라서 해동 온도와 속도를 적절히 조절해야 한다.

해동의 공통된 원칙으로는 내외 온도차에 의한 품질 변화가 적을 것, 조직(texture) 변화

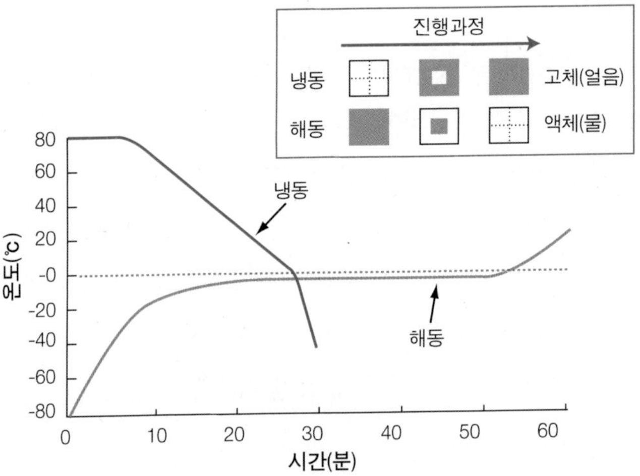

그림 4-19 냉동과 해동 곡선의 비교

를 최소화할 것, 드립(drip) 발생이 적을 것, 단백질의 변성을 최소화할 것, 해동 중 미생물의 번식을 적게 할 것, 선도 저하를 적게 할 것 등이다.

일반적으로 효율적인 해동을 위해 식품과 주변의 온도 차이를 적게 하여 완만한 속도로 진행하도록 권하고 있다. 이는 텍스처 변화 및 드립 발생을 최소화하고 냉동식품의 손상을 방지하는 데 유리하다고 알려졌다. 해동방법으로는 공기 해동법, 수중 해동법, 고주파 해동법, 접촉식 해동법, 저온 고압 해동법 등 다양한 방법이 사용되고 있다.

연습문제

01 다음 물음에 대하여 O 혹은 X로 답하시오.

(1) 포자의 사멸 온도에서도 효소는 활성을 유지할 수 있다. _______

(2) 일반적으로 고온 단시간 살균이 저온 장시간 살균보다 영양소 파괴가 적다. _______

(3) α-amylase는 우유의 적정 살균 여부를 판단할 수 있는 지표 효소이다. _______

(4) 통조림 식품의 내용물이 액체이든 고체이든 냉점의 위치는 변하지 않는다. _______

(5) 냉장에서 저온미생물 이외의 중온미생물들은 살균된다. _______

(6) 모든 과채류는 climateric rise 현상을 갖는다. _______

(7) 냉동변질은 식품 표면의 수분 증발현상으로 발생된다. _______

(8) 급속동결이 완만동결보다 drip 현상이 적다. _______

02 다음 중 121 ℃의 습열 살균이 필요한 식품의 pH는?

① pH 5 ② pH 4 ③ pH 3
④ pH 2 ⑤ pH 1

03 다음 탈기법 중 열에 예민한 식품이나 건조식품에 적용하는 방법은?

① 수증기 분사법 ② 기계적 탈기법 ③ 가열 탈기법
④ 일반 탈기법 ⑤ 열수 탈기법

04 다음 가열 살균 공정 계산을 하시오.

(1) 121 ℃에서 D값(D value)이 1분인 포자 10개를 함유하는 통조림을 121 ℃에서 5분간 살균했다. 이 통조림 식품이 변패될 수 있는 확률은 얼마인가?

(2) 121 ℃에서 D값이 1분인 포자 10개를 함유하는 통조림을 121 ℃에서 '12D'의 개념을 도입해 살균했다면 변패될 확률은 얼마인가?

(3) 121 ℃에서 어떤 세균 포자를 99.999 % 사멸시키는 데에 필요한 F값은 2분이었다. 이 세균 포자의 121 ℃에서의 D값은 얼마인가?

(4) 어떤 세균포자의 D값이 100 ℃에서 1,000초, 120 ℃에서 10초라면 이 세균포자의 Z값은 얼마인가?

05 레토르트 살균 장치의 냉각과정에서 압축 공기의 역할을 설명하시오.

06 식품의 pH 4.5를 기준으로 가열 살균 온도를 설명하시오.

07 당도 8 %의 복숭아 270 g을 넣어 당도 19 %인 통조림 430 g을 만들려고 할 때 당도 몇 %의 설탕 시럽을 몇 g 넣어야 하는가?

08 냉장고 기본 원리는 팽창-(①)-(②)-응축이다. ①과 ②에 해당하는 공정은?

09 냉동 및 해동시 가장 많이 품질이 변하는 온도구역은 무엇인가?

10 냉장에서의 과일의 냉해에 대하여 설명하시오.

11 완만 및 급속 냉동시 세포조직의 변화에 대한 그림을 그리고 설명하시오.

12 완만냉동과 급속냉동을 설명한 것 중 올바르게 설명하고 있지 못한 것은?

① 완만냉동의 냉각속도가 급속냉동의 제품에 비하여 느린 편이다.

② 완만냉동 중 얼음의 결정 수는 많고 결정의 크기가 적은 편이다.

③ 얼음결정이 생성되는 위치는 완만냉동의 경우 세포 외부에, 급속냉동의 경우는 세포 내부에 생성된다.

④ 급속냉동은 최대 얼음결정 생성대 통과시간이 35분 이하이다.

13 해동과정 중 고려해야 할 사항이 아닌 것은?

① 내외 온도차를 크게 유지하는 것이 바람직하다.

② 조직감의 변화가 최소화하도록 하여야 한다.

③ 드립 발생은 적게 일어나도록 주의하여야 한다.

④ 해동 중 미생물의 번식이 발생하지 않도록 주의한다.

정답과 해설

1. (1) ○ (2) ○ (3) × (4) × (5) × (6) × (7) ○ (8) ○

2. ① **3.** ②

4. (1) 10^1에서 10^{-4}으로 변패확률은 1/10,000

(2) 10^1에서 10^{-11}으로 변패확률은 1/100,000,000,000

(3) 99.999 % 사멸은 5 log 감소이므로 D값 = 2분/5 = 0.4분

(4) D값 2 log 감소에 20 ℃이므로 Z값 = 20 ℃/2 = 10 ℃

5. 레토르트 살균 장치에서 가압 살균이 종료되어 냉각 과정에 들어가면, 통조림 내부와 외부의 압력차가 생겨 통조림이 팽창하게 된다. 이를 방지하기 위하여 레토르트 살균 장치에 압축 공기를 넣어주어 냉각되는 동안에도 통조림 내부와 외부의 압력이 균형을 이루도록 한다.

6. 식품의 pH가 4.5 이상인 저산성식품은 121 ℃에서 가열 살균하고, pH가 4.5 미만인 산성식품 또는 고산성식품은 100 ℃ 이하에서 가열 살균한다.

7. 당도를 x라고 할 때, 설탕시럽의 양 = 430 g − 270 g = 160 g이므로 270 g × 8 % + 160 g × x = 430 g × 19 %이므로 x = 38 %

8. ① 증발 ② 압축

9. 최대 얼음결정 생성대

10. 열대/아열대 과일 중 발생, 적정 저장온도 이하일 때 발생, 흑변 등, 예: 바나나

11. 그림은 〈그림 2-6〉을 참조한다. 식품을 완만한 속도로 냉동시키면 세포 사이의 물분자가 서서히 얼기 때문에 얼음 입자가 성장하면서 그 크기가 커진다. 크기가 커진 얼음 입자는 세포에 압력을 가하는데, 더 커지면 세포의 형태를 잃게 할 뿐만 아니라 녹는 과정에서는 세포조직을 파괴하기도 하여 식품의 품질을 떨어뜨린다. 반면, 급속 냉동은 얼음 입자가 성장 없이 바로 얼어버리므로 세포조직에 변화를 초래하지 않아 식품의 품질 손상이 거의 없다.

12. ② **13.** ①

CHAPTER 05

기체 조절에 의한 식품저장

식품이 놓여 있는 공간의 기체 조성(대기는 질소 76 %, 산소 21 %, 이산화탄소 0.03 %)을 변경함으로써 저장기간을 증대시키는 저장방법으로 광의의 개념으로는 MA(modified atmosphere) 저장이다. 주로 과일, 채소류 등 수확 후 호기적 호흡(aerobic respiration)을 유지하는 식물성 식품원료를 대상으로 한다. 대표적인 방법으로 저장기간 중 계속적으로 기체 조성을 조절하는 CA(controlled atmosphere) 저장과, 이와 유사하나 초기에 기체 조성을 확립한 후 저장 중 기체 조성을 더 이상 조절하지 않거나 또는 그 통제 정도가 약한 협의의 개념인 MA 저장으로 나눈다. 이 장에서는 이러한 기체 조절을 통한 저장방법의 원리와 적용에 대해 배우고자 한다.

1. 수확 후 생리

수확 후 저장기술은 식물조직의 시듦(senescence) 과정을 천천히 일어나게 하는 데 그 목적이 있다. 숙성(ripening) 또한 시듦의 한 형태이다. 식물은 수확 후 호기적 호흡을 통해 얻어진 ATP 등의 에너지를 이용하여 지속적으로 성장하여 싹틔움(sprouting), 뿌리남(rooting), 신장(elongation), 발아(seed germination), 리그닌화(lignification), 섬유소 함량 증가, 연화(softening)뿐만 아니라 저장, 유통 중 식물의 화학적 조성, 경도, 색도, 향 등 품질에 많은 영향을 미친다.

과채류의 수확 후 손실은 품목마다 차이가 있지만 일반적으로 선진국은 5~25 %, 개발도상국은 20~50 %에 달한다. 수확 후 품질 저하를 막기 위해서는 부패 또는 변패 관련 생물학적 및 환경적 요인을 분석, 제어하고, 또한 적절한 수확 후 관리기술을 적용해야 한다. 식물성 식품원료인 과채류 등 원예 산물의 특징은 살아 있는 조직이고, 수분함량이 높으며, 미생물에 의한 변패가 용이하며, 형태, 성분, 생리가 다양하다는 특징이 있다. 특히 그림 5-1에서 보듯이 생장(development), 숙성을 거쳐 시듦, 죽음에 이른다.

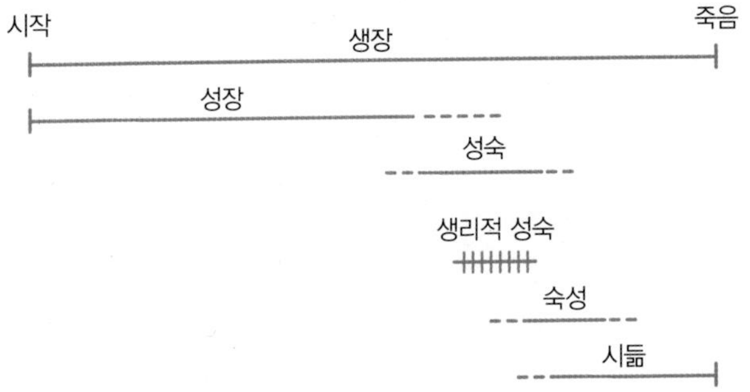

그림 5-1 원예 산물의 생리적 변화

1) 수확 후 변패 요인

수확 후 원예 산물의 변패 요인으로는 여러 가지가 있는데, 주요 내용으로는 다음을 들 수 있다.

① 대사에 의한 변화로는 호흡, 에틸렌 생산 등이다.

② 성장 및 생장(growth and development)으로는 싹틔움(양파, 근채류), 뿌리남(양파), 발아(토마토, 고추), 신장 및 curvature(아스파라거스) 등을 들 수 있다.

③ 외관적 손상으로는 호흡 상승, 에틸렌 농도 증가에 의한 것이 주요 요인이다.

④ 증산에 따른 수분 손실로써 외관 및 조직 불량, 가식부 무게 감소를 들 수 있는데, 특히 내적 요인으로는 형태적 특성, 표면/부피 비, 표면 상해 등이고, 외적 요인으로는 상대습도, 공기속도, 온도 등을 들 수 있다.

수확 후 건물량 감소(dry weight loss)는 호흡률과 밀접한 관계가 있는데 다음과 같은 식으로 계산할 수 있다.

건물량 감소속도(g/kg hr) = 호흡률(g CO_2/kg hr) × 180/264

180/264 : 180 g 포도당이 264 g CO_2 생산

⑤ 생리적 변패의 예는 냉해로 생기는 표면 피팅(surface pitting), 변색 등을 들 수 있고 칼슘 결핍 등이 있다.

⑥ 미생물에 의한 변패(decay)는 *Penicillium* 등에 의한 예가 있다.

이러한 수확 후 원예 산물의 변패와 관련된 외적 요인으로는 온도[특히, 냉해(chilling injury)에 의한 아보카도, 바나나, 망고, 파파야, 파인애플, 오이, 가지, 감자, 호박, 고구마, 토

마토에서의 변패], 상대습도, 공기조성, 에틸렌, 빛 등을 들 수 있는데, 이러한 요인들을 적절히 조절하는 것이 저장 중 품질을 유지하는 데 고려해야 하는 요소들이다.

2) 호흡

모든 생명체는 성장(grow)하고 재생산하기 위해 끊임없이 호흡 등 대사과정을 한다. 수확 후 식물은 숙성과정을 계속하고 자기 방어 메커니즘을 작용하는데 필요한 에너지를 호기적 호흡에서 얻는다. 1몰의 포도당에서 호기적 호흡을 통해 686 kcal를 얻는데, 41 %는 ATP로, 그리고 57 %는 열로 손실되고 나머지 2 %는 저분자물질로의 변환 대사과정에서 손실된다.

$$C_6H_{12}O_6 + 6O_2 \longrightarrow 6CO_2 + 6H_2O + 686\text{kcal}$$

(1) 호흡계수

호흡계수(respiratory quotient)는 품목별 상대적 호흡률을 나타내는 척도로써 다음과 같은 식으로 나타낸다.

$$\text{호흡계수} = \text{생산된 } [CO_2] / \text{소비된 } [O_2]$$

대표적으로 지방의 경우는 RQ < 1이고, 유기산의 경우는 RQ > 1이다.

(2) 호흡에 미치는 영향인자

호흡에 미치는 직간접적 인자는 품목, 생장 단계(stage of development), 숙성 양상 등

표 5-1 과채류의 호흡속도

$mg\ CO_2/kg\ hr\,(5℃)$	품목
<5	견과류
5~10	사과, 포도, 양파, 감자
10~20	살구, 복숭아, 배, 자두, 양배추, 당근, 상추, 토마토
20~40	딸기, 꽃양배추(cauliflower), 블랙베리
40~60	아티초크, 방울다다기양배추(Brussels spouts)
>60	아스파라거스, 브로콜리, 버섯, 완두콩, 시금치, 옥수수

을 들 수 있다. 예를 들면 브로콜리는 토마토보다 같은 저장온도에서 호흡속도(respiration rate)가 10배 빠르다. 품목별 호흡속도는 표 5-1에 나타내었다.

그리고 호흡속도가 빠른 식품은 저장기간이 대부분 짧은 특성을 갖는다. 또한 에틸렌 농도가 중요 인자로써 식물의 시듦을 촉진하는데, 품목별 에틸렌 생산량에 있어서 큰 차이를 보인다(표 5-2).

호흡속도에 있어서는 온도가 가장 큰 영향인자인데, 온도가 10 ℃ 증가함에 따라 호흡속도는 일반적으로 2~3배 증가하는 것으로 알려져 있다. 이와 같이 온도의 변화와 식물체의 호흡량과의 관계를 온도계수(Q_{10})로 표시한다(표 5-3).

호흡속도를 측정하는 방법으로는 산소 소비량, 이산화탄소 발생량, 호흡열 측정 등이 있고, 호흡속도에 끼치는 영향 인자로는 대상 식물의 나이, 저장온도, 상해 여부, 가용 기질량, 공기조성, 품목 종류 등을 들 수 있다.

표 5-2 저장기간 중 과채류의 에틸렌 생산량

$\mu L\ C_2H_4/kg\ hr$ (20℃)	품목
0.01~0.1	포도, 딸기, 감자
0.1~1.0	블루베리, 오이, 감, 파인애플
1.0~10	바나나, 멜론, 망고, 토마토
10~100	사과, 살구, 아보카도, 캔털루프, 키위, 파파야, 복숭아, 배, 자두

표 5-3 과일, 채소의 호흡량의 온도계수(Q_{10})

과일 종류	0~10 (℃)	11~21 (℃)	16.6~26.6 (℃)	22.2~32.2 (℃)	33.3~43.3 (℃)	채소 종류	0.05~10 (℃)	10~24 (℃)
딸기	3.45	2.10	2.20			오이	4.2	2.0
복숭아	3.05 (4.10)	2.95 (3.15)	3.10 (2.25)			완두	3.9	2.0
						아스파라거스	3.5	2.5
레몬	3.95	1.70	1.95	2.00		시금치	3.2	2.6
오렌지	3.30	1.80	1.55	1.60		당근	3.3	1.9
그레이프프루트	3.35	2.00	1.45	1.65	250	고추	2.8	3.2
						감자	2.1	2.2
						토마토	2.0	2.3
						상추	1.6	2.0

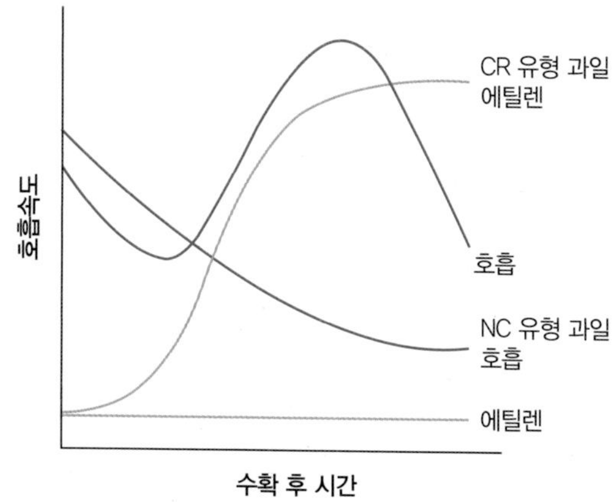

그림 5-2 수확 후 저장 중 호흡 양상

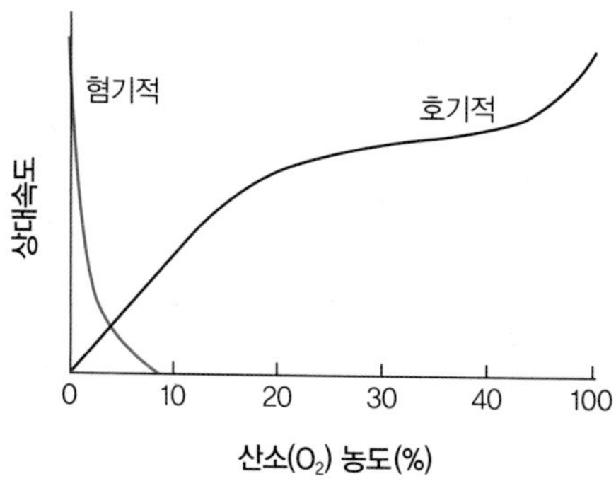

그림 5-3 산소 농도가 호흡속도에 미치는 영향

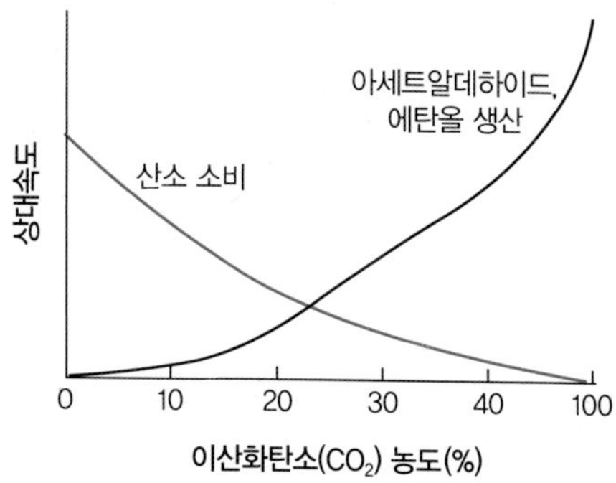

그림 5-4 이산화탄소 농도가 호흡속도에 미치는 영향

수확 후 과일의 호흡 양상에 따라 사과, 배, 복숭아, 바나나, 토마토 같이 호흡이 상승하여 최고점에 도달하는 climacteric rise(CR) 유형과 포도, 레몬, 자몽, 체리같이 수확 후 큰 변화 없이 호흡이 서서히 감소해가는 non-climacteric(NC) 유형으로 나누는데 에틸렌량과도 관계가 있다(그림 5-2).

또한 공기 조성과 호흡 양상과의 관계는 그림 5-3, 5-4에서와 같이 산소나 이산화탄소의 농도에 따라 호기적 호흡과 혐기적 호흡의 속도가 달라지는 것을 알 수 있다.

3) 수확 후 변화

식물성 식품의 수확 후 변화 중 증가하는 것과 감소하는 것을 비교하면 다음과 같다. 증가하는 것으로는 적색, 황색, 향기, 당, 가용성 펙틴, 중합된 타닌량 등이고, 반면에 감소하는 것으로는 초록색, 산도, 녹말, 가식부 경도, 불용성 펙틴, 중합되지 않은 타닌량을 들 수 있다.

2. CA와 MA 저장

MA 저장은 산소 농도를 줄이고 이산화탄소 농도는 증가시키며, 과량의 이산화탄소와 에틸렌 가스를 제거하거나 일산화탄소를 첨가하는 등 기체 조성을 변경하는 저장방법이다. 저장기간 중 계속적으로 기체 조성을 1 % 이내로 조절하는 CA 저장과, 이와 유사하나 초기에 기체 조성을 확립한 후 저장 중 기체 조성을 더 이상 조절하지 않고 방치하거나 또는 그 통제 정도가 약한, 즉 부정확한 협의의 개념인 MA 저장으로 나눈다.

저장 대상 식품의 기체 조성은 표면 대비 부피 비, 기체 확산에 대한 저항, 기체 생산 및 소비속도, 부분압 차이 등에 의해 영향을 받는다. 상업적으로 미국 등 외국에서는 사과, 배, 딸기 등에 적용한다.

기체 조성과 관련된 식품과 주변 환경과의 관계는 그림 5-5에서 설명되듯이, B1, B2, B3가 장벽(barrier) 구실을 한다. B1은 식품 표면에 있는 피부층(dermal system, epidermis, cuticle 등), 왁스코팅(wax coating), 필름랩(film wraps), B2는 포장(package materials)으로써 포장재의 가스 투과성(gas permebility), 환기구멍(ventilation openings), 플라스틱 라이너(plastic liners), B3는 저장고나 수송차량(storage room/transit vehicle)을 뜻한다.

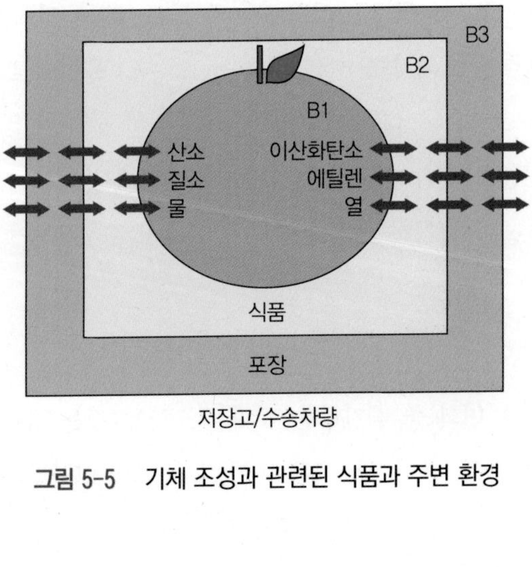

그림 5-5 기체 조성과 관련된 식품과 주변 환경

MA 저장조건은 저장 대상 품목의 종류, 품종, 생리적 나이, 기체 조성, 온도, 저장기간 등에 의해 따라 정해진다. 이러한 기체 조절에 의한 저장방법인 CA나 MA 저장의 장점은 시듦의 연장 및 숙성 연기, 에틸렌 감수성 저하, 생리적 변패 경감, 부패 조절, 해충 조절 등이다. 그러나 단점으로는 드물게 생리적 변패 악화, 불규칙적인 숙성, 높은 이산화탄소 농도에 따른 이취 발생 등을 들 수 있다.

1) 기체 조절방법

기체 조절을 하는 가장 대표적인 방법으로는 다음과 같은 것이 있다.

① 공기 조성 장치를 이용하여 산소를 제거하거나, 이산화탄소를 첨가 또는 제거하거나 에틸렌량을 제거하는 방법이다.

② 저압(hypobaric) 시스템을 이용한다.

③ 품목별 MA(commodity-generated MA) 방법을 이용하는 것으로 공기가 차단된 저온 저장고를 사용하거나, 플라스틱 커버를 사용, 팰릿 쉬라우드(pallet shrouds) 사용, 필름랩 또는 백을 이용한 포장 및 왁스 등 표면 코팅이 그 예이다.

2) 폴리머릭 필름 포장

폴리머릭 필름 포장(polymeric film packages)을 이용하는 방법으로 다음과 같은 요소들을 고려하여 필름을 선택하여 사용한다.

① 필름의 공기 투과성(film permeability) : 필름 종류, 두께, 표면적 등

② 품목 호흡속도 : 종류, 숙성도, 포장 단위당 양, 온도

③ 포장재 공기 조성, 부피, 외적 환경

3) 상업적 CA 장치

상업적 CA 장치의 예는 그림 5-6에서와 같은데 산소 감소와 이산화탄소 조절이 가장 중요하다.

① 산소 감소는 연소에 의한 방법으로 개방 불꽃 버너(open flame burners), 촉매적 산소 버너(catalytic oxygen burners)에 의한 것을 들 수 있고, 또한 질소 퍼징(purging)에 의한 방법으로 액체 질소나 압축공기로부터 분리된 질소를 이용하여 산소 농도를

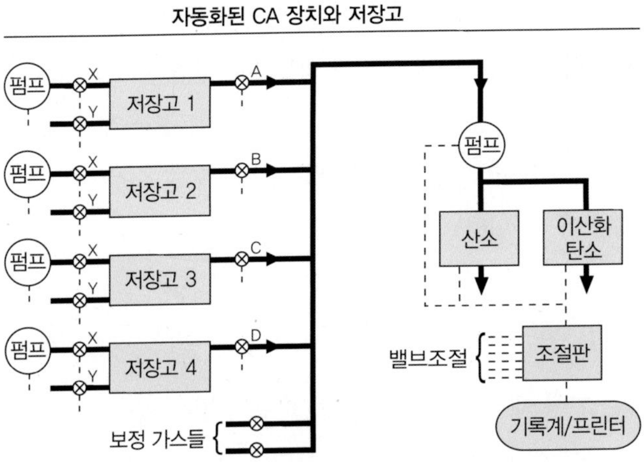

그림 5-6 상업적 CA 장치의 예

줄이는 방법이 사용된다.

② 이산화탄소 감소는 과잉으로 생성된 이산화탄소 농도를 줄이기 위해 물, NaOH, ethanolamine, hydrated lime에 흡수시키는 방법이나, 활성탄(activated charcoals)이나 molecular sieve에 흡착시키는 방법이 있다.

3. 표면 코팅

원예 산물의 저장, 유통 중 품질 보존을 위해 사용된 피막제로는 상업용 왁스를 비롯한 동식물성 유지류 등이 사용되는데, 피막제에 의한 표면 코팅(coating)은 과일의 경도와 색깔 및 광택을 유지하고 유기산 함량 감소를 방지하는 데 효과가 있다. 최근에는 당복합화합물을 피막제로 사용하여 그 효과를 인정받고 있는데 바나나, 사과, 서양배 등에 피막제 처리를 하여 경도와 유기산 함량 유지에 효과적인 결과를 얻은 바 있다. 그러나 이러한 피막제 처리는 과일의 생리 장애를 가져올 수도 있기에 대상 품목의 종류에 따라 선별적으로 적용해야 한다.

TIP 온도계수(Q_{10}, 품질 열화도 계수)

Q_{10}값은 네덜란드의 화학자 Van't Hoff에 의해 이름 붙여졌는데 식품의 저장온도가 10℃ 상승할 때 식품 내의 영양성분이 변질되어 저급화되는 속도의 비율로 정의된다. 따라서, Q_{10}값과 호흡속도와의 관계식은 아래 식 ⓐ와 같으며, Z값과의 관계는 ⓑ의 식으로 표현된다.

$$Q_{10} = \frac{R_2}{R_1} \quad \cdots\cdots ⓐ$$

R_1 : 부여된 온도에서의 호흡속도

R_2 : 10℃ 높아질 때의 호흡속도

$$\log(Q_{10}) = 10\,℃/Z \quad \cdots\cdots ⓑ$$

즉 Z값이 높아지면 Q_{10}값은 낮아짐을 의미하며, 보다 쉽게 설명하면 Z값이 높은 식품은 열에 둔감하거나 혹은 열에 대한 내성이 강한 특성이 있다고 표현할 수 있으며, '식품의 열화도'가 낮음을 의미한다.

연습문제

01 수확 후 원예 산물의 변패와 관련된 외적 요인이 아닌 것은?

① 온도 ② 상대습도 ③ 공기 조성 ④ 품종

02 다음 중 수확 후 climacteric rise 현상을 보이지 않는 것은?

① 토마토 ② 포도 ③ 복숭아 ④ 사과

03 다음 중 수확 후 변패 요인이 아닌 것은?

① 수분 증가 ② 에틸렌 생산 ③ 싹틔움 ④ 미생물에 의한 파손

04 다음 중 저장할 때 냉해에 민감한 과일은?

① 사과 ② 배 ③ 바나나 ④ 포도

05 수확 후 저장할 때 성장이나 생장에 의해 영향 받지 않는 품목은?

① 감자 ② 아스파라거스 ③ 가지 ④ 양파

06 혐기적 호흡에 의해 생산되는 최종 산물은?

① 산소 ② 에탄올 ③ 아황산가스 ④ 포도당

07 MAP 저장시 사용하지 않는 필름은?

① polyethylene ② poly vinyl chloride ③ polypropylene ④ polyphenol

08 저장 중 과잉으로 생성된 이산화탄소 농도를 줄이기 위해 사용되는 방법이 아닌 것은?

① 에탄올아민에 흡수 ② hydrated lime에 흡수

③ EDTA에 흡착 ④ molecular sieve에 흡착

09 CA 저장방법에 있어서 상업적인 산소 감소방법이 아닌 것은?

① 개방 불꽃 버너 ② 환기 ③ 질소 퍼징 ④ 촉매적 산소 버너

10 다음 중 호흡속도가 가장 느린 것은?

① 사과 ② 딸기 ③ 견과류 ④ 버섯

정답과 해설

1. ④ **2.** ② **3.** ① **4.** ③ **5.** ③ **6.** ② **7.** ④ **8.** ③ **9.** ② **10.** ③

CHAPTER 06

첨가물 처리에 의한 식품저장

식품의 가공, 저장, 유통 중에 일어나는 식품의 물리, 화학, 생물학적인 변화는 식품의 품질에 직접 영향을 끼치므로 결국 식품의 유통기한을 단축한다. 따라서 본 장에서는 식품에 화학물질을 첨가하여 품질 변화를 최소화하는 방법에 대하여 공부하고자 한다. 특히 식품첨가물 중에서 중요한 화학물질로 보존제, 살균제, 천연항균제, 산화방지제, 표백제 등의 예와 활용 및 사용상의 유의점을 이해하도록 한다.

1. 보존제

1) 보존제의 정의 및 특성

미생물을 완전히 박멸하는 것을 멸균이라고 일컫는데, 식품 내 미생물의 생육을 억제함으로써 식품의 저장성을 높여 주는 화학물질을 보존제(preservatives) 또는 방부제라고 한다. 보존제는 식품의 변질, 부패, 변색 등을 방지하여 식품의 본래 품질을 유지하게 하는 첨가물이다. 특히 식품의 품질 유지에 있어서 가장 중요한 미생물학적 위해인자를 제어하는 것이 보존제의 주요 기능이다.

식품에 사용되는 보존제는 다음과 같은 특성을 가져야 한다. 독성이 없고, 미량으로 효과가 있으며, 식품의 관능적 성질에 영향을 주지 않고, 사용하기 편하며, 가격이 저렴하면 더욱 좋다.

보존제의 항균 효과 메커니즘은 명확하게 밝혀지지 않았지만 미생물 세포 내의 활성 부위에 대해 물리 화학적인 상호작용을 통해 비활성화시킴으로써 항균 효과를 갖는다. 예를 들면 보존제가 미생물 세포막 내로 침투하여 세포 내 기질의 이동과 산화적 인산화를 저해하거나 생육에 필요한 필수 영양분의 세포막 투과를 저해함으로써 미생물의 정상적인 생육을 억제한다.

보존제는 사용 가능한 식품의 종류, 사용 기준(표 6-1) 등을 잘 지켜 사용해야 한다. 특히 과량 첨가시 위생상의 문제를 발생할 수 있으므로 규정된 용도와 사용량을 지켜야 한다.

보존제가 미생물에 작용하는 데 있어 그 활성은 미생물의 종류, 포자의 유무, 온도, 배지 중에 존재하는 물질 등에 의해 크게 달라진다. 따라서 보존제의 항균 효과에 영향을 미치는 인자에 대해 충분히 이해하고 사용하여야 하므로, 각각의 인자에 대해 살펴보도록 한다.

표 6-1 식품별 보존제의 사용 기준 예

식품 보존제	사용 식품	사용 기준
데하이드로아세트산(DHA) 데하이드로아세트산소듐	•치즈, 버터, 마가린	0.5 g/kg 이하
소브산 소브산포타슘	•치즈 •식육 가공품, 어육 가공품 •젓갈류, 비건조 장류 제품, 땅콩버터 등 •잼류 •건조 과실류, 토마토케첩, 절임류 •과실주 •락트산세균 음료(비살균제품)	3.0 g/kg 이하 2.0 g/kg 이하 1.0 g/kg 이하 1.0 g/kg 이하 0.5 g/kg 이하 0.2 g/kg 이하 0.05 g/kg 이하
벤조산 벤조산소듐	•마가린, 마요네즈, 오이 초절임 •잼류 •과실, 채소류 음료, 탄산음료, 인삼 음료 •식용 알로에 농축액, 알로에 젤 가공식품 •락트산세균 음료	1.0 g/kg 이하 1.0 g/kg 이하 0.6 g/kg 이하 0.5 g/kg 이하 0.05 g/kg 이하
파라옥시벤조산뷰틸 파라옥시벤조산에틸 파라옥시벤조산프로필	•캡슐류, 잼류 •망고 가공품, 간장 •소스류 •식초, 과일 및 채소 음료류 •과실, 채소(표피 부분)	1.0 g/kg 이하 0.25 g/kg 이하 0.2 g/kg 이하 0.1 g/kg 이하 0.012 g/kg 이하
프로피온산소듐 프로피온산칼슘	•치즈 •빵 및 케이크류 •잼류	3.0 g/kg 이하 2.5 g/kg 이하 1.0 g/kg 이하

2) 사용상의 주의 사항

(1) pH

식품의 pH는 산형보존제의 항균력에 큰 영향을 미치며, 일반적으로 산성 영역에서 그 보존제의 효과가 크다. 예를 들면 pH 3에서의 벤조산의 살균력은 pH 7인 용액에서보다 10배나 더 크다. 이처럼 식품의 pH에 따라 보존제의 용해도 및 살균, 정균 효과에 큰 차이가 있는 이유는 정균작용이 보존제의 미생물 세포 투과 능력에 의해 좌우되기 때문이며, 중성 또는 알칼리 조건에서 완전히 해리된 산성보존제는 음전하로 인해 미생물 세포막의 투과성이 감소되어 항균력이 감소하게 된다. 결과적으로 정균작용은 비해리 분자 그룹(undissociated group; -COOH)의 농도에 의해서 결정된다고 할 수 있다.

$$pH = pKa + \log \frac{[R\text{-}COO^-]}{[R\text{-}COOH]}$$

위 식에서와 같이 pKa값은 일정하므로 pH가 낮아지면 [RCOO$^-$]/[RCOOH]의 비율이 낮아지고 결국 [RCOOH] 양이 증가하게 된다. [RCOOH]는 비해리 그룹으로 이 [RCOOH]의 농도가 커지면 지방질 친화성이 증가하고 또 미생물에 대한 흡착력이 커지게 되므로 [RCOOH]의 증가에 의해 정균작용이 커지게 된다. 예를 들면 벤조산의 pKa값은 4.19이므로 pH 3의 조건에서 수소이온을 내놓지 못하고 93.5 %가 비해리 상태로 존재하게 되고, 결과적으로 미생물 세포막 투과성이 높아져 항균력이 증대됨을 알 수 있다.

(2) 식품의 수분함량

식품 내 수분함량이 높으며 미생물 생육이 용이하여 부패가 쉽게 일어날 수 있으며, 이러

TIP 당알코올의 활용

식품 제조시 소비톨, 자일리톨, 에리트리톨, 설탕, 올리고당 등의 다양한 탄수화물 소재들이 첨가되는데, 이들은 특유의 물성 및 감미도로 인해 식품의 맛과 식감을 향상시킨다. 특히 이러한 탄수화물 소재는 식품 중의 수분과 결합하여 수분활성도를 낮춤으로써, 실질적으로 미생물이 이용 가능한 자유수 함량을 감소시켜 식품의 저장성을 증진시킬 수 있다. 따라서 적절한 첨가물의 선택을 통해 수분함량이 높아 촉촉한 느낌을 주면서 유통기한이 긴 제품 개발이 가능하다.

한 경향은 수분활성도와 미생물 생육의 밀접한 관계에 기인한다. 따라서 보존제 첨가와 함께 수분의 적절한 조절을 통해 식품 저장기간을 크게 연장할 수 있다. 최근에 수분활성도를 감소시키는 다양한 탄수화물 소재를 첨가하여 수분함량을 유지하면서도 미생물 생육에 필요한 자유수를 제한하는 기술들이 사용되고 있다. 물론 항균력을 가지는 보존제에 비해 그 효과는 낮으나, 식품의 기능성 및 안전성을 고려하면 그 활용 가치가 지속적으로 증가할 것으로 기대한다.

(3) 식품성분의 종류

식품은 매우 다양한 성분들이 혼합된 대표적인 복합계이며, 따라서 각각의 식품성분의 종류와 조성에 따라 오염되는 미생물의 종류와 생육속도 등이 달라진다. 특히 당분이나 염분 등 부원료의 함량에 따라서도 부패 양상이 매우 다르므로 식품 자체에 대한 폭넓은 이해가 필요하다.

(4) 미생물 오염도

식품 내 미생물 오염도가 높을수록 보존제의 항균작용이 감소하므로 원료, 기구, 용기, 제조 공정, 공장의 위생환경 등을 효과적으로 관리하여야 한다.

(5) 식품 가공온도

식품 제조시 보존제 첨가와 함께 가열 처리가 이루어지면 미생물 사멸 효과가 비약적으로 증가한다. 특히 내열성 포자 형성균과 같이 열처리에 강한 미생물의 억제를 위해 가열 처리 후 보존제 첨가를 통해 보다 효율적인 항균작용을 기대할 수 있다.

(6) 보존제 첨가방법

일반적으로 보존제의 첨가량은 매우 적으므로 복합계인 식품에 균일하게 분포하도록 혼합하는 과정이 매우 중요하다. 따라서 고형의 분말상태보다는 적절한 용매에 녹여 분산시키는 것이 일반적이므로 각 용매에 대한 용해도를 충분히 고려해야 한다. 보존료의 미생물에 대한 항균력이 서로 다르므로, 식품의 기호도가 감소되지 않는 범위 내에서 2종 이상의 보존제를 병용 처리하는 것이 바람직하다.

3) 식품 보존제의 종류

식품 보존제를 상용하기에 앞서 보존제의 성능 및 특성에 대한 이해가 필요하다. 대표적으로 사용되는 보존제를 표 6-2에 정리하였다.

(1) 데하이드로아세트산

데하이드로아세트산(dehydroacetic acid; DHA)은 백색의 결정성 분말로 맛과 냄새가 없으며 물에 잘 녹지 않고 알코올, 에테르 등에 녹는다. 열에 안정하나 빛에 의해 황색으로 변하며 각종 금속이온과 반응하여 불용성염을 형성하므로 금속용기 사용에 있어서 주의를 해야 한다. 물에 잘 녹지 않기에 소금과 섞어 사용하거나 알코올 등에 녹여 사용한다. 반면에 데하이드로아세트산소듐의 경우, 물에 잘 녹기에 수용성으로 식품에 첨가하여 사용하는데, 수용액은 중성 또는 약염기성이며 열과 빛에 비교적 안정하다.

(2) 소브산

소브산(sorbic acid)은 무색 또는 백색의 결정 분말로 냄새가 없고 물에 잘 녹지 않으며 알코올, 아세톤, 에테르, 아세트산 등에 녹는다. 포화수용액의 pH는 3.6이고 열이나 빛에

표 6-2 식품 보존제의 종류 및 항균효과

식품 보존제	항균효과 및 특징
데하이드로아세트산(DHA) 데하이드로아세트산소듐	• 곰팡이, 효모, 혐기성 gram 양성균 • 산성 조건(pH 5.5)에서 0.05~0.1 % 농도로 사용 • 살균력은 약하나 약산성 및 중성에서 강한 생육 억제 효과
소브산 소브산포타슘	• 사상균, 효모, 호기성 세균류의 생육 억제(약한 살균력) • 락트산세균, 혐기성 포자 형성균에 효과 없음 • 미생물의 탈수소효소계 저해 효과 • pH 의존성 산형 방부제(pH 3.0~5.5에서 유효)
벤조산 벤조산소듐	• 곰팡이, 효모, 산생성 세균류의 생육 억제 • pH 의존성 산형 방부제(pH 4.5 이하에서 유효)
파라옥시벤조산뷰틸 파라옥시벤조산에틸 파라옥시벤조산프로필	• 효모, 곰팡이류의 생육 억제(gram 음성간균, 락트산세균 제외) • 세포막 파괴, 호흡 및 전자 전달계 효소 활성 저해 효과 • 산성 방부제(pH 4.0~6.5에서 유효)
프로피온산 프로피온산소듐 프로피온산칼슘	• 곰팡이, 호기성 포자 형성균, gram 음성균(효모 제외) • 미생물의 탈수소효소계 저해 효과 • pH 4.5~5.5에서 0.2~0.4 % 처리로 곰팡이 생육 저해

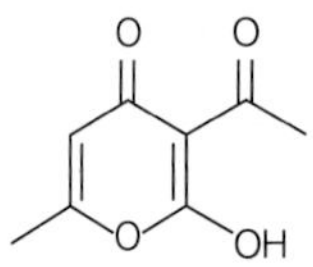

그림 6-1　데하이드로아세트산의 구조

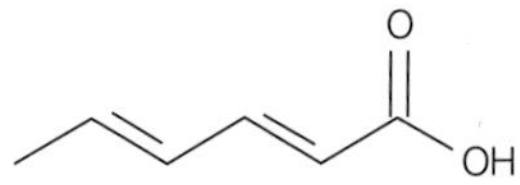

그림 6-2　소브산의 구조

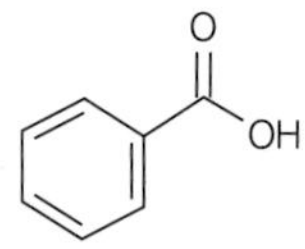

그림 6-3　벤조산의 구조

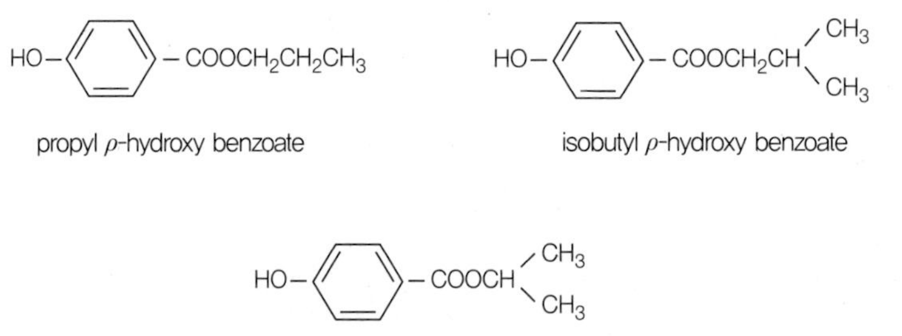

그림 6-4　파라옥시벤조산에스터 화합물의 구조

안정하다. 소브산포타슘은 백색 또는 황갈색의 결정 분말로 물에 잘 녹고 공기 중에 방치하면 수분을 흡수하고 산화, 분해되어 착색될 수 있는 문제점이 있다.

(3) 벤조산

벤조산(benzoic acid)은 백색의 침상 결정으로 냄새가 없고 물에 잘 녹지 않으며 알코올, 에테르에 잘 녹는다. 벤조산소듐은 백색 결정으로 약한 단맛이 있고 공기 중에서 안정하다. 벤조산보다는 항균 효과가 떨어지나 물에 잘 녹아 사용하기 편리하여 많이 사용된다.

(4) 파라옥시벤조산에스터

파라옥시벤조산에스터(*p*-oxybenzoic acid ester)류로서 식품첨가물로 지정된 것은 에틸, 뷰틸, 아이소뷰틸, 프로필, 아이소프로필 등 5가지인데 대부분 무색 또는 백색의 결정 분말로 냄새가 없고 물에 잘 녹지 않으나 알코올, 아세트산, 에테르 등에 잘 녹는다. 에스터를 구성하는 알코올의 탄소 수가 많을수록 항균력이 높아지기 때문에 파라옥시벤조산뷰틸이 가장 널리 사용되고 있다.

(5) 프로피온산

프로피온산칼슘과 프로피온산소듐은 모두 백색 결정 분말로 냄새가 없고 물에 잘 녹으며 수용액은 약알칼리성으로 열과 빛에 안정하나 흡습성이 있다. 산성 조건에서 유리된 프로피온산(propionic acid)이 항균 효과를 갖는데 소브산에 비해 효과는 약하다. 생과자, 케이크 등에 주로 사용한다.

(6) 글리세롤 지방산 에스터(glycerol fatty acid ester)

황색 또는 갈색의 기름 모양으로 저급 지방산의 글리세롤 에스터는 항균 효과를 갖는데 친수성이 높아 수용액 중에 균일하게 분산할 수 있는 장점이 있다. 글리세롤 카프릴산 에스터가 가장 항균력이 높은데 pH 5.5 부근에서 가장 영향력이 있고 0.1~0.5 %에서 사용된다.

2. 살균제

식품 살균제(bactericides)는 식품 보존과 함께 미생물 사멸을 위한 살균에 주요 목적을 둔다.

균을 빠른 시간 내에 사멸시키기 위한 살균제로 염소계 살균제를 사용하나, 식품성분의 변화나 유기물과의 반응에 의한 트라이할로메테인(trihalomethane; THM) 같은 발암물질을 생성하기 때문에 주의를 요한다. 식품산업에 주로 사용되는 살균제의 종류는 다음과 같다.

1) 표백분

표백분(bleaching powder, $Ca(OCl)_2$, $CaOCl_2$)은 하이포아염소산 및 염화수소산 칼슘염의 혼합물로 강한 산화력을 가지며 백색 및 유백색의 분말로 독특한 염소 냄새를 갖는다. 물과 에탄올에 녹으며 수용액은 알칼리성이다. 유기물과 접촉하면 산화 분해되어 염소를 발생한다. 일반적으로 2 % 수용액은 5분 이내에 영양 세포를 살균시키며 20 % 수용액은 10분 내에 포자를 살균시킨다.

2) 하이포아염소산소듐

하이포아염소산소듐(sodium hypochlorite, NaOCl)은 옅은 황록색 액체로 염소 냄새를 가지며 물에 녹아 유리 산소를 발생시킴으로써 강한 산화, 살균 작용을 나타낸다. 열과 빛에 의해 분해되어 살균력이 감소되기에 밀폐 용기나 냉암소에 보관한다. 대체로 낮은 pH에서 살균력이 증가하며 강한 산화력으로 세균 내 효소를 불활성화시켜 살균 효과를 갖는다.

3) 이산화염소수

이산화염소(chlorine dioxide, ClO_2)수는 염소계 살균제와는 차별되는 살균제로 염소계보다 산화력이 더 강해 살균 효과가 보다 효과적으로 알려져 있다. 특히 염소계 살균제와는 달리 유기물과의 반응에서 THM 같은 물질을 생성하지 않으며 또한 폭넓은 pH 범위를 가지기에 식품산업에서 하이포아염소산소듐을 대체하는 살균제로 사용될 전망이다. 미국 FDA에서 허가된 후 2007년에 식품의약품안전처에서 식품첨가물로 승인되었다.

3. 천연항균물질

식품에 사용되는 천연항균물질(bacteriocins)로 세균이 생산하는 항미생물성 펩타이드를 박테리오신(bacteriocin)이라고 칭하는데, 그 대표적인 예로 니신(nisin)을 들 수 있다.

니신은 식품에 적용되어 사용되는 유일한 박테리오신으로 *Lactococcus lactis*가 생산하

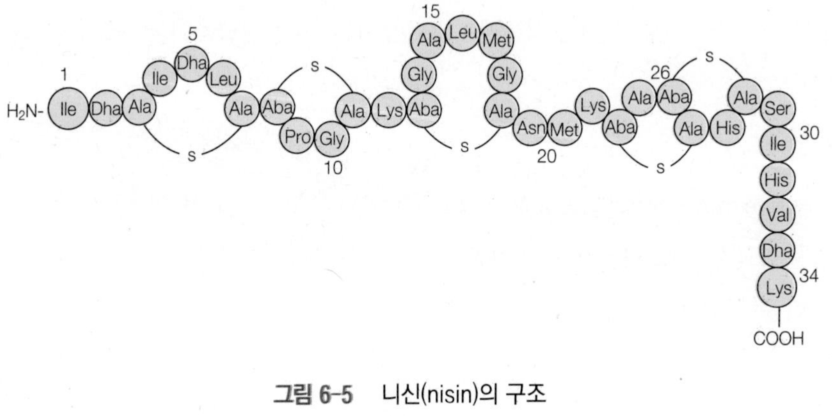

그림 6-5 니신(nisin)의 구조

는 펩타이드이다. 니신은 미생물 세포막에 침투하여 세포 내 이온, 아미노산, ATP 등 저분자물질들을 유출시켜 미생물의 생장을 저해하여 사멸시키는데, gram 양성균에 특히 효과가 있다. 현재 UHT 처리 유제품, 통조림 식품 등에 이용된다.

4. 산화방지제

식품은 가공, 저장 유통 중에 공기 중에 있는 산소, 빛, 열 등에 의해 산화된다. 특히 지방의 산패는 식품의 품질을 저하시키는 대표적인 화학반응의 예이다.

식품의 산화방지를 위해서는 통조림 공정 등 공기와의 접촉을 차단하는 방법이나 산화방지제(antioxidants)를 식품에 첨가하는 방법이 있는데 식품용 산화방지제로는 아스코브산, 에리토브산 등 수용성과 토코페롤 같은 유용성 물질이 있다. 수용성인 경우 주로 색소의 산화방지에 사용되고 유용성인 경우 유지의 산화방지에 사용된다. 최근에는 천연 산화방지제를 식품에 적용하는 연구가 활발히 진행되고 있다.

산화방지제는 산화반응으로 생성된 유리기 또는 과산화물에 작용하여 스스로 산화함으로써 산화의 연쇄반응을 억제한다. 따라서 이미 산패가 진행된 상태에서 산화방지제를 첨가했을 때는 그 효과가 감소하기에 신선한 식품에 사용하여 품질 변화를 지연시키거나 억제할 수 있다. 주로 많이 사용되는 산화방지제의 종류는 다음과 같다.

1) 다이뷰틸하이드록시톨루엔

다이뷰틸하이드록시톨루엔(dibutylated hydroxy toluene; BHT)은 무색 결정 또는 백색 결정 분말로 냄새와 맛이 없다. 물에 녹지 않으나 에탄올, 대두유 등에 잘 녹는다. 빛과 열에 안정하고 철 등 금속이온과 반응하여 착색되지 않는 안정한 화합물이다. 일반적으로 에탄올에 녹여 첨가하고 시트르산 등과 함께 사용하면 상승 효과가 있다.

2) 뷰틸하이드록시아니솔

뷰틸하이드록시아니솔(butylated hydroxy anisole; BHA)은 무색이나 연황갈색 결정 또는 백색 결정 분말로 특유의 냄새와 자극적인 맛이 있다. 물에 녹지 않고 알코올에 녹으며

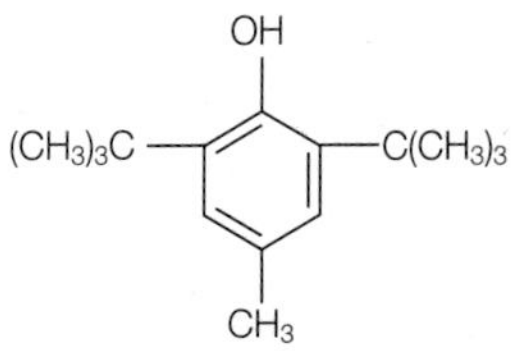

BHT

그림 6-6 다이뷰틸하이드록시 톨루엔의 구조

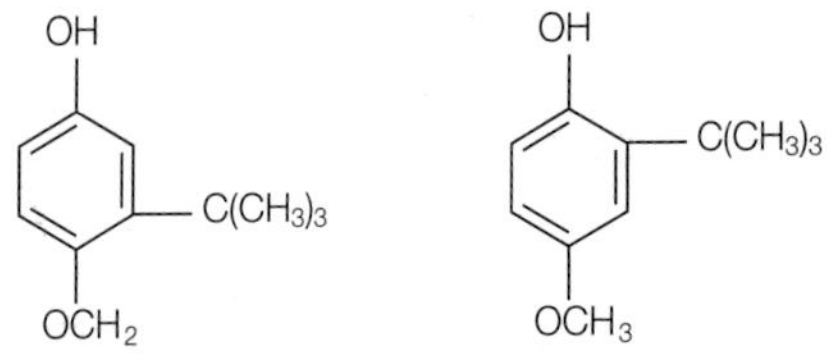

2-BHA 3-BHA

그림 6-7 뷰틸하이드록시아니솔의 구조

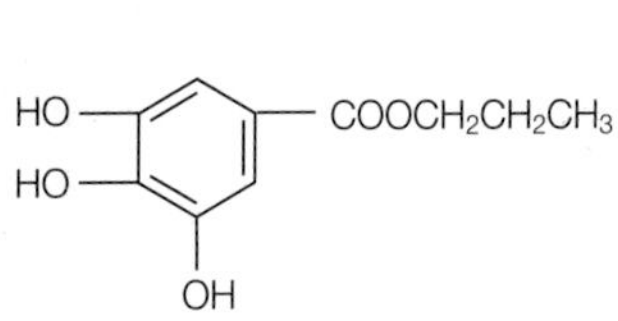

PG

그림 6-8 갈산프로필의 구조

열에 안정하지만 빛에는 불안정하여 착색될 수 있다. 3-BHA와 2-BHA 두 가지가 사용되는데 유기산과의 혼합 사용으로 상승 효과를 얻는다.

3) 갈산프로필

갈산프로필(propyl gallate; PG)은 백색 또는 담황갈색의 결정 분말로 냄새가 없고 약간 쓴맛을 갖는다. 물에 잘 녹지 않고 알코올에는 잘 녹는다. 열에 안정하고 유지에 대한 산화 방지력은 높으나 용해도가 낮고 빛에 약하여 착색되는 단점이 있다.

4) 아스코브산

바이타민 C인 아스코브산(ascorbic acid)은 백색 또는 황백의 결정 분말로 냄새가 없으나 신맛을 나타낸다. 열, 빛, 산소에 의해 분해되며 물과 알코올에 녹는다. 아스코브산나트륨과 아스코브산칼슘 형태로 사용되는데 물에 대한 용해도가 높다. 식품 산화에 의한 갈변 방지 및 발색 보조 효과 목적으로 사용되며 과량 첨가시 pH 저하로 인해 주로 과일 통조림이나 주스, 잼 등에 사용된다. 그 외에도 유용성인 아스코빌스테아레이트(ascorbyl stearate), 아스코빌팔미테이트(ascorbyl palmitate) 형태로 유지 및 유지 함유식품에 사용된다.

5) 에리토브산

에리토브산(erythorbic acid)은 백색 또는 황백색의 결정 분말로 냄새가 없고 신맛이 있다. 물, 알코올에 녹고 열과 빛에 불안정하며 중금속 이온에 의해 산화 촉진된다. 아스코브산의 이성질체로서 과일 중의 페놀성 물질을 환원하여 갈변 방지, 풍미 유지 등에 사용된다. 에리토브산소듐의 경우, 백색 또는 황백색 결정 분말로 냄새가 없고 약간 짠맛이 있으

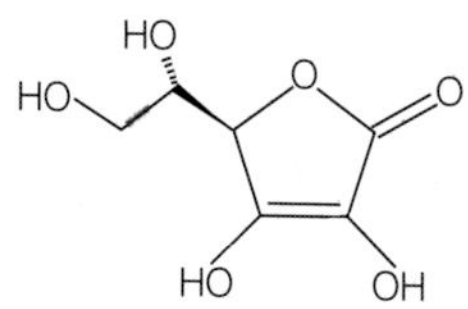

그림 6-9 아스코브산의 구조

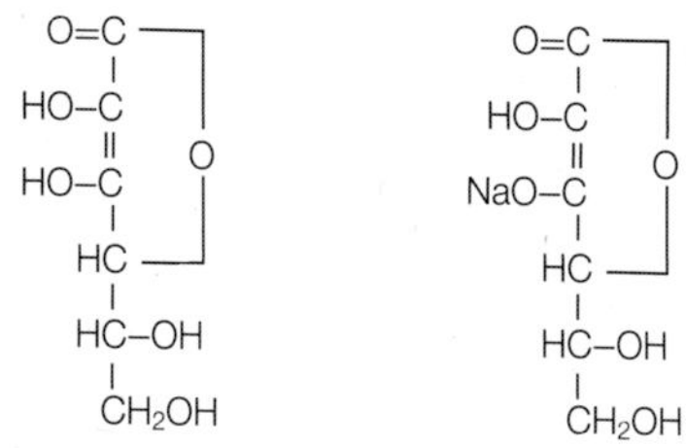

erythorbic acid　　sodium erythorbate

그림 6-10 에리토브산 및 에리토브산소듐의 구조

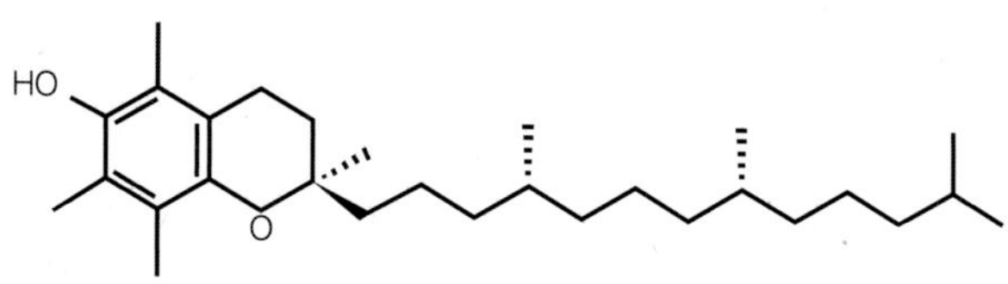

그림 6-11 토코페롤의 구조

며 물에 녹으며 특성은 에리토브산과 유사하다.

6) 토코페롤

토코페롤(tocopherol)은 바이타민 E의 한 형태로 적색의 점조성 기름으로 열과 산에는 안정하나 빛 또는 공기 중 산소, 철 이온 등에 의해 산화되어 변색된다. 물에 녹지 않으며 알코올에 녹여 식물성 기름에 혼합하여 사용한다. 주로 식품의 영양 강화 및 산화방지 목적으로 유지, 버터 등에 사용된다.

7) EDTA

EDTA(ethylene diamine tetraacetate)는 EDTA 소듐 및 EDTA 칼슘소듐 형태로 사용되며 백색 분말로 약간의 짠맛이 있고 물에 잘 녹는다. 유지 산패의 원인인 금속이온을 chelate하여 산화방지작용을 갖는다.

8) 기타 산화방지물질

그 외 TBHQ(tert-butylhydroquinone), gamma-oryzanol 등이 있다.

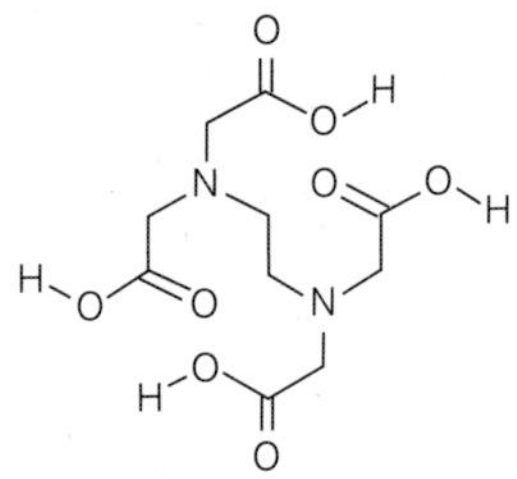

그림 6-12 EDTA의 구조

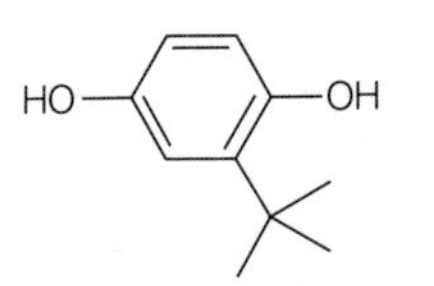

그림 6-13 TBHQ의 구조

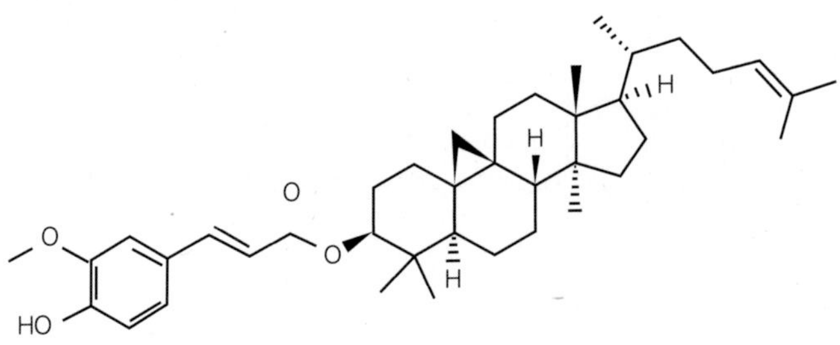

그림 6-14 gamma-oryzanol의 구조

5. 표백제

식품의 가공 공정에서 식품 중에 존재하는 색소가 산화반응 등에 의해 변색 또는 착색되어 식품의 품질을 저하시키고 소비자의 기호도를 감소시키는데, 이러한 경우 색소 및 발색물질을 무색으로 변화시키는 물질을 표백제(bleaching agent)라 하고, 그 적용방식에 따라 환원표백제와 산화표백제로 나눈다.

1) 환원표백제

환원반응에 의해 강한 표백작용이 일어나는데 폴리페놀산화효소에 의한 갈변이나 비효소적 갈변반응을 억제하는 것으로 sulfur dioxide, sodium sulfite, sodium hyposulfite 등 아황산계 표백제가 포함된다(표 6-3). 사용시 식품 중 잔류 이산화황이 규정(표 6-4)보다 초과하지 않도록 주의하여야 한다.

표 6-3 환원표백제의 종류, 특징 및 용도

표백제의 종류	특징
메타아황산수소포타슘 (potassium metabisulfite, $K_2S_2O_5$)	•백색의 결정성 분말로 소듐염에 비해 안정 •조직 침투력이 빠르고 냄새가 적으나 값이 비싸 주류에 사용
이산화황 (sulfur dioxide, SO_2)	•무색의 기체로 물에 녹으면 산성의 아황산이 됨 •기체로서 취급이 불편하여 훈증 이외에 사용 불가
아황산수소소듐 (sodium bisulfite, $Na_2S_2O_5$)	•백색 분말로 흡습성이 있으며 가열하면 알데하이드 생성 •냄새가 적으나 불안정하며, 과일 및 채소의 방부제로도 사용(효모, 곰팡이 억제)
아황산소듐 (sodium sulfite, Na_2SO_3)	•무색 결정으로 수용액은 알칼리성이고 냄새가 강함 •중성~약산성에서 효과가 크므로 중화하여 사용 •산화방지제, 방부제, 탈염소제 등으로도 사용
하이포아황산소듐 (sodium hyposulfite, $Na_2S_2O_4$)	•백색 결정성 분말로 산성에서 불안정함 •열에 의해 자가분해되므로 저온 또는 중온에서 사용 •환원력 및 표백력이 강하여 가장 널리 사용

표 6-4 식품별 환원표백제의 허용 기준 예

사용 식품	허용 기준 (이산화황 최대 잔존량)	사용 식품	허용 기준 (이산화황 최대 잔존량)
박고지(박 건조제품)	5.0 g/kg 이하	당밀 및 물엿	0.3 g/kg 이하
건조 과실류	2.0 g/kg 이하	천연 과즙(5배 이상 농축액)	0.15 g/kg 이하
곤약분(구약나물 가공제품)	0.9 g/kg 이하	새우살	0.1 g/kg 이하
엿	0.4 g/kg 이하	설탕	0.02 g/kg 이하
과실주	0.35 g/kg 이하		

2) 산화표백제

산화작용에 의해 탈색시키는 표백제로 환원표백제보다 효과가 강하고 표백 후 색이 복원되지 않는다. 또한 식품 조직의 부분적 손상이나 영양성분의 손실을 유발할 수 있다. 과산화수소(hydrogen peroxide), 과산화벤조일, 과황산암모늄, 하이포아염소산소듐 등이 있다. 대표적인 산화표백제인 과산화수소는 무색 투명한 액체로 강한 산화력을 가지며 알칼리성(pH 10~12)에서 강한 표백력을 보이며, 사용 후 유해물질이 남지 않는 특성이 있다.

연습문제

01 식품에 사용 가능한 천연항균물질은?
① 가나마이신 ② 니신 ③ 암피실린 ④ 테트라마이신

02 다음 중 산화방지제가 아닌 것은?
① BHT ② BHA ③ 벤조산소듐 ④ 아스코브산

03 다음 중 식품 보존제로서 갖추어야 할 특징이 아닌 것은?
① 무독성 ② 미량으로 효과가 있어야
③ 사용이 복잡해야 ④ 가격이 저렴해야

04 pKa 값이 5인 보존료의 경우, 다음 어느 pH 중 살균력이 가장 강한가?
① pH 4 ② pH 5 ③ pH 6 ④ pH 7

05 다음 중 보존제가 아닌 것은?
① BHA ② 프로피온산 ③ 벤조산 ④ 아스코브산

06 다음 중 대표적인 산화표백제로서 무색 투명한 액체이고 강한 산화력을 가지며 알칼리성(pH 10~12)에서 강한 표백력을 보이며 사용 후 유해물질이 남지 않는 특성이 있는 것은?
① sulfur dioxide ② sodium sulfite ③ 하이포아황산소듐 ④ 과산화수소

07 다음 중 과채류 등 세척에 사용 허가된 비염소계 계통인 살균소독제는?
① 표백분 ② 하이포아염소산소듐 ③ 이산화염소수 ④ 염소

08 다음 중 바이타민 유래 산화방지제인 것은?
① BHA ② BHT ③ 토코페롤 ④ 에리토브산

09 다음 항산화제 중 금속이온을 chelate하여 항산화 작용을 갖는 것은?
① BHT ② 아스코브산 ③ EDTA ④ TBHQ

10 식품 보존제 사용시 주의 사항으로 설명이 틀린 것은?
① 식품의 pH에 따라 항균력이 다르다.
② 식품의 수분활성도가 중요하다.
③ 식품에 있는 당류 또는 염분 농도를 고려해야 한다.
④ 식품 제조시 가공온도는 영향이 없다.

정답과 해설

1. ② **2.** ③ **3.** ③
4. ① **5.** ④ **6.** ④ **7.** ③ **8.** ③
9. ③ **10.** ④

CHAPTER 07

포장에 의한 식품저장

식품 포장의 기본적인 기능에는 식품을 담지(containment)하는 기능, 식품의 저장·유통에 있어서 외부의 변질 요인들에 대항하여 식품을 방어(protection)하는 기능, 소비자에게 제품의 정보를 제공하는 소통(communication)의 기능이 있으며, 또한 소비자에게 식품을 손쉽고 편하게 소비하게 하는 편리(convenience) 기능이 있다. 식품 포장은 이들 기능 중 방어 기능을 통해 저장 유통 중에 일어나는 식품의 물리적, 화학적, 생리적 품질 변화를 최소화하여 소비자에 의해 섭취될 때까지 고유의 품질을 유지하게 한다. 본 장에서는 식품산업에 많이 사용되는 포장재의 종류 및 특성을 이해하고 식품 공정에 적용하는 방법을 배우고자 하며 최근 관심을 끌고 있는 생고분자 필름과 그 특성에 대해서 이해하고, 기존에 많이 사용하고 있는 다양한 종류의 플라스틱 필름의 제조방법이나 특성, 용도를 파악하고자 한다. 또한 공기치환포장(modified atmosphere packaging)과 무균 포장(aseptic packaging)에 대한 개념도 익힐 것이다.

1. 포장재 선택시 고려해야 할 사항

포장재를 선택할 때 우선적으로 다음과 같은 사항들을 고려해야 한다. 해충이나 설치류로부터 식품을 보호하고 먼지 등 이물질의 혼입을 방지하여야 한다. 식품성분에 따라서 빛에 대한 차단이 요구될 수도 있다. 지방 함유 제품의 경우 빛에 의한 산패가 촉진될 수도 있다. 식품의 조직감과 같은 품질을 유지하기 위해서는 기체투과도, 투습도 등 물리적 보호 기능도 뒤따라야 고품질을 유지할 수 있다. 공장에서 생산된 제품을 여러 유통망을 통하여 운송할 때 운송하기에 편리한 포장이 이루어져야 효율적인 작업과 편리성이 뒤따르게 된다. 또한 편리함은 소비자들에게 호감도를 높여주는 부수적인 효과까지도 줄 수 있다. 아울러 포장재료의 가격이 저렴하여 제품 가격에 미치는 영향이 적고, 포장을 하는 데 필요한 에너지나 유통 중에 온도를 유지하기 위한 에너지 비용이 적은 것이 바람직하다. 마지막으로 환경 보호 차원에서 폐기하기가 용이하고 이를 재활용할 수 있느냐 하는 문제도 포장재를 선택할 때 고려해야 하는 사항이다.

위의 사항 중 식품을 보호하는 기능이 가장 중요한 요소라 할 수 있는데, 예를 들어 플

표 7-1 식품과 포장재와 외부환경의 상호작용

식품	포장재	환경
변색 영양소 분해	←←←←←←←←	빛
첨가물, 단량체, 냄새, 맛, 독성물질의 이행	←←←	
산소에 의한 산화	←←←←←←←← →→→→→→→→	이산화탄소 손실
수분 흡습 텍스처 변화 미생물에 의한 변질	←←←←←←←← →→→→→→→→	수분 손실(건조)
냄새 투과(좋지 않은 냄새)	←←←←←←←← →→→→→→→→	냄새의 강도 손실
냄새의 강도 손실 (포장재에 의한 향기 흡수)	→→→	

라스틱 필름 등에 포장된 식품의 품질 보존은 주로 외부의 변질 요인들을 차단하여 원래 식품의 품질을 유지하는 것에 달려 있다(표 7-1). 이러한 품질 보존은 포장재의 방습성이나 기체 차단성 등의 차단성(barrier properties)에 달려 있다. 차단성은 단층 필름(single layered films)보다 다층 필름(multi-layered films)이 우수하고, 다층 필름은 서로 다른 고분자 필름이나 알루미늄박을 적층하거나 다른 고분자를 코딩하여 차단성을 증진시킨다. 방습성이 부족하여 식품의 수분이 손실되어 바람직하지 않은 건조가 일어나면 제품의 조직감(texture)이 제조자의 의도에 맞지 않게 변하게 된다. 반면에 식품이 수분을 흡습하여 수분의 증가가 일어나면 미생물의 번식이 가능한 수분활성도로 변하게 된다. 산소, 질소, 이산화탄소 등의 기체도 포장재를 투과하는데, 지방질산화로 인한 산패방지나 특별히 빛이 투과되는 경우에는 산소가 대부분 차단되는 것이 산화방지에 효과적이다. 포장재를 통해 식품의 색깔이나 냄새 및 맛의 변화가 방지되어야 하지만 포장재로부터 잔류성 단량체나 첨가물이 식품으로 이행되어 독성을 유발하는 경우도 있고, 또 포장재에 의해 식품의 향기성분이 흡착되어 식품의 향기성분이 직접적으로 소실되기도 한다.

2. 포장재의 종류 및 특성

포장재는 크게 주석이나 알루미늄 캔, 병 같은 어느 정도 경도를 갖는 견고한 것과 보다 유연성을 갖는 포장재로 나눈다. 견고한 포장재료의 하나인 통조림 경우는 크게 2가지로 주석 캔과 알루미늄 캔으로 구별된다. 주석 캔은 강철(steel)에 주석을 1.5 % 코팅한 것으로 몸체와 뚜껑으로 이루어진 two-piece 캔과 용접(welding)이나 플라스틱 접착제를 이용하여 옆이음(side seaming)한 three-piece 캔으로 나눈다.

이에 반하여 알루미늄 캔은 가볍고 재활용이 용이하며 쉽게 개봉이 가능하여 소비자들에게 보다 호감을 줄 수 있는 반면, 강도가 주석보다 약하고 비용이 더 드는 단점이 있다.

한편, 병은 70~75 %가 규산소듐이나 규산칼슘, 6~12 %가 산화칼슘이나 산화마그네슘으로 이루어져 있는데 투명하여 안에 있는 식품이 보이고, 식품성분과의 화학반응이 없고 쉽게 다시 잠글 수 있으며 재활용할 수 있다는 장점이 있다. 반면에 무겁고 잘 깨질 수 있으며 가격이 상대적으로 높다라는 단점을 갖는다. 유연성이 높은 포장재는 보통 플라스틱 포장재로 불리는데 종이처럼 유연한 것과 다소 견고한 형태를 갖는 semi-solid 유형으로 분류한다. 식품산업에 사용되는 포장재 종류는 많은데, 플라스틱 포장재를 선택하는 데 있어서는 다음과 같은 요소들, 즉 가스투과도, 알코올, 지방, 물에 대한 내성, 인쇄성, 인장 강도, 신장률, 광투과도, 밀봉 용이도, 내열성, 내구성 등을 고려한다.

3. 플라스틱 포장재 종류

1) 폴리에틸렌

폴리에틸렌(polyethylene; PE)은 가장 많이 사용되는 플라스틱 포장재의 하나로, 투명하지 않고 뿌연 외관을 가지며 가격이 저렴하고 상대적으로 질기며, 투습도가 낮고 열에 의한 밀봉이 용이하다. 에틸렌을 중합하여 만든 열가소성 수지로서 밀도에 따라 크게 저밀도 폴리에틸렌(low-density polyethlene; LDPE), 중밀도 폴리에틸렌(medium-density polyethylene; MDPE)과 고밀도 폴리에틸렌(high-density polyethylene; HDPE)으로 나눈다.

LDPE는 1,000~2,500기압의 압력과 100~300 ℃의 온도에서 산소와 유기 과산화물(organic peroxide)을 반응 개시제(initiator)로 하여 제조한다. LDPE의 특징으로는 투명성,

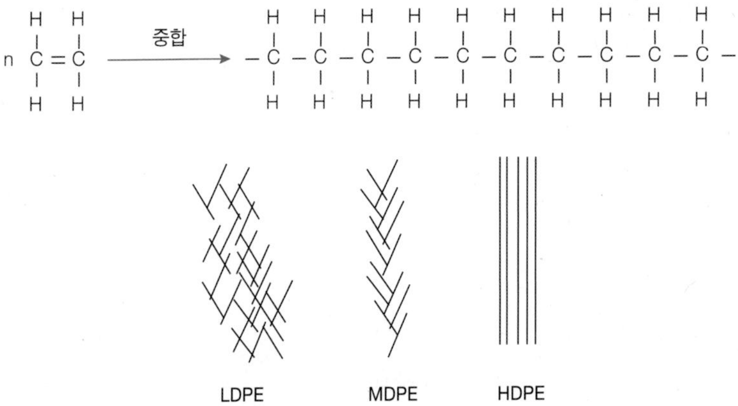

그림 7-1　폴리에틸렌의 구조

화학적 안정성, 수증기 차단성과 열봉합성, 높은 강도와 유연성, 그리고 가공 용이성 등이 있다. HDPE는 사염화티타늄($TiCl_4$)과 알킬알미늄($Al(C_2H_5)_3$)을 촉매로 100 ℃ 이하, 1기압의 조건에서 제조한다. HDPE 또는 MDPE는 투명하지 않고 뿌연 외관이 특징이며, 화학적으로 안정하며, 수증기 차단성이 우수하고, 내충격 강도가 크고, 가공이 용이한 장점이 있다.

2) 폴리프로필렌

폴리프로필렌(polypropylene; PP)은 프로필렌의 중합체로 LDPE와 HDPE의 중간 특성을 갖는 열가소성 수지로서 폴리에틸렌과 함께 가장 많이 사용되는 플라스틱 식품 포장재 중의 하나이다. 투습도가 낮고 투명하고 열에 의해 밀봉이 용이하나 산소 차단성이 낮은 단점이 있다.

메틸기(CH_3)가 탄소원자 하나 건너에 존재한다. 폴리프로필렌은 폴리에틸렌보다 더 질기고 녹는점이 높으며 인장강도도 크다. 화학적으로 안정하고 수증기 차단성이 우수하며 투명하고 열봉합성이 있으나 산소 차단성이 좋지 않고 인쇄가 어려운 단점이 있다.

3) 폴리스타이렌

폴리스타이렌(polystyrene; PS)은 스타이렌의 중합체로 가격이 저렴하고 투명, 무색이고 광학적 성질이 우수하며 질긴 특성이 있다. 가공이 용이하여 널리 사용된다. 투습도가 높고 산소 투과도가 높은 단점이 있다.

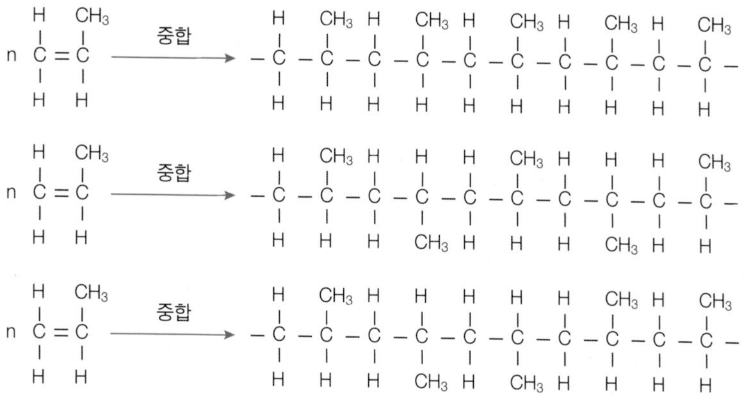

그림 7-2 폴리프로필렌의 구조

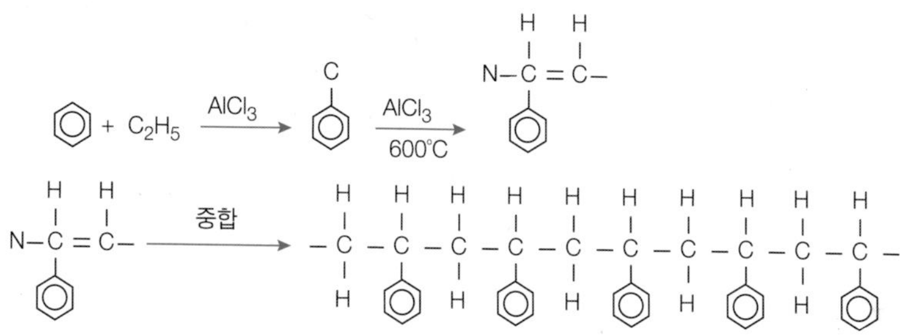

그림 7-3 폴리스타이렌의 구조

4) 염화폴리바이닐

염화폴리바이닐(polyvinyl chloride; PVC)은 염화바이닐의 중합(polymerization)으로 얻어지는 열가소성 수지이다(그림 7-4). PVC는 열안정성이 낮기 때문에 납 등의 금속성 유기화합물로 이루어진 안정제를 사용하여 열안정성을 증진시킨다. 또한 유연성을 증진시키기 위해 "(plasticizer)를 사용한다. PVC는 투명하나 수증기나 기체에 대한 차단성이 낮은 장점이 있으나 열안정성이 낮은 단점도 있다.

5) 염화폴리바이닐리덴

염화폴리바이닐리덴(polyvinylidene chloride; PVDC)은 염화바이닐리덴의 중합체로 화학적으로 안정하고 기체, 수증기, 냄새 등에 대한 차단성이 크며 신선육, 가공육, 치즈, 가금육 등의 포장에 사용된다.

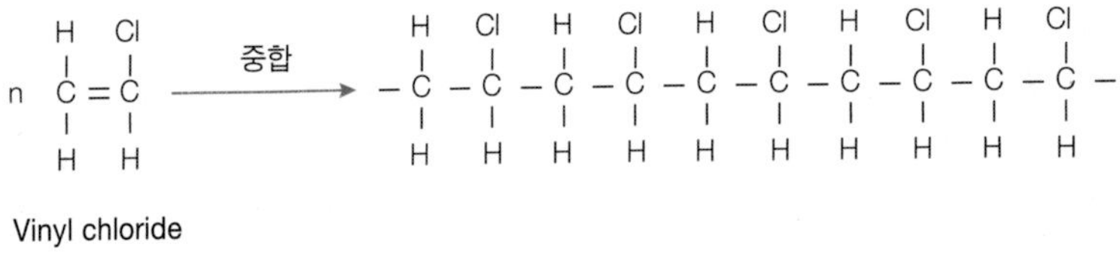

그림 7-4 염화폴리바이닐의 구조

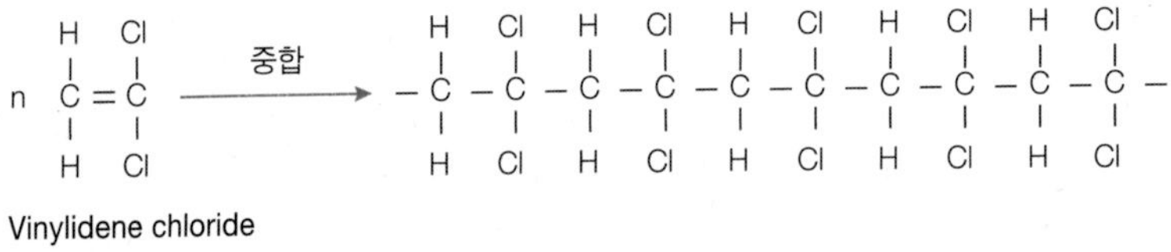

그림 7-5 염화폴리바이닐리덴의 구조

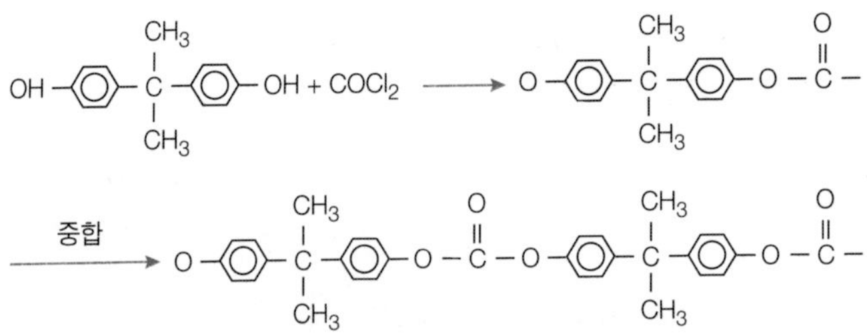

그림 7-6 폴리카보네이트의 구조

6) 폴리카보네이트

폴리카보네이트(polycarbonate; PC)는 비스페놀 A(bisphenol A)와 염화카보닐이 결합된 카보닐에스터를 단량체로 하여 중합하여 얻어지는 열가소성 수지이다. PC는 투명하고 질기며 내열성이 있고 잘 깨지지 않기 때문에 물병, 전자렌지용 용기, 식품저장 용기 등으로 사용되고 있다.

7) 폴리에스터

폴리에스터(polyester)의 대표적인 유형은 polyehylene terephthalate(PET)로, ethylene glycol과 terephthalic acid의 축합(condensation polymerization)으로 얻어지는 열가소성 수지이다. PET는 투명하고 강도가 크고 질기며 화학적으로 안정성이 있고 인쇄가 잘 되며 녹는점이 높다(250 ℃). PET는 식품, 음료, 술, 레토르트 파우치에 사용된다.

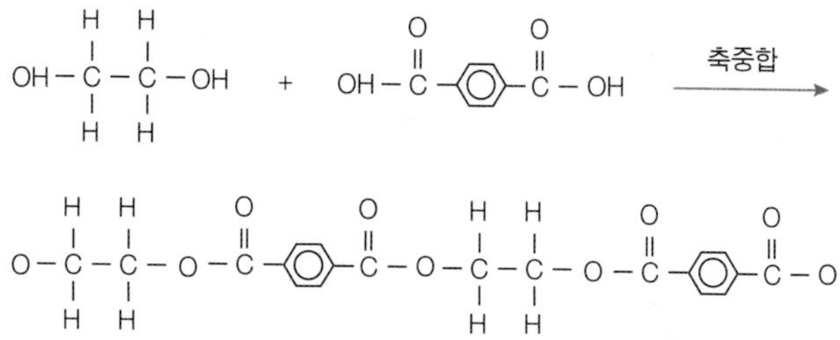

그림 7-7　폴리에스터의 구조

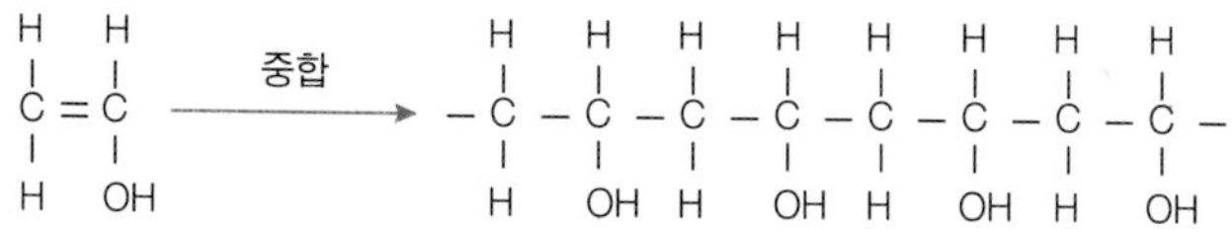

그림 7-8　폴리바이닐알코올의 구조

$$\underset{\text{Adipic acid}}{HOOC-(CH_2)_4-COOH} + \underset{\text{Hexamethylene diamine}}{H_2N-(CH_2)_6-NH_2} \xrightarrow{\text{중합}}$$

$$\underset{\text{Nylon-6/6 (polyhexamethylene adipamide)}}{HOOC-(CH_2)_4-COHN-(CH_2)_6-NHCO-(CH_2)_4-COHN-(CH_2)_6-NH_2}$$

그림 7-9　폴리아마이드의 구조

8) 폴리바이닐알코올

폴리바이닐알코올(polyvinyl alcohol; PVA)은 바이닐알코올의 중합에 의해 얻어지는 열가소성 수지이다. 폴리바이닐알코올은 유연하고 신장성이 좋고 내유성이 크지만 수증기나 기체 투과성은 크다. 단일 필름으로는 잘 사용되지 않고 적층 포장재로 식품에 사용된다.

9) 폴리아마이드

폴리아마이드(polyamide; nylon)는 단백질처럼 아마이드기가 반복되는 구조를 지닌 열가소성 수지이다. 그중에 nylon-6/6는 탄소 6개의 아디프산(adipic acid)과 탄소 6개의 hexamethylene diamine이 중합된 hexamethylene adipamide이다. 이에는 nylon-6, -6/6, -6/10, -6/12, -11, -12 등 여러 가지 종류가 있다. 나일론은 특별히 고온에서 강도가 크고, 저온에서 질기며, 마찰이나 반복 사용에 강하고, 화학적으로 안정하며, 산소 투과도도 낮으나, 흡습성이 크다. 나일론은 전자레인지 가열 백, 소시지 케이싱, 냉동식품 포장, 레토르트 파우치용으로 사용된다.

10) 사란

사란(Saran)은 통상 사란랩 또는 크린랩으로 불리는 포장재로 염화바이닐리덴과 염화바이닐의 중합체이다. 방습이 뛰어나고 기체 투과성이 낮아 가정에서도 음식을 포장하는 데 많이 사용되는데 가격이 비싸고 열에 의한 밀봉이 어려운 단점이 있다.

11) 셀로판

셀로판(cellophane)은 펄프 원료인 셀룰로스를 재생해서 만든 포도당의 중합체로 가소제와 색소 등을 첨가하여 제조한다. 물은 흡수하나 지방 등에는 좋은 차단제 구실을 하고 가격도 저렴하다.

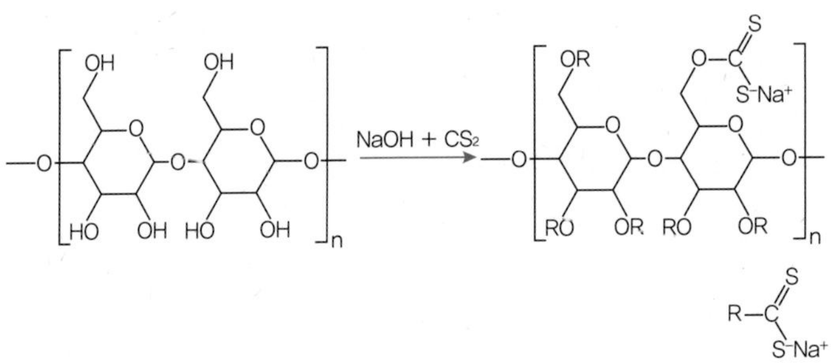

그림 7-10　셀로판의 구조

12) 알루미늄 포일

알루미늄 포일(aluminium foil)은 99.5 % 순수한 알루미늄을 이용하여 두께가 1.5 mm에서 0.35 mm까지 되도록 압연과정을 통해 만든 것이다. 가볍고 가격이 저렴하며 물이나 기체 투과성이 매우 낮은 장점이 있으나 강도가 낮고 인쇄성이 나빠 PE, 종이 등과 같은 차단성을 요하는 적층필름에 많이 사용된다. 알루미늄박의 가공방법에는 유색 lacquer를 도포하여 착색하는 착색 가공, PE 등의 합성수지를 코팅하여 가열 접착성 등을 향상시키는 수지 코팅 가공, 플라스틱 필름 등을 접착제로 적층하는 laminate 가공, 그리고 두꺼운 알루미늄박을 프레스로 눌러 컵, 접시 등의 형태로 제조하는 성형 가공 등이 있다.

알루미늄박의 종류에는 압연한 그대로인 경질박과 압연 후 가열하여 식힌 후 연화시킨 연질박으로 나눈다. 또한 광택 여부에 따라 편면 광택박과 양면 광택박으로 나눈다. 알루미늄박의 장점으로는 경량, 광택, 차단성(방습, 기체, 보향), 차광성, 무독성, 내열성, 내한성, 가공성, 기계적성 등을 들 수 있다.

13) 폴리락트산

폴리락트산(polylactic acid; PLA)은 생분해성 폴리에스터로 옥수수녹말이나 사탕수수로부터 발효에 의해 생성된 락트산을 이합체로 만든 lactide를 촉매로 이용하여 중합시켜 만든 포장재로 전자레인지용 용기 등으로 사용된다.

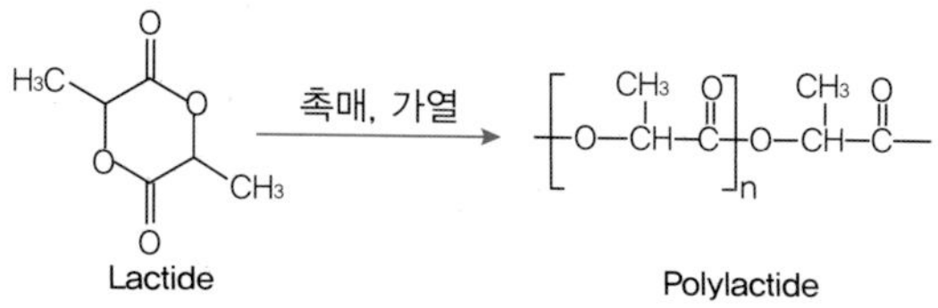

그림 7-11 폴리락트산의 구조

14) 생고분자포장

생고분자포장(biopolymer packaging)의 재료로는 셀룰로즈와 그 유도체, 녹말과 그 유도체, 검 등과 같은 다당류, 젤라틴, 제인, 글루텐 등과 같은 단백질, 왁스, 지방질과 그 유도체 등의 지방질, poly-D-β-hydroxybutyrate, 폴리락트산 등의 폴리에스터 등이 있다. 다당류나 단백질은 적절한 기계적 성질과 광학적 성질이 있으나 습기에 민감하여 투습성이 크다. 지질과 폴리에스터는 방습성이 우수하나 불투명하고 상대적으로 유연성이 부족하며 부스러지기 쉽고 특히 지방질 필름의 경우 산패로 인해 불안정하다.

4. 가스충전포장

1) 정의 및 원리

식품 보존방법으로 플라스틱 포장재의 보편화와 더불어 식품 주위의 공기 조성을 변화시키는 가스충전포장(modified atmosphere packaging; MAP)이 사용되고 있다. MAP는 식품의 품질을 유지하거나 유통기간을 연장하는 데 최적인 가스 조성으로 식품을 포장하는 것을 말하며, 포장 후 가스 조성을 조절하는 것이 아닌 단순히 포장 전 가스 조성을 변형하는 것을 목표로 한다. 포장 내에서 접촉하는 환경은 대상 식품의 보존을 위해 조성이 맞춰진 가스 충전(gas flushing)을 통해 이상적으로 변형될 수 있다. 제한적인 가스 투과율을 갖는 고분자 필름을 사용하면 포장된 식품의 호흡과 식품 내 존재하는 미생물의 대사작용에 의해 수동적으로 변형될 수도 있다. MAP가 적용되는 식품에는 신선 과일과 채소, 치즈, 신선육, 구운 빵, 피자, 파스타, 그리고 편의 조리식품 등이 있다. 구운 제품들을 제외한 대부분의 MAP 제품들은 냉장 보관되므로 MAP 제품을 기획할 때는 온도 조절 비용도 고려해야 한다. MAP에 사용되는 가스에는 이산화탄소, 산소, 질소, 헬륨, 그리고 아르곤 등이 있다.

2) 신선 과일, 채소 적용

과일과 채소 제품의 포장 내 산소의 농도가 줄면 호흡률이 낮아지고 유통기간이 길어진다는 것이 MAP의 기본 원리이다. 하지만 산소의 농도가 너무 낮으면 이산화탄소 발생이 급격히 커지고 대사작용을 통해 식물세포의 독성을 가진 아세트알데하이드와 에탄올이 형성될 수 있어 문제가 된다.

이산화탄소는 미생물 생장을 저해하는 작용을 하므로 MAP 식품에 가장 많이 사용되는 가스 중 하나이다. 과일과 채소의 유통기한을 높이기 위해 제안되는 산소와 이산화탄소의 비율은 식물마다 차이가 있을 수 있으며, 그 예를 그림 7-12에 나타내었다.

MAP 저장 효과를 높이기 위해서는 저장 대상 과채류의 호흡률과 사용되는 필름의 산소와 이산화탄소의 가스 투과율(표 7-2)을 고려하여 포장재를 선택한다.

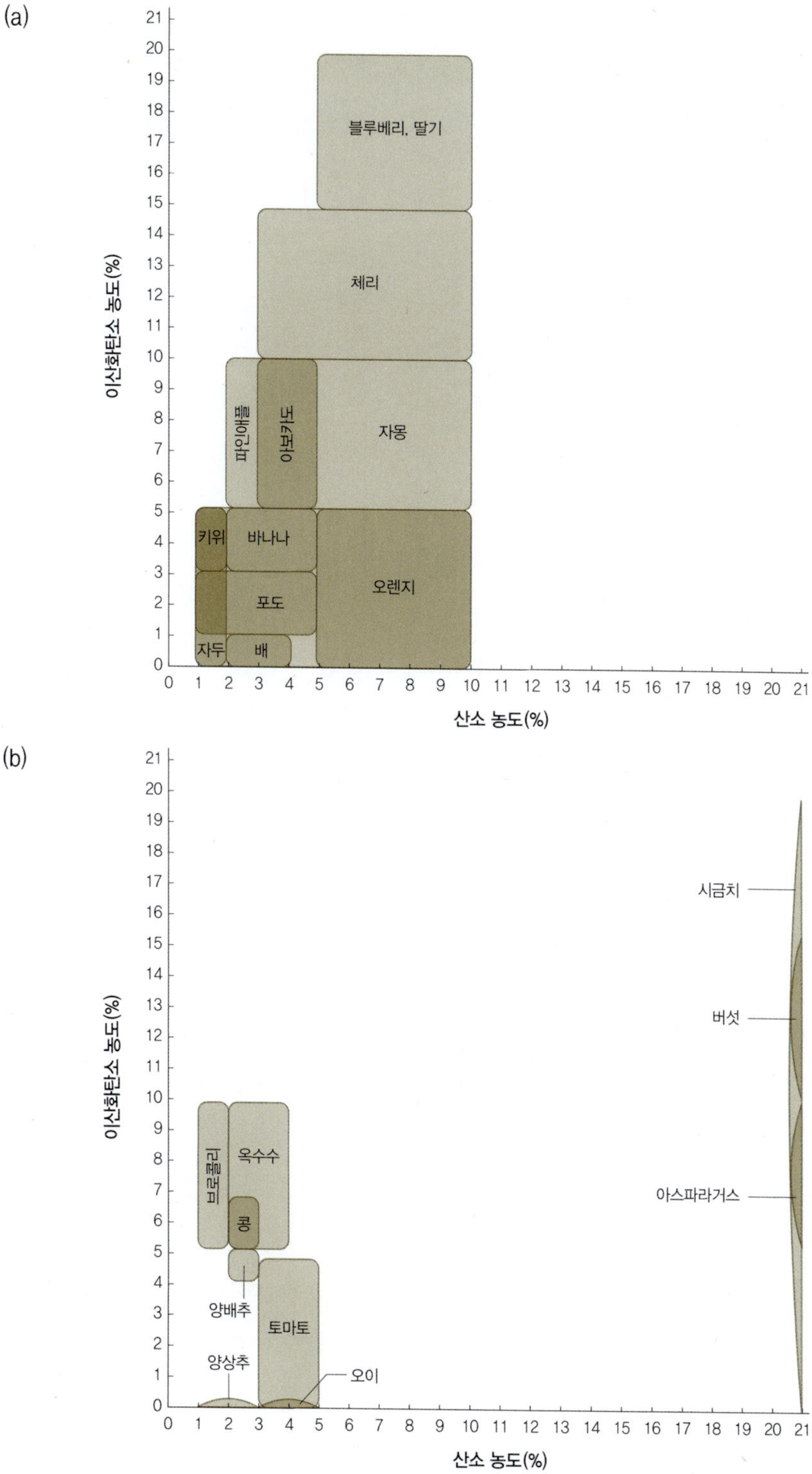

그림 7-12 과일(a)과 채소(b)의 MAP을 위해 제안된 산소와 이산화탄소의 비율

표 7-2 **합성 플라스틱 필름의 산소와 이산화탄소 투과율**

필름 종류	가스 투과성(mL/m^2/0.025mm/day)		이산화탄소 : 산소 비율
	이산화탄소	산소	
폴리에틸렌(저농도)	7,700~77,000	3,900~13,000	2.0~5.9
폴리염화바이닐	4,263~8,138	620~2,248	3.6~6.9
폴리프로필렌	7,700~21,000	1,300~6,400	3.3~5.9
폴리스타이렌	10,000~26,000	2,600~2,700	3.4~5.8
폴리에스터	180~390	52~130	3.0~3.5

5. 무균 포장

1) 정의 및 원리

무균 포장(aseptic packaging)은 상업적으로 살균된 식품을 무균조건에서 살균된 용기에 담고 기밀하게 밀봉(hermetic sealing)하는 포장을 말한다. 무균 포장기(aseptic packaging machine) 내로 들어온 살균된 식품은 포장기 내에서 살균된 용기에 담거나 포장기 내에서 살균된 포장재로 제작된 용기에 담아 밀봉된다. 그림 7-13은 무균 포장의 개념을 묘사하였다.

이때 포장기 내로 들어오는 포장 용기 또는 포장기 내에서 포장 용기를 제작할 때 사용되는 포장재는 포장기 내로 들어오면서 살균된다. 포장재 살균으로 가장 많이 사용되는 것은 과산화수소(H_2O_2)와 과열증기(superheated steam)이다.

무균 포장에 사용되는 포장 형태로는 곽(carton), 캔(can), 병(bottle), 봉지(sachet와 pouch), 그리고 컵(cup) 등이 있다. 곽 형태에 사용되는 포장재는 주로 폴리에틸렌 또는 폴리프로필렌과 같은 플라스틱 필름과 판지(paperboard)가 여러 층을 이루어 형성된다. 주로 그 층들의 중심에 판지가 있고 플라스틱 필름들이 코팅되는 형태를 갖는다(그림 7-13). 어떤 종류는 가스(산소), 빛, 향기성분 등의 이동을 완벽하게 차단하기 위해 얇은 층의 알루미늄(알루미늄 포일)을 사용한다. 곽 형태의 용기를 만드는 데 사용되는 포장재의 구성 예(그림 7-14)와 그 용도를 보면 다음과 같다.

① 외부에 노출되는 쪽의 폴리에틸렌(polyethylene) 필름(15 g/m^2) : 잉크 프린트를 보호하기 위해 사용

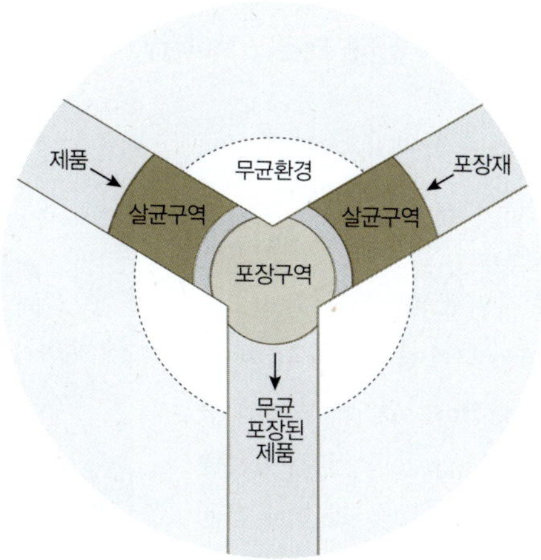

그림 7-13 무균 포장의 개념 묘사

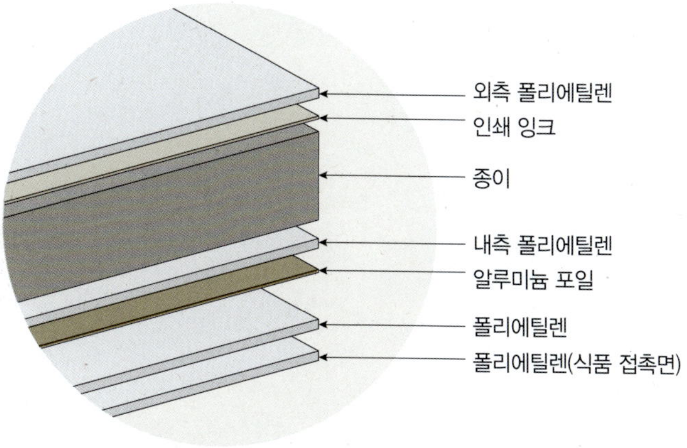

그림 7-14 무균 포장 시 곽 형태의 용기를 만드는 데 사용되는 포장재의 구성 예

② 표백한 판지(186 g/m^2) : 포장의 물리적인 강도(mechanical rigidity) 제공

③ 폴리에틸렌 필름(25 g/m^2) : 알루미늄 포일 층이 판지에 결합되게 함

④ 알루미늄 포일(6.3 μm) : 가스, 빛, 향기성분의 완벽한 차단

⑤ 두 개의 폴리에틸렌 필름, 그중 바깥쪽 층은 식품과 접촉하는 층 : 수분 이동 차단

TIP 테트라 팩이란?

스웨덴 테트라 팩(Tetra Pak) 사의 Ruben Rausing 박사는 1951년 플라스틱이 코팅된 종이를 사용해 롤 형태의 튜브를 만들고 그 속에 살균한 음료를 채우며 아래위를 각각 밀봉한 삼각 사면체 패키지인 Tetra Pak Classic을 고안했고, 그 후 1969년에 출시된 직육면체 모양의 테트라 브릭 어셉틱(Tetra Brick Aseptic)으로 발전했다. 초고온(ultra-high temperature) 살균된 음료를 종이와 알루미늄박과 PE로 이루어진 테트라 팩에 무균 충전 포장(aseptic packaging)하면 상온에서 1년까지 저장이 가능하다(그림의 2는 종이, 4는 알루미늄박, 나머지 번호는 PE임).

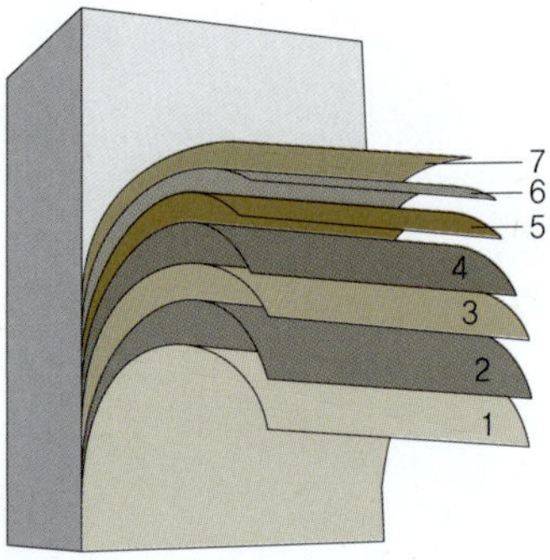

연습문제

01 다음 중 포장재 선택 시 고려해야 할 사항이 아닌 것은?
① 빛에 대한 차단성 ② 기체투과도 ③ 개인적 취향 ④ 재활용 여부

02 다음 중 flexible 한 포장재에 포함되지 않는 것은?
① 염화폴리바이닐리덴 ② 종이 ③ 알루미늄 캔 ④ 저밀도 폴리에틸렌

03 다음 포장재 가운데 기체 차단성이 가장 우수한 것은?
① 폴리바이닐알코올 ② 폴리에틸렌 ③ 염화폴리바이닐리덴 ④ 폴리프로필렌

04 다음 중 열접착성이 가장 우수한 포장재는?
① 폴리프로필렌 ② 폴리에틸렌 ③ 폴리스타이렌 ④ 나일론

05 다음 포장재 중 내산성이 가장 약한 것은?
① 알루미늄 포일 ② 폴리에틸렌 ③ 폴리카보네이트 ④ 폴리스타이렌

06 다음 중 알루미늄 포일 포장재의 특성이 아닌 것은?
① 우수한 방습성 ② 우수한 내염성 ③ 우수한 기체 차단성 ④ 우수한 차광성

07 다음 중 생분해성 재료가 아닌 것은?
① 폴리락트산 ② 종이 ③ 제인 ④ ionomer

08 다음 중 방습이 뛰어나고 기체 투과성이 낮아 음식을 포장하는 데 많이 사용되는 vinylidene chloride와 vinyl chloride의 중합체로 제조되는 포장재는?
① 염화폴리바이닐 ② 염화폴리바이닐리덴 ③ 사란(Saran) ④ 폴리락트산

09 폴리에스터의 대표적인 유형으로 에틸렌글리콜과 terephthalic acid의 중합으로 얻어지는데 주로 음료, 술 등의 용기로 많이 사용되는 포장재는?
① PET ② 염화폴리바이닐 ③ 폴리에틸렌 ④ 폴리프로필렌

10 생분해성 소재로 옥수수녹말이나 사탕수수로부터 발효에 의해 생성된 물질에 촉매를 이용하여 중합시켜 만든 포장재로 전자레인지용 용기 등으로 사용되는 포장재는?
① 폴리프로필렌 ② 고밀도 폴리에틸렌 ③ 폴리락트산 ④ 폴리바이닐알코올

정답과 해설

1. ③ **2.** ③ **3.** ③ **4.** ② **5.** ① **6.** ② **7.** ④ **8.** ③ **9.** ① **10.** ③

CHAPTER 08

비열 처리 및 최신 식품가공기술

식품저장을 위한 처리방법으로는 일반적으로 열수나 스팀을 이용한 외부 가열을 전통적으로 사용하여 왔다. 그러나 최근에는 식품의 품질 파괴를 최소화하면서 식품을 보존하기 위한 비전통적 방법들이 사용되고 있다. 이러한 방법은 최근 소비자들이 가열 처리식품보다는 생리활성이나 영양가는 신선식품과 가깝되 유해 미생물이 저해된 식품을 원하고 있기 때문에 많은 관심을 끌고 있다. 따라서 본 장에서는 방사선조사, 고전압, 옴 가열(ohmic heating), 마이크로파 가열, 초고압, 초음파 기술 등의 비열처리 및 최신 식품가공기술에 대해 살펴보고자 한다.

1. 방사선조사

1) 방사선조사의 정의 및 종류

식품조사(食品照射)란 방사능 물질에서 나오는 에너지, 즉 이온화된 방사선 에너지를 식품에 쪼이는 것을 말하며 이때 방사선을 이용하기 때문에 방사선조사라고도 한다. 방사선조사에 많이 이용되는 조사선원으로는 감마선(^{60}Co 또는 ^{137}Se)이나 X-선 등이며, 이를 식품에 쪼여 식품이 갖고 있는 원래의 성질에는 변화가 없으면서 식품의 발아를 억제시키거나 숙도를 지연시키고 병원균, 기생충 및 해충을 사멸시켜 위생적인 식품을 만든다. 많이 사용되는 살균법인 자외선 살균과 마찬가지로 처리되는 살균법 중의 하나이다.

과거 우리들 주변의 생활용품 및 식품에 존재하는 수많은 유해 세균과 곰팡이들을 사멸시키기 위해 많은 종류의 화학약품들을 사용해 왔으나 인체에 치명적으로 해를 주고 환경을 파괴하는 약품들이 많아서 오늘날 대부분의 선진국에서는 경제적이고 효율성이 좋으면서 또 인체에 무해한 방사선조사방법을 활발히 이용하고 있다.

여기서 많은 사람들이 잘못 이해하고 있는 방사선조사식품과 방사능 오염 식품의 차이점에 대하여 알아보고자 한다. 방사선조사식품이란 발아의 방지나 식중독균의 살균과 같은 유익한 현상을 일으키기 위해 어떤 종류의 방사선 에너지를 처리한 식품을 말하며, 방사능 오염 식품이란 핵 반응기 누출사고 또는 핵실험에서 발생된 방사능 오염물질이 우발적으로 오염된 식품을 말한다. 따라서 방사능 오염 식품은 보존이나 위생적인 품질을 향상시킨 조사식품과는 전혀 다른 것이다. 식품 조사는 식품 밖에서 조사하는 것이므로 식품에 쬐인 감마선은 열로 변하거나 식품을 통과하여 빠져나가 버리므로 식품 속에 잔류되어 방사선을 내보내거나 식품 내의 물질이 방사능을 띠게 하지는 않는다.

방사선 에너지가 식품에 흡수될 때 감마선은 식품을 구성하는 분자나 원자와 충돌하여 에너지를 잃게 되지만 양이온(Z^+)이 되고 전자가 방출되면서 전리를 일으킨다. 그리고 방사선에 의해 활성화된 분자는 식품성분과 반응하여 불안정한 자유라디칼(free radical)과 과산화물을 만들어 내게 된다(그림 8-1). 이들이 화학작용을 하여 치사 효과를 나타내기도 한다.

물질을 처리하기 위해 사용하는 방사선은 고에너지의 감마선, 엑스선, 가속전자선으로 한정되어 있다. 이러한 방사선을 전리 방사선이라고도 한다. 감마선이나 엑스선은 전파, 마이크로파, 자외선, 가시광선과 같은 전자파의 일종이며, 전자파 중에서도 단파장 영역, 즉 고에너지 영역에 속한다(표 8-1).

감마선과 엑스선은 그 발생원에 주된 차이가 있긴 하지만, 물질에 대한 특성이나 효과는 같다. 엑스선은 기계에 의해 발생되는 것으로 그 에너지는 항상 가변적이다. 한편 감마선은

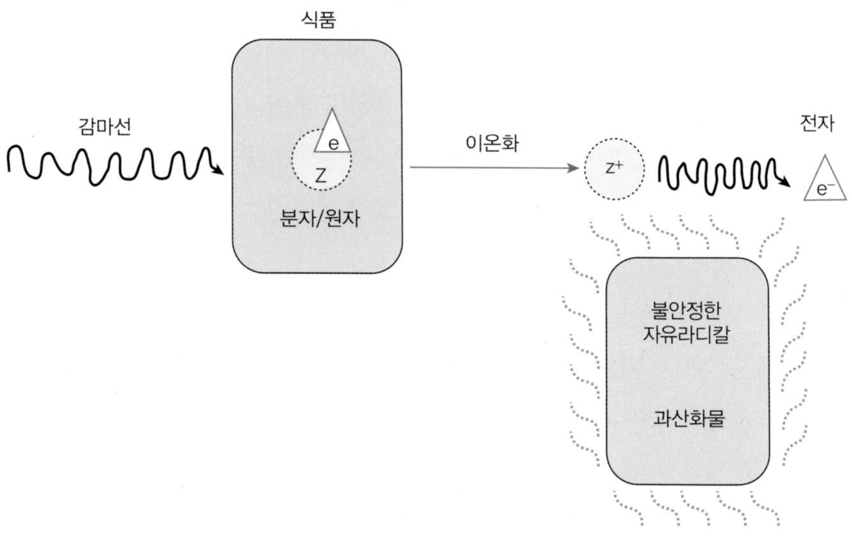

그림 8-1 감마선을 식품에 쪼일 때 발생하는 전리작용

표 8-1 방사선의 성질과 종류

종류		본체	전하	전리능	투과력	방사선원
자연	α	He^{++}	+2	강	약	방사선 동위원소
	β	고속전자속	-1			방사선 동위원소, 전자가속기(≤10 MeV)
	γ	전자파	0	약	강	방사선 동위원소
인공	X	전자파	0			X선발생장치(≤5 MeV)
	n	중성자속	0			원자로

고유의 에너지를 가지고 있으며 방사성 핵종의 자연 붕괴에 의해 발생된다.

$$^{232}_{90}Th \longrightarrow {}^{228}_{28}Ra + {}^{4}_{2}\alpha$$
$$^{27}_{13}Al + {}^{1}_{0}n \longrightarrow {}^{28}_{13}Al + \gamma$$
$$^{228}_{28}Ra \longrightarrow {}^{228}_{89}Ac + \beta$$

자연에 존재하거나 인공적으로 만들어지는 방사성 핵종을 방사성 동위원소(radioactive isotope)라고 말하며, 이것은 매우 불안정하므로 자연적으로 붕괴하여 안전 상태에 이르렀을 때 방사선을 방출하게 된다. 방사성 핵종이 초기 방사선 레벨의 절반까지 붕괴하는 데 소요되는 시간을 반감기라 하며, 이것은 개개의 방사성 핵종마다 고유의 값을 갖는다.

특정 종류의 방사선원만이 방사선조사에 사용될 수 있다. 코발트-60(^{60}Co)이나 세슘-137 (^{137}Se)의 방사성 핵종이, 500만 전자볼트(5 MeV) 이하의 에너지를 가진 엑스선 발생장치나 10 MeV 이하의 에너지를 가진 전자선 장치로부터 방사선 에너지를 발생하여 식품을 조사하게 된다. 이때 방사능을 유발하지 않는 아주 낮은 수준이 적용된다. 한편, 코발트-60은 원자로 안에서 금속의 코발트-59에 중성자로 충격을 주어 만들어지며 세슘-137은 우라늄의 붕괴로 생성되며 사용된 핵원료를 재처리함으로써 얻을 수 있다. 이 두 가지의 장단점을 보면 다음과 같다(표 8-2).

식품에 조사되는 감마선원은 코발트-60만 사용하는데 코발트-60은 조사시설 안에서 사용되는 동안에 누출되지 않도록 연필 모양의 스테인리스강 캡슐 속에 봉입되어 있다. 이런 감마선원은 사용하지 않을 때는 보호되어야 하므로 물이 있는 용기 속에 저장하며 사용하고자 할 때는 이 선원을 수중 pool에서 잘 보호된 조사실로 옮겨 식품에 조사한다. 작업이 끝나면 조사선원은 간단히 기계장치에 의해 수중 pool 속으로 들어간다.

표 8-2 조사선원 ^{60}Co와 ^{137}Se의 장단점

구분	장점	단점
코발트-60	•침투력이 좋고 균일하게 조사된다. •쉽게 이용할 수 있다. •환경에 유해한 위험도가 적다. •길고 호의적인 역사를 가진다.	•반감기가 5.3년으로 짧다. •식품 가공속도가 다소 느리다.
세슘-137	•반감기가 30년으로 길다. •방출 에너지가 적어 차폐기물이 작아도 된다.	•침투력이 약하고 균일하게 조사되지 않고 공정속도가 느리다. •수용성과 낮은 녹는점 때문에 환경 유해성이 크다. •연료 보급이 핵폐기물에 의존하므로 공급이 한정된다.

조사된 물질이 방사선을 얼마큼 받았는지, 받은 선량은 그 물질이 받은 에너지로 표시할 수 있다. 방사선이 어떤 물질을 투과할 때 그 물질의 분자를 이온화시킴으로써 에너지를 받게 된다. 이때 단위질량당 방사선에 의해 부여된 에너지의 양을 흡수선량(absorbed dose)이라 한다.

(1) 그레이 : Gy(Gray) 흡수선량

식품이 조사될 때에 흡수하는 방사선의 에너지 양이며 그레이(Gy)라는 단위로 나타낸다. 1 Gy는 1 kg의 식품이 조사될 때 1 J의 에너지가 흡수되는 것과 같은 양의 에너지이다.

$$1000\ \text{Gy} = 1\ \text{kGy}$$

(2) 래드 : rad(radiation absorbed dose)

물질 1 g당 100 erg의 에너지 흡수선량을 나타낸다. 그리고 래드(rad)라는 단위를 사용하기도 한다.

$$1\ \text{rad} = 100\ \text{erg/g absorbant} = 0.01\ \text{J/kg absorbant}$$

$$1\ \text{Gy(Gray)} = 100\ \text{rad} = 1\ \text{J/kg absorbant}$$

(3) 큐리 : Ci(curie)

방사능의 단위로 1 Ci는 1 g의 순수 라듐과 같은 붕괴 속도를 나타내는 물질의 양으로 알아 두세요! **4 pCi는 몇 Bq일까?**

1 Ci(큐리) = 3.7×10^{10} Bq(베크렐)이다.
4 pCi (= 4×10^{-12} Ci)이므로 이 값은 4×10^{-12} (Ci) $\times 3.7 \times 10^{10}$ Bq/Ci가 되므로 0.148 Bq가 된다.

매초 3.7×10^{10}개의 핵이 붕괴하는 방사능의 양을 말한다.

$$1\ \text{Ci} = 3.7 \times 10^{10}\ \text{dps(disintegration per second)} = 3.7 \times 10^{10}\ \text{Bq}$$

(4) 뢴트겐 : R(Roentgen)

표준상태의 공기 1 cc(0.001293 g) 중에 음(-), 양(+)을 합하여 1 esu의 전하를 갖는 이온수를 생성하는 X선 또는 γ선의 양을 말한다.

$$1.07\ \text{R} = 1.0\ \text{rad}$$

(5) 전자 볼트 : eV(electron volt)

방사선의 에너지를 나타내는 단위로 전자가 1볼트의 전장을 통과할 때 얻어지는 운동 에너지를 1 eV라 한다.

$$1\ \text{eV} = 1.602 \times 10^{-12}\ \text{erg}$$

(6) 베크렐 : Bq(Besquerol)

1 Bq는 초당 1개의 원자가 변환 또는 붕괴되는 방사성 물질의 양을 말한다.

$$1\ \text{Bq} = 1\ \text{dps} = 2.7 \times 10^{-11}\ \text{Ci}$$

2) 방사선조사에 의한 효과

$$H_2O \longrightarrow H\bullet + OH\bullet$$

$$OH\bullet + OH\bullet \longrightarrow H_2O_2$$

$$H\bullet + O_2 \longrightarrow HO_2\bullet$$

이상과 같이 물분자는 방사선작용에 의해 H•, OH•, O_2•, H_2O_2, H^+, OH^-을 생성하며 이것들이 강한 산화제와 환원제로 작용하면서 미생물에 영향을 주게 된다. 조사선량에 따라 미생물이 죽고 살아남는 관계를 생존 곡선 관계로 나타낼 수 있는데 일반적으로 같은 속, 균종 간에도 균주에 따라 각각 다른 양상을 보인다.

방사선조사는 식품가공에 많이 사용되고 있으며, 대부분 식품의 안전성과 품질을 높여주거나 유통기간을 늘려 준다. 여러 목적에 따라 다양한 방사선조사량이 이용되며, 대표적인 예는 표 8-3에 나타내었다.

표 8-3 식품의 방사선조사 적용

식품 방사선조사 유형	조사량(kGy)	처리효과
육류, 가금류, 어류, 조개류, 채소류, 구운 식품, 조리식품	20~71	멸균(상온에 보관해도 부패 없음)
양념, 기타 조미식품	max 30	미생물, 해충 감소
육류, 가금류, 어류	0.1~10	절이지 않은 냉장식품에서 미생물 수를 줄여 부패 지연. 일부 식중독 원인세균을 살균, 질병 유발, 기생충 무해화
딸기와 기타 과일	1~5	곰팡이 성장 지연, 저장기간 연장
곡류, 과일, 채소 등	0.1~2	살충/해충 감염 재발이 잘 되는 식품으로부터 방어. 훈증제 대체 효과
바나나, 아보카도, 망고, 파파야, 비감귤류 과일	max 1.0	숙성 지연
감자, 양파, 마늘, 생강	0.05~ 0.15	발아 억제
곡류, 탈수 채소, 기타 식품	다양	바람직한 물리적 변화, 재수화 시간 단축

(1) 저온살균, 멸균 등의 효과

완전소독을 하지 않고 식품 속에 있는 미생물 수를 감소시키는 살균으로, 우유에 있을 수 있는 병원 미생물들을 파괴시키고 부패 미생물 수를 크게 줄여 부패를 지연시킨다. 방사선 저온살균(radiation pasteurization)은 우유의 맛과 영양에는 거의 영향을 미치지 않는데, 멸균도 완전하게 이루어지는 것은 아니다.

식품의 살균에는 멸균보다 낮은 양의 방사선조사가 사용되는데 이 방법은 부패가 잘 되는 신선한 생선류나 조개류의 부패를 지연시키고, 양념 속의 미생물 수를 줄여 주며, 육류와 가금류의 병원성 세균과 기생충을 파괴시키거나 수를 감소시킨다.

방사선 살균은 신선한 육류와 가금류의 안전성 확보에 아주 유용한 방법일 수 있다. 이 식품들은 살모넬라(장티푸스균)와 캄필로박터와 같은 병원성 세균에 의한 오염이 자주 발생한다. 방사선 살균은 또 햄버거 고기의 O157:H7 대장균에 의한 치명적인 위험 가능성을 제거할 수 있다.

익히는 것 역시 이러한 병원성 미생물을 죽이기 때문에, 육류와 가금류 식품을 적절히 익히면 방사선조사를 하지 않아도 위험하지 않다. 그러나 육류와 가금류를 잘못 익혀서 미생물에 의한 식중독이 매년 많이 발생하는 것에서 보듯이 덜 익히거나 날것인 상태로 오염된 육류나 가금류를 섭취하면 식중독을 일으킬 수 있다. 더구나 오염된 육류나 가금류에 포함된 미생물은 용기나 씻은 물을 통해 직접 다른 음식, 또는 손, 입, 음식과 접촉하는 표면에 옮겨질 수 있다.

즉석식품으로 많이 보급되고 있는 김밥은 위생적인 위험도가 항상 높은 것으로 알려져 있다. 김밥에서 대장균군이나 포도상구균 등의 검출이 자주 보고되고 있는데 이를 저감화할 수 있는 방안의 하나로 방사선조사가 활용될 수 있다. 실제 김밥에 감마선조사 효과를 관찰한 결과 매우 효율적인 것으로 나타났다(표 8-4).

식중독균은 매년 발생하는 식품 매개질환 집단발생의 원인으로 식품 조리과정의 개선을 통해 식중독균에 의한 질환의 발생빈도를 줄여 왔는데, 방사선 살균은 이 문제를 해결하는 다른 하나의 보완 수단이 될 수 있다.

결국 과실, 채소, 육류, 닭고기, 생선, 해산물의 보존성 연장은 냉장과 지선량 조사를 병용함으로써 크게 연장할 수 있으며, 이와 같은 처리를 하여도 맛과 향에 변화는 일어나지 않는다. 고추장과 같은 장류 제품의 저장성을 높이기 위하여 감마선을 조사한 결과는 표 8-5와 같다. 이것은 실제로 허용 가능한 범위의 조사량을 적용한 것으로 조사량의 증가에 따라 미생물의 균 수가 감소한 것을 볼 수 있다.

(2) 멸균

방사선조사는 멸균(sterilization) 대상 의료비품(거즈, 수술 장갑, 보급품 포함)의 멸균을 위해 사용되기도 하는데 상대적으로 고용량 방사선 처치는 식품에서 자랄 수 있는 모든 미생물을 제거할 수 있다. 멸균된 식품은 상온에서 오랫동안 밀폐용기에 저장해 두어도 미생물에 의한 부패가 일어나지 않는다. 이는 동일한 저장 상태로 만들기 위해 열처리를 이용하는 통조림 저장과 유사하다.

표 8-4 방사선조사 처리를 한 김밥 중의 총 균 수와 곰팡이 수의 변화(20 ℃)

조사량(kGy)	총 균 수(Log CFU/g)			곰팡이(Log CFU/g)		
	0시간	8시간	24시간	0시간	8시간	24시간
0	8.73	8.86	8.95	5.08	5.28	5.17
1	5.55	6.46	7.04	4.27	4.07	3.80
2	4.33	5.41	5.16	3.91	3.06	3.68
3	3.29	3.47	3.54	3.20	3.53	3.58

자료 : 변명우 외, 한국식품과학회지 37: 279-286, 2005

표 8-5 메주를 이용하여 만든 고추장 제품에 감마 조사량에 따른 세균 수

미생물	감마 조사량(kGy)			
	0	1	3	5
호기성 세균	2.3×10^9	6.0×10^8	7.3×10^7	6.4×10^7
혐기성 세균	6.4×10^8	7.3×10^7	3.3×10^7	2.6×10^7
효모	1.3×10^3	4.5×10^2	-	-
곰팡이	1.3×10^3	-	-	-

자료 : 노봉수 외, Foods Biotechnol, 1(2): 117-122, 1992

미국 야전군을 위한 양질의 음식을 생산할 목적으로 방사선 멸균(radiation sterilization)이 적용되었고, 또 NASA의 우주비행사와 면역체계에 이상이 있는 일부 환자들을 위한 식품에 방사선 멸균이 사용되어 왔다.

(3) 살충

방사선조사에 의한 살충(disinfestation)은 과일과 채소의 지역 간 또는 국가 간 수송을 용이하게 해 줄 수 있다. 해충문제에 대한 우려 때문에 많은 주와 국가들이 살아 있는 해충이나 그 알로 오염되어 있을 것을 생각해 식품의 수입을 금지하고 있다. 1981년에 캘리포니아와 플로리다에서 지중해 과일파리에 의한 오염으로 인한 상당한 경제적 손실이 발생했다. 1990년대에 하와이는 사탕수수와 파인애플의 생산 감소로 세입이 줄어 열대산 과일 수출 필요성이 커졌지만, 해충오염에 대한 바이어들의 우려 때문에 어려움이 있었다. 방사선조사를 사용하면 생산자들은 해충오염이 확산될 위험 없이 농산물을 비오염 지역으로 실어 보낼 수 있을 것이다.

소비자 입장에서는 방사선조사에 의한 해충 박멸은 과일의 품질 향상이라는 의미가 있다. 예를 들어 과일파리 오염에 대한 전통적 방지법으로는 배 선적 전에 오염된 과일을 광범위하게 냉장 처리하거나 뜨거운 물에 담그는 것이었는데 두 방법 모두 처치된 과일의 품질에 영향을 미칠 수 있었다. 그런데 방사선조사는 식품의 품질 저하 방지와 더불어 잔류 화학물질이 거의 없는 장점도 있다. 한 가지 단점은 열처리처럼 식품 포장을 열었을 때 재오염을 막을 활성물질이 남아 있지 않다는 점이다.

0.5 kGy 이하의 저선량의 감마선으로 유충, 난을 포함하여 모든 경우의 저장 해충을 살충하거나 불임화시킬 수 있다. 그러나 대장균군, 포자형성균 나아가 포자나 바이러스의 경우보다 높은 선량을 조사해야 한다. 대체로 해충을 비롯한 균들의 감수성은 해충 > 대장균군 > 무포자형성균 > 포자형성균 > 포자 > 바이러스 순으로 차이가 있다(표 8-6).

표 8-6 해충 및 미생물의 종류에 따른 사멸선량

사멸선량(kGy)	종류
0.5~3	화랑곡나방, 권련벌레, 가루진드기, 바퀴벌레, 딱정벌레, 바구미 등 저곡 해충류
1~5	대장균, 살모넬라, 장티푸스균, 리스테리아, 이질균, 폐렴균(레지오넬라)
5~10	비브리오균, 녹농균, 탄저균, 고초균, 포도상구균, 연쇄상구균 등 각종 곰팡이
10~20	포자, endotoxin, exotoxin, 곰팡이독(Mycotoxin), 아플라독소, 보툴리늄독소 생성 억제
30 kGy 이상	구제역, 에볼라 등 각종 바이러스

방사선조사에 의한 살충은 지금은 금지된 이전의 훈증제인 에틸렌 다이브로마이드(ethylene dibromide) 사용을 대신할 수 있다. 현재 에틸렌 다이브로마이드 대신 사용되는 화학 훈증제들도 심각한 단점들을 갖고 있기 때문에, 미국에서 방사선조사가 다시 관심의 대상이 되었다. 앞으로 방사선조사는 저장 곡물 훈증제의 대체방식으로 이용될 가능성이 높다. 방사선조사로 처리하면, 식품에 살충제 잔류를 거의 없앨 수 있다. 그러나 방사선 살충을 위한 적정 조사량과 조건을 정하는 것이 필요하다.

(4) 식중독의 억제

미생물에 의하여 발생되는 식중독을 막기 위하여 방사선조사를 이용한다. 감마선 조사를 통하여 동물육의 고체식품이라든가 건조식품을 살균할 수 있다. *Salmonella*, *Campylobacter*, *Listeria*, *Yersinia* 등의 식품 중의 포자 비생성 병원균은 저선량으로도 살

표 8-7 **조사선량에 따른 식품별 살균 효과**

조사선량(kGy)	살균 효과
2~7	냉동육류, 닭고기, 계란, 새우 등의 내부 식중독균 살균
3~10	향신료, 건조채소, 향료, 녹말 등의 살균
15~25	장기 저장용 우유, 유제품, 주스 등의 포장재 멸균

표 8-8 **신선한 고기에 방사선조사를 행할 때 식중독 미생물의 파괴 정도**

미생물	D값(kGy)
Salmonella	0.40~0.50
Campylobacter	0.14~0.32
Listeria	0.40~0.60
Yersinia	0.14~0.21
E. coli O157:H7	0.25~0.35
Aeromonas	0.14~0.19

균할 수가 있어 이와 같은 저선량 조사는 이들 미생물에 의한 중대한 공중위생상의 문제를 해결하는 데 대단히 유용하다(표 8-7). 식품 속에 바람직하지 않은 변화를 일으키지 않을 정도의 선량을 조사함으로써 쇠고기, 돼지고기, 어류 속의 포자 비생성 병원균을 살균할 수 있으며 특히, 냉동한 육류식품을 조사하는 데 아주 실용적이다.

(5) 발아 억제

- 감자, 고구마의 발아 억제 : 0.08~0.04 kGy(일본 등)
- 양파, 마늘의 발아 억제 : 0.03~0.12 kGy(독일, 헝가리 등)
- 대맥아의 발아 억제 : 0.25~0.50 kGy

극히 소량(0.01~0.1 kGy)의 감마선량을 대맥에 조사하면 오히려 발아가 촉진되어 맥아 제조기간을 단축시킬 수 있다.

(6) 과일, 채소의 숙성속도 지연

딸기, 바나나, 망고, 파파야, 구아버(guava), 체리, 토마토, 아보카도 등의 과일이나 채소에

표 8-9 과일의 숙성속도 지연

조사선량(kGy)	숙성속도 지연
0.3~1.0	망고(약 1주간), 바나나(약 2주간) 보존성이 연장
1.0~1.5	양송이, 아스파라거스의 성숙도 지연
1 내외	파파야의 살균 및 성숙도 지연

저선량 조사를 하면 숙성이 지연되기도 하고 일부 과일의 보전성이 연장되는데 맛에는 거의 영향을 미치지 않는다(표 8-9). 성숙도가 지연되는 정도는 선량의 정도에 따라 또 조사 시 얼마큼 성숙되었느냐에 따라 차이가 있다. 경우에 따라서는 숙성도가 촉진되기도 하고 억제되기도 한다.

(7) 돼지고기에 의한 선모충 감염위험 제거

채소의 발아 억제나 과일 숙성 지연에 사용되는 정도의 저선량 조사는 고기의 맛이나 육질에 영향을 별로 주지 않고 생돼지고기에 의한 선모충(선모충증-돼지고기 매개 기생충 질환. 우리나라에서는 1998년 처음 보고)의 감염 위험성을 없앨 수 있다. 방사선 처리된 돼지고기는 덜 익히거나 날것으로 먹더라도 선모충증을 일으키지 않는다. 방사선조사 처치는 선모충증을 일으키는 기생충인 선모충(*Trichinella spiralis*)의 발생을 방해함으로써 생활환경을 거쳐 사람에게 병을 일으키는 상태로 성숙하지 못하게 한다.

(8) 물리적 특성 향상

방사선은 일부 식품의 물리적 특성을 향상시킬 수 있다. 방사선조사된 밀로 만든 빵은 특정 반죽제를 쓰면 더 많이 부풀릴 수 있으며, 방사선조사된 건조채소는 조사하지 않은 것보다 더 빨리 원래 형태로 회복된다.

3) 방사선조사에 의한 식품저장

식품을 저장할 목적으로 방사선조사가 이루어질 때 각기 목적에 따라 선량의 범위가 다르게 적용되는데, 국제식량기구와 세계보건기구는 이에 대한 기준을 제시한 바 있다. 아래 표 8-10에서 보는 바와 같이 목적에 따라 저선량 조사, 중선량 조사, 고선량 조사 등 세 가지로 구별하여 제시하였다.

표 8-10 방사선조사량의 식품에 대한 기준(WHO/FAO, 1988년 채택)

구분		조사량(Gy)	적용 식품
저선량 조사 (1 kGy 이하)	발아 억제	0.05~0.15	감자, 양파, 마늘, 생강 등
	해충, 기생충의 살충	0.15~0.50	곡물, 콩, 생선, 과실, 건조식품, 생돼지고기 등
	성숙의 지연	0.50~1.00	과실, 채소 등
중선량 조사 (1~10 kGy)	선도의 연장	1.00~3.00	생선, 딸기 등
	식품 소재 또는 첨가물의 살균	1.00~7.00	생수산물, 냉동 수산물, 생육, 냉동육 등
	식품 특성의 개선	2.00~7.00	포도(주스의 수율 향상), 건조야채 등
고선량 조사 (10~50 kGy)	멸균, 비열의 병용	30.0~50.0	육류, 닭고기, 수산물, 가공식품, 환자식
	식품 소재 또는 첨가물의 살균	10.0~50.0	향신료, 효소세제, 천연가스 등

(1) 저선량 조사

저선량 조사는 살균 효과보다는 발아 억제와 기생충이나 해로운 곤충의 살충에 그 목적을 두고 이용한다. 감자의 경우 수확 후 3개월 정도 지나면 발아하기 시작하면서 상품 가치가 떨어지게 되는데 발아 억제제를 사용하는 경우 발아는 억제되나 환원당이 축적되고 미생물의 오염이 발생할 수 있다. 그러나 0.05~0.15 kGy 정도의 저선량 조사만으로도 감자의 품질에 영향을 미치지 않으면서 6개월 이상 발아 억제가 가능하다.

발아 억제를 위해 주로 사용되는 화학약제는 유독성이 잔류하는 문제가 있고 이들은 주로 밀폐된 저장 창고나 저장 상자 등을 요구하고 있어 이미 포장이 이루어진 경우 사용상에 문제가 있다. 반면, 방사선조사는 포장을 한 상태에서도 그 효과가 나타나며 유해 물질의 잔류성이 없기 때문에 식품 살균방법으로서 관심을 갖게 된 것이다.

쌀, 밀, 밀가루, 돼지고기의 선모충, 건조식품, 향신료의 해충 등은 저선량 조사로 사멸될 수 있다.

(2) 중선량 조사

1~10 kGy 정도의 선량으로 완전살균은 아니더라도 육류, 채소, 과일, 어패류 등의 품질에 영향을 미치거나 흡착된 부패균을 사멸시킬 수 있다. 냉장과 병용하여 실시한다면 저장기간을 연장하는 데 보다 효과적이다. 냉장 이외에도 진공포장을 한다거나 질소가스를 충전하거나 가벼운 열처리를 함께 실시한다면 선량을 줄일 수 있고 또 저장기간을 연장시키는 효과를 기대할 수 있다. 이처럼 몇 가지 방법을 함께 사용함으로써 열에 의한 지나친 품

질 변화를 최소화할 수 있는 방법을 허들 기술이라 한다(10장 참고).

(3) 고선량 조사

방사선조사만으로 식품에 존재하는 모든 미생물의 완전살균이 가능하다. 그러나 식품 조직 내에 존재하는 효소까지 불활성화시키는 것은 어렵다. 그렇게 되면 미생물은 사멸되었어도 식품 내에서 효소에 의한 바람직하지 못한 반응이 계속 일어나 품질을 떨어뜨리고 만다. 뿐만 아니라 방사선의 부반응에 의해서도 품질 변화가 심하게 일어나는 식품도 있다. 이런 부반응에 의한 피해를 줄이기 위해 여러 가지 방법이 이용되기도 한다. 예를 들면 식품 내에 생성된 자유라디칼이 이동하는 것을 방지하기 위해 동결 상태에서 방사선조사를 할 수도 있다. 지방을 많이 함유한 식품의 경우 산패가 우려되므로 진공 상태를 유지하거나 질소를 충전한 상태에서 조사를 함으로써 산화되는 것을 억제시킬 수 있다. 또 조사로 인한 조사취가 발생하는데, 이를 masking할 목적으로 다른 향신료나 소스류를 첨가하기도 한다. 중선량 조사와 마찬가지로 고선량 조사 처리 시에도 허들 기술을 함께 적용하는 것이 바람직하다.

4) 방사선조사식품의 안전성

여러 가지 동물 연구들이 과거 몇십 년간 이루어져 왔으나 조사된 식품의 소비가 해로운 효과를 유발한다는 증거는 없었다. 독성학의 모든 면을 다룰 수 있는 만성, 아만성 효과, 생식, 기형학, 돌연변이 유도들에 대한 시험을 통해 조사된 식품을 소비하였을 때 나쁜 독성학적 효과가 없었으며 국제적 계획사업에 의해 1970년에서 1982년까지 수행된 다수의 동물 투여실험에 대한 각종 보고서에도 어떤 독성학적 효과가 유도되었다는 증거는 없었다.

포유동물이나 영양이 부족한 아이들에게 나타난 다배수 염색체의 유도와 관련된 연구에서도 방사선조사된 밀을 소비한 것이 다배수 염색체에 영향을 주지 않았다는 광범위하고도 통계적으로 유효한 연구결과를 보고하였다. 따라서 전체적으로 볼 때 조사된 식품을 투여하였을 때 나쁜 효과는 관찰되지 않았다.

1992년 5월 제네바에서 과거 40년간의 식품 조사(照射)에 관한 다양한 연구 보고서를 토대로 세계보건기구, 국제식량농업기구, 국제원자력기구 등을 비롯한 국제기구와 국제소비자연맹 등은 다음과 같은 결론을 내렸다.

① 방사선조사는 건강에 해로움을 줄 수 있는 식품성분의 변화를 초래하지 않는다.

10 kGy 이하로 조사하는 저선량에서는 방사선조사에 의한 심각한 화학적 변화는 찾아볼 수 없고, 또한 이런 화합물들이 조사식품에만 특이하게 생성되는 것이 아니라는 사실이다.

② 조사식품은 위생적인 측면에서 안전하며, 해로운 미생물의 변화를 초래하지 않는다. 전리 방사선은 미생물을 죽이거나 불활성화시킬 수 있는 화학적 변화를 미생물 내부에 일으켜서 식품 내의 미생물 수와 종을 상당히 감소시키며 또한 방사선조사는 생존하는 병원균의 유독성을 더 감소시킨다.

③ 조사식품은 소비자에게 영양적인 면에서 어떠한 영양적 손실도 초래하지 않는다. 10 kGy 이하의 선량으로 조사된 식품은 비조사식품과 영양적 차이가 거의 나지 않았으며 저선량, 낮은 온도, 산소 접촉이 없는 조건에서는 조사에 의한 바이타민 손실을 막을 수 있다. 거대 영양소, 미량원소, 무기질은 조사에 의한 손실을 초래하지 않는다.

④ 방사선조사식품은 어떠한 유전적인 영향도 미치지 않아 조사식품을 섭취한 결과로 염색체 이상이 일어나지 않는다.

현재 방사선조사식품을 허용하고 있는 나라에서 허가된 품목 수는 표 8-11과 같으며, 주요 국가의 허가 품목은 표 8-12와 같다. 주요 대상 식품은 향신료, 건조채소류, 근채류, 가금류 등이다.

방사선조사가 절대적으로 안전하기 위하여 각국 정부는 조사식품 또는 식품 조사에 관

표 8-11 방사선조사식품의 허가국과 품목 종류수

허가국	종류	허가국	종류	허가국	종류	허가국	종류
미국	55	체코	5	베트남	7	아르헨티나	13
벨기에	13	이탈리아	3	네덜란드	20	한국	16
유고	23	우루과이	1	스페인	2	파키스탄	24
크로아티아	30	영국	47	중국	22	인도	5
이란	18	덴마크	2	시리아	21	필리핀	5
브라질	24	헝가리	13	러시아	16	인도네시아	12
일본	1	이스라엘	26	프랑스	41	코스타리카	15
방글라데시	20	멕시코	34	핀란드	2	쿠바	16
캐나다	7	칠레	18	폴란드	6	우크라이나	16
노르웨이	3	태국	28	남아연방	92		

주: 세계보건기구, 유엔식량 농업기구, 국제원자력기구는 모든 식품에 조사를 허용하고 권장 및 홍보하고 있음.

표 8-12 방사선조사식품의 허가국과 허가 품목

국가	허가 품목
미국(55)	쌀, 밀, 배, 향신료, 조미 건조채소, 건포도, 자두, 감자, 사과, 밀 가공품, 귤, 여지, 마늘, 닭고기, 샤롯, 부분 가금육, 딸기, 토마토, 파파야, 견과류, 뿌리 및 괴경, 건조 완두콩, 건조 살구, 건조 과일, 가금육(생 또는 냉동), 복숭아, 살구, 붉은 건포도, 과일, 옥수수 분말, 건조 버섯, 대추야자, 커피콩, 돼지고기, 코코아콩, 버섯, 허브, 밤, 두류, 건조 콩, 체리, 망고, 옥수수, 곡류 분말, 건조 대추, 채소, 건조 효소제제, 건조 채소, 포도, 식물성 식품, 구근류, 적육
영국(47)	쌀, 밀, 곡류 분말, 배, 건조 버섯, 샤롯, 망고, 딸기, 버섯, 양파, 건포도, 자두, 어육, 토마토, 밀 가공품, 견과류, 귤, 옥수수, 조미 건조 채소, 건조 채소, 부분 가금육, 과일, 사과, 새우, 냉동 해양식품, 여지, 마늘, 포도, 건조 어육, 건조 두류, 건조 과일, 체리, 닭고기, 대추야자, 건조 살구, 붉은 건포도, 조미료, 어패류, 살구, 가금육, 복숭아, 건조 완두콩, 나무딸기, 건조 대추, 향신료
프랑스(41)	곡류, 곡류 분말, 가금육, 동물 혈병, 건조 완두콩, 동물 혈장, 난백, 동물 피, 개구리 다리, 허브, 곡분, 대추야자, 딸기, 건포도, 건조 무화과, 켐버트 치즈, 아라비아 검, 닭고기, 감자, 양파, 마늘, 카제인, 샤롯, 옥수수, 향신료, 곡류 후레이크, 건조 채소, 조미용 건조 채소, 부분 가금육, 곡류 씨앗, 마늘 분말, 새우, 건조 버섯, 난백, 건조 대추, 건조 과일, 양파 분말, 건조 살구
네덜란드(20)	곡류 후레이크, 두류, 건조 과일, 허브, 향신료, 가금육, 조미 건조용 야채, 개구리 다리, 아라비아 검, 건조 채소, 부분 가금육, 건조 완두콩, 대추야자, 닭고기, 건조 버섯, 건조 인디안 대추, 건포도, 새우, 두류, 환자식

한 법률을 제정하고 있으며 규제 당국은 방사선을 조사하는 종류와 목적을 결정하여 개개의 식품 조사 목적에 부합되는 정확한 방사선량을 결정하고 있다. 방사선으로 처리한 식품에 대하여 그 사실을 기입한 표시를 하게끔 명확하게 규정하고 있다. 방사선 처리된 식품은 검사를 받는 것은 물론, 감마선조사 사항의 안전성에 대하여 책임을 맡고 있는 당국에 의해 감독을 받아야 한다. 이 같은 관리를 함으로써 식품 조사의 종사자, 조사식품의 소비자, 환경이 부당한 위험에 직면하는 것을 예방할 수가 있다.

2. 고전압에 의한 식품저장

1) 고전압 펄스장의 원리

식품에 높은 온도 상승 없이 미생물을 저해시키고 효소의 활성을 저감시켜 식품의 미생물 안전성과 저장 안정성을 높여주는 기술을 비열처리 식품가공기술(nonthermal food

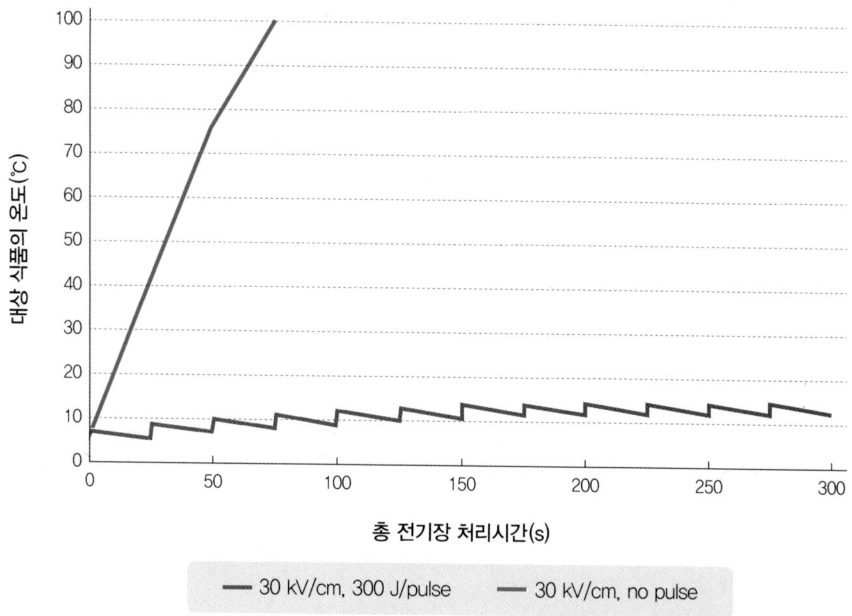

그림 8-2 일반 전기장과 펄스 전기장에 놓인 식품의 온도 상승 형태 비교

processing technology)이라고 하며, 고전압 펄스장(pulsed electric fields; PEF)이 그중 하나이다. 비열 처리 가공기술은 식품의 온도 상승을 억제시키므로 처리되는 식품의 향과 색의 변화, 영양소 파괴, 기능성 변화 등을 최소화한다.

일정한 전기장(electric field)에 식품이 놓이면 식품의 온도가 올라가게 되는데, 이때 전기장을 매우 짧은 시간(예, microsecond) 간격으로 껐다 켰다를 반복하면 식품의 온도 상승률을 최소화할 수 있다(그림 8-2).

PEF 공정은 오렌지 주스, 사과 주스, 요구르트, 탈지유 등과 같은 펌프로 이송될 수 있는 식품에 적용할 수 있는 비열 처리 공정이다.

PEF 처리는 전극 사이에서 발생되는 높은 강도의 전기장을 사용한다. PEF 처리 시스템은 처리 챔버(chamber), 고전압 펄스 발생 장치(high voltage pulse generator), 그리고 유체 조작 장치(fluid handling system)로 구성되어 있다. 실제 식품에 PEF 처리가 이루어지는 곳이 처리 챔버이며, 따라서 균일한 분포의 전기장이 식품에 골고루 전달되도록 제작되어야 한다. 균일한 전기장 분포는 저해 대상 미생물 또는 효소에 균일한 PEF 처리를 받게 하며, 또한 수학적 모델을 단순화하여 PEF 처리 또는 그 결과를 예측하기 쉽게 한다. 처리 중 chamber에서 스파크(dielectric breakdown)가 일어나지 않도록 높은 온도의 제

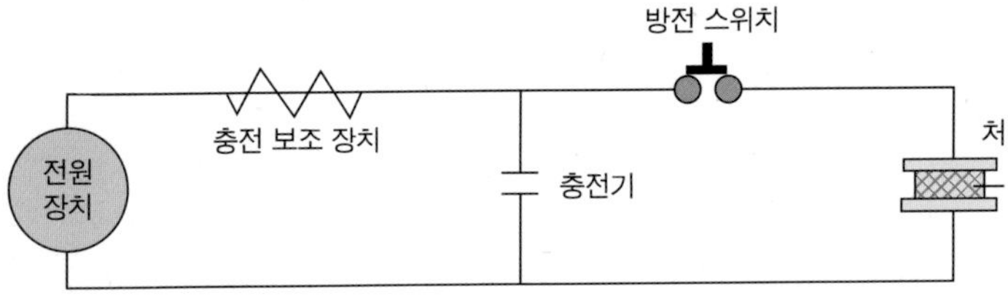

그림 8-3 고전압 펄스장 처리 장치

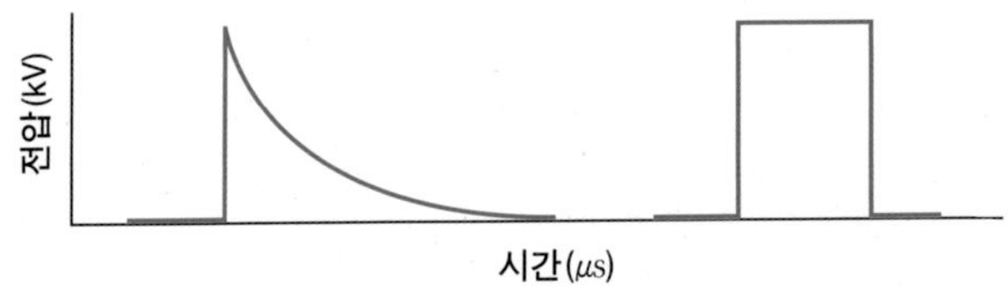

그림 8-4 대표적인 펄스 모양(왼쪽 exponential decay 형, 오른쪽 square 형)

품 처리를 피하고 제품에 공기 방울이 없도록 해야 한다. 고전압 펄스 발생 장치는 높은 전압의 펄스를 생성하는 장비로서 그림 8-3에 보이는 전원 장치(power supply), 축전기(capacitor), 그리고 스위치(discharge switch)를 포함한다. 펄스 시간은 스위치가 'on' 되는 방전시간으로서 주로 마이크로세컨드(μs) 단위를 갖는다. 펄스 모양(그림 8-4)에는 지수형(exponential decay wave)과 각형(square wave)이 있는데 후자가 더 효율적이다. Fluid handling system은 처리 대상물을 처리하는 처리 챔버로 원하는 속도로 이동시키고 처리된 것을 저장 용기나 포장하는 곳으로 옮기는 작동을 한다. 이동과정 중 열교환기 처리를 통해 PEF 처리 전 원하는 온도로 품온을 갖게 하고, 또한 처리 후 냉각을 하게 된다. 따라서 fluid handling system은 공정 중 이동속도와 온도를 측정하고 통제하는 장치가 된다. 이동속도 조절을 통해 PEF 처리속도와 제품 생산속도가 결정된다.

2) 고전압 펄스장의 미생물에 대한 영향

고전압 펄스장 처리를 하면 미생물의 세포막에 전기적 파괴가 일어나는데 처음에는 가역적 파괴가 일어나지만 곧 비가역적 파괴로 이어진다(그림 8-5). 미생물의 세포막은 구조적 손상으로 세포 내부 물질의 유출과 외부 물질의 유입 등이 일어나 미생물 저해를 가져온다.

미생물 저해에 영향을 미치는 요소들은 처리, 제품, 그리고 미생물 파라미터로 나누어 이야기할 수 있다.

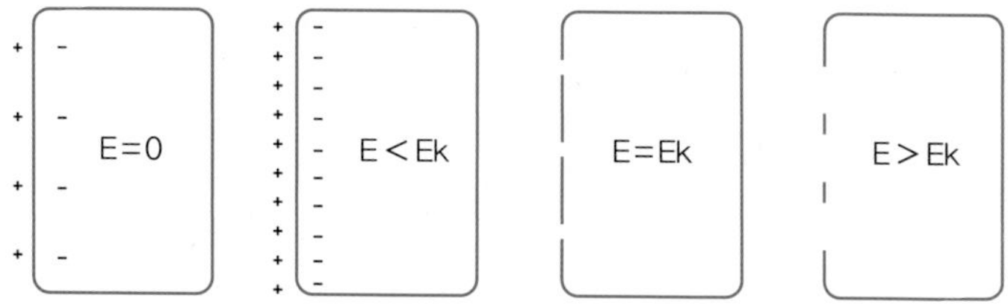

그림 8-5 PEF에 의한 미생물 세포막의 파괴(E=전기장, Ek=임계 전기장)

① 처리 파라미터 : PEF에 의한 미생물 저해에 효과적인 주요 처리 변수는 전기장의 세기, 처리시간, 펄스 길이, 그리고 처리온도이다. 일반적으로 이러한 각 변수들의 값이 증가하면 미생물의 저해도 증가한다.

② 제품 파라미터 : 전기 전도도, 밀도, 점성, pH, 그리고 수분활성을 포함한다. 일정 온도 범위에서 이러한 특성에 관한 정보는 최적의 PEF 처리조건을 결정하는 데 필요하다.

③ 미생물 파라미터 : 일반적으로 세균은 효모보다 PEF에 대해 더 높은 저항성을 갖는다. 또한 그람 양성 세균은 그람 음성 세균보다 PEF 저항성이 크다고 알려져 있다. 세균 포자는 영양세포보다 PEF 처리에 더 큰 저항성을 가진다. 미생물의 성장 단계 또한 미생물 저해 정도에 영향을 주는데, 로그기에서의 미생물이 유도기나 정지기의 미생물보다 PEF에 더 민감하다고 보고되어 있다.

3) 고전압 펄스장의 효소에 대한 영향

고전압 펄스장 처리가 단백질에 미치는 영향은 단백질의 작용기의 회합 또는 해리, 이온 물질들의 이동, 그리고 단백질 2차구조의 변화 등이 있다. 고전압 펄스장에 의한 효소의 불활성화도 이러한 메커니즘들을 통해 설명된다.

효소의 불활성화는 효소의 구조, 미생물 저해에 영향을 미치는 처리, 그리고 제품 파라미터에 영향을 받는다.

3. 옴 가열

1) 옴 가열의 원리

전통적인 가열방법은 열이 식품의 바깥쪽에서 안쪽으로 전달되는 외부 가열방식이다. 일반적으로 식품은 열 전도도나 열 확산도가 작아 열 전달이 느리기 때문에 식품의 중심부를 원하는 온도까지 가열하는 데 시간이 걸리고, 식품의 중심부까지 원하는 온도에 도달하는 동안 식품의 바깥쪽은 열에 의해 영양성분의 손실, 가열취의 발생, 맛이나 조직감의 변화, 그리고 색깔 변화 등의 품질 저하가 일어나기 쉽다. 이에 반해 내부 가열방식은 식품의 내부에서 열이 발생하여 가열하기 때문에 외부 가열방식에 비해 신속하고 균일하게 가열할 수 있어 식품 외부의 과열에 기인된 품질 저하를 막을 수 있다. 이러한 내부 가열방식의 예로서 옴 가열(ohmic heating)과 마이크로파 가열(microwave heating)을 들 수 있다.

옴 가열은 식품의 전기 저항을 이용한 가열(그림 8-6)로서 저항 가열(electrical resistance heating)이라고도 한다. 즉 식품에 교류 전류를 통과시키면 식품이 완전한 전도체가 아니라 전기 흐름에 저항이 있기 때문에 전기 에너지가 열 에너지로 전환되어 식품 내부에서 급속히 열이 발생하는 원리를 이용한 것이다.

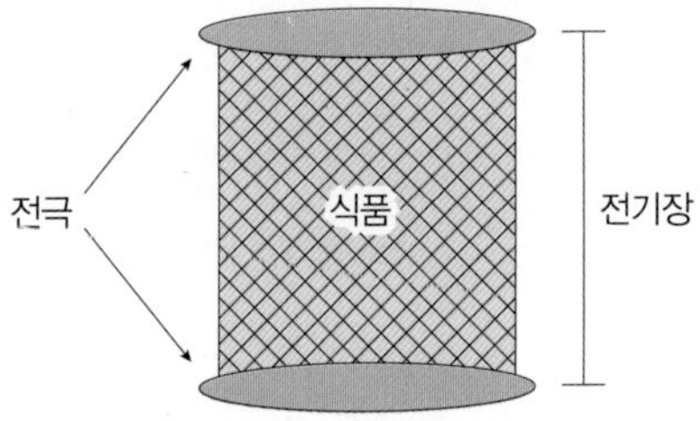

그림 8-6 옴 가열의 원리

전기로 인해 발생되는 열 에너지는 식 (8-1)로 나타낸다.

$$Q = kE^2 \tag{8-1}$$

여기서 Q : 열 에너지(W/m^3), k : 식품의 전기 전도도(S/m), E : 전기장 강도(V/m)이다.

위 식에서 보듯이 옴 가열에 의해 발생하는 열 에너지는 식품의 전기 전도도와 가해진 전기장의 전압의 제곱에 비례하기 때문에 식품의 전기 전도도가 크게 변하지 않는 한 가열의 주된 원동력(driving force)은 전압이 된다.

또 식품의 시간에 따른 온도 상승속도는 식 (8-2)에서 구할 수 있다.

$$\frac{dT}{dt}=\frac{Q}{\rho \cdot C_p}=\frac{kE^2}{\rho \cdot C_p} \quad (8\text{-}2)$$

여기서 T : 온도(K), t : 시간(s), ρ : 밀도(kg/m^3), C_p : 비열(J/kg·K)이다.

위 식에 나타나 있듯이 옴 가열의 경우 식품의 온도는 식품의 전기 전도도나 밀도, 비열이 크게 변하지 않는 한 직선적으로 증가하고 온도가 증가하더라도 원동력이 감소하지 않는 장점이 있다.

2) 옴 가열의 적용

옴 가열은 전원으로 50~60 Hz의 100~200 V 교류 또는 1~100 kHz의 20~80 V의 교류를 사용하는데, 가열이 신속하고 균일하며 침투 깊이의 제한이 없어 기계적 교반이 필요하지 않다. 특히 외부 가열방식으로는 균일하게 가열하기 어려운 액체와 고체의 혼합물을 가열 살균할 때 유리하다. 예를 들어 전기 전도도가 큰 고체물질이 전기 전도도가 상대적으로 작은 액체 내에 있는 혼합물을 옴 가열하면 고체물질이 액체보다 더 빨리 가열될 수 있기 때문이다(그림 8-7). 그러나 식품에 전류가 흐르지 않으면 열이 발생하지 않기 때문에 수분함량이 아주 낮은 건조식품에는 적용하기 어렵다.

옴 가열의 문제점으로는 직류를 사용할 경우 전기 분해가 일어날 수 있다는 점, 전극과 식품의 접촉이 균일해야 한다는 점, 식품 내부에서 국지적인 과열로 인해 식품이 탄다든가 전극이 분해되어 식품이 오염될 수 있다는 점, 가열 살균 직후 무균 충전 포장(aseptic packaging)이 뒤따라야 한다는 점, 전극이 비싸다는 점 등을 들 수 있다.

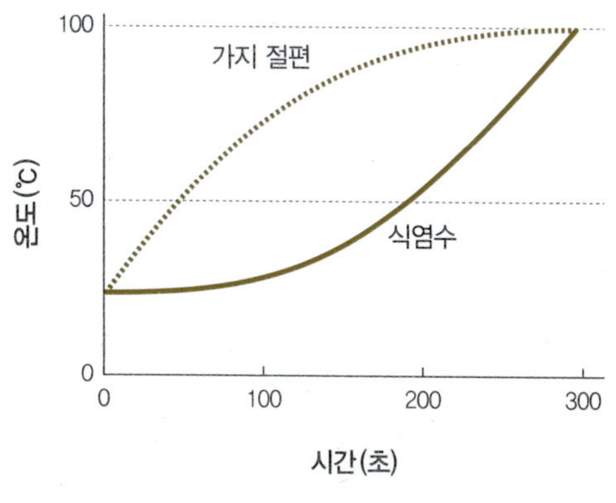

그림 8-7 옴 가열에 의한 가지 절편(직경 6 cm, 두께 1 cm)과 식염수의 가열속도 비교

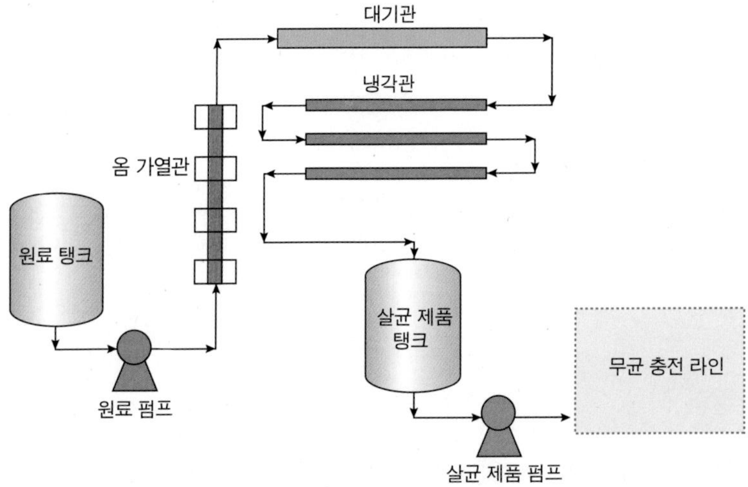

그림 8-8 옴 가열을 이용한 무균 충전 포장 공정

옴 가열은 paste상 식품의 살균이나 데치기 공정, 탈수나 건조, 어묵 성형, 냉동식품 해동 등에 적용될 수 있으며, 특히 무균 충전 포장과 연계하여 고형물 함유 식품의 연속식 살균에 활용할 수 있다(그림 8-8).

4. 마이크로파 가열

1) 마이크로파 가열의 원리

마이크로파(microwave)는 주파수 300 MHz~300 GHz 영역의 라디오파(radio frequencies)로서 마그네트론이나 클라이스트론 같은 진공관 장치로 발생하며, 식품의 가열에 사용되는 주파수는 2,450 MHz와 915 MHz이다(그림 8-9).

금속 같은 전기 전도성 물질은 마이크로파를 반사하고 전기적으로 중성인 전기 절연체인 유리, 플라스틱, 세라믹, 종이 등은 투과시키며, 물 같은 극성 물질이나 이온을 함유한 물질은 흡수한다(그림 8-10).

그림 8-11에 나타나 있듯이 식품 중의 물과 극성 물질은 교류하는 전기장에 대해 정렬을 반복하며 그 자리에서 회전하면서 마찰에 의해 열을 발생시키는데, 이를 극성 회전(polar orientation)이라고 한다. 이온성 물질은 교류하는 전기장에 따라 운동하면서 운동 에너지

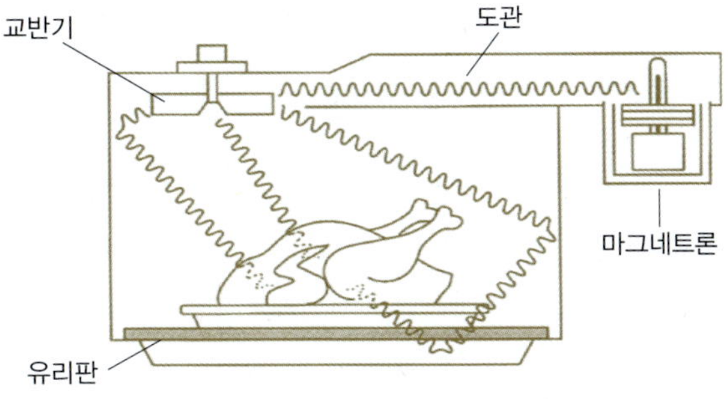

그림 8-9 전자레인지 내에서의 마이크로파 발생

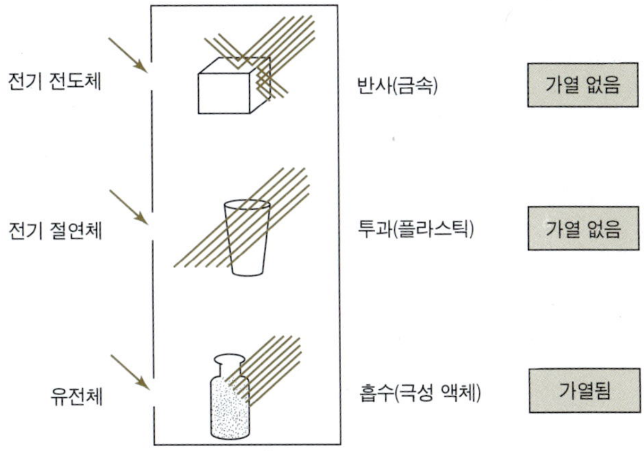

그림 8-10 마이크로파와 여러 가지 물질의 반응

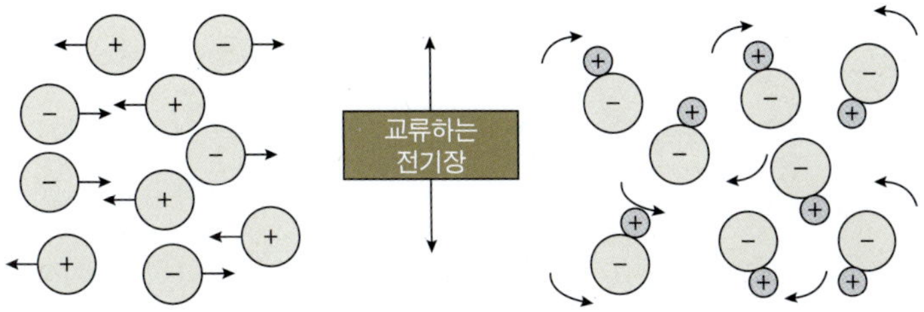

그림 8-11 극성 회전(polar orientation)과 이온성 전도(ionic conduction)

로 열을 발생시키며 이를 이온성 전도(ionic conduction)라고 한다. 유지와 같은 비극성 물질은 교류하는 전기장에 의해 극성이 유도되어 극성 회전을 하여 열을 발생시킨다.

2) 마이크로파 가열의 적용

마이크로파 가열은 내부 가열방식으로 신속하고 균일한 가열이 가능하며 정밀하게 조절할 수 있고 연속식으로 작업이 가능하며 신속하게 켜고 끌 수 있고(fast start-up and shut-down) 에너지와 공간의 절감이 가능하나 침투 깊이는 제한된다.

식품에 적용할 때에는 보통 전통적인 방법과 병행하여 적용하는데 원적외선 가열과 병행하여 녹차의 건조와 볶기(roasting)에 응용한 예가 있고, 의약품을 진공과 마이크로파(microwave)를 병합하여 진공 건조시킨 경우도 있으며, 과일과 당의 혼합물의 살균과 파스타(pasta)의 포장 후 살균에 적용한 바 있다.

5. 초고압 처리

1) 초고압의 원리

High hydrostatic pressure(HHP), ultra high pressure(UHP)로도 표현되는 초고압 처리(high pressure processing; HPP)는 고압(예; 100~800 MPa)의 압력에서 포장을 하거나 포장하지 않은 식품을 처리하는 비열처리 식품가공기술이다. 상온 정도의 초고압 처리는 식품의 공유결합에 영향을 적게 미치므로 처리로 인한 식품의 화학적 변형도 적게 일어난다. 상업적으로는 주로 400~700 MPa의 압력으로 수 분에서 30분 정도 처리하면서 식품 온도를 10~30 ℃ 정도로 유지하며 처리한다. 최근 열과의 병합 처리 목적으로 식품 온도를 더욱 높게 만들어 처리하는 경우도 있다. 성공적인 초고압 공정을 위해 처리에 적합한 포장방법을 사용하는 것도 중요하다.

초고압 공정은 식품 중의 미생물을 저해하고 효소를 불활성화하여 식품의 저장기간을 연장시키고, 녹말을 호화시키는 등 물성을 변화시켜 식품에 새로운 조직감을 만들어내기도 한다.

미생물 저해와 효소 불활성화에 압력, 처리시간, 처리 압력에 도달하는 시간, 감압 시간, 처리 온도와 같은 처리 파라미터들과 pH, 수분활성도, 온도 등과 같은 제품 파라미터들, 그리고 미생물 종류와 성장 상태 등의 미생물 파라미터들이 영향을 미친다. 세균 포자가 초고압 처리에 대한 저항성이 가장 높은데, 흔히 우려되는 대표적 세균 포자로 *Clostridium botulinum*을 들 수 있다. 또한 그람 양성 세균은 그람 음성 세균보다 초고압 저항성이 큰

표 8-13 압력에 의한 미생물의 불활성화

미생물(또는 효소)	압력(기압)	온도(℃)	시간(분)	불활성화 정도
우유 속의 세균	2,000	35	1,800	1/10 감소
	5,000	35	1,800	4 log 감소
Bacillus subtilis	5,780~6,800	-	5	영양세포는 사멸하나 살균 안 됨
열에 안정한 *B. subtilis* α-amylase	1,000		1,008	90 % 불활성화
E. coli	1		2,160	$9\times10^8 \rightarrow 4\times10^6$ CFU/mL
	1,000	30	0	9×10^8/mL
			360	2×10^7/mL
			720	3×10^5/mL
			1,440	1×10^2/mL
			2,160	살균됨
		40	720	살균됨
L. monocytogenes	2,380~3,400	-	20	$10^6 \rightarrow 10$ CFU/mL
S. aureus	2,900	25~30	10	대부분 사멸하나 살균 안 됨
S. typhimurium	4,080~5,440	-	5	살균됨
S. typhimurium	2,380~3,400	-	30	3 log 감소
Pseudomonas aeroginosa	1,935	-	720	살균됨
Vibrio cholera	1,935	-	10	살균됨
V. parahaemolyticus	1,700	-	10~30	$10^6 \rightarrow 10$ CFU/mL

것으로 알려져 있다. 아래 표 8-13에 미생물 또는 효소별로 압력과 처리시간을 달리했을 때의 불활성화 정도를 나타내었다.

2) 초고압 처리 시스템

초고압 처리 시스템(그림 8-12)은 원통형 구조의 압력 용기(pressure vessel), 가압 시스템(펌프), 온도 조절 시스템(가열/냉각 시스템)으로 이루어져 있다. 높은 압력을 견디는 압력 용기(pressure vessel)에 물 또는 물과 글리세롤(또는 글리콜) 혼합액과 같은 압력이 고르게 전달되는 압력 전달 매체를 채우고, 매체가 채워진 압력 용기 안에 처리할 식품을 넣고 뚜껑을 닫은 후 압력을 가해 처리한다. 펌프의 작용에 의해 용기 내 원하는 압력이 형성되고, 그 압력은 원하는 처리시간 동안 유지되게 된다. 처리 중 식품의 온도가 어느 정도 상

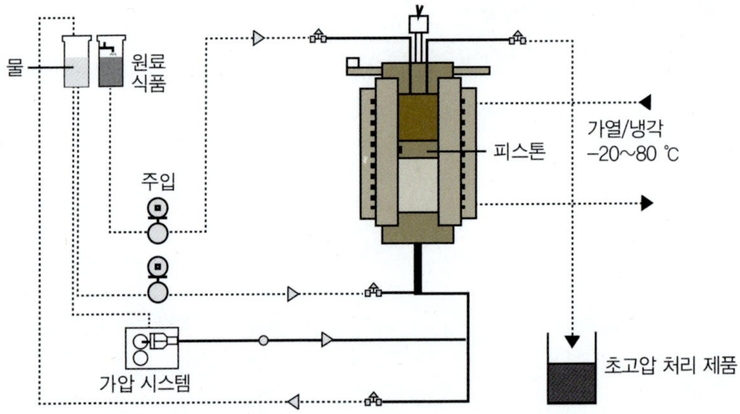

그림 8-12　초고압 처리 시스템

승하게 되는데, 그 정도는 압력의 크기와 식품의 성분 함량에 의해 영향을 받는다. 온도 조절 장치는 용기 내 온도를 보통 -20~80 ℃의 범위에서 조절한다.

3) 초고압에 의한 저장성 향상과 활용

일반적으로 초고압에 의해 미생물 세포막의 투과성이 달라져 생육이 억제되거나 불활성화되는 것으로 알려져 있다. 세포막은 2겹의 인지방질에 단백질이 끼어 있는 형태로 이루어져 있는데, 압력을 가하면 인지방질층이 상전이를 일으켜 변형되고 단백질도 변성되어 세포막의 투과성이 달라진다. 예를 들어 효모 세포에 300~600 MPa의 압력을 가하면 세포질에 들어 있는 아미노산 등의 세포 내 물질이 세포 밖으로 유출되는데, 이는 100 ℃에서 5분 가열할 때의 세포막 변형과 거의 비슷한 결과이다. 또 300 MPa의 압력을 가하면 포타슘, 칼슘, 나트륨 등의 이온이 유출되고 400 MPa에서는 망간이나 아연 이온도 유출된다. 그 밖에 세포 외의 물질도 세포 내로 투과되어 들어갈 수 있는데, 예를 들어 무의 조직을 0.5 % 소금물에 담가 400 MPa에서 10분간 초고압 처리하면 소금이 조직 내부로 침투해 들어간다고 한다.

미생물의 불활성화에 영향을 끼치는 인자로는 압력, 처리방법(반복 처리 또는 연속 처리), 온도, 시간, 미생물의 형태, 그람 양성 또는 음성 여부, 생육의 단계, 배지의 조성과 성질(이온 강도, 수분활성도, pH) 등이 있다. *Saccharomyces cerevisiae*의 경우 글리세롤과 소비톨을 첨가하여 수분활성도를 낮추면 압력 보호 효과(baroprotective effect)가 생기고,

아세트산을 첨가하면 오히려 사멸하기 쉽다. 또 *Saccharomyces cerevisiae*를 180 MPa에서 처리할 경우 4 ℃보다 20 ℃에서 내압성(barotolerance)이 더 크다. 간균이 구균보다 압력에 더 예민하고 효모는 구균과 간균의 중간 정도이며, 그람 양성균이 그람 음성균보다 압력에 대한 저항성이 더 크고 효모는 그 중간 정도이다. 그리고 로그기의 세포가 정지기 세포보다 압력에 대한 저항성이 약하다.

미생물의 포자는 영양세포에 비해 압력에 대한 저항성이 강하여 1,200 MPa에서도 사멸하지 않는다. 그러나 60~100 MPa의 저압 처리를 하여 포자 발아를 유도한 다음 보다 높은 압력에서 처리하면 사멸시킬 수 있다. 또 일반적으로 효소를 불활성화하기 위한 압력은 미생물을 사멸시키기 위한 압력보다 높으며, 효소의 압력에 대한 저항성은 효소의 종류, 기질의 성질, 압력, 온도, 시간에 따라 달라진다. 오렌지 주스에 들어 있는 펙틴에스터가수분해효소의 효소 활성이 강하면 주스의 탁도(cloudiness)가 감소하는데, 주스를 500 MPa 이상의 압력에서 1분 이상 처리하면 주스의 탁도가 안정하게 유지된다고 한다. 효소의 초고압 처리와 데치기를 병행하면 효소를 더욱 효과적으로 불활성화할 수 있다. 또 초고압 처리는 저온에서 단백질의 젤화를 일으키는데, surimi를 압력으로 젤화시킨 것이 가열하여 젤화시킨 것보다 더 윤기가 나고 불투명성도 덜하다.

식품에 초고압 처리를 할 때 식품을 포장한 뒤 실시하거나(in-container HHP) 포장하지 않은 상태(bulk HHP)로 할 수 있으며 초고압은 주스, 잼 등의 살균에 활용되고 있다.

TIP 초임계 유체란?

어떤 기체를 임계 압력 이상으로 가압하면 임계온도 부근에서 용매력을 보이는 유체가 되는데 이를 초임계 유체(supercritical fluid)라 한다. 이 초임계 유체의 밀도와 점도는 액체와 비슷하고 확산도는 기체와 비슷한 장점이 있다. 가장 널리 쓰이는 초임계 유체는 임계온도 31 ℃, 임계압 력 74기압인 이산화탄소인데. 무독성, 화학적 안정성, 경제성, 회수 용이성, 저온 작업성 등 여러 가지 측면에서 장점이 많아 당근에서 β-carotene 추출, 노른자위에서 cholesterol 추출, 커피 원두에서 caffeine 추출 등에 활용한다.

6. 초음파 처리

1) 초음파 기술의 개념

초음파(ultrasound) 기술은 비가열(non-thermal) 처리 공정 중의 하나로 전통적인 가열 공정 중에 일어날 수 있는 영양적, 관능적 품질 변화를 최소화하며, 공정의 편의성 및 친환경적으로 식품을 처리한다. 초음파 기술은 세포의 파괴와 추출과정에서 가장 효율적이며 안전하고 간단한 방법이다.

닭고기를 20 kHz의 초음파를 처리한 것과 전기를 이용하여 튀긴 것을 비교한 결과를 보면 색의 변화는 거의 없으며 조지방이 다소 증가하는 경향을 보였는데, 이것은 초음파에 의한 진동으로 튀김기름이 내부로 침투한 것으로 튀김 손실에서도 보는 바와 같이 전기로 튀긴 경우보다도 손실량이 적었다. 뿐만 아니라 보수력(water holding capacity)도 초음파 처리가 우수한 결과를 보여주고 있다(표 8-14).

초음파는 높은 진동에 따른 다량의 기포 또는 공간(cavity)을 형성하게 되고 이것들이 파괴되면서 압력 변화에 따른 에너지를 생성하는 원리이다. 초음파는 일반적으로 20 kHz 이상을 의미하고, 음파의 진동수에 따라서 고주파(high-frequency sound waves)와 저주파(low-frequency sound waves) 두 가지로 구분되며, 고주파에서 에너지가 더 많이 발생한다.

표 8-14 닭고기를 20 kHz의 초음파로 처리한 것과 전기를 이용하여 튀긴 것을 비교한 결과

	전기로 기름에 튀긴 것	초음파로 기름에 튀긴 것
수분(%)	63.2±0.3	63.0±0.2
조단백(%)	26.1±0.3	22.1±0.9
조지방(%)	4.2±0.1	7.7±0.2
조회분(%)	1.3±0.1	1.3±0.1
L	82.2±1.5	82.1±0.5
a	-1.5±1.4	-1.6±0.4
b	15.8±2.9	16.9±1.5
Raw weight(n=10)	112.4±8.8	107.9±10.8
튀김 손실(%)	45.8±3.4	41.8±2.4
물의 보수력(%)	53.6±4.7	91.7±2.4

자료 : 정인철 외, 한국식품영양과학회지, 30(2), 2001

2) 초음파 기술의 식품 응용 범위 및 원리

저주파 기술은 물질의 조성이 균일한지의 여부를 알아내는 데 상당히 효과적으로 이용할 수 있어 주로 과일, 채소 등의 품질을 측정하는 비파괴검사에 사용하고 있다. 그리고 고체나 액체 식품들의 텍스처, 점도 및 농도를 측정하는 분야에 많이 이용하고 있는데, 특히 달걀, 육류, 과채류, 유제품 등의 조성물검사나 달걀껍질, 포장 상태 검사에 이용된다. 고주파는 주로 식품 표면에 오염된 미생물의 제거 및 바람직하지 못한 효소의 불활성화에 효과가 높다.

아래 그림 8-13에서와 같이 초음파 20 kHz 처리를 지속적으로 한 경우와 비연속적 처리를 한 경우를 보면, 연속적으로 하였을 때 효소의 활성이 더 많이 감소하였다. 30분간 지속되었을 때 약 60 % 이상의 효소 활성을 잃어버리는 것을 볼 수 있다.

초음파의 높은 진동수는 대량의 미세한 기포(bubble)의 생성과 파괴에 따른 압력 편차로 대량의 미세한 기계적 충격이 발생하고, 이러한 충격은 세포의 구조 용해나 효소작용에 관여하는 성분들을 변형시켜 미생물의 사멸이나 효소의 불활성 효과를 나타낸다. 상대적으로 미생물 사멸 연구는 적은 편이며 미생물 포자에 대한 메커니즘은 자세히 밝혀지지 않았다.

일반적으로 초음파 기술은 미생물의 살균작용을 하는 것으로 알려졌으나 단독으로 사

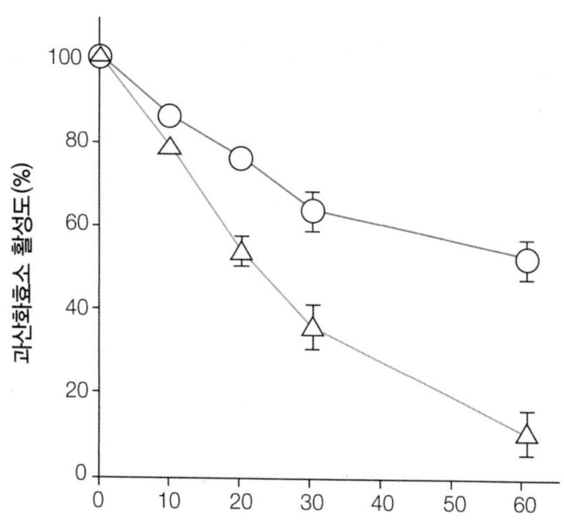

그림 8-13 지속적인 초음파 처리(△)와 순차적(비연속적) 초음파 처리(○)에 의한 peroxidase의 불활성화

자료 : Ku 등, Food Sci. Biotechnol, 9(2): 124-129, 2000

용하지 않고 다른 기술과 병행하여 이용되고 있다. 이러한 여러 살균 및 저장 기술들이 복합적으로 병행 적용되어지는 기술을 허들 기술(hurdle technology)이라 하는데, 각 허들 요인이 갖고 있는 특성을 하나씩 순차적으로 적용하면서 살균·저장 효과를 극대화하고 있다(10장 참조).

초음파와 전기 분해수 및 살균제를 병용하면 과일과 채소 표면의 깊게 갈라진 틈과 같이 세척이 용이하지 않은 부분들에 오염된 *Listeria monocytogenes*와 *Escherichia coli* 등의 병원균 살균에 효과가 있다. 또한 토마토 페이스트와 토마토 소스 제조에 있어서 손실을 유발시키는 효소들 및 오렌지 주스에서의 탁도(cloudiness)를 떨어뜨리는 효소를 불활성화할 수 있다.

또한 초음파 기술은 액상제품에서 효과적으로 공기를 제거할 수 있다. 공기는 물이나 액체보다는 열 전달 계수가 낮은 값을 갖는다. 따라서 초음파에 의해서 이런 공기층을 제거하여 주면 열 전달이 빠르게 이루어져 효율적인 열처리가 이루어지게 되며, 또 추출공정 향상에도 효과가 있으므로 초음파 기술을 단독으로 활용하기보다는 추출 공정과 함께 병용하는 것이 효과적이다.

초음파에 의한 전단력(shear forces) 발생이 세포벽을 파괴하여 물질들이 세포 밖으로 빠져나가는 효과를 이용하여 고체의 세포에서 액상물질을 추출할 때에도 이용하고 있다. 불용화된 구조가 높은 진동에 의해서 수용화된 구조로 변화되면서 입자 크기가 상대적으로 감소하여 입자와 액체가 서로 접하는 표면적이 증가하여 추출에 효과적이다. 단순히 용매에 담가 놓거나 저어 주는 것에 비해 초음파를 이용한 추출은 빠르고 완전하다. 식물 조직의 액포(vacuolar)에서 유용물질(예; 산화방지물질, 색소성분 등)의 추출에 효과적인 것으로 알려졌다. 또 초음파 에너지는 충격력을 갖고 있어 그 에너지의 크기에 따라 식물체의 조직을 파괴할 수 있고 고체 표면에 부착된 물질을 이탈시킬 수 있어 과일 등의 세척이나 용기의 세척기술로 활용되고 있다.

TIP 초음파의 활용

HPLC, GC 또는 안경의 부속품이나 미세한 곳에 축적된 물질을 제거하기 위하여 세척(cleaning)할 때 초음파를 이용하여 강한 진동을 줌으로써 이들에 흡착된 이물질을 제거하는 데 활용하기도 한다.

3) 초음파 기술의 향후 발전 전망

향후 초음파 기술은 넓은 범위의 식품산업 분야에서 다양하게 적용할 수 있는 공정으로 기대되고 있다. 그러나 초음파 기술과 같은 비가열 공정은 많은 장점을 가지고 있음에도 식품산업에 적용하는 데는 한계를 나타낸다. 일반적으로 비가열 처리는 미생물을 감소시키는 효과가 있으나 기존의 가열 공정처럼 상업적 살균에 도달하기는 어려워 살균 후 유통과정에서 상온 유통이 어렵고 유통기간도 다소 짧은 문제점이 있다. 또한 초음파 장치의 경제적 부담도 높아 현재 실용화에 어려움이 있다. 이러한 이유 등으로 초음파 처리된 제품이 거의 전무한 실정이다. 그러나 향후 식품에 대한 소비자의 요구가 새로운 맛이나 조직감, 더 나아가 특정 영양 보존 및 건강 증진 효과를 기대하고 있어 초음파 기술에 관한 기반 연구는 꾸준히 진행될 것으로 전망된다.

최근 들어 연구자들은 한 가지 방법만으로는 살균이 어렵기 때문에 가열, pH, 수분활성도, 산화환원전위 등 여러 가지 방법을 적용하는 허들 기술의 도입(10장 참조)으로 살균 문제를 해결하려고 한다. 즉 기존의 가열 처리 공정과 초음파 공정(가열-초음파)을 접목하거

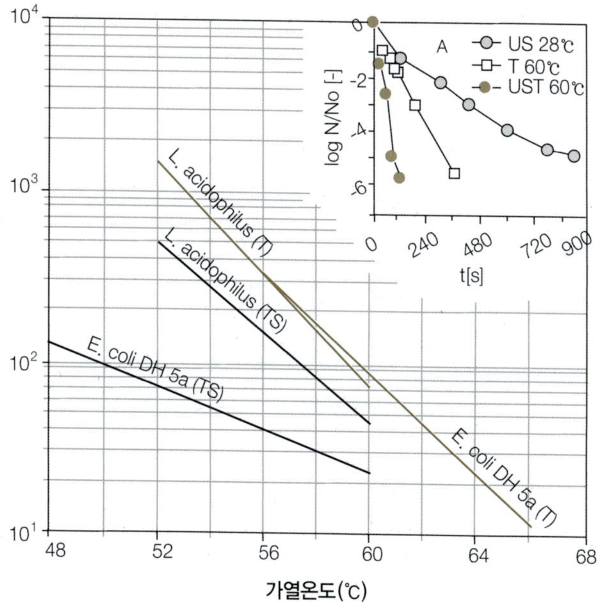

그림 8-14 모델 시스템에서의 초음파(○, US), 가열(□, T), 가열-초음파(●, UST) 후 *Escherichia coli*와 *Lactobacillus acidophilus*의 사멸 곡선

자료 : J. Food Protection 66: 1642-1649, 2003

TIP 초음파 응용

식품산업에서 초음파의 응용은 비교적 최근에 시작되어 원료 및 용기의 세척, 호프 등의 단백질이나 지방의 추출, 건조, 맥주나 음료의 거품 조절, 초콜릿 제조, 술이나 음료의 숙성 등 다방면에 이용되고 있다. 또한 육류식품의 조직검사, 액체식품의 점도 측정, 저장 및 반응기 내에서의 용액 표면의 위치 측정, 식품 품질평가 등에 응용되고 있다.

나 다른 비가열 처리 공정(고압력-초음파 또는 고압력-가열-초음파)을 함께 적용시키는 연구도 활발히 진행되고 있다. 그림 8-14는 모델 시스템에서의 초음파, 가열, 가열-초음파 후 *Escherichia coli*와 *Lactobacillus acidophilus*의 사멸 곡선을 보여주고 있다. 가열-초음파를 병행한 처리가 가장 살균 효과가 높음을 알 수 있다.

01 다음 중 식품의 온도가 가장 높게 올라가는 기술은?

① 초고압(high hydrostatic pressure)

② 감마선 조사(γ-ray radiation)

③ 초임계 유체 추출(supercritical fluid extraction)

④ 옴 가열(ohmic heating)

⑤ 고전압 펄스장(high voltage pulsed electric field)

02 처리기술과 대상 식품의 다음 관계 중 틀린 것은?

① 초고압-잼의 살균
② 초임계 유체 추출-오렌지주스의 살균
③ 옴 가열-고추장 살균
④ 마이크로파 가열-우유 살균
⑤ 고전압 펄스장-우유 살균

03 다음 식품 가운데 전자레인지(microwave oven)에서 동일한 시간 동안 처리하였을 때 가장 빨리 가열되는 식품은?

① 수분 15 % 쌀
② 수분 5 % 건빵
③ 수분 30 % 소시지
④ 수분 30 % 빵
⑤ 수분 15 % 버터

04 방사선조사를 통하여 얻고자 하는 목표로서 적절치 않은 것은?

① 발아 억제
② 훈증제 대체 효과
③ 저장기간 연장
④ 해충 감소
⑤ 곰팡이 성장 촉진

05 어느 액체식품에 함유된 미생물의 농도가 1×10^7 cells/mL이다. 이 액체식품을 감마선 조사를 실시하여 1×10^3 cells/mL으로 줄이고자 한다. 만일 이 미생물의 D값이 0.3 kGy라고 한다면 얼마만큼의 조사량이 필요한가?

① 0.3 kGy
② 0.6 kGy
③ 0.9 kGy
④ 1.2 kGy

06 방사선조사의 장점이라고 보기 어려운 것은?

① 잔류 농약이 없어짐
② 강력한 투과력
③ 다량 연속 처리가 가능
④ 식품의 온도가 올라가지 않음
⑤ 포장한 채로 살균이 가능

07 방사선조사식품과 관련하여 올바르게 설명하고 있는 것은?

① 방사선조사와 다른 가공기술을 함께 병행하는 것이 방사선조사량을 더 줄일 수 있기 때문에 효과적이고 바람직하다. 이런 기술을 허들 기술이라고 한다.

② 방사선조사를 심하게 받은 식품은 방사성 물질이 나올 수 있다.

③ 방사선조사를 받은 원료들을 함께 모아 최종적으로 한 번 더 방사선조사를 할 수 있다.

④ 방사선조사를 받은 식품의 원료가 1/2 이상은 되어야 포장재료에 방사선 처리 표시로 초록색의 표시를 할 수 있다.

08 마이크로파에 의한 가열 원리에 대해 설명하시오.

09 초고압에 의한 미생물 세포벽의 변화에 대해 설명하시오.

정답과 해설

1. ④ **2.** ② **3.** ③ **4.** ⑤ **5.** ④ **6.** ① **7.** ①

8. 식품 중의 물과 극성 물질은 교류하는 전기장에 대해 정렬을 반복하며 그 자리에서 회전하면서 마찰에 의하여 열을 발생시키고(극성 회전), 이온성 물질은 교류하는 전기장에 따라 운동하면서 운동 에너지로 열을 발생시키며(이온성 전도), 유지와 같은 비극성 물질은 교류하는 전기장에 의해 극성이 유도되어 열을 발생시킨다.

9. 세포막은 2겹의 인지방질에 단백질이 끼어 있는 형태로 이루어져 있는데, 초고압 처리를 하면 인지방질층이 상전이를 일으켜 변형되고 단백질도 변성되어 세포막의 투과성이 달라진다. 따라서 세포질에 들어 있는 아미노산이나 이온성 물질 등 세포 내의 물질이 세포 밖으로 유출되거나, 세포 외의 물질이 세포 내로 투과되어 들어간다.

CHAPTER 09

식품의 품질 수명기간

소비자가 매스컴을 통해 쉽게 접하고 우려하는 것 중의 하나가 유통기한이 지난 식품의 판매이다. 이는 식품 판매자와 소비자 간의 신뢰를 손상시키는 주원인이 된다. 그러나 유통기한이 1시간 정도 지난 식품은 절대로 먹어서는 안 되는 것이냐 하면 그렇지는 않다. 다소 품질은 떨어질지 모르나 식용하는 데 문제가 없을 수도 있다. 따라서 품질 보증기간(품질 유지기한; 상미기한)이라는 개념으로 받아들여야 한다. 유통기한과 품질을 보증하는 기한은 약간의 차이가 있는데 이에 대한 소비자 교육과 홍보가 필요한 실정이다. 품질 유지기한이나 유통기한을 어떻게 적용하고 있는지, 식품산업체에서 생산되는 다양한 제품의 경우 그 특성에 따라 어떤 방법으로 산출하여 제시하는지 알아보고자 한다. 식품마다 구성성분이 다르고 포장이나 유통 환경이 다르기 때문에 어떤 성분과 형태를 바탕으로 품질의 지표로 삼아야 하며, 이들을 이용하여 산출하는 방법 중 하나인 반응차수, 반응속도 개념에 대하여 이해함으로써 품질 수명기간을 예측하는 방법을 배우고자 한다.

1. 식품의 품질 수명기간(shelf life)이란?

우리나라 식품 유통기한의 의미는 'Expiration date'(유통기한 날짜까지만 섭취 가능) 개념이 아니라 'Sell by date'(식품의 제조일로부터 소비자에게 판매가 허용되는 기한) 개념으로서, 정해진 방법으로 보관한 경우 부패, 산패, 기타 품질 저하를 수반하는 위생상 위해 발생 우려가 없다고 인정하는 기일을 표시한 날짜이다. 이 기한 내에서 적정하게 보관, 관리된 식품은 안심하고 믿고 마시거나 먹을 수 있다는 의미이며, 제조업체가 제품의 품질이나 안전성 등에 대해 소비자에게 책임지고 보증한다는 상징이다.

저온살균 우유, 도시락, 빵, 두부 등과 같이 보존기한이 짧은 식품 등에 소비기한이라고 표시되는 것이 바로 여기에 해당된다.

식품이 최상의 품질을 유지할 수 있는 최종일을 말하며 장기간 보관하거나 유통해도 부패나 변질 우려가 없는 식품에 대해 유통기한 표시 대신 품질 유지기한으로 표시할 수 있도록 하였는데 수분함량, 수분활성도, 멸균 처리, 포장형태, 보존기준 등을 고려해 부패나 변질 우려가 없고 소비자들이 오래 보관하면서 사용할 수 있는 식품에는 유통기한 대신에 품질 유지기한으로 표현할 수 있다. 김치 절임식품(김치, 젓잘, 절임류, 멸균 처리 조림류), 조미식품(장류, 식초, 카레), 다류, 당류, 멸균 처리 음료류, 인삼 제품류, 잼류, 기타 벌꿀, 밀, 레토르트 식품, 통조림 식품 등이 이에 해당한다.

선진국에서는 대부분 유통기한 표시가 법적으로 의무화되지 않고 식품업체 자율에 맡겨져 있거나 변질이나 부패가 우려되는, 즉 품질 변화가 빠른 제품에 대해서만 소비기한/사용기한을 사용하도록 하고 있다. 그 외에는 상미기한, 품질 유지기한 등으로 표시하고 있다.

일본의 경우 품질 변화가 빠른 것으로 5일 이내에 소비되어야 하는 것은 소비기한으로 표시하고 품질 변화속도가 느린 것은 상미기한으로 표시하고 있다. 미국의 경우 제품의 특성에 따라 사용기한(use by date), 판매기한(sell by date), 포장일자(packaging date), 최상 품질기한(best before date) 등으로 나타낸다. EU는 부패하기 쉬운 것은 최종 사용일자(use by date)로 표시하고 일반 식품은 최소 품질유지 일자(date of minimum dura-bility)로 표시하도록 하고 있다.

2. 품질 유지기한의 설정과 관리

1995년부터 단계적으로 자율화를 추진하여 2000년 9월 1일부터 모든 식품의 유통기한 설정이 자율화되었고, 이에 따라 현재는 식품 제조·판매업체에서 식품별 특성에 맞춰 자율적으로 유통기한을 설정하여 표시한다.

'유통기간'의 산출은 포장완료(단, 포장 후 제조 공정을 거치는 제품은 최종 공정을 마친 시점) 시점을 기준으로 하되 캅셀 제품은 충전 성형 완료시점으로 하며, 선물 세트와 같이 유통기한이 상이한 제품이 혼합된 경우에는 유통기한이 짧은 제품을 전체 제품의 유통기한으로 정하여야 한다는 규정이 운영된다.

원칙적으로 식품의 제조·가공 영업허가를 받아 생산되는 모든 식품은 유통기한을 표시하여야 하나, 식품의 수분함량이 낮거나 미생물이 번식할 수 없는 조건 등을 갖고 있는 식품은 유통기한 표시를 생략할 수 있는데 유통기한 표시가 생략되는 식품으로는 설탕, 아이스크림류, 빙과류, 식용 얼음, 껌류(소포장 제품), 제재·가공소금 및 주류(탁주·약주 제외)가 있다.

유통기한은 정부가 식품 생산자와 판매자에게 제품명, 식품의 유형, 업소명 및 소재지, 함량, 영양성분 등에 관한 각종 식품 정보를 제품의 포장이나 용기에 표기하도록 하는「식품 등의 표시기준」에 따라 표시하게 되어 있으며, 그 방법은 다음과 같다.

① 'ㅇㅇ년 ㅇㅇ월 ㅇㅇ일까지', 'ㅇㅇㅇㅇ.ㅇㅇ.ㅇㅇ까지', 'ㅇㅇㅇㅇ년 ㅇㅇ월 ㅇㅇ일까지'로 표시함.

② 제조일을 표시하는 경우에는 '제조일로부터 ㅇㅇ일까지', '제조일로부터 ㅇㅇ월까지' 또는 '제조일로부터 ㅇㅇ년까지'로 표시함.

③ 도시락류는 'ㅇㅇ월 ㅇㅇ일 ㅇㅇ시까지' 또는 'ㅇㅇ일 ㅇㅇ시까지'로 표시함.

④ 통조림 식품은 월 표시 영문의 첫 글자를 따서 표시할 수 있음[예; 10월, 11월, 12월의 월 표시 영문 첫 글자인 O(October), N(November), D(December)로 표시할 수 있음].

⑤ 청량음료의 병마개에 유통기한을 표시하는 경우, 제조 '년월'만을 표시할 수 있으며 우유, 발효유, 젖산세균 음료는 제조 '일'만을 표시할 수 있음.

⑥ 유통기한의 표시는 식품의 사용 또는 보존에 특별한 조건이 필요한 경우 이를 함께 표시하여야 함. 즉 냉동 또는 냉장 보관·유통하여야 하는 제품은 '냉동보관' 또는 '냉장보관'을 표시하여야 하고, 제품의 품질 유지에 필요한 냉동 또는 냉장 온도를 표시하여야 함.

⑦ 유통기한이 서로 다른 여러 가지 제품을 함께 포장하였을 경우에는 그중 가장 짧은 유통기한을 표시함.

3. 품질 예측을 위한 지표물질

품질 유지기한의 예측은 일차로 미생물검사를 통하여 위해한 미생물의 오염이 일어나는지 여부를 바탕으로 설정한다. 미생물의 경우 대부분 식중독균을 대상으로 하며 특별한 경우 젖산세균이 적용되기도 한다. 그러나 미생물의 생성이 관찰되지 않는 경우에는 품질의 변화를 관능검사를 통하여 확인하게 된다. 관능적인 지표로는 성상, 물성, 침전물, 드립(drip), 점성, 케이킹, 곰팡이 발생 유무 등이 여기에 해당된다. 또 맛이나 향기 등의 변화는 미세한 화학반응들이 일어남으로써 야기된다. 따라서 식품의 유통기한을 설정하기 위한 지표로는 이화학적 지표, 미생물학적 지표, 관능적 지표가 모두 적용되어야 한다.

일반적으로 식품의 변질이 일어나는 경우 지방의 산패나 바이타민의 파괴, 색깔의 변화, 조직감의 변화 등이 예상되며 이런 변화는 동시에 일어나기도 한다. 이런 변화를 일으키는 영향인자로는 온도, 산소, 수분, 광선 등이 있으며 이 중에서도 온도에 의한 변화가 가장 큰

표 9-1 일반 식품에서 유통기한 예측시 사용되는 이화학적 지표

식품	이화학적 지표	식품	이화학적 지표
빵, 떡류	과산화물값(유탕제품), 산값(유탕제품)	견과류	수분, 과산화물값(유탕제품), 산값(유탕제품)
잼류	pH, 가용성 고형분	식육제품	TBA값, 휘발성 염기질소
어육가공품	pH, 산값	두부류	산값(튀긴 것), 과산화물값
식용유지	산값, 과산화물값	차, 커피	수분
간장	pH, 총질소, 순추출물	식초	총산값, 알코올, 산도
소스류	색도, 총산값	카레	수분, 산도
김치류	pH, 산도	젓갈류	총질소, 아미노산성 질소
주류	pH, 에탄올, 메탄올, 가스압, 알데하이드, 총산값	메주	조단백질, 아미노산성 질소, 아플라톡신 B_1
벌꿀	수분, 산도, 전화당, HMF	즉석건조식품	수분, 산값, 과산화물값(유지 함유 제품)
땅콩	수분, 아플라톡신 B_1	생식류	수분

요인이 된다.

온도에 의해 변화되는 정도가 큰 지표로 품질 변화의 지표물질로 이용될 수 있는 성분 및 이화학적 성질에는 산가, 과산화물가, 아미노태질소, pH, 산도, 아스코브산, 티아민, 레티놀, 헥산알, 생리활성물질, 엽록소, 폴리페놀 함량, 색도 등이 있다. 이러한 변화를 지표물질로 삼아 이들에 관한 kinetics를 관찰하면 식품의 변화 정도를 예측할 수가 있다. 표 9-1은 일반 식품업체에서 현재 활용하고 있는 여러 가지 일반 지표들로써 이화학적 지표들을 주로 제시하였다. 보는 바와 같이 식품의 종류에 따라 다양하다.

이화학적 변화가 객관적인 분석이라고 한다면 주관적 분석인 관능검사와의 상관관계를 바탕으로 지표물질의 변화가 소비자의 선택기준을 결정할 수 있고, 나아가 품질을 유지할 것으로 예상되는 시점까지를 예측하는 것이 가능하다.

4. Kinetics 모델

대부분의 식품의 품질 변화는 다음과 같은 관계식으로 표현할 수 있다.

$$\text{바람직한 품질의 감소} = -\frac{dA}{d\theta} = k(A)^n$$

$$\text{바람직하지 못한 식품의 변화} = -\frac{dB}{d\theta} = k(B)^n$$

$\frac{dA}{d\theta}$, $\frac{dB}{d\theta}$는 시간에 따라 A, B 성분이 변화하는 양을 나타내며 (A), (B)는 주워진 시간에서 반응물 및 생성물 A, B의 양을 나타낸다. k는 반응속도 상수를, n는 반응차수, 즉 0, 1차 반응을 나타낸다.

$$\text{0차 반응 : } A = A_0 - k_z\theta \ (n = 0\text{인 경우})$$

그림 9-1에서 보는 바와 같이 저장기간에 따라 남아 있는 양은 반응물의 농도에 영향을 받지 않는다. 시간이 지남에 따라 일정한 속도로 감소하는 경향을 보인다.

$$\text{1차 반응 : } \mathrm{Ln}A = \mathrm{Ln}A_0 - k_1\theta \ \text{ 또는 } \ \mathrm{Ln}\frac{A_0}{A} = k_1\theta \ (n = 1\text{인 경우})$$

그림 9-2에서 보는 바와 같이 1차 반응에서는 저장기간에 따라 한 가지 반응물의 농도에 따라 반응속도에 영향을 미치며 로그함수 관계로 비례하면서 감소하는 경향을 보인다.

$$\text{2차 반응 : } \alpha A + \beta B \underset{k_b}{\overset{k_f}{\rightleftarrows}} \gamma C + \delta D$$

$$\frac{-d[A]}{dt} = k_f[A]^{\alpha}[B]^{\beta} - k_b[C]^{\gamma}[D]^{\delta}$$

두 가지 반응물의 농도가 모두 반응속도에 영향을 준다. 이 미분반응식의 해를 구하면

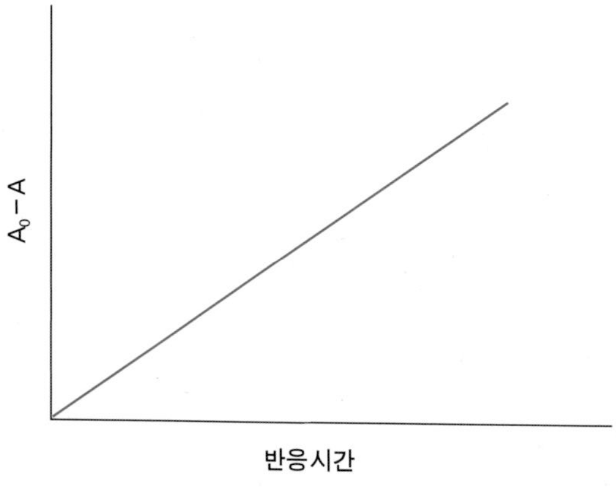

그림 9-1　0차 반응을 나타낸 저장(반응)기간과 잔존량의 관계

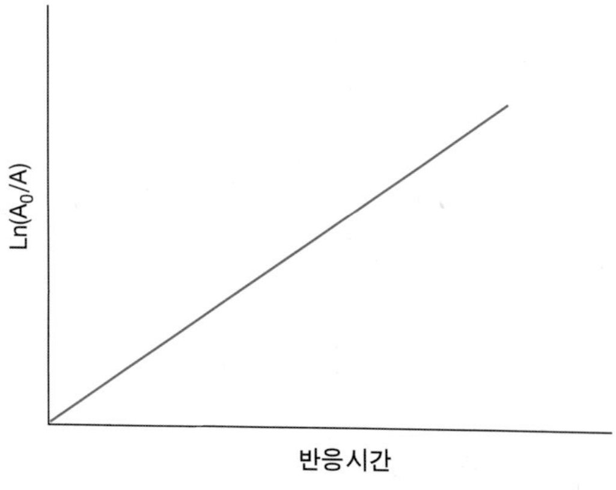

그림 9-2　1차 반응을 나타낸 저장(반응)기간과 잔존량의 지수 함수적 관계

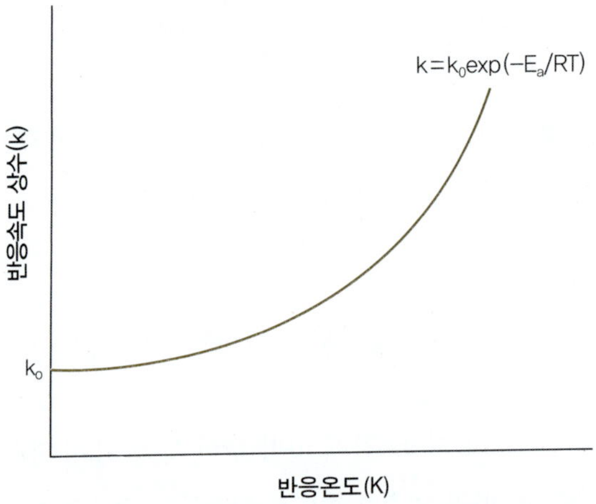

그림 9-3 아레니우스가 제안한 반응속도 상수와 절대온도 간의 관계

된다. 그러나 이 식의 풀이를 적용하여 응용하기에는 너무 복잡하다. 따라서 이런 경우에는 농도 변화에 영향을 주는 요인 하나를 무시하도록 한다. 품질 변화를 주는 성분이 바이타민 C와 산소인 경우 이 둘 중 영향이 적은 산소를 차단함으로써 한 개의 반응물에 의해서만 영향을 받게 하는 방안이다. 진공 포장을 하거나 질소를 충전하는 경우가 해당된다.

식품은 특별한 경우에는 2차 반응(속도)에 따르나 대부분 0, 1차 반응이다. 이와 같은 식품 내에서의 화학반응은 온도에 따라 영향을 받아 반응속도가 달라지는데, 이러한 변화는 아레니우스(Arrhenius)가 제안한 모델 식에 따르고 있음이 잘 알려져 있다.

$$k = k_o \exp(-E_a / RT)$$

k : 반응속도 상수 k_o : 임의의 상수 E_a : 활성화 에너지

R : 가스 상수(1.987 cal/mol K) T : 절대온도(K)

표 9-2 여러 가지 식품에서 일어나는 반응의 Kinetics 상수

반응	기질	차수	온도	D값(분)	z값(℃)
티아민 파괴	고기류	1차 반응	121.1 ℃	158	31
카로텐 파괴	간	〃	〃	43.6	25
바이타민 C 파괴	콩	〃	〃	246	50
비효소적 갈변	우유	〃	〃	12.5	26
엽록소 파괴	콩	〃	〃	13.2	38
관능적 품질	여러 가지 식품	〃	〃	5~500	26

참고로 여러 가지 화학반응의 kinetics 상수는 표 9-2와 같다.

다음 실험 결과는 130 ℃에서 가열할 때 돼지고기 티아민 성분의 손실 정도를 나타낸 것이다. 영양소의 파괴가 1차 반응이라면 반응속도 상수(k)는 얼마이며, 만일 같은 조건에서 35분 가열한다면 티아민이 얼마(%) 남아 있게 되는가를 계산하여 보자.

가열시간(분)	남아 있는 티아민(%)
1.5	95
5.0	90
7.0	80
20.0	50

1차 반응의 경우 남아 있는 양을 아래와 같이 표현할 수 있다. $A = A_0 e^{-kt}$ 로 표현될 수 있다. 양변에 Ln(상용로그로는 2.303 Log)를 취하여 반응속도 상수 k에 관하여 풀면

$$k = \frac{1}{t} \mathrm{Ln} \frac{A_0}{A}$$

따라서 1.5분 후에 95 % 남아 있다고 한 자료를 입력하면

$$k = \frac{1}{1.5\text{분}} \times \mathrm{Ln} \frac{100}{95} \fallingdotseq 0.03\,\text{분}^{-1} = 0.03\,/\text{분}$$

이처럼 반응속도 상수 k를 알면 이것을 1차 반응식에 대입하여 일정 기간이 지난 후 남아 있는 양을 구하면 된다.

$$A = 100\exp(-0.03\,/\text{분} \times 35\text{분}) = 35\ \%$$

따라서 35분 후에는 35 %의 티아민이 남는다.

5. 가속저장실험

라면이나 커피와 같이 제품의 수명기간이 1년 또는 2년씩 되는 경우 식품회사에서 신제품을 개발하거나 또는 품질 개선을 위해 제품의 수명기간 설정을 위한 실험을 한다면 상당히 오랜 시간이 요구된다. 이러한 경우에는 가속저장실험(accelerated shelf life test)을 통하여 짧은 시간 내에 식품의 화학적 변화를 관찰할 수 있다. 이와 같이 주위 환경을 임의로 변화시켜 보다 빠른 변화를 유발하여 품질 유지기한을 예측하는 방법이다. 경우에 따라서는 온도를 상승시키거나, 산소 압력을 상승시키거나 금속이온이나 광선을 쪼이는 환경을 만들어 준다. 또 수분을 증가하는 방법이나 이들을 적절히 혼합하는 방법을 활용하게 된다.

온도의 경우 보통 10 ℃를 올리면 반응속도가 2~3배 정도 빠르게 진행된다. 지방 함량이 많은 식품의 경우는 지방 산패를 촉진시키기 위하여 산소의 농도 또는 압력을 높임으로써 지방 산패반응을 촉진시키는 효과를 가져온다. 한편, 산소 농도의 경우 21 % 이하인 조건에서는 품질의 변화와 비례적인 영향을 나타내나 21 % 이상에서는 산소 농도가 증가하더라도 비례적인 변화를 보여주지 못하므로 예측하기가 어렵다. 또 조직감의 변화는 수분에 의한 영향이 크므로 상대습도를 변화시키는 경우도 있다. 따라서 가장 변화가 빠르게 일어나는 요인으로 적용되는 일반적인 온도 범위는 다음과 같다(표 9-3).

이러한 조건에서 얻은 실험 자료를 토대로 하여 Ln k vs 1/T 관계로부터 활성화 에너지를 구할 수 있고 아래 식에 대입하면 저장실험을 하지 않은 조건에서의 반응속도 상수(k_2)를 구할 수 있다(k_1을 알고 있다고 가정).

$$\mathrm{Ln}\frac{k_2}{k_1} = \mathrm{Ln}\frac{-E_a}{R}\left[\frac{1}{T_2} - \frac{1}{T_1}\right]$$

이 관계를 이용하면 임의 온도 조건, 즉 저장온도가 수시로 변화되는 조건에서의 품질 유

표 9-3 가속저장실험에서 온도 조건과 대조구의 조건

제품	가속저장실험의 온도 조건	대조구의 온도 조건
통조림제품	25, 30, 35, 40 ℃	4 ℃
건조한 제품	25, 30, 35, 40, 45 ℃	-18 ℃
냉동제품	-5, -10, -15 ℃	-40 ℃ 이하

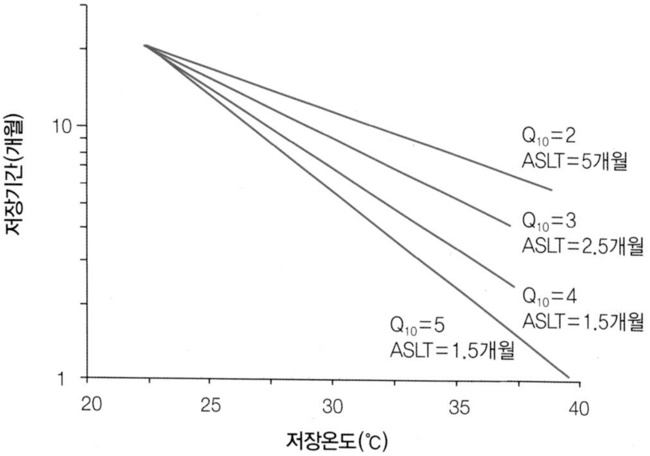

그림 9-4 Q_{10}값을 달리한 반응의 가속저장실험에서의 저장기간 예측

지기한을 예측할 수 있다. 또 Q_{10}값을 이용하면 각각의 다른 온도 조건에서 저장하였을 때의 저장기간을 예측할 수가 있다. 그림 9-4에서 보는 바와 같이 Q_{10}값이 2인 경우 x축의 저장온도를 연결하면 해당 온도에서의 저장기간을 알 수 있으며 이보다 더 빠르게 반응하는 것으로 Q_{10}값이 3 또는 4, 5인 경우에 해당 곡선을 이용하면 저장기간(품질 유지기한)을 예측하는 것이 가능하다. 이처럼 오랜 기간 동안 저장실험을 거치지 않더라도 짧은 기간 동안의 반응만으로도 저장기간 중 변화되는 품질의 정도를 예측할 수 있다.

6. 품질 유지기한의 예측

품질 유지기한을 설정할 때 저장기간에 따라 미생물의 수 또는 관능검사, 영양성분의 잔존량 간의 상관관계를 통하여 결정한다. 예를 들어 분말 주스를 저장기간별로 관능검사를 하여 점수로 나타내고 같은 저장기간에 잔존 바이타민 C의 양을 측정하여 이 두 변수 간의 상관관계(그림 9-5)를 얻어 내어, 이 관계로부터 먹기에 곤란한 경우에 해당하는 잔존량이 얼마인가를 알 수 있으며 또 일일이 관능검사를 실시하지 않고도 바이타민 C의 양을 분석함으로써 저장기간이 얼마나 되었는가를 판단할 수 있어 결국 품질 유지기간을 예상할 수 있다.

그림 9-6에서 보는 바와 같이 물건을 싣고 내리는 과정 중에 실외 온도에 노출되면서 일

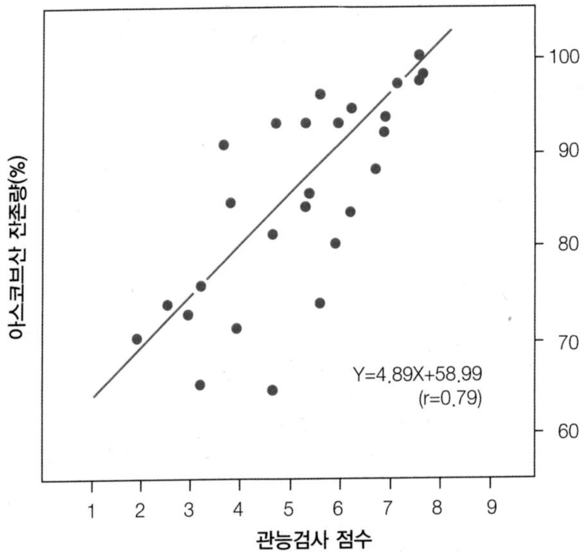

그림 9-5 분말 주스의 관능검사 점수와 아스코브산의 잔존량 관계

자료 : Lee & Noh. 한국식품과학회지, 14 : 330-335, 1982

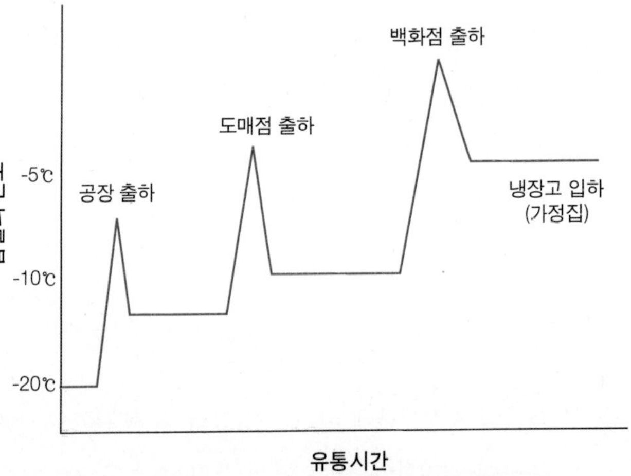

그림 9-6 유통 중 출하 입고에 따른 제품의 온도 변화

시적으로 급속한 온도 상승이 이루어진다. 이 같은 온도 조건이 수시로 변화하는 유통 조건에서의 품질 유지기한을 예측하고자 한다면 임의의 각 온도 조건에서의 반응속도 상수(k)를 각각 구하고 해당 온도 조건 하에서 노출된 시간 동안 얼마큼 변화되었는지를 일차적으로 예측하며, 해당 온도 조건에서 파괴되고 남아 있는 양은 다음 온도 조건에서의 A_o

TIP 안전계수(Safety Factor)

품질 유지기한의 예측은 제조한 식품이 가장 안전한 조건에서 제조되어 다른 외부 환경에 의한 변화가 가장 적게 일어났을 때를 기준으로 하여 예상을 한 것이므로 실제 상황은 여기에 미치지 못하는 경우가 더 많다. 영세 제조업자의 경우 제조 공정이 HACCP을 적용할 수 없을 정도로 환경이 매우 열악한 조건이라면 예상한 품질 유지기간에 대하여 안전계수 값으로 0.6~0.65 정도의 값을 곱하여 주어 실제 얻어진 기간보다도 작은 값을 대신하는 것이 바람직하다. 그러나 대기업으로 매우 위생적인 환경에서 안전하게 생산이 되어진다면 안전계수는 0.8값만을 고려하여도 무방하다.

만일 100일이라는 제품 유지기한을 얻게 되었다고 한다면 안전계수 0.8값을 고려하여 80일이라고 간주하는 것이다. 이처럼 제조 환경에 따라 안전하게 각각 다른 안전계수를 고려해 주는 것이 보다 안전한 품질 관리 수행을 위해 바람직하다.

값에 해당하므로 이를 대입하여 다음 온도 조건에서의 반응속도 상수와 초기 농도(A_o값)를 대입하여 1차 반응식에 적용하면 된다.

따라서 그때그때 A_o값이 달라지고 반응속도 상수와 기간이 달라져 각각의 온도 조건에서의 변화량을 모두 합쳐 나가면, 누적 효과에 따라 남는 양이 계산되는데 이것을 도해법에 의하여 합산하면 다음과 같이 된다.

$$\mathrm{LnA} = \mathrm{LnA}_0 + \sum_{i=0}^{n}(k_i \cdot \Delta\theta_i)T_i$$

A : 저장 후 최종 시점에 남아 있는 양　　A_o : 저장 초기의 양
T_i : i 조건에서의 저장온도　　k_i : T_i 온도에서의 반응속도 상수
θ_i : T_i 온도에서의 저장시간

7. 시간-온도 지시계

적절한 온도를 유지하여 보관하고 유통하여야 함에도 불구하고 온도 관리가 잘 이루어지지 못하여 제품의 품질이 변하게 되는 경우가 있다. 이런 경우 지난 시간 동안의 저장온도에 대한 이력(history)을 가늠할 수 있는 지시계가 바로 시간-온도 지시계(time temperature indicator; TTI)이다. 이것은 정해진 온도 조건에서 보관이 이루어지지 않은 경우 온도 관리가 잘못된 것을 일반인들이 쉽게 파악할 수 있도록 알려주는 지시 시스템이다.

그림 9-7 시간-온도 지시계를 부착하여 냉동온도 조건을 달리한 고기를 구별

왼쪽 : 냉동온도 제대로 유지, 오른쪽 : 냉동온도가 상승한 적이 있는 경우
(0, 1, 2, 3 : 품질의 상태에 따른 표준색, 타원형 안의 색깔과 비교)

이 시스템은 효소(주로 lipase나 phospholipase)와 효소의 기질(triolein), 그리고 pH에 따라 각각 다른 색을 보여주는 지시계 3가지 정도를 혼합하여 사용한다. 메틸오렌지, 메틸레드, 브로모페놀블루 등 그 외의 여러 지시약이 이용될 수 있다.

원리는 -18 ℃에서도 효소반응을 하는 라이페이스, 포스포라이페이스의 활성을 바탕으로 하는 것이다. 즉 -18 ℃ 이하로 저장이 되면 아무런 효소반응이 일어나지 않다가 잠시라도 관리를 소홀히 하여 저장온도가 높아지면 효소의 활동이 활발히 이루어져 기질인 트라이올레인을 가수분해하게 되고 여기서 생성된 올레인산에 의해 pH의 변화가 일어난다. 이러한 pH 변화는 지시계의 색 변화로 나타나 결국 온도 관리가 잘못되었음을 알 수 있다. 이때 기준이 되는 색깔의 pH와 일치되는 것을 바탕으로 신선한 것, 먹어도 되는 것, 먹기에는 조심스런 것, 먹어서는 결코 안 되는 것 등으로 나누어 나타낸 색과 효소반응에 의해 생긴 색과 비교하여 저장온도 이력을 예측하고 품질의 상태를 파악할 수 있는 시스템이다.

군용식량이나 비상식량으로 장기간 보관하게 되는 경우 이런 지시계를 사용할 수 있다. 그림 9-7은 햄버거에 들어가는 고기를 보관 상태에 따라 타원형의 가운데 부분의 색과 1, 2, 3, 4로 나타낸 부위의 색과 비교하여 품질의 상태를 예측하는 시스템의 한 예를 제시한 것이다. 또 다른 형태의 시간-온도 지시계로 다이아세틸렌 단량체(diacetylenic monomer)에 의한 중합반응을 토대로 하여 식품의 신선도가 신선한지, 먹어도 괜찮은지, 먹어서는 안

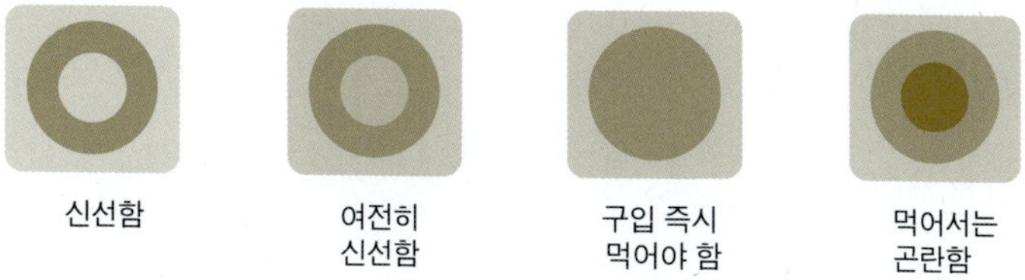

그림 9-8 다이아세틸렌 단량체 중합반응에 의한 색 변화

자료 : http://www.lifelinestechnology.com

되는 것인지를 소비자가 판단할 수 있는 색도 시스템을 제시하고 있다(그림 9-8). 앞에서 설명한 시간-온도 지시계에 비하여 저렴한 편이다.

연습문제

01 가속저장실험을 수행할 때 품질의 변화가 가장 적다고 예상되는 품질은?

① 색도 ② 조직감 ③ 당도
④ 수분 ⑤ 생리활성물질

02 다음 중 1차 반응에 따른 것이 아닌 것은?

① 지방 산패 ② 방사선물질의 파괴 및 반감기
③ 아스코브산의 산화 ④ 비효소적 갈변 ⑤ 카로텐 파괴

03 유통과정 중 일어날 수 있는 품질 변화는 어떤 것인가?

① 아크릴아마이드의 생성 ② 아미노카보닐 반응 ③ 캐러멜화 반응
④ 미생물의 번식 ⑤ 라이시노알라닌의 생성

04 가속저장실험을 수행할 때 변화를 줄 수 있는 조건들이 아닌 것은?

① 온도 상승 ② 광선의 양 증가 ③ 이산화탄소의 증가
④ 수분 증가 ⑤ 산소량의 증가

05 가속저장실험을 수행할 때 산소의 압력 변화 조건으로 적당한 것은?

① 0, 1, 3, 5 % ② 10, 15, 20, 25 %
③ 15, 20, 30, 40 % ④ 30, 40, 50, 60 %

06 가속저장실험 수행시 냉동식품의 경우 대조구의 보관 온도로 적절한 것은?

① -0 ℃ ② -18 ℃
③ -24 ℃ ④ -40 ℃

07 일정 온도 조건에서 저장기간별로 반응속도 상수를 구하면서 0차 반응이라고 간주하였더니 평균값과 더불어 r^2값이 0.9238이 얻어졌고, 1차 반응이라고 간주하였더니 r^2값이 0.9542가 얻어졌으며, 2차 반응이라고 간주하였더니 r^2값이 0.9947이 얻어졌다. 그렇다면 이 반응은 몇 차 반응에 가깝다고 보는가?

① 0차 ② 1차
③ 2차 ④ 혼합 차수 반응

08 저장기간별 관능검사 결과와 이화학적 특성 간의 상관관계식으로부터 어느 것을 품질 지표로 선택하여 품질 유지기한을 예측하는 데에 활용하는 것이 바람직한가?

① 환원당 관계식 $y = 0.0915x - 10.484$ $r^2 = 0.95$
② pH 관계식 $y = 8.3662x - 31.494$ $r^2 = 0.91$
③ 카보닐화합물 관계식 $y = 0.0393x - 2.2771$ $r^2 = 0.99$
④ 바이타민 C 관계식 $y = 1.2345x^2 - 0.0242$ $r^2 = 0.93$

09 안전계수를 고려해야 할 경우가 아닌 경우는 어떤 것인가?

① 공정 생산 경험이 부족한 제조업자의 제품

② 날씨가 더운 가운데 파리나 쥐 등의 오염 가능성이 높은 공장에서의 제조품

③ 냉동 체인으로 -18 ℃가 유지되어야 하는데 냉동 능력이 -8 ℃밖에는 유지되지 못하는 공장의 제품

④ 원료가 매우 다양하고 유해 미생물의 오염 가능성이 높은 환경에서의 제조품

⑤ HACCP 등이 철저히 이루어지고 있는 위생적인 환경에서의 제품

10 신제품 식품을 개발하기 앞서 이 제품의 유통기한을 설정하고자 한다. 어떻게 실험하여 결정을 해야 하는가?

11 Kinetics를 이용하여 품질 유지기한이 60일 정도 유지되는 것으로 예측을 하였으나 우리 공장의 열악한 시설과 품질관리 능력을 고려한다면 다소 조정되어야 할 것이다. 얼마로 최종 결정할 수 있는가?

12 다음과 같은 성분으로 구성되어 있는 새로운 제품의 유통기한 설정을 위한 품질지표로 어떤 것을 선택하여야 하는가?

제품의 구성성분 : 고과당, 양조식초, 함수 결정 포도당, 레몬 농축 과즙, 정제염, 레몬, 마늘, 레몬 향, 올리브유

정답과 해설

1. ③ **2.** ② **3.** ④ **4.** ③ **5.** ① **6.** ④ **7.** ③ **8.** ③ **9.** ⑤

10. 다음과 같이 7단계를 거쳐 예측할 수 있다.

1) 품질지표를 선택하여 이를 대상으로 4가지의 온도에서 저장 실험

2) 관능검사로 관능평가점수(먹지 못함 포함)와 저장기간 간의 상관관계를 확보

3) 관능검사와 품질지표 간의 상관관계를 확보

4) 각 온도별 반응속도 상수를 계산하고 이를 토대로 활성화 에너지를 계산

5) 임의의 온도(실험하지 않은 온도)에서의 반응속도 상수를 계산

6) 저장기간 및 저장온도별로 어느 정도 품질지표가 감소되는지 파악

7) 이를 누적하여 계산한 다음, 먹기에 곤란한 관능점수를 갖는 품질지표값과 일치하는 시점이 유통기한이며 여기에 안전계수를 고려하면 최종적으로 유통기한을 예상할 수 있다.

11. 환경이 매우 열악한 조건이라고 한다면 60일의 유통기한에 대하여 안전계수값으로 0.6을 곱하여 36일로 정하면 된다.

12. 이 제품에서 저장기간에 따라 가장 변질이 일어날 수 있는 것으로는 레몬 향과 올리브유로 지방성분에 해당이 된다. 따라서 과산화물값이나 헥산알 등을 품질지표로 선택할 수 있을 것이다.

CHAPTER 10

허들 기술(Hurdle technology)

식품을 저장하거나 가공하는 과정에서 식품이 함유하고 있는 영양성분이나 생리활성물질들의 파괴가 일어나는데 최근에는 이런 영양성분이나 생리활성물질에 대한 가치가 상대적으로 높아져서 최소한의 파괴를 요구하고 있다. 따라서 기존의 열처리방법이나 기타 방법을 사용하여 안전한 식품으로 제조, 보관하는 데에는 한계점에 도달하기에 이르렀다. 최소 가열처리방법 등이 각광을 받고 있는 이유도 바로 이 때문이다. 식품을 오랫동안 저장하는 과정에서도 마찬가지로 많은 양의 보존제를 첨가하기보다는 필요한 양만큼, 더 나아가 필요하다고 생각되는 양보다도 적게 첨가할 수 있는 방법을 도입하고자 한다. 이런 문제점을 고려하여 고안된 방법으로 여러 가지 처리방법을 한꺼번에 도입하여 열처리를 최소화하거나 혹은 식품첨가물의 양을 보다 더 최소화할 수 있는 방법을 적용하는 기술을 이해함으로써 소비자들에게 보다 만족스러운 제품을 제공할 수 있을 것이다.

1. 허들 기술의 배경과 개념

보다 안전한 식품을 제공받고자 하는 것은 소비자들이 가장 우선시하는 요구 사항이다. 미생물에 의한 오염과 부패, 이로 인하여 발생하는 식중독 사고를 예방하기 위하여 사용되는 보존기술로, 예를 들면 냉동, 살균, 레토르트 제품화, 그리고 캔 제품화 등이 사용되고는 있으나 일부분 아직도 충분히 그리고 완전한 통제가 이루어지지 못하고 있는 실정이다.

한편, 최근 소비자들은 건강에 대한 인식이 높아짐에 따라 영양가가 높으면서 맛이 있는 식품을 선호하게 되어 더욱 자연적이고 신선한 식품을 요구하기에 이르렀다. 이와 더불어 식품가공과 저장기술이 발전하면서 제조자들의 입장에서는 가공과 저장이 보다 간단하고 용이하며 경제적인 방법을 요구하게 되었다. 이런 경향 속에서 최소의 공정을 통해 식품을 가공 또는 저장하는 방법들이 모색되기 시작하였다. 식품 제조자들은 소비자들로부터 제품을 보다 온화한 보존방법을 사용하여 제조하고 유통하라는 요구를 받고 있다.

이 방법은 최근 새롭게 개발된 것은 아니다. 미생물의 안정성과 식품의 안전성에 영향을 미치는 보존 요소들은 여러 세기에 걸쳐서 잘 알려져 있다. 특히 개발도상국가의 많은 전통음식들이 이러한 개념들을 의식하지 못한 채 적용해 왔다. 중국식 소시지가 그 한 예이며, 식품은 아니지만 고대 이집트의 미라를 오래 보관하면서 적어도 3가지 이상의 허들 기술이 적용되었는데 낮은 수분활성도(A_w 0.72), pH 10.6의 알칼리성, 그리고 보존제(향료, 향료식물)가 이에 해당한다. 허들 기술은 실로 긴 역사를 가진 기술이다.

식품 제조자들도 식품사업을 통한 이익을 창출하기 위해서는 보다 진보적인 방법으로 온화한 처리에 의해 에너지를 절약할 수 있어야 하며, 또 신선하면서도 안전한 식품을 생산해야만 경쟁에서 살아남을 수 있게 되었다. 이런 상황에 맞는 허들 기술이야 말로 새롭게 적용되어야 하는 기술 중의 하나이다.

허들 기술은 품질 변화에 영향을 미치는 미생물들이 도저히 극복할 수 없는 장애 조건(hurdle)을 여러 번 제공하여 식품의 저장성을 향상시키는 방법이다. 한 개의 장애 요소를 제공하는 것이 아니라 여러 가지의 장애 요소를 순차적으로 제공함으로써 다양한 조건들이 혼합 또는 혼용되는 방법으로, 이는 combined method라고 불리기도 한다. 즉 여러 가지의 장애 요소를 연속적으로 제공함으로써 부가 효과 또는 상승 효과가 기대되며 유해 미생물의 번식과 성장을 억제시켜 안전한 식품을 제조하는 가공, 저장 방법이다.

허들 기술에 의하여 저장된 식품들은 냉동, 냉장 없이도 안전하게 유지되고 성분이 안정된 상태에서 간단한 가공방법이 적용되므로 관능 평가와 영양가 면에서도 우수한 것으로 알려져 있다. 예를 들어 수분활성도가 높은 식품이라고 한다면 pH, 가벼운 열처리, 보존제 사용(일반적인 양보다는 적게 첨가), 보호 포장 등과 같은 장애 요소를 제공하여 저장성을 훨씬 더 강화하는 제품을 제조하는 방법이다. 이 방법은 저개발국가나 경제적으로 어려운 환경 속에서 값비싼 냉동이나 냉장에 의한 저장을 수행하기 어렵다면 매우 효과적인 저장 방법이 될 수도 있다.

제품에 따라 식품첨가물을 많이 사용하는 경우가 있다. 이런 제품들은 많은 양의 식품첨가물이 첨가되어 맛이 저하되고, 또 새로운 첨가제의 사용에 대한 법적 승인 절차가 요구되기도 한다. 그뿐만 아니라 첨가제들이 불필요한 부반응을 일으키기도 한다. 이에 비해 허들 기술은 가공, 저장 방법이 쉽고 안전하며 맛이나 질, 영양가 면에서도 우수하다는 장점을 갖고 있어 세계 여러 나라에서 수용하고 있다.

2. 저장식품에서의 장애 요인들

식품에 존재하는 관심 있는 미생물들이 극복할 수 없는 장애물이나 허들(hurdle)들이 식품의 안전성에 기여한다. 그 이유는 여러 장애 요인이 유해 미생물이 지속적으로 생존하고 번식하지 못하도록 방해를 하므로 부패되거나 식중독이 발생되는 것을 억제하기 때문이다.

안전한 식품을 만드는 데 일반적으로 이용되는 것 중에는 가열, 냉각, 동결, 동결건조, 발효, 훈연, 산소 제거 등 많은 가공법이 있다. 이 가공법들은 허들 기술이 거의 사용되지 않는 방법으로 한 가지 방법에 의하여 미생물을 죽이거나 성장을 억제시키는 방법이다.

하지만 허들 기술은 마치 장애물 경기를 하는 선수가 미생물이라고 가정하고 한 가지 허들을 넘고 나면 또 다른 장애물을 제공하고 또 다른 장애물을 계속 제공하여 궁극적으로 마지막 장애물을 넘지 못하도록 유도하는 방법이다. 이런 장애물에 해당하는 허들의 예로는 고온 처리(F값), 저온저장(t값), 수분활성도(A_w), pH, 산화환원 전위(redox potential; Eh), 보존제, 경쟁 미생물(K-F) 등이 있다.

미생물들은 각각의 장애 요인을 극복하기 위하여 어떠한 양만큼의 노력을 한다. 장애 요인이 높을수록 미생물의 통제 효과는 더 커진다. 즉 유해 미생물이 이를 극복하고자 한다면 더 많은 유해 미생물이 필요하다. 살균과 같은 열처리방법은 많은 종류의 미생물에는 높은 장애 요인이 되지만, 반면에 소금의 함량과 같은 장애 요인은 일부 제한된 범위의 미생물들에게만 영향을 주는 강하지 않은 장애 요인이 된다. 이처럼 이들 중 일부는 주요 장애 요인이고 일부는 부수적인 장애 요인이다. 표 10-1에서 보는 바와 같이 가열, 저온살균,

표 10-1 식품저장에 사용이 가능한 장애 요인들

분류	장애 요인(hurdle)
물리적 장애 요인	높은 온도 가열(살균, 저온살균, 데치기), 낮은 온도 처리(냉장, 냉동), 자외선 조사, 이온 조사, 마이크로파 에너지, 초음파, 고전압 펄스, 자기장 펄스, 초고압, 포장 필름(활성물질 코팅, 식용 필름), 무균 포장, 식품의 미세화, 포장(가스 충전, 진공, 진공과 활성 포장)
이화학적 장애 요인	낮은 수분활성도, 낮은 pH, 낮은 산화환원 전위, 염, 질산염, 이산화탄소, 산소, 오존, 유기산, 락트산, 아세트산, 아스코브산, 아황산염, 아질산염, 인산염, 글루코노-델타-락톤, 페놀, 금속제거제, 계면활성제, 에탄올, 프로필렌글리콜, 메일라드 반응 생성물, 향료, 허브, 라이소자임, 락토퍼옥시데이스, 훈증
기타 장애 요인들	Monolaurin, 유리지방산, 키토산, 염소, 항생물질, 박테리오신, 보호 배지, 경쟁균

데치기, 냉장, 냉동, 자외선 조사, 이온 조사, 마이크로파 에너지, 초음파 등과 같은 물리적 장애 요인과 수분활성도, 낮은 pH, 산화환원 전위, 염, 이산화탄소, 산소, 오존, 유기산, 젖산(lactic acid), 아세트산, 아질산염, 인산염, 금속제거제, 계면활성제, 에탄올, 향료, 허브 등과 같은 화학적 장애 요인 그리고 키토산, 염소, 항생물질, 박테리오신, 경쟁균과 같은 다양한 장애 요인들이 복합적으로 식품저장에 이용될 수 있다.

3. 허들 기술의 효과

허들 기술의 효과는 그림 10-1에서 보는 바와 같이 여러 가지 형태를 선택할 수 있고 각 경우마다 효과의 정도는 각기 다르다.

보기 1(No.1)은 허들 기술의 원리를 설명하는 것으로 각각의 장애 요인을 하나씩 넘어야만 미생물이 살 수 있기 때문에 결국 여러 개의 장애 요인을 거치면서 미생물의 수는 줄어들게 되고 식품은 보다 안전하게 된다는 기본 원리를 보여준다.

여기에는 7가지 장애 요인(열처리 F값, 냉동 t값, 수분활성도, pH, 산화환원 전위, 보존제, 경쟁균)을 순차적으로 처리한 과정을 제시한 것으로 어떤 미생물은 몇 개의 허들을 뛰어넘을 수도 있으나 어떤 세균도 동시에 함께 사용된 모든 허들을 다 극복하지는 못한다. 그러므로 식품은 유해 미생물로부터 안전하다. 각각 장애 요인의 높이(역치)는 다를 수 있으며 여기에 제시한 같은 높이의 강도는 모든 장애 요인의 역치가 동일한, 단지 이론적인 경우를 제시한 것으로 실제 상황에서는 드물다.

보기 2(No.2)는 보다 실제적인 상황에 해당하는 예로, 모든 장애 요인의 강도를 다르게 하였으며 냉장 처리와 같은 보존온도를 조절한 다음 수분활성도를 낮추어 주고 pH를 어느 정도 조절한 다음, 산화환원 전위를 조절하고 보존제로 마지막 장애 요인을 넘지 못하도록 처리한 것이다. 이 제품에서 수분활성도와 보존제가 주요 장애 요인에 해당하며 냉장 또는 냉동(t)과 산화환원 전위(Eh), 그리고 pH는 단지 부수적인 장애 요인으로 그 역치는 약한 정도로 처리한 것이다. 점선(……)으로 표시된 부분은 미생물을 나타내는 것으로 마지막 장애 요인을 넘지 못한다는 것은 결국 해당 장애 요인에서 거의 죽고 만다는 것을 의미한다. 이 다섯 가지의 장애 요인들은 이와 같은 제품에 해를 가져올 수 있는 미생물들을 저

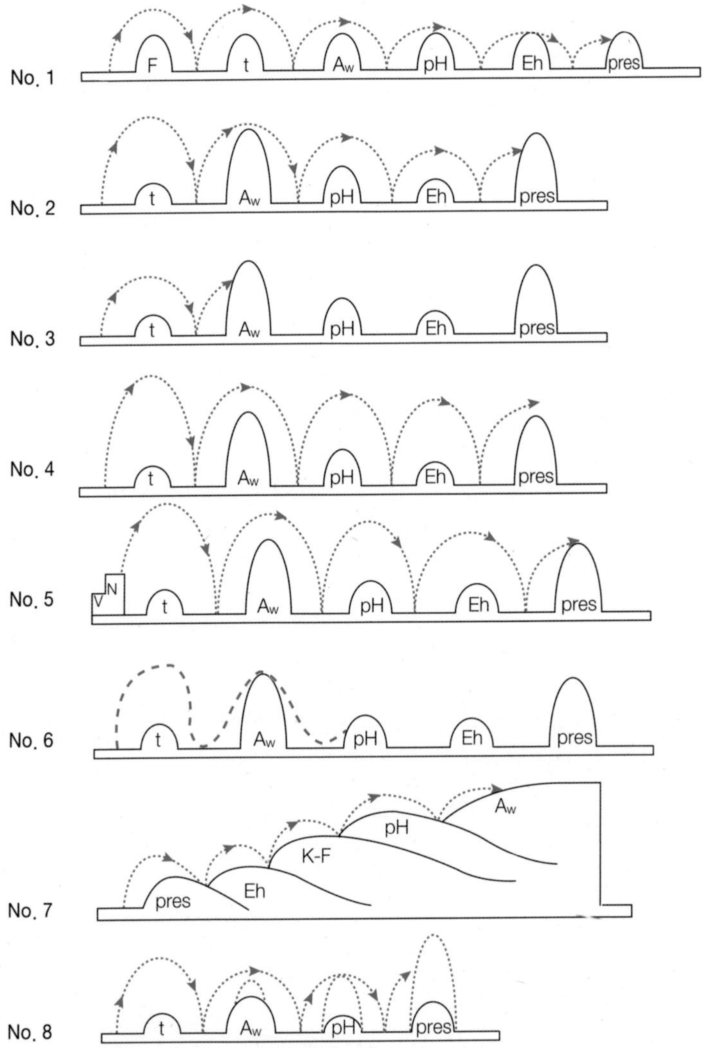

그림 10-1 각종 허들이 적용된 가상적인 8가지 경우

열처리(F), 수분활성도(A_w), pH, 보존제(pres), 냉장 또는 냉동(t), 산화환원 전위(Eh), 제품의 안전성에 기여하는 경쟁균 (competitive flora; K-F), 영양가(V), 바이타민(N)

해하기에 충분하다.

보기 3(No.3)은 보기 2의 경우와 마찬가지로 장애 요인과 강도를 같게 처리한 것이나 만일 초기 단계에 단지 몇 개의 미생물이 존재하였다면, 장애 요인의 개수를 적게 한다거나 장애 요인의 역치를 낮추어도 미생물에 대한 안전성을 확보할 수 있다. 이 경우 저온 처리와 수분활성도만을 조절하여 해결할 수 있는 경우이다. 쉽게 부패하는 식품의 무균포장은 바로 이런 원리에 기초를 두고 있는 것이다.

보기 4(No.4)는 초기부터 점선의 크기가 높은 상태로 위생적인 환경이 좋지 못하여 유해한 미생물의 숫자가 많을 때는 보통의 장애 요인으로는 미생물에 의한 부패나 식중독을 막기가 어렵다. 여러 가지 장애 요인들을 제공하여도 점선으로 표시된 미생물의 개수가 좀처럼 줄어들지 않는 경우이다. 이러한 경우 충분한 살균 효과를 기대하기 어렵다.

보기 5(No.5)는 영양가(V)와 바이타민(N) 등이 많은 식품으로 미생물의 성장에 좋은 환경을 제공하게 되므로 초기 미생물의 숫자가 상승 효과를 일으켜 급속히 많아진 경우이다. 이런 제품에서는 장애 요인을 보다 강화해야 한다. 그렇지 못하면 유해한 미생물들이 활발하게 성장하게 된다.

보기 6(No.6)의 경우는 식품에서 치명적인 해를 입은 미생물들의 행동을 설명한 것으로, 예를 들면 고기제품에서 세균 포자가 치명적 해를 입었다면 이런 포자로부터 얻어진 영양세포들은 생명력이 결핍되어 적은 수의 장애 요인이나 낮은 수준의 역치만으로도 저해될 수 있다. 발효 소시지나 햄 제품의 경우 연속적인 장애 요인들에 의한 가공 공정을 통해 미생물에 대한 안전성 확보가 가능하다.

보기 7(No.7)의 경우는 발효 소시지에서 연속적인 장애 요인을 설명한 것으로 소시지에서 활발히 작용하기도 하고 또는 사라지기도 하는 다섯 가지의 다른 장애 요인을 나타낸 것이다. 이 허들 기술은 부패균이나 식중독균을 효과적으로 저해하고 제품의 안전성에 기여하는 경쟁균(competitive flora; K-F)을 선택하기에 유리하므로 발효 소시지의 숙성기간이 매우 중요한 역할을 한다. 이 경우 이용될 수 있는 경쟁균으로는 젖산세균이 유용하다.

보기 8(No.8)은 여러 가지 방법을 혼합하여 저장하는 경우 서로 다른 장애 요인들이 안전성에 부가적인 효과가 있을 뿐만 아니라 상승 효과를 유발할 수 있다. 장애 요인의 상승 효과는 서로 다른 장애 요인들이 서로 다른 목표 대상을 갖는다면 항상성(homeostasis)을 방해할 것으로 기대할 수 있기 때문이다. 이것은 부패균 또는 식중독균이 유도기를 극복하기 어렵게 되고 증식이 지연됨으로써 결국 미생물들은 죽게 된다. 이와는 반대로 온화한 장애 요인을 적용하였을 때 미생물들이 안전해질 수도 있으므로 이런 경우 선택한 장애 요인 이외의 것을 선택하고 역치도 보다 높은 값을 적용하는 것이 유익한 방법이 될 수도 있다.

식품에 따라, 또는 식품에 존재하는 유해 미생물에 따라 장애 요인을 선택함에 있어 장애 요인의 순서나 그 역치 정도는 다양할 수 있다.

4. 허들 기술을 이용한 저장식품

앞서 설명한 여러 가지의 장애 요인을 적용하여 보다 안전한 식품을 제조하고자 하는데 이는 식품에서 번식, 성장하는 미생물의 종류에 따라 각기 다른 모델(보기 1~8)을 선택하는 것이 바람직하다.

가열 처리와 방사선조사는 상승 효과가 있어 미생물이나 효소를 불활성화시키는 데 매우 효과적이다. 따라서 이 두 가지 방법을 병행함으로써 방사선조사 정도를 상대적으로 줄일 수 있다.

허들 기술을 한 가지만 적용하는 것보다는 2가지 이상을 복합적으로 사용하는 것이 누적 효과에 따라 보다 더 효과적일 수 있다. 이런 관계를 보여주는 것이 그림 10-2이다. 한 개의 허들 기술을 적용하였을 때는 식품의 안전성에 대하여 매우 불안정하다. 그러나 여러 가지 허들 기술이 복합적으로 사용되면 한 개만을 적용하였을 때에 비하여 그 효과가 누적되어 식품의 안전성은 높아져 상대적으로 안정감을 주게 되는 것이다.

방사선조사방법을 적용한 다음 여기에 또 다른 combined method에 하나로 첨가물을 사용하는 방법이다. 표 10-2는 오렌지 주스에 방사선조사와 소브산포타슘을 함께 처리함으로써 풍미를 개선한 경우이다. 표에서 보는 바와 같이 방사선조사 처리와 소브산칼륨을 함께 처리한 것이 방사선조사 처리만 수행한 것에 비하여 풍미(향기) 및 선호도 면에서 개선되었으며, 색깔에서도 아무런 차이가 나타나지 않았다. 또 바이타민 C의 잔존량에서도 방사선조사만 처리한 것은 19.9(0일)와 3.4(90일) mg/100 g인 데 비하여 두 가지 처리를 혼용한 경우에서 27.8(0일)과 20.8(90일) mg/100 g으로 나타나 바이타민 C의 파괴도 상당히

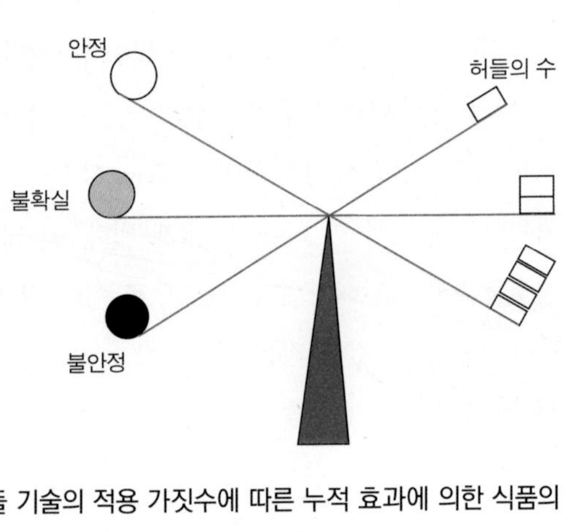

그림 10-2 허들 기술의 적용 가짓수에 따른 누적 효과에 의한 식품의 상대적인 안전성

표 10-2 방사선조사와 소브산포타슘 처리 효과가 오렌지 주스의 품질에 미친 효과

분석 항목	저장기간(일)	방사선조사	방사선조사+ 소브산포타슘	비방사선조사+ 소브산포타슘
풍미(향기)*	0	1.9±0.7	7.1±0.4	7.3±0.5
	90	4.3±0.7	7.0±0.5	6.9±0.4
전체 선호도*	0	2.1±0.4	7.9±0.4	7.9±0.4
	90	4.5±0.5	6.6±0.5	6.8±0.4
갈변화(OD_{420})	0	0.03	0.03	0.03
	90	0.34	0.11	0.09
바이타민 C(mg/100 g)	0	19.9±0.7	27.8±1.2	30.3±1.0
	90	3.4±0.2	20.8±0.8	24.9±0.7

*Hedonic scale(9: 매우 좋음, 1: 매우 나쁨)

표 10-3 발효 소시지의 숙성기간 중 적용된 장애 요인

장애 요인의 순서	질산염 → Eh → K-F → t → pH → A_w → 훈연
미생물의 저해	질산염 : *Salmonella* spp. pH, Eh, t : *S. aureus* pH와 A_w : *Cl. botulinum* 훈연 : 바람직하지 못한 곰팡이

적은 것으로 나타났다.

앞서 2가지의 장애 요인을 적용하였는데 경우에 따라서 여러 가지를 함께 복합적으로 또는 순차적으로 적용하여 저장 효과를 기대할 수 있다. 이번에는 7가지의 장애 요인을 적용한 경우를 살펴보도록 하자. 표 10-3은 발효 소시지의 숙성기간 중 적용된 장애 요인들과 이 요인들에 의해 바람직하지 못한 미생물들이 저해를 받는 데에 있어 중요한 역할을 하고 있음을 보여주는 것이다.

표 10-3에서 보는 바와 같이 발효 소시지의 숙성과정의 초기 단계에서 중요한 장애 요인은 *Salmonella* spp.의 성장을 억제하는 아질산염이고 다른 균들의 성장으로 인해 산화환원 전위가 감소하므로 이때 산환환원 전위의 역치를 높여서 강화해야 한다. 이렇게 되면 *S. aureus*와 같은 호기성 미생물을 저해하고 앞에서 언급한 바와 같이 젖산세균과 같은 경쟁균의 선택을 선택하여 보다 안전하게 만들 수 있다. 이들 젖산세균의 성장과 대사활동으로 인해 제품의 산성화가 이루어지면 pH 장애 요인이 강화되는 효과를 보게 된다. pH가 4.6 이하인 조건에서는 *Cl. botulinum*균이 더 이상 성장할 수 없는 환경이 되고 만다. 이러한

표 10-4 **퍼옥시데이스에 각기 다른 허들을 순차적으로 적용한 경우 효소 활성도표**

초음파 → 열처리 → 산처리	초기활성 (%)	초음파 처리 (%)	초음파 → 열처리 (%)	초음파 → 열처리 → 산처리(%)
간헐적 초음파-80 ℃-pH 5.0	100	76.10	9.60	4.83
간헐적 초음파-80 ℃-pH 6.0		76.10	9.60	36.15
간헐적 초음파-80 ℃-pH 7.0		76.10	9.60	19.24
지속적 초음파-80 ℃-pH 5.0		54.64	7.36	2.10
지속적 초음파-80 ℃-pH 6.0		54.64	7.36	13.98
지속적 초음파-80 ℃-pH 7.0		54.64	7.36	7.41
초음파 → 산처리 → 열처리	**초기활성 (%)**	**초음파 처리 (%)**	**초음파 → 산처리 (%)**	**초음파 → 산처리 → 열처리(%)**
간헐적 초음파-pH 5.0-80 ℃	100	76.10	21.82	3.50
간헐적 초음파-pH 6.0-80 ℃		76.10	79.32	13.28
간헐적 초음파-pH 7.0-80 ℃		76.10	36.86	5.69
지속적 초음파-pH 5.0-80 ℃		54.64	6.73	0.08
지속적 초음파-pH 6.0-80 ℃		54.64	17.95	0.51
지속적 초음파-pH 7.0-80 ℃		54.64	9.88	0.16

자료 : Ku & Noh, Foods Sci. Biotechnol, 9(2): 124-129, 2000

장애 요인들은 건조가 덜 되었으면서도 단기간에 숙성되는 발효 소시지의 미생물에 대하여 안전한 특성을 보여준다. 이어서 수분활성도가 강화되는데 이 장애 요인이 발효 소시지의 안전성을 지속적으로 유지하는 가장 중요한 요소이다.

식품의 안전성에서는 대부분 유해 미생물이 타깃이 되겠지만 바람직하지 못한 효소들이 대상이 되는 경우도 있다. 갈변화를 일으키는 효소들이나 영양성분을 산화시키거나 파괴하는 효소, 예를 들면 퍼옥시데이스, 리폭시제네이스, 아스코브산 산화효소와 같은 것들도 허들 기술을 적용하는 대상에 포함될 수 있다. 채소류나 과일에 함유된 이런 효소들은 가벼운 열처리, pH, 초음파 등으로 효소들만 불활성화할 수 있어서 이용되기도 한다.

표 10-4에서 보는 바와 같이 초음파를 순차적으로 적용하는 것(pulsed ultrasound)과 연속적으로 적용하는 것(continuous ultrasound) 간에 54.6~76.1 %의 잔존활성 차이를 보이고 있으나 이어서 80 ℃에서 열처리를 한 경우 효소 활성이 약 7.3~9.6 %만 남은 데 비하여 pH를 달리하였을 때는 상대적으로 높은 활성이 남아 있다. 하지만 pH 처리 후 열처리를 하였을 때(0.16~13.28 %)가 열처리 후 pH 처리를 하였을 때(2.1~36.15 %)보다도 훨씬

효소 활성이 적게 남아 보다 효과적인 조합의 허들 기술임을 알 수 있다. 이처럼 같은 허들 기술이 적용되더라도 어떤 순서인가에 따라 각기 다른 효과가 나타남을 알 수 있다.

허들 기술을 이용하는 것이 유해 미생물에 대한 안전성을 확보하는 데에 매우 바람직한 방법이라는 것이 알려지면서 품질 관리뿐만 아니라 신제품 개발에서도 이 원리가 많이 이용되고 있다. 이런 기술을 이용하여 실제 응용한 제품을 소개한다.

1) 고기제품

살라미(salami) 형태의 제품으로 이런 제품에는 염지용 소금, 훈연(수분활성도를 낮춤), 낮은 pH, 온화한 열처리를 조합하여 저장성을 높여줄 수 있다.

발라 먹는 고기제품(spread meat)의 경우 3.6 %의 소금을 첨가하여 수분활성도를 0.9 정도로 낮추어 주고 이어 인산염을 첨가하여 pH를 5.0으로 낮춘 다음 고지방(43~45 %)과 0.1 %의 소브산포타슘을 조합하여 제조한다.

고기제품에서 질산염의 첨가는 육류 중에서 독성 간균이 독소를 생산하는 것을 방지할 수 있다. 그러나 발암 가능성이 높은 것으로 이를 피하고자 질산염의 양을 줄이거나 또는 대체하고자 한다면 제품을 안정하게 할 수 있는 pH, 냉동, 경쟁균 등의 다른 장애 요인을 강화함으로써 식품의 저장성을 향상시킬 수 있다. 또는 계피 등 여러 가지 양념도 역시 질산염의 기능과 같은 기능을 한다.

2) 생선과 해산물

중간 수분식품을 제조하는 기술과 허들 기술을 접합하면 좋은 품질을 가진 낮은 가격의 고단백 해양식품을 제조할 수 있다. 수분활성도를 0.84까지 감소시키기 위하여 소금, 글리세롤, 소비톨, 에리트리톨, 자일리톨 등의 습윤 조절제를 사용하고, pH를 5.7로 조절하기 위하여 아세트산을, 그리고 케이싱(casing) 포장을 한 후 가벼운 열처리를 하여 주면 15 ℃에서 15일간 미생물로부터 안전하며, 한 달간 과산화물값에서 주요 변화를 보이지 않는 제품을 제공할 수 있다.

이와 같은 생선제품을 만들어 보았을 때 그림 10-3에서 보는 바와 같은 효과를 얻을 수 있다. ① 허들 기술을 적용하지 않았을 때와 비교하였을 때 초기의 유해 미생물 수를 낮추어 준다. ② 유해 미생물의 성장 곡선에서 유도기(lag phase)를 좀더 확장하거나 연장할 수

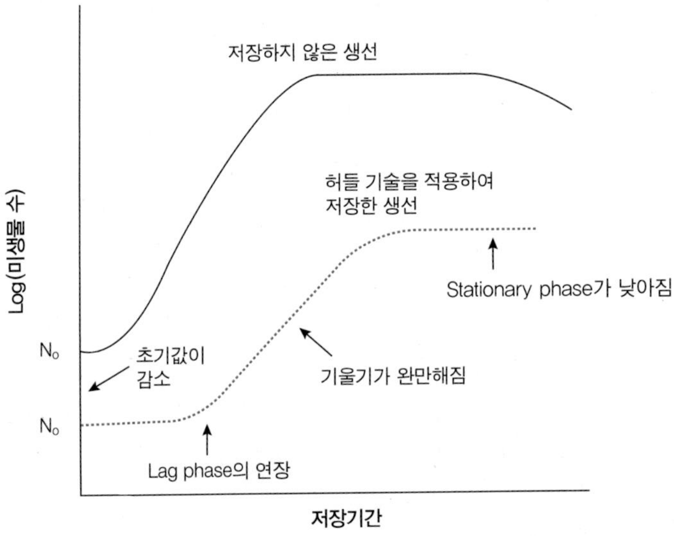

그림 10-3 생선을 저장하지 않은 것과 허들 기술을 이용하여 저장한 것과의 미생물 성장 곡선의 변화

있다. ③ 미생물 성장 곡선이 보다 완만하여진다. ④ 최종 균의 수가 적어진 상태에서 정지기 상태(stationary phase)가 유지된다. 이상과 같은 현상들은 결국 미생물의 번식, 성장 등이 완만하게 이루어지는 것을 의미한다.

3) 우유와 낙농제품

허들 기술을 우유와 낙농제품에 적용한 예로는 캐러멜 잼, 치즈유청, 치즈 스프레드 등이 있다. 달콤한 낙농제품으로 보통 직접 빵 위에 바르거나 페이스트리 안에 채워 사용한다. 이것은 끓는 우유에 포도당이나 설탕을 첨가하여 고형분이 70 % 되게 유지하면 젖당이 과포화 상태가 되어 젖당은 잘 분리되고 냉각과 저장 동안 결정화로 인해 모래알과 같은 느낌을 주는 단점은 있으나 사용방법에 따라 극복할 수 있다.

농축된 치즈유청은 가격이 비싼 분무 건조 공정의 대안으로, 72 ℃에서 16초 동안 저온살균과 농축된 달콤한 치즈유청(48 % 고형분)은 2 %의 소브산포타슘과 시트르산을 첨가하여 pH 4.8로 조절된 제품으로 수분활성도가 0.95 상태로 69일 동안 대용량 저장 용기(10 kL) 안에서 미생물에 대하여 안전한 저장 효과를 보여준다.

농축 유청은 65~70 %의 젖당을 함유하고 있으며 고형분이 50 %로 수분활성도는 0.9이고, 여기에 소브산포타슘 2 %와 pH 5.0으로 안정화되어 37 ℃에서 석 달간 저장이 가능하다. 그러나 저장 중 갈색화 반응이 일어나는 결점을 내포하고 있다.

일반적으로 치즈는 우유의 이용기간을 확장하는 인기 있는 대안인데, 제조회사에 따라 수분활성도의 범위가 0.87~0.98로 매우 다양하다. 이런 치즈를 제조하는 과정 중에 저장기간을 확장하고자 소브산포타슘 2 %, 소금을 첨가하여 수분활성도를 0.9 이하로 유지하고 pH를 5.4~5.5로 조절하면 대기온도에서 석 달 동안 제품의 수명기간을 갖게 된다.

4) 과일제품

과일제품에 허들 기술을 적용하여 저장기간을 조절한 경우의 예를 들어 보면 표 10-5와 같다. 과일의 경우 데치기 공정을 짧게 함으로써 가능한 과일 속에 함유된 영양성분이나 생리활성물질이 손상되지 않는 데 초점을 두고 이루어진다.

표 10-5 과일제품의 저장을 위한 허들 기술의 조건과 저장기간

과일(슬라이스/전체)	장애 요인	저장온도(℃)	저장기간(월)
복숭아(반쪽)	데치기(2분) + A_w(0.98 : 설탕) + pH 3.7 + $NaHSO_3$(150 ppm) + 소브산포타슘(1000 ppm)	35 4.3±0.7	3 7.0
복숭아(반쪽)	데치기(2분) + A_w(0.94 : 포도당) + pH 3.5 + $NaHSO_3$(150 ppm) + 소브산포타슘(1000 ppm)	30	4
파인애플(슬라이스/전체)	데치기 + A_w(0.97 : 포도당) + pH 3.1 + $NaHSO_3$(150 ppm) + 소브산포타슘(1000 ppm)	27	4
파인애플(슬라이스)	데치기 + A_w(0.97 : 포도당) + pH 3.8 + $NaHSO_3$(150 ppm) + 소브산포타슘(1000 ppm)	25	8
망고	데치기(4분) + A_w(0.97 : 포도당) + pH 3.0 + $NaHSO_3$(150 ppm) + 소브산포타슘(1000 ppm)	35	4.5
파파야	데치기(30초) + A_w(0.98 : 설탕) + pH 3.5 + $NaHSO_3$(150 ppm) + 소브산포타슘(1000 ppm)	25	5
딸기	데치기(1분) + A_w(0.97 : 포도당) + pH 3.1 + $NaHSO_3$(150 ppm) + 소브산포타슘(1000 ppm) + Vit. C(200 ppm)	25	4
바나나 퓌레	데치기(1분) + A_w(0.97 : 포도당) + pH 3.4 + $NaHSO_3$(400 ppm) + 소브산포타슘(100 ppm) + Vit. C(250 ppm) + 온화한 열처리(100 ℃, 1분)	27	3.5

5. 허들 기술의 발전 방향

식품산업에서 허들 기술을 활용함으로써 안전하고, 상당량의 영양이 유지되면서, 맛도 좋은 제품을 제조·저장할 수 있게 되었다. 경제적인 면에서도 효율적인 방법으로 새로운 개념으로 발전되었다. 하지만 아직도 많은 소비자들은 합성 보존제가 적게 들어가거나 또는 천연 보존제로 대체되기를 희망하고 있으며, 허브와 같은 여러 식물체를 이용하거나 향기성분을 이용하여 극복할 수 있는 방법을 요구하고 있다. 실제로 바닐린과 같은 향기성분 1500 ppm을 첨가하였을 때 *Asp. flavus*, *A. ochraceus*, *A. parasiticus* 같은 곰팡이류의 성장이 억제됨을 발견한 바 있다. 또 *Asp. niger*의 경우 2,000 ppm으로 억제할 수 있었다. 이런 결과는 천연 보존제나 향기성분을 장애 요인으로 활용할 수 있다는 점을 제시하는 것이다.

최근까지 약 50종류의 장애 요인들이 발견되었지만 새로운 형태의 포장방법, 또는 삼투압 건조-냉동법(Osmodehydrofreezing)이나 Mano-thermo-sonication과 같이 낮은 압력(0.3 MPa), 가벼운 열처리, 그리고 초음파 처리를 다양하게 혼합하여 미생물의 불활성화나 퍼옥시데이스, 리폭시제네이스, 폴리페놀산화효소 등과 같은 효소의 불활성화가 가능함을 보여주기도 하였다. 이처럼 새로운 장애 요인을 개발하여 다양한 처리방법을 도입함으로써 보다 안전하고 소비자에게 신뢰할 수 있는 가공저장방법을 개발해, 나아가 식품의 안전성이나 질을 기존 방식보다 훨씬 상승시켜 나갈 수 있어야 할 것이다.

허들 기술은 식품을 개발하거나 공정을 개발하는 담당자들에게 주로 적용되는 기술이며 HACCP의 개념은 공정관리나 운영을 담당하는 자가 책임을 지는 것으로, 서로 다른 목적으로 사용되지만 두 기술과 방법은 함께 사용되어져 서로 보충해 상승 효과를 유발하여 좀더 좋은 품질의 보존식품을 만들 수 있는 것이다. 따라서 현장에서 이들 기술을 적용함에 있어 별개의 개념이 아닌 통합된 개념으로 받아들이는 분위기가 조성되어야 한다.

TIP HACCP(위해요소중점관리기준) 제도

HACCP(Hazard Analysis Critical Control Point) 제도란 원료 생산에서부터 최종 제품의 가공, 생산, 저장 및 유통에 이르는 각 단계마다 최종 제품의 위생 안전 확보에 필수적인 관리 요소를 설정하고, 적절히 관리함으로써 식품의 위생 안전성을 확보하고자 하는 예방 수준에서의 식품위생 안전관리방식을 의미한다.

연습문제

※ 다음 설명에 대하여 올바른 답을 선택하거나 혹은 O, X로 답하시오.

01 허들 기술을 적용하였다고 볼 수 없는 것은?

① pH를 낮추는 것 ② 온도를 높여 심하게 가열하는 것
③ 압력을 고압으로 처리하는 것 ④ 수분활성도를 낮춘 것 ⑤ 천연 보존제의 첨가

02 물리적 장애 요인(hurdle)으로서 적합하지 않은 것은?

① 초고압 ② 초음파 ③ 미세 캡슐화
④ 자외선 조사 ⑤ 식용 필름

03 다음 효소 중 장애 요인으로 사용될 수 있는 것은?

① 아밀레이스 ② 폴리페놀레이스
③ 리폭시제네이스 ④ 라이조자임

04 다음 설명 중 올바르게 서술하고 있는 것은?

① *Cl. botulinum*균은 열처리만으로 미생물에 대한 안전성 확보가 가능하다.
② 냉장과 같은 방법만으로도 *Cl. botulinum* 통제가 가능하다.
③ 수분활성도를 0.88로 유지하여 주면 *Cl. botulinum* 이외에도 다른 세균, 곰팡이, 바람직하지 못한 효모에 의한 번식이 억제될 수 있다.
④ *Cl. botulinum*균은 pH를 4.5 이하로만 조절하면 미생물에 대한 안전성 확보가 가능하다.

05 생선제품에 허들 기술을 적용할 때 얻을 수 있는 효과를 잘못 설명한 것은?

① 허들 기술을 적용하지 않았을 때와 비교하여 보면 초기의 유해 미생물 수가 낮추어지는 효과를 제공한다.
② 유해 미생물의 성장 곡선에서 유도기는 거의 변화가 없다.
③ 미생물 성장 곡선이 보다 완만하여 미생물 성장이 천천히 이루어진다.
④ 최종 상태에서 균 수가 허들 기술을 적용하지 않았을 때와 비교하여 보면 적어진 상태에서 정지기 상태가 유지된다.

06 다음은 허들 기술을 적용한 예이다. 이 중 유해 미생물로부터 안전하여 저장성이 개선되는 효과를 보여줄 것이라고 판단되는 것은?

① 파인애플 : 데치기 + A_w(0.97:포도당) + pH 3.1 + $NaHSO_3$(150 ppm) + 소브산포타슘(1000 ppm)
② 고기류 : 높은 온도 열처리 + pH 6.0 + 냉장 + 경쟁적인 균
③ 딸기 : A_w(0.97:포도당) + pH 5.6 + $NaHSO_3$(150 ppm) + 바이타민 C(200 ppm)
④ 바나나 퓌레 : 데치기(1분) + A_w(0.99:포도당) + pH 5.6 + 바이타민 C(100 ppm) + 소브산포타슘(10 ppm)

※ 다음 물음에 대하여 O 혹은 X로 답하시오.

07 허들 기술을 적용하였을 때와 허들 기술을 적용하지 않고 전통적인 방법으로 처리, 적용하였을 때를 비교하여 보면 허들 기술을 적용하였을 때 영양성분이나 생리활성물질의 농도가 보다 높게 나타난다. _________

08 여러 가지 장애 요인은 그 순서를 바꾸게 되면 유해 미생물의 성장이 억제되는 효과가 그때그때 달라져 적절한 조건을 선택하는 것이 바람직하다. _________

09 보존제로 첨가되는 식품첨가물은 함유된 성분이 식품성분과의 부반응에 의해 해로운 물질 성분을 만들어 내는 것이 아니라 그 자체로서 농도가 높아지면 해로운 것이다. _________

10 장애 요인으로 이용될 수 있는 훈연을 통해서도 바람직하지 못한 곰팡이의 성장을 억제할 수 있다. _________

11 허들 기술은 유해한 미생물뿐만 아니라 바람직하지 못한 효소에 대하여도 불활성화시키는 것이 가능하다. _________

12 신제품을 만들 때 고려해야 할 공정에서 허들 기술이 적용되면 HACCP의 적용은 별 효과적이지 못하다. _________

정답과 해설

1. ② **2.** ③ **3.** ④ **4.** ④
5. ② **6.** ① **7.** ○ **8.** ○
9. × **10.** ○ **11.** ○ **12.** ×

PART **3**

식품가공

CHAPTER 11

곡류 가공

식품이란 인간이 삶을 영위하기 위해 먹거리로 섭취하는 물질로서 생활 패턴에 따라 다양한 발전과정을 이루어 왔다. 특히 소비자들의 요구에 의해 고급화, 다양화, 기능화가 이루어졌고, 안전성 향상과 더불어 국민 건강을 증진시키는 결과를 가져다 주었다. 우리 식생활에서 가공식품이 차지하는 비율은 50 % 수준이지만 점점 증가되고 있는 추세이다. 이에 본 장에서는 가공식품의 과학적 제조와 그 품질 향상을 위하여 식품별 특성에 따른 여러 가공방법을 익히고, 그중에서도 식생활에서 가장 많이 섭취하고 있는 대표적인 곡류 가공을 중심으로 살펴보고자 한다.

1. 곡류의 가공

곡류는 쌀, 보리, 밀, 옥수수, 잡곡류 등을 말하나, 곡류를 가공할 경우 녹말 함량이 높은 서류(薯類)도 포함하여 기술하는 것이 편리하다. 곡류(또는 서류)는 탄수화물이 많고 단백질 조성도 좋으며 대량 생산이 용이하고 가격도 비교적 저렴하다. 또한 곡류(또는 서류)는 단순 가공하여 식량으로 이용할 뿐만 아니라 1~3차 가공을 통해 스낵식품, 소재식품 등의 다양한 식품으로 활용할 수 있다. 1차 가공으로는 도정과 제분 공정이 있으며, 2, 3차 가공한 식품으로는 밥류, 면류, 빵류, 과자류, 죽류, 떡류, 주류, 장류, 음료류, 녹말류, 유지류 등이 있다.

1) 곡류 도정

쌀, 보리의 껍질(왕겨)을 제거하여 얻은 부분을 현미(brown rice)라 하며 현미에서 속껍질(과종피)인 겨층(미강: 과피, 종피, 호분층과 배아 일부)을 제거하는 것을 도정(polishing)이라 하고 제거하는 겨층의 양이 증가하는 정도에 따라 5분, 7분, 9분, 10분 도미라 하며, 도정한 쌀을 백미(polished rice)라 한다. 청주 제조의 경우 주조미 도정이라 하여 12~13분

도미를 이용한다. 도정은 여러 가지 기계를 사용하여 복잡한 과정을 거치는데 일반적인 공정은 다음과 같다.

벼 → 정선 → 현미 → 제강 → 연마 → 정미 → 쇄미 분리 → 백미

도정에 의해 지방질 65~70 %, 단백질 20~25 %, 회분 50~60 %, 바이타민 B군 70~80 % 정도의 영양성분의 손실이 발생하며 탄수화물은 상대적으로 그 비율이 증가한다.

(1) 도정 원리와 도정기

도정방법으로 습식과 건식의 기계도정을 주로 이용하며, 그 밖에 화학도정을 할 수도 있다. 최근에는 기계도정 위주의 미곡종합처리장(rice processing complex; RPC)과 완전미(head rice) 처리시설 등을 설치하여 활용하고 있다.

기계도정의 원리는 마찰(friction), 충격(impact), 찰리(resultant tearing), 절삭(shaving) 등의 복합작용인데 마찰과 충격에 의해 주로 겨층이 제거되며 찰리와 절삭에 의해서도 제거된다. 이러한 원리에 의해 작동되는 도정기는 마찰식과 연삭식 도정기로 분류한다.

(2) 도정도 결정과 품질

도정도는 백미의 색도, 도정 횟수, 도정시간, 겨층이 벗겨진 정도, MG(May Grunwald)염색법 등으로 판단하는데, 주로 색도 판별이나 MG염색법을 사용한다. 부위별로 볼 때 염색

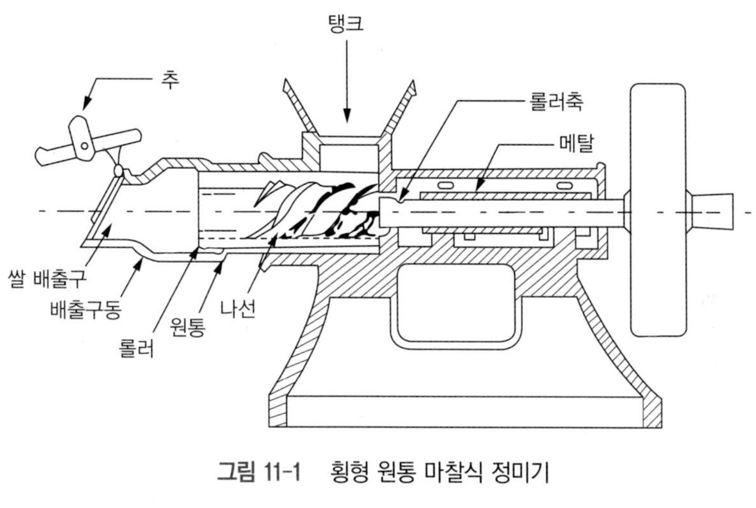

그림 11-1　횡형 원통 마찰식 정미기

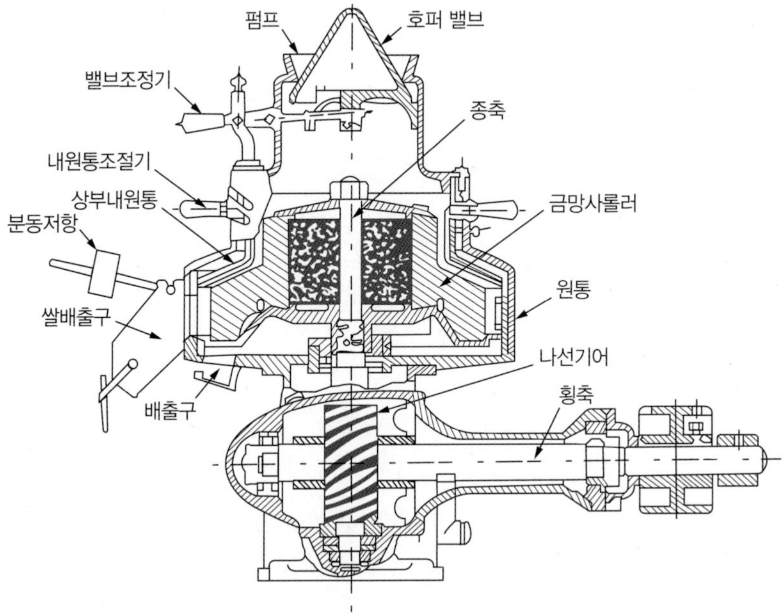

그림 11-2 종형 연삭식 정미기

에 의해 과종피는 청색, 배유는 엷은 청록색~홍색, 씨눈은 엷은 황록색, 호분층은 엷은 녹색~청색을 나타낸다.

쌀의 품질은 품종, 기상 여건, 수확 시기, 건조 정도, 도정 등 여러 요인에 의해 결정되는데 재배 조건이 큰 영향을 끼치고 수확 후 건조, 저장, 유통에 의해서도 크게 좌우된다. 또한 쌀의 품질은 제현율, 설미율, 현백률, 쇄미율, 미강률, 도정률, 도정도, 도감률 등에 의해서도 판별할 수 있다.

보리 도정의 경우 곡립 구조상 중앙에 깊은 골(gloove)이 있어 10분도로 도정을 하여도 식용에 부적합하기 때문에 압맥이나 분말로 이용하기도 한다. 보리 도정의 공정은 쌀과 달리 건조한 보리에 물을 가해 도정함으로써 겨층 제거를 용이하게 하고 압맥으로의 가공도 쉽게 하며 외관도 깨끗하게 한다.

2) 곡류 제분

밀의 배유 부위는 쌀이나 보리보다 단단하지 않기 때문에 겨 부위(밀기울)와 배아 부분을 분리하기 위해 미세한 가루로 만들어 선별해 채취하는데, 이를 제분(milling)이라 하며

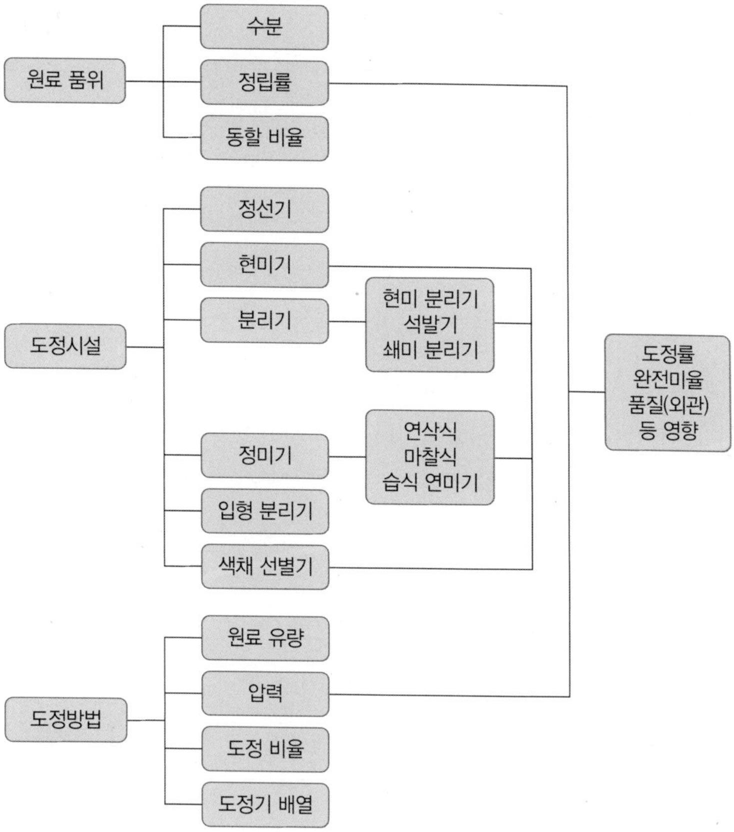

그림 11-3 도정 공정별 미질에 미치는 요인

자료 : 국립식량과학원

밀이나 옥수수 등의 곡류의 제분 공정은 다음과 같다.

원료 → 선별 → 조질 → 조쇄 → 사별 → 분쇄 → 숙성 → 제품

(1) 선별

선별 공정에서는 금속물질 제거를 위해 자기분리기(magnetic separator)를, 이물질 제거에는 screen separator 또는 aspirator를, 미세 이물질 제거에는 원판 분리기(disc separator)를, 흙이나 먼지 제거에는 충격식 연마기(impact scourer), 세척기, 원심 분리기, 건조기 등을 사용한다.

(2) 조질

품질 좋은 가루제품을 제조하기 위하여 조온과 conditioning으로 이루어진 조질(tempering and conditioning) 공정을 실시한다. Tempering은 수분함량 10 % 정도로 건조한 원료 밀의 수분을 껍질과 배유가 잘 분리되도록 15 % 정도로 상향 조정하여 물성 변화와 제분적성을 높이는 공정이다. 또 conditioning 공정은 수분평형에 도달하는 시간(실온의 경우 24~48시간)을 단축하고 밀가루의 가공적성을 높이기 위해 46 ℃에서 30분~3시간 정도 재워두기를 하는 공정이다. 조질이 불충분하면 제분과정에서 겨층(밀기울)이 분쇄되어 밀가루에 혼입되므로 밀가루 질이 떨어지며, 반대로 조질이 과다하면 배유가 엉겨서 체(sieve)를 통과하기가 어려워진다. 한편 가공적성의 필요에 따라서 두 종류 이상의 밀을 섞어서 분쇄하는데 이를 배합(mixing)이라 한다.

(3) 제분

밀가루와 밀기울을 분리하는 공정으로 다음과 같다.

조쇄 → 분쇄 → 사별 → 순화 → 분쇄 → 혼합

조쇄는 조질과 배합이 끝난 밀을 홈이 있는 roller(치형 롤러)로 배유 부위와 겨층 부위를 거칠게 빻는 공정이며, 분쇄는 회전속도가 다른 roller(평활 롤러)로 5~6회 빻는 공정인데 roller의 압착, 절단, 비틀림 작용에 의해 분쇄가 이루어진다.

분쇄가 끝난 밀가루를 체로 걸러 입자의 크기에 따라 분별하여 생산한 가루를 브레이크 밀가루(break flour)라 한다. 이때 입자직경 0.7~1.0 mm의 가루는 coarse semolina, 입자직경 0.29~0.35 mm는 coarse middling이라 한다. 이 가루에는 밀기울이 아직 남아 있는데 이를 밀기울 분리기(purifier)에 고속으로 통과시켜 생성된 가루를 패턴트 밀가루(patent flour)라 하고, 이것을 roll 표면이 매끄럽게 형성된 smooth roll, middling roll 또는 reduction roll의 분쇄작용으로 입자직경 0.1~0.27 mm인 밀가루를 생성하는데 이를 순화 공정이라고 한다.

(4) 숙성 및 개량

밀을 제분하면 색이나 이화학적 성질이 불안정하여 2차 가공품의 적성이 좋지 않기 때문에 약 6주일간 저장하여 천천히 산화시키는데 이를 숙성(maturing)이라 한다. 밀가루 숙성 과정에서 공기 중의 산소에 의하여 밀가루의 환원성 물질(누런색을 띠는 카로테노이드)이 자연 산화되어 탈색이 되는 자연 표백이 일어난다. 자연 숙성은 시간이 오래 걸리므로 인위적으로 시간을 단축하면서 가공적성을 높여주기 위해 산화와 표백 작용을 실행한다. 이때 사용하는 표백제는 과산화벤조일(benzoyl peroxide), 이산화질소(nitrogen dioxide), 이산화염소(chlorine dioxide) 등으로, 산화 표백을 하여 색을 좋게 하고 pH를 감소시켜 조직과 부피를 좋게 하며 빵의 부피가 증가하고 글루텐의 성질이 좋아지게 된다. 또한 밀가루에 분질 개량제와 바이타민, 무기질 등의 영양 강화제 그리고 아미노산 등을 첨가하여 품질을 개량한다.

(5) 품질과 용도

밀가루의 품질은 품종, 제분방법, 숙성 등에 의해 결정되며 회분함량과 글루텐 함량이 주요 결정 요소이고 그 밖에 조직, 입자 크기, 색 등으로도 구분한다.

밀가루는 회분함량(%)에 따라 0.6 이하는 1등급, 0.9 이하는 2등급, 1.6 이하는 3등급이

표 11-1 밀가루의 등급과 용도

종류	등급	성분				글루텐 성질	원료 밀	용도
		단백질(%)	수분(%)	회분(%)	입도			
강력분	1	11.0 이상	15.0	0.55	5.0	가루의 굵기가 거칠고 강함	유리질	제빵
	2	12.0 이상	14.5	0.756	5.0			
	3	13.5 이상	14.0	1.40	5.0			
준강력분	1	10.0 이상	14.5	0.55	5.0	약간 강함	유리질	제면
	2	11.0 이상	14.0	0.75	5.0			
	3	12.5 이상	13.5	1.40	5.0			
중력분	1	8.8 이상	14.5	0.50	5.0	가루가 곱고 약함	중간질	제면 다목적
	2	9.0 이상	14.0	0.70	5.0			
	3	10.0 이상	13.5	1.30	5.0			
박력분	1	8.0 이상	14.0	0.50	3.0	아주 곱고 약함	분상질	과자 비스킷
	2	9.5 이상	13.5	0.70	3.0			
	3	10.5 이상	13.0	1.30	3.0			

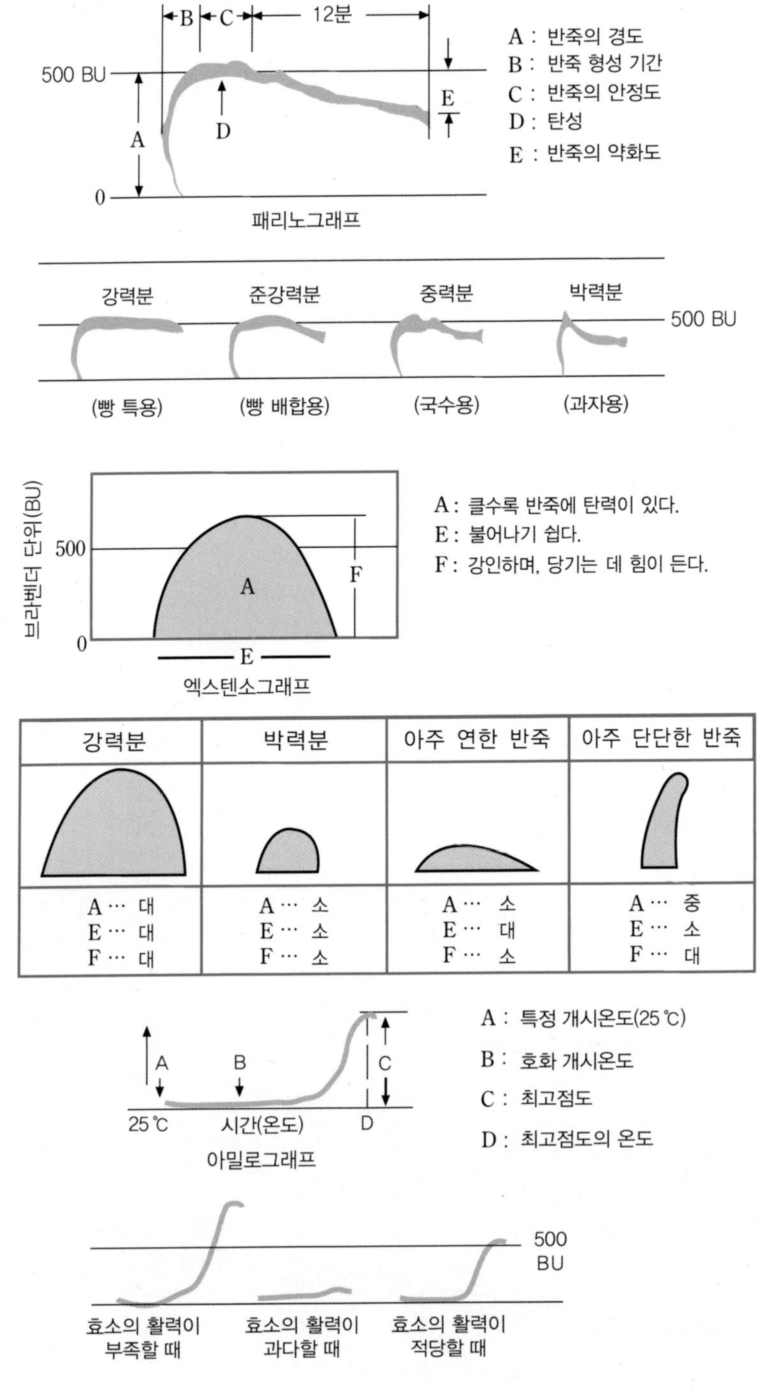

그림 11-4 Farinograph, Extensograph, Amylograph에 의한 분석

라 한다. 단백질 함량에 따라서는 건부 글루텐 함량이 13 % 이상인 것을 강력분이라 하여 주로 제빵용으로 이용하고, 10~13 %는 중력분이라 하여 면류 제조에 이용하며, 10 % 이하는 박력분으로 제과 및 튀김용으로 이용한다. 또한 쌀, 옥수수, 메밀, 콩, 곤약 등을 충격식이나 원추 절구식 제분기로 가루를 만들어 떡, 과자, 묵, 풀, 당면, 플레이크, 아밀로스필름, 오블레이트(oblate; 녹말로 만든 얇은 필름) 등의 가공품을 만든다(표 11-1).

(6) 밀가루 품질 특성

밀가루의 품질 특성은 AACC(American Association of Cereal Chemists)법으로 일반 성분, 물리적 성질, 효소 활성, 녹말 손상 정도를 측정한다. 밀가루의 수분은 14 % 정도이며 녹말의 특성과 맥아당, 단백질 함량, 밀가루 등급 판정에 쓰이는 회분함량, 색상, 입도, 흡수율 등을 고려하여 가공적성의 품질 특성을 나타낸다. 밀가루의 반죽 특성에 맞추어 가공제품을 생산하는데, 이런 특성시험을 물리적으로 측정하는 방법으로는 밀가루를 반죽하여 반죽 형성 능력과 형성된 반죽의 점탄성을 측정하는 Farinograph, 점도 변화에 따른 녹말질의 호화온도와 제빵에서의 α-아밀레이스의 역가를 측정하는 Amylograph, 일정 경도의 반죽의 신장도와 인장 항력, 즉 발효에 의한 팽창 성질을 측정하는 Extensograph 등이 있다(그림 11-4).

2. 녹말의 가공

1) 녹말 제조

서류, 옥수수 및 잡곡류를 원료로 녹말을 제조하는데 원료에 따라 입자의 모양과 크기가 다르며 물에 녹지 않고 침전되므로 이를 이용하여 녹말 이외의 성분은 쉽게 분리할 수 있다. 녹말은 다음과 같은 공정으로 제조하고 제조방법에는 습식법과 건식법이 있으며 녹말유에서 녹말을 분리하는 방법으로는 침전법, 테이블법, 원심분리법 등이 있다.

원료 → 수세 → 분쇄 → 분리 → 탈수 → 정제 → 건조

고구마 녹말 제조는 분쇄하는 정도(마쇄율)가 녹말의 수득률과 관계가 깊은데 보통

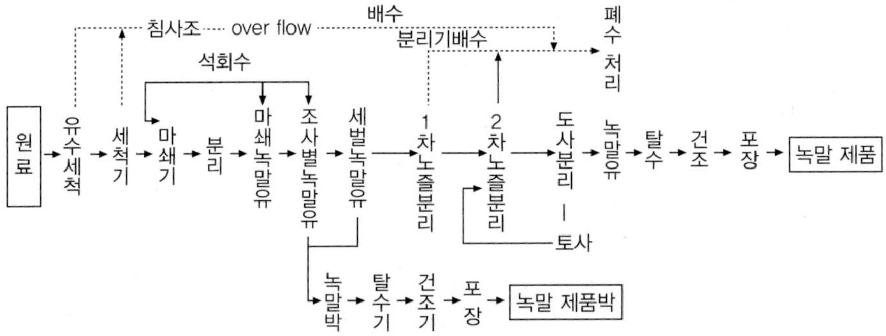

그림 11-5　녹말 제조 공정도

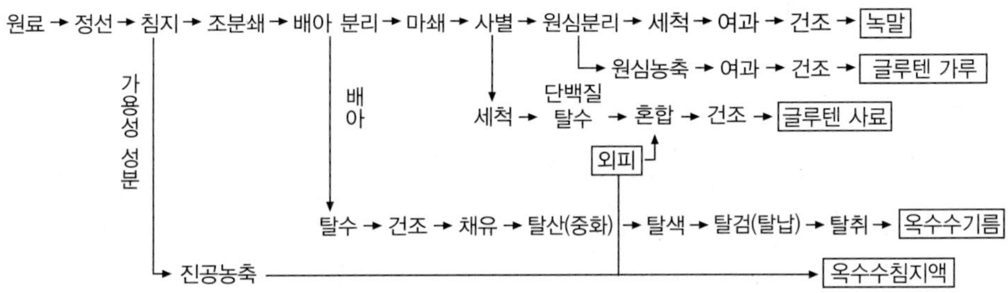

그림 11-6　옥수수 녹말의 제조 공정도

1,500~1,800 rpm으로 분쇄하고 생성된 녹말유를 30~50 mesh 체를 통과시켜 녹말박을 제거하며 다시 120~130 mesh 체에 통과시켜 불순물을 제거한 다음 pH를 유지하기 위해 포화석회수로 처리하는 것이 중요하다. 즉 녹말유의 pH는 5~6인데 녹말 이외의 물질들이 층을 이루고 착색물질을 형성하면서 pH 4 이하로 떨어지는데 이를 방지하여야 한다.

옥수수 녹말의 경우 원료를 아황산액에 침지하여 녹말을 단백질로부터 쉽게 분리되게 하고 잡균의 오염을 방지한다. 즉 0.2~0.5 % 아황산액에 50 ℃에서 30~50시간 정도 침지하면 가용성 물질들을 이용해 젖산세균이 생육하면서 젖산을 생성하고 이 아황산과 젖산이 단백질을 분해하여 녹말 분리를 쉽게 한다.

2) 녹말의 특성

녹말은 아밀로스와 아밀로펙틴으로 구성되어 있고, 에너지원으로 중요한 물질이며, 물에는 녹지 않고, 현탁액을 만들며, 비중은 1.55~1.65 정도이고, 녹말입자의 크기·모양·구조는 원료에 따라 다르며, 녹말입자들이 서로 수소결합으로 강한 결합체를 형성하기 때문에

표 11-2 녹말의 종류와 특성

녹말 종류	크기(μm)		호화온도(℃)	구성비율(%)		모양
	범위	평균		아밀로스	아밀로펙틴	
쌀	2~8	5	61~78	18	82	다면형
밀	5~40	20	52~63	25	75	렌즈형
고구마	2~40	18	52~68	19	81	종형, 다면형
옥수수	5~20	16	62~72	24	76	다면형
감자	5~100	50	60~68	23	77	달걀 모양
타피오카	10~35	17	58~79	18	82	종형, 다면형

일정한 형태를 유지하고 물을 흡수하는 성질이 있다.

녹말에 물을 넣어 가열하면 녹말입자가 팽윤(swelling)되면서 가용성 성분이 증가하고 점성이 높아지는데 이를 호화(gelatinization)라고 한다. 호화온도는 녹말의 종류에 따라 다르고 녹말이 호화되면 마이셀이 파괴되어 물을 잘 흡수하고 녹말 분해효소의 작용이 쉬워져서 소화율이 높아진다. 점도는 녹말의 종류, 아밀로펙틴 입자의 크기, 가열시간에 따라 다르며 녹말입자가 크면 점도가 높고 교반하면 점도는 낮아진다(표 11-2).

호화된 녹말은 온도, 수분함량, 녹말입자의 크기와 형태, pH 등의 영향을 받아 노화(retrogradation)하여 그 특성을 잃게 되는데 이를 지연하거나 방지하여 호화 특성을 유지하는 것이 바람직하다.

3) 녹말의 이용

녹말은 천연녹말(native starch)을 분리, 가공한 형태와 녹말을 물리, 화학 및 생물학적으로 가공해 이용하는 변성녹말(modified starch) 그리고 가수분해하여 제조하는 녹말당(starch sugar) 등으로 다양하게 이용하고 있다.

식품공업에서 천연녹말의 이용은 호화녹말의 점성과 접착성을 활용하는 것으로 백도, 순도 그리고 점성이 녹말품질을 결정하는 중요한 요인이며 일반적인 녹말의 이용은 표 11-3과 같이 다양하다. 또한 녹말은 석유자원의 대체, 천연감미료 개발, 저칼로리, 당뇨 예방 및 치료 효과, 완전 당화제품, 물성 개량, 새로운 녹말당 개발 등으로 꾸준한 이용 연구가 이루어지고 있다.

표 11-3 **녹말의 용도**

녹말제품		용도
물엿	산당화엿ⓢ	캐러멜, 드롭스, 캔디, 양갱
	엿기름엿ⓢⓟ	캐러멜, 과자류, 의약
	분말물엿ⓢ	술, 아이스크림, 과자류, 소시지, 간장, 유아식
포도당	정제 포도당	빵, 통조림, 과자류, 음료(주스, 젖산음료), 잼류, 마멀레이드, 수산연제품, 가정용 감미료, 주류
	결정 포도당	과자, 음료, 냉과, 통조림, 주류, 의약(주사용, 바이타민 C, 정제 증량부형제), 화학공업 원료(글루탐산 소다, 계면활성제, 유기산)
	고형 또는 분말 포도당	주류, 빵, 과자류, 수산연제품, 가죽 다루기
식료품 제조	직접 식료품	조리재료ⓒⓟ
	식료품 공업	수산연제품ⓟⓦⓒ
	과자제조 공업ⓒⓟ	비스킷, 건빵, 아이스크림, 오블레이트, 팽창제
화공 녹말	맥주ⓢ	섬유용 풀, 정제부형제
	가용성 녹말ⓟⓢ	섬유용 풀, 정제부형제, 우표풀, 제지
	덱스트린ⓟⓢ	제본, 인쇄잉크, 접착풀, 테이프풀
	알칼리 녹말	베니아판 접착제, 안료, 사이징용
풀 재료 접착제	보통 풀	사무용 풀ⓦⓟ
	공업용 풀ⓟⓦⓒ	제지, 제사, 제본ⓒⓦ, 염색ⓒⓦ, 베니아판 염색ⓒⓦ
의약제품ⓟ	정제의 모형	분제의 중량제, 부형제, 오블레이트, 항생물질의 배양기
기타 공업	화장품	기타 치약, 화장품
	원형점고용(原型粘固用)	주물형, 인형, 장난감
	점결용	성냥, 장난감
	점착방지용	고무제품(수술장갑 등)
	기타	건전지 충전용, 폭약, 부유선광용

원료 : ⓢ 고구마, ⓦ 밀, ⓟ 감자, ⓒ 옥수수

TIP 쌀 소비와 가공

1980년대까지 국민 1인당 쌀 소비량은 연간 120 kg 정도이었으나 2000년대 들어와서는 급감하여 연간 80 kg 이하를 소비하고 있다. 쌀 가공식품용으로의 사용량은 10만여 t인데 떡, 면류업이 58 % 정도 차지하고 쌀과자, 쌀가루, 주류, 엿, 식초류, 선식 및 음료 등에 사용되며 주정용 쌀로 연간 25만 t 정도가 사용되고 있다.

4) 가공녹말

(1) 변성녹말

개량녹말, 화공녹말이라고도 하며 천연녹말을 가공 적성에 알맞게 처리하여 점성, 안전성, 보수성, 젤화 능력 등의 특성을 변화시킨 것으로 산처리 녹말, 산화녹말, 덱스트린, 가교녹말, 치환녹말 등이 있다. 변성녹말(modified starch)은 천연녹말의 물성을 개량한 것으로 식품에 첨가하여 점도 안정제, 콜로이드 안정제, 보수제, 점결제, 젤 형성제, 크리밍제, 팽화제, 피막제 등으로 다양하게 이용하고 있다.

표 11-4 변성녹말의 종류

처리	종류
물리 처리	α-녹말, 열처리 녹말, 방사선 처리 녹말, 노화 개량 녹말
화학 처리	산처리 녹말, 산화 녹말, 덱스트린, 에스터 녹말, 에테르 녹말
생물(효소) 처리	변성 덱스트린, 녹말당

① α-녹말과 덱스트린류

α-녹말(instant starch)은 수분함량 8.5 % 이하에서는 녹말이 노화하지 않는 점을 이용하여 녹말이나 녹말유를 증자하여 호화한 후 드럼건조기 등으로 건조하여 제조한다.

α-녹말은 α-상태로 고정되어 소화성이 높은 변성녹말으로서 즉석식품 제조에 주로 사용하는데, 스프나 조미료 등의 점조제, 안정제 등으로 첨가하거나 조리식품, 냉동식품, 제과원료 등에 배합하여 사용한다.

덱스트린류는 녹말을 효소나 산 가수분해 또는 배소법 등으로 녹말의 직쇄 구조를 조금 절단시킨 상태의 변성녹말으로 α-녹말보다 물에 녹기 쉽고 효소작용도 쉽게 일어난다. 또한 덱스트린류는 점도가 낮고 냉수에 잘 녹으며 환원력이 증가하고 침투력과 접착력이 강하며 노화가 잘 일어나지 않고 젤화 능력이 없다. 덱스트린류는 껌, 초콜릿과자의 고형제, 축산 가공품의 접착제 등으로 사용한다.

② 산처리 녹말과 산화녹말

산처리 녹말(acid modified starch)은 염산이나 황산 1.3 % 용액으로 처리한 녹말으로 입자가 파괴되어 점도가 낮고 낮은 온도에서는 딱딱하고 강한 젤을 형성하며 제과원료로 주로 사용한다. 산화녹말(oxidized starch)은 표백녹말(bleached starch)이라고도 하며 40~50 % 녹말유를 NaOH로 처리하여 pH를 8~10으로 조정하고 산화제인 하이포아염소산소듐 6~8 %를 가한 후 50 ℃ 이하에서 반응시켜 만든 변성녹말이다. 산화녹말은 천연녹말보다 호화온도가 낮고 노화가 느리며 용해성과 안정성, 색도 등이 개선되고 녹말 특유의 냄새도 제거된다. 주로 녹말 풀에 이용하며 식품에서는 노화가 느리고 낮은 점도를 요구할 때 주로 사용한다.

③ 녹말유도체

녹말유도체(derivatized starch)에는 가교녹말, 에스터 녹말, 에테르 녹말 등이 있다. 가교녹말(cross linked starch)은 녹말입자의 2개의 OH기와 반응할 수 있게 작용시켜 제조하는 녹말으로 호화가 억제되어 노화성이 거의 없어 냉동제품에서 안정성이 높다.

에스터 녹말(ester starch)에는 아세테이트 녹말과 인산녹말이 있는데 이는 녹말을 에스터화하여 제조하는 것으로 pH를 7.5 이상으로 조절한 녹말액에 무수 아세트산, 무수 말레산, 아세트산 바이닐 모노머(acetic acid vinyl monomer) 등의 에스터화제를 첨가하여 반응시킨 후 중화, 세척, 건조하여 제조한다.

아세테이트 녹말은 용해도와 투명도가 좋고 냉동과 해동에도 안정성이 높으며 인산녹말은 투명도가 좋고 점도와 노화 안정성이 높으며 냉수에도 잘 녹는다.

에테르 녹말(ether starch)은 약 45 %의 녹말 액에 3.6 % 정도의 식염을 첨가하여 팽윤을 억제하고 0.6 % NaOH로 알칼리성으로 한 후 40 ℃ 이하에서 ethylene oxide나 propylene oxide로 반응시켜 제조한다. 에테르 녹말은 pH에 안정성이 좋고 호화가 잘 되며 젤화 경향이 적고 투명한 녹말 풀을 만들며 필름을 만들 수 있는 성질이 있다.

(2) 녹말당

녹말을 산 또는 효소로 가수분해하면 녹말의 아밀로스와 아밀로펙틴이 분해되어 저분자물질을 생성하게 된다. 이러한 분해물질은 조건에 따라 여러 중간 생성물의 혼합체로서 얻을 수 있는데, 물에 녹고 감미를 나타내는 이들을 녹말당(산당화 녹말당, 효소당화 녹말당)이라 한다.

녹말당은 분해 정도에 따라 덱스트린, 물엿, 맥아당, 포도당 등으로 구분하며 이 분해물질을 다시 가공하여 이성화당, 올리고당 등을 생산한다. 녹말당은 가수분해 정도에 따라 감미도, 용해도, 점도, 결정성, 흡습성 등이 달라지는데 이를 당화율로 나타내고 덱스트로

표 11-5 **녹말당의 특성**

종류	수분 (%)	D.E.	감미도	점도	흡습성	용액의 동결점	삼투압	당의 결정성	발효성	평균 분자량
결정 포도당	8~10	99~100	높다	낮다	작다	낮다	높다	크다	크다	작다
정제 포도당	10 이하	97~98	↑	↓	↓	↓	↑	↑	↑	↓
분말 포도당	8~10	92~96								
고형 포도당	10~13	80~85								
액상 포도당	24~40	55~80								
물엿	14~18	35~50								
분말 물엿	5 이하	25~40	낮다	높다	크다	높다	낮다	작다	작다	크다

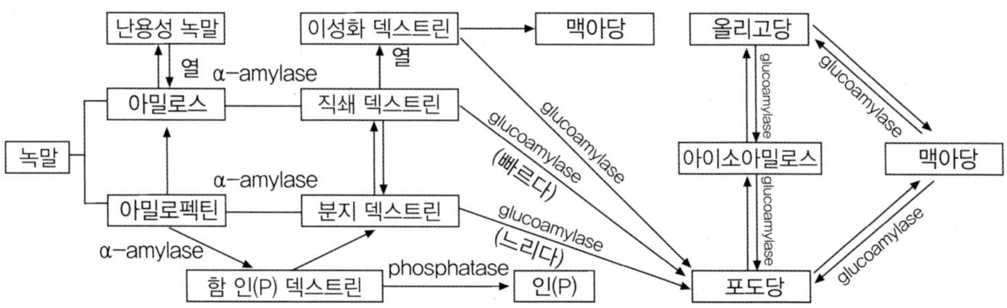

그림 11-7 효소에 의한 녹말의 가수분해

스당량(dextrose equivalent; D.E.)으로 표시하며 다음 식으로 계산한다.

$$\text{D.E.} = \frac{\text{직접 환원당(포도당 생성량)}}{\text{고형분}} \times 100$$

녹말당의 특성을 고려하여 사용 목적에 맞은 종류를 선택하여 식품가공에 사용한다.

또한 효소에 의한 녹말의 가수분해로 얻는 녹말당 제조 공정과 관련 효소는 그림 11-7과 같다.

① 효소 분해 포도당

녹말의 결합은 효소에 의해 쉽게 분해되는데 산 당화법으로 제조한 포도당의 결점들을 보완하는 방법이 효소 분해 포도당 제조이다. 효소 분해 포도당 제조 공정은 다음과 같다.

효소에 의한 포도당 제조에서 녹말을 가열 호화한 후 내열성 α-아밀레이스로 DE 10~

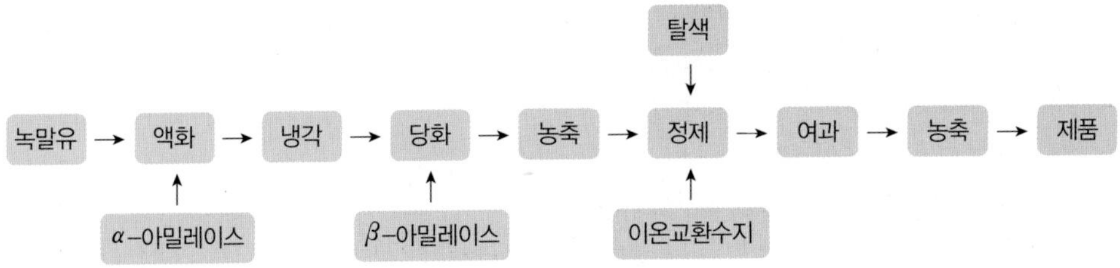

15 정도가 되도록 녹말 분자를 고르게 분해하여 당화효소의 작용을 쉽게 해주는 공정을 액화(liquefaction)라 한다. 내열성 α-아밀레이스는 *Bacillus subtilis*, *B. mesentricus*, *B. licheniformis* 등을 배양하여 제조하며 35~40 % 녹말액을 pH 6.0~6.5로 조절하고 α-아밀레이스로 85~88 °C에서 5~10분간 액화한 후 95 °C에서 1~2시간 유지하여 D.E. 10~15의 가수분해물을 얻는다.

공업적으로 녹말을 원료로 포도당을 제조할 때 α-아밀레이스와 β-아밀레이스를 사용하여 녹말을 가수분해하여 녹말당을 얻는 방법을 이용하지만 옥수수 녹말과 같이 난용성 녹말이 많은 것은 2단 액화법을 이용한다. 이 분해물을 28~30 % 정도로 희석하여 60~63 ℃로 냉각후 pH 4.0~4.5로 조절하여 *Rhizopus delemar*(완전형)나 *Aspergillus niger*(한계형)를 배양하여 제조한 글루코아밀레이스로 24~96시간 정도 D.E.가 95~96이 되도록 포도당을 제조하는 공정을 당화(saccharification)라 한다.

당화를 끝낸 후 당액의 수분함량은 50~60 % 정도가 되는데, 이를 원심분리 또는 여과하여 분해되지 않은 물질이나 불순물 등을 제거하고 활성탄으로 탈색한 후 양이온 교환수지를 통과시켜 pH를 낮추며, 음이온 교환수지로 탈염 처리하여 정제된 포도당을 얻어 가공 처리한다.

효소 분해 포도당 중에서 액상 포도당은 정제된 포도당 액을 70~80 %로 농축한 것이고 정제 포도당은 액상 포도당을 냉각하면서 교반한 포도당이 석출하여 굳게 만든 후 80 ℃ 정도의 열풍으로 건조하여 20 mesh 체로 걸러 제품화한 것이다.

함수결정 포도당은 정제 포도당을 원심분리기로 분밀(粉密)하여 수분함량이 8.5 % 정도 되게 건조한 것이다. 무수결정 포도당은 함수결정 포도당을 다시 녹인 후 농축기로 60~65 ℃에서 수분함량을 1.0 % 이하로 결정화한 것이다. 함수, 무수결정 포도당은 D.E.값이 99~100이다.

② 산 분해 포도당

녹말을 묽은 산과 함께 가열하면 산의 수소 이온의 촉매작용으로 쉽게 가수분해된다. 산에 의해 가수분해되면 이론값으로 무수녹말 100 g에서 111 g의 무수포도당을 얻을 수 있으나 녹말입자의 마이셀 구조에 가수분해를 저해하는 부분이 형성되어 있어 실제로는 적게 생산된다.

산 분해 포도당은 산 가수분해 중 탈수되어 hydroxy methyl furfural(HMF)로 변하고 다시 분해되어 levulinic acid와 formic acid를 생성하거나 중합하여 쓴맛이나 착색물질을 생성한다. 그리고 포도당이 역합성되어 isomaltose, gentibiose, pentose, maltotriose 등이 생성되는데 녹말 농도가 높을수록 역합성이 많아진다.

산 분해 포도당 제조 공정은 산 분해 물엿 제조 공정과 같다. 당화방법에는 불연속 당화와 연속 당화가 있으며 불연속 당화에는 상압법과 가압법이 있다. 주로 가압법을 이용하는데 이는 가압 당화관에 녹말유와 산을 넣고 고압에서 당화시키는 방법이다. 연속 당화에는 직접 가열식과 간접 가열식이 있으며 특수 당화장치를 이용하여 연속적으로 당화시키는 방법이다.

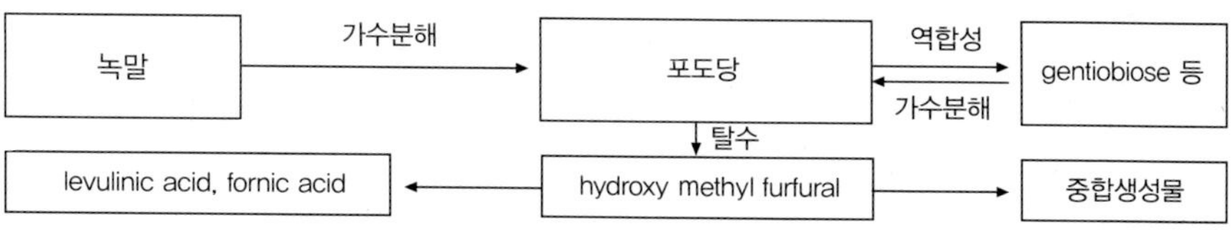

그림 11-8 산 분해 포도당의 생성물질

③ 산 분해 물엿

산 분해 포도당과 마찬가지로 원료 녹말을 정제하고 더운물에 Bé 20 정도로 녹인 후 당화조에 넣어 분해제로 염산 0.8~0.2 %, 황산 0.4~0.5 % 또는 수산 0.3~0.6 %를 사용하여 2.5기압에서 20~30분간 가열한 후 80 ℃로 냉각하여 당화액을 제조한다.

당화의 종말점은 아이오딘녹말반응으로 적색이나 적자색이 되는 점이나 덱스트린 알코올 침전반응으로 70~80 % 알코올을 첨가하여 침전 상태에 따라 판정하거나 Fehling 용액 5 mL를 환원시키는 데 필요한 당화액의 양(Fehling 용액의 청색이 없어지는 점) 등으로 판정한다.

중화는 당화액에 중화제를 넣어 pH 5.6이 되도록 하는 것으로 염산을 이용하였을 때는 수산화소듐이나 탄산소듐으로, 황산이나 수산은 탄산포타슘으로 중화시키는데 당화액의 온도가 높으면 착색이 되고 온도가 낮으면 여과수율이 떨어진다. 중화에 의해 생성된 침전물질 등은 압착 여과하여 Be´ 24~28로 농축시킨다. 농축한 당화액은 활성탄이나 이온교환수지 등으로 탈색 정제하고 Be´ 42~43까지 농축하면 덱스트린과 포도당이 35~45 %이고 수분이 14~17 % 정도가 된다.

산 분해 물엿 제조 공정은 다음과 같다.

녹말 → 녹말유 → 산분해 → 중화 → 냉각 → 여과 → 농축 → 정제 → 농축 → 산분해 → 물엿

④ 효소 분해 물엿

효소 분해 포도당과 같은 방법으로 제조하는데 액화에 쓰이는 효소로는 내열성인 *Bacillus subtilis*가 생산하는 α-아밀레이스가 가장 많이 사용되며 Be´ 15~20의 녹말유에 α-아밀레이스 0.2~0.25%를 가해 70~80 ℃에서 액화시킨다. 액화가 끝나면 60~63 ℃에서 pH를 5.5~5.8로 조정한 후 맥아를 0.3~0.5 % 첨가하여 5~8시간 정도 당화시키면 당화율 97 %가 된다. 이 당화액을 30분 정도 끓여 불순물 등을 제거하고 수분함량 14~16 %가 되도록 농축하면 효소 분해 물엿이 된다.

물엿의 DE는 20 이상이어야 하고 고유한 색과 맛을 가지며 점조성이 있어야 한다. 또한

표 11-6 산 당화법과 효소 당화법의 비교

구분	산 당화법	효소 당화법
원료 녹말	정제를 완전히 해야 한다.	정제할 필요가 없다.
당화 녹말	농도 약 25 %	50 %
분해 한도	약 90 %	97~99 %
당화시간	약 60분	48~72시간
당화의 설비	내산·내압의 재료를 써야 한다.	특별한 재료가 필요 없다.
당화액의 상태	쓴맛이 강하며 착색물이 생긴다.	쓴맛이 없고 착색물이 생성되지 않는다.
당화액의 정제	활성탄 0.2~0.3 % 이온교환수지	산 당화보다 약간 더 필요하다.
관리	분해율을 일정하게 하기 위한 관리가 어렵고 중화가 필요하다.	보온(55 ℃)만 하면 되고 중화할 필요가 없다.
수율	결정 포도당으로서 약 70 %	결정 포도당으로서 80 % 이상이고, 분말 포도당으로 하면 100 %이다.
생산 가격	-	산 당화법에 비하여 30 % 정도 싸다.

물엿 제조에서 사용하는 효소에 따라 고 맥아당 시럽(high maltose syrup)을 제조할 수 있는데 이때의 조성은 맥아당 5~60 %, 덱스트린 10~20 %, 수분함량 16~18 %이다.

(3) 신소재 녹말당

신소재 녹말당에는 녹말당을 이성화하여 제조한 이성화당과 과당, 전이효소를 이용하여 만드는 올리고당, 녹말에 cyclodextrin glucanotransferase(CGTase)를 작용시켜 제조하는 사이클로덱스트린(cyclodextrin), 식이섬유 등이 있다. 이들 신소재 녹말당 중에는 비만 방지, 충치 예방, 장내 젖산세균 증식 및 물성 개량 등의 기능을 갖고 있어 식품에 널리 사용하고 있다.

이성화당을 제조할 때 녹말(옥수수 녹말)을 당화한 후 이성화효소(glucose isomerase)를 사용하여 pH 8, 60 ℃에서 1시간 정도 처리하면 과당 또는 이성화당(high fructose syrup)을 얻을 수 있다.

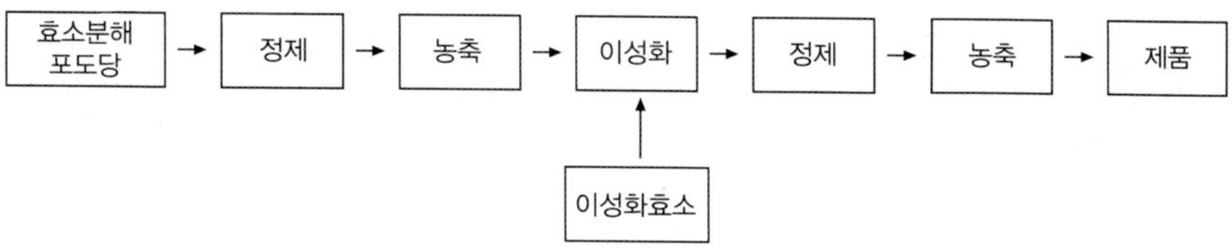

그림 11-9 이성화당 제조 공정도

올리고당에는 펜토스, 말토올리고당, 아이소말토올리고당, 프럭토말토올리고당, 갈락토말토올리고당 등이 있고, 식이섬유 중에서 폴리덱스트로스는 포도당, 소비톨, 시트르산을 89 : 10 : 1의 비율로 혼합하여 고온진공에서 반응시켜 얻는 물질이다.

3. 곡류 가공품

1) 국수

곡물을 가루로 하여 물과 소금 등을 넣고 반죽을 하여 가늘고 길게 성형한 것을 국수류(면류)라 하며 주로 밀가루를 이용하여 제조한다.

(1) 국수류의 종류

국수류는 원료에 따라 국수, 라면, 마카로니 등과 같이 밀가루를 이용하는 것과 냉면, 메밀국수 등 메밀가루를 이용하는 것 그리고 당면 등과 같이 녹말을 이용한 것으로 구분한다. 제조방법에 따라서는 면대를 만들어 가늘게 절단하는 선절면류(국수, 라면 등), 반죽을 길게 뽑아내는 신연면류(중화면, 칼국수 등), 작은 구멍으로 압출하여 만드는 압출면류(냉면, 당면, 스파게티 등)가 있다.

우리나라 『식품공전』의 국수류 식품 유형에서는 건면류, 생면류, 숙면류, 유탕면류, 호화면류, 개량 숙면류, 냉동면류 및 파스타(pasta)류로 구별한다.

(2) 국수 원료

① 밀가루

국수류에 사용하는 밀가루는 국수의 종류에 따라 선택하는데 일반적으로 반죽 형성이 빠르고 잘 되며 생성된 글루텐의 점탄성이 좋고 조리할 때 풀어지지 않아야 한다. 건면이나 생면류에는 중력분을 사용하고, 중화면에는 준강력분, 즉석면류에는 강력분을 사용하며 파스타류에는 durum 밀가루를 사용하여 촉감과 색이 좋은 제품을 만든다.

② 소금

소금은 밀가루 반죽의 점탄성을 높이고 국수를 건조할 때 건조속도를 조절하며 미생물의 번식을 막아주는 효과가 있다. 계절과 맛에 따라 2~6 % 정도 사용한다.

③ 물

국수 제조 공정에서 물은 약 35 % 정도 넣어 반죽을 만드는데 물의 pH, 알칼리도, 경도 등을 고려해야 된다. 제면용 물의 pH는 음용수 기준인 5.8~8.6이 적당하지만 증숙면용은 pH 5.8이고 중화면용은 8.6으로 면의 종류에 따라 큰 차이를 나타낸다. 알칼리도는 물에 들어 있는 탄산수소염, 탄산염, 수산화물 등을 탄산칼슘의 ppm 단위로 표시하는 것으로 20 ppm 이하가 좋다. 또한 경도 150 ppm 이하의 물을 사용하는 것이 바람직하다.

④ 견수

주로 중화면에 사용하는 견수는 탄산소듐, 탄산칼슘, 인산염류를 주성분으로 하는 알칼리염 용액으로 0.2~1.5 % 정도 사용한다. 견수는 소금과 같은 효과 이외에 밀가루의 플라보노이드 색소 변화와 특유의 풍미와 식감을 주며 배합비율에 따라 국수류의 품질이 결정된다.

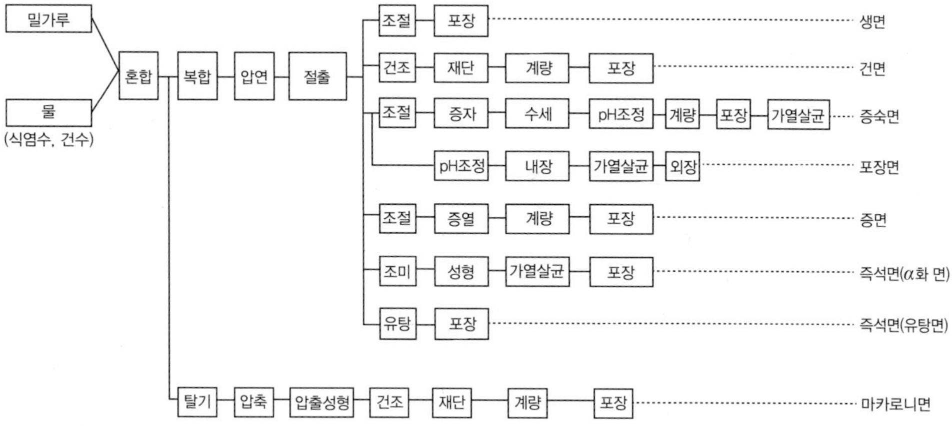

그림 11-10 면류의 기본 제조 공정도

⑤ 첨가물

『식품위생법』에서 허용하는 식품첨가물로서 중합인산염이 있는데 이들은 파이로인산소듐, 폴리인산소듐, 메타인산소듐과 그 포타슘염으로서, 금속이온의 봉쇄작용, 분산작용, 세정작용, 완충작용 등의 목적으로 0.1 % 정도 물에 녹여 사용한다. 그 밖에 유화와 분산, 노화방지 등에 쓰이는 유화제, 알긴산, 메틸셀룰로스, Na-polyacrylic acid, 카세인 등의 증점제, 보존·살균제, 영양강화제, 기타 품질개량제 등을 국수 제조 첨가물로 사용하기도 한다.

(3) 국수 제조

밀가루에 소금 등과 물을 가하여 반죽을 하면 탄력성, 점착성, 가소성 등의 가공적성이 좋아지는데 이를 여러 방법에 따라 면발을 제조하면 국수류가 된다. 국수류의 기본 제조 공정은 그림 11-10과 같다.

① 건조면

건조면은 국수류의 수분함량을 15 % 이하로 낮추어 저장성을 높인 것으로 건면, 건우동, 소면, 당면, 마카로니 등이 있다. 우리나라에서 소비가 많은 건면의 제조 공정은 다음과 같다.

원료 → 반죽 → 압연 → 선절 → 건조 → 포장 → 제품

• 원료 : 중력분 밀가루를 사용하며 계절과 습도에 따라 다르지만 수분이 30~35 % 되도

표 11-7 소금물의 농도와 사용량(밀가루 10kg 기준)

계절	소금(g)	소금 농도(Be′)	소금물 사용량(L)
봄	54.4~72.8	11~14	3.23
여름	67.6~108.4	12~16	3.03
가을	48.8~67.6	10~12	3.23
겨울	43.6~48.8	9~10	3.45

록 소금을 배합하여 반죽한다. 이때 소금은 밀가루 반죽의 점탄성을 높이고 국수를 건조할 때 건조속도를 조절하며 미생물의 생육을 억제하는 등의 효과가 있다.

- 반죽 : 밀가루와 소금물을 표 11-7과 같이 하여 반죽기에서 50~70 rpm으로 반죽한다. 물의 온도는 겨울에 10 ℃, 여름에 15 ℃가 적당하며 밀가루의 흡수량은 밀가루 입자가 작을수록 물의 온도가 낮을수록 단백질 함량이 높을수록 많아진다.
- 압연 : 반죽을 roller 직경 18 cm에서 3 rpm으로 조정하고 직경 24 cm에서 3 rpm으로 통과시켜 두께 10 mm 정도의 면대를 만들어, 축에 감아 10 ℃에서 40분이나 25 ℃에서 15분 정도 숙성시켜 수분의 분포를 고르게 하고 글루텐의 형성을 촉진시킨다. 조정된 면대를 얇게 펴기 위해 직경이 점차 적은 보통 5단의 roller로 압연한다. 압연은 면대에 압력을 가하여 수분의 균등한 분포와 글루텐 형성을 촉진하며 글루텐에 방향성을 부여하고 면선의 자르기를 적당하게 만든다.
- 선절 : 압연을 끝낸 면대는 선절기 roller에서 연속적으로 절단하여 건조 여부와 면의 두께에 따라 용도를 구별한다(그림 11-11).
- 건조 : 선절한 생면을 그대로 완제품으로 하면 생면류가 되고 생면은 수분함량이 33~35 % 정도인데, 국수가 구부러지거나 균열이 생기지 않고 끊어지지 않게 15 %까지 수분을 제거하는 것이 국수 건조이다. 국수의 건조는 3단계로 실시한다. 즉 1단계는 수분 35 %를 25 %까지 건조시키는데 구부러지거나 끊어지기 쉬우므로 이를 방지하기 위해 온도 29 ℃, 습도 75 %에서 2시간 이내에 빨리 건조시키는 것이 좋다. 2단계는 온도 35 ℃, 습도 70 %에서 수분 25 %를 20 %로 면선의 수분함량이 균일하게 되도록 건조시킨다. 3단계에서는 20 % 수분을 15 % 정도가 되게 상온에서 잘 건조한다.

② 마카로니

마카로니(macaroni)는 대표적인 압출면으로 압력을 가하여 밀어내어 제조하는 것으로

번호	#5	#6	#8	#10	#12	#14	#16	#18	#20	#22	#24	#26	#28	#30	#40	#50
면의 두께																
폭(mm)	6	5	3.8	3.0	2.5	2.2	1.8	1.6	1.5	1.4	1.3	1.2	1.1	1.0	0.8	0.6
용도 사각 모양	국수			우동			메밀국수									
용도 둥근 모양				우동			중화소면									

그림 11-11 선절 roll의 치수

표 11-8 마카로니의 종류

종류	명칭	직경(Inch)	모양
길이가 긴 제품	마카로니	0.11~0.27	
	스파게티	0.06~0.11	
	vermicelli	0.06 이하	
	국수	-	
길이가 짧은 제품	elbow		반원형
	shell		조개
	wheel		바퀴
	alphabet		문자
	ring		반지
	star		별

식감이 일반 국수와 다른 특성이 있고 alimentary pasta(영국), pasta alimentaies(프랑스), pasta alimentari(이탈리아)라 하며 이탈리아가 발생지이다. 마카로니는 강력분 밀가루를 사용하고 표 11-8과 같이 모양에 따라 분류하며 원료 배합에 따라 채소, 달걀, 콩, 우유 등을 넣어 만든 마카로니 등 종류가 다양하다. 마카로니의 제조 공정은 다음과 같다.

원료 → 혼합 → 반죽 → 압출 → 건조 → 제품

• 원료 : 원료는 듀럼밀(durum wheat)의 semolina, farina 또는 강력분을 사용하거나 이

들을 혼합하여 제품을 제조한다.

- 혼합 및 반죽 : 원료 밀가루를 수분함량이 30~35 % 정도 되게 40 ℃에서 10~20분간 매끈하고 약간 단단한 반죽을 만들어 400~700 mmHg에서 100~200 kg/cm^{2}의 압력으로 압출기를 통과시켜 반죽에 함유된 공기를 제거하여 반죽을 투명하게 한다.
- 압출 : 반죽을 구멍이 뚫린 압출기를 통과시켜 마카로니를 제조한다.
- 건조 : 압출된 마카로니는 수분함량이 약 30 % 정도인데, 이를 12 % 정도가 되도록 건조하는 공정이 마카로니 제조에서 가장 힘든 공정이다. 건조를 알맞게 하려면 공기의 순환, 온도, 습도를 조절해야 하지만 마카로니의 종류, 형태, 두께, 수분 등에 따라 건조 속도가 달라진다. 건조는 상온과 30~60 ℃에서 16~40시간 소요되며 마카로니의 종류에 따라 건조방법을 선택해야 된다. 최근에는 70 ℃의 고온에서 5~15시간 건조하여 건조 능률의 향상, 생균 수의 저하, 식감의 향상 등에 효과를 보고 있다.

③ 즉석면

즉석면류의 라면은 밀가루, 소금, 개량제 등을 혼합하여 면을 만들어 α화시킨 후 건조하거나 기름에 튀겨 만든다. 즉석면류는 호화 건면과 유탕면으로 분류하며 용기면도 개발되어 있고 생면을 증숙하여 4~26 ℃에서 숙성시키고 90 ℃ 이상에서 살균하여 수분이 60 %인 라면도 생산된다. 여러 종류의 라면 중에서 가장 일반적인 유탕면의 제조 공정은 다음과 같다.

원료 → 혼합 → 압연 → 절출 → 증숙 → 성형 → 튀김 → 냉각 → 포장 → 제품

- 원료의 혼합 : 종류에 따라 밀가루의 약 10 % 정도의 소금, 견수, 증점제, 영양강화제 등을 배합한다. 배합 구성은 라면의 품질을 좌우하는 요소이며 반죽의 수분함량이 32~33 % 정도 되도록 하여 반죽 온도 30~35 ℃에서 10~15분간 혼합한다.
- 압연과 절출 : 면대의 두께가 1 mm 정도 되도록 압연과 절출의 속도를 조절하면서 라면을 꼬불거리게 만든다. 이는 부스러지는 것을 막고 부피를 줄이며 간편성을 주기 위한 방법이다.
- 증숙 및 성형 : 라면을 α화시키는 것으로 면을 95 ℃에서 2분 정도 증숙시키면 호화가 된다. 증숙을 하면 면이 쫄깃거리며 증숙하는 방법에는 건식과 습식이 있다. 증숙한 면

표 11-9 스프의 배합 예

분말스프	배합률	액상스프	배합률
정제염	17	농축 간장	10
정백당	10	정제염	1.8
M.S.G	4.2	정백당	1.2
석신산소듐	0.3	M.S.G	0.8
고추	0.4	석신산소듐	0.02
효모 추출물	2.2	고기 추출물	0.15
분말 간장	5.9	양파 추출물	0.7
쇠고기 추출물	2.0	고추 추출물	0.3
		생강 추출물	0.03

을 일정 크기로 잘라서 구멍이 뚫린 성형기(retainer)에서 성형한다.

- 튀김 : 기름으로 150~160 ℃에서 2분 정도 튀기면 수분함량이 40~50 %에서 5 %로 되며 α화 녹말 상태가 고정된다. 이 공정은 면의 품질과 저장성에 영향을 끼치며 수분 조절이 목적이므로 라면 내부로 기름이 적게 침투하도록 해야 된다. 호화 건면류는 튀김 공정을 생략한다.
- 냉각 및 포장 : 튀김 공정을 끝낸 유탕면은 수분 5 %, 기름 15~20 %를 함유하고 품온이 120 ℃ 정도인데 고온에서 기름이 산화하거나 포장 내부에서 응축수가 생기지 않도록 30 ℃에서 냉각, 건조한 후 빛이 투과하지 않는 포장재 내에 스프와 함께 포장한다. 별첨용 스프는 즉석면 특유의 재료로 대부분 분말이나 고체상이며 액체상도 쓰인다. 스프의 구성성분 예로는 표 11-9와 같다.

2) 과자와 빵

과자와 빵류는 밀가루나 곡물가루에 각종 재료를 반죽하여 발효하거나 팽창제를 넣어 굽거나 쪄서 만든 제품으로 재료와 재료의 혼합에 따라 다양한 제품을 제조할 수 있다.

(1) 원료

① 밀가루

제과 제빵에서 밀가루 품질은 제품을 구성하는 가장 중요한 요소로서 용도에 따라 사용하는 밀가루의 종류와 품질이 다른데, 이는 밀가루의 글루텐 양과 질 그리고 회분의 함량에 의해 결정된다. 밀가루의 단백질은 글리아딘과 글루테닌으로 구성된 글루텐으로 글리아딘은 알코올에 녹으며 물을 흡수하면 점성이 높아지고 글루테닌은 약 알칼리에서 녹아 탄성을 나타낸다.

밀가루의 녹말은 굽는 과정에서 열에 의해 붕괴되면서 표면적이 커지고 글루텐이 방출하는 물을 흡수하는 역할 등을 수행함으로써 빵제품의 구조가 형성되는 데 이바지한다. 그리고 녹말은 호화에 따라 부피, 겉 색깔, 내부 색깔, 기공 상태, 조직과 맛에 영향을 미친다. 흔히 제과에서는 녹말이, 제빵에서는 단백질이 중요한 역할을 한다.

제과용 밀가루는 연질소맥을 제분한 박력분(단백질 함량 7~9 %)으로 흡수율이 낮은 편이며 쿠키류, 커스터드류, 비스킷류 및 기타 튀김류에 주로 사용한다. 제빵용 밀가루는 경질소맥을 제분한 강력분(단백질 함량 13~14 %)으로 흡수율이 높고 반죽시간이 길며 반죽하는 동안에 글루텐 형성이 잘 되는 것을 사용한다. 그 밖에 호밀가루(rye flour)와 대두가루(soybean flour) 등도 사용한다.

② 효모

제빵에서 효모는 발효 빵의 고유한 풍미, 맛, 색, 촉감 등을 부여하며 화학팽창제로 제조한 무발효 빵과는 품질 면에서 차이가 크다. 효모는 *Saccharomyes cerevisiae*로 여러 가지 효소를 생성하면서 다양한 역할을 한다. 효모는 발효성 당을 분해하여 에탄올과 이산화탄소를 만들어 반죽을 팽창시켜 다공질의 촉감을 주며 발효할 때 생성하는 알코올, 알데하이드, 케톤, 휘발성 유기산 등도 독특한 풍미를 준다. 발효 빵에 사용하는 효모는 건조효모와 압착효모(생효모)가 있는데 압착효모는 60~70 % 수분을 함유하고 있고 사용량은 2~3 %이다. 건조효모(활성 건조효모)는 수분이 7~9 %이며 사용량은 압착효모의 40~50 %로 4배의 물을 가해 40~45 ℃에서 10~15분간 활성화시켜 사용하는데, 발효력이 균일하고 보

TIP 즉석면(라면)의 제품 동향

간편성과 즉석성이 있어 여전히 각광받고 있는데 최근 건강기능식품의 개념을 적용하여 기능성 물질 첨가, 영양 강화 및 건강 증진을 위한 라면, 기름에 튀기지 않고 장기 보관이 되는 생라면이나 냉동라면, 전통식과 서양식을 혼합한 퓨전라면, 스프에 천연 조미료를 사용한 라면, 밀가루 대신 곡물을 이용한 라면 등이 개발되었다.

존성이 우수하며 정량이 쉽고 냉장 보관을 하지 않아도 된다. 효모는 환경에 따라 기능이 달라지는데 이산화탄소 발생량을 기준으로 효모 활성의 최적온도는 30 ℃이며, 이때 당 농도는 2~4%가 적당하다.

표 11-10 제빵에서 효모에 의한 반응

반응	빈도(회)	반응	빈도(회)
환원반응	156	에스터화반응	10
카복실기제거반응	21	축합반응	9
아미노제거반응	17	가수분해반응	5
산화반응	14	아미노화반응	1

③ 효모먹이

효모먹이(yeast food)는 효모의 영양성분으로 효모 증식에 도움을 주며, 반죽 상태를 좋게 하여 빵의 부피, 식감, 촉감, 색 등을 향상시키므로 반죽 컨디셔너(dough conditioner)라고도 한다. 이들은 질소원, 황산칼슘, 산화제 등으로 이루어진다. 밀가루에 포함된 단백질이나 아미노산이 단백질 가수분해효소에 의해 분해되어 질소원으로 이용되지만 이것만으로는 부족하다. 질소원으로 염화암모늄을 사용하면 발효에 직접 관여하지는 않지만 효모의 발효력을 높여 이산화탄소의 생성을 증대시키고 산이 형성되며 암모늄염은 암모니아로 동화되어 반죽이 산성화되므로 반죽의 숙성이 빨리 일어나게 한다. 황산칼슘은 반죽을 수축시키고 이산화탄소의 포집력을 증대시키는 작용을 한다.

글루텐 성질 개량제로 사용되는 산화제에는 아이오딘산포타슘, 브로민산포타슘, 과산화칼슘, 아조다이카본아마이드, 바이타민 C 등과 α-아밀레이스와 같은 효소제가 있다. 이것은 단백질의 -SH에 작용하여 이황화결합(-S-S-)을 이루어 반죽의 망상 구조를 강화시켜 신장성과 가스 수용 능력을 조절하여 빵의 부피를 크게 한다.

효모먹이는 단일 물질이 아닌 이들의 혼합체로서 밀가루에 0.1~0.5 %를 사용한다.

④ 감미료

감미료는 제과, 제빵에서 보존성, 보습성, 감미, 안정제, 발효조절제 등 복합 기능을 가지게 하는 기본재료로 설탕, 물엿, 올리고당, 꿀 등이 있으며 소비자들의 요구에 따라 당 대체품을 사용하기도 한다. 제품에서 감미료는 단맛을 부여하고 효모의 탄수화물원이며 캐러

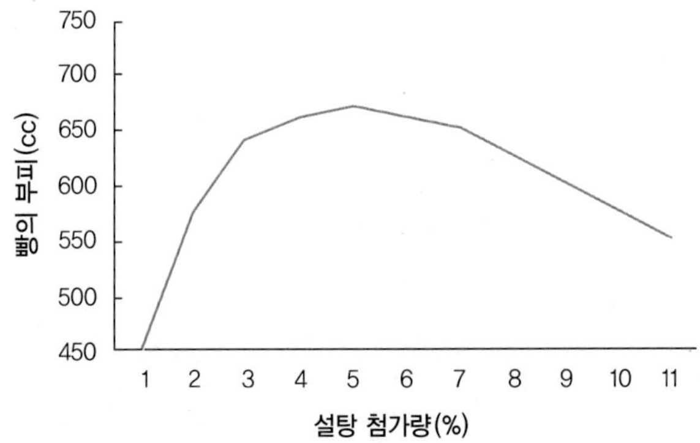

그림 11-12 설탕의 첨가량에 따른 빵 부피의 변화(빵 100 g당 부피)

멜화 반응과 메일라드 반응에 의한 색깔과 풍미, 반죽의 점탄성과 안정성을 부여하여 작업을 원활히 하는 역할, 그리고 노화를 억제하고 저장기간을 길게 해준다. 사용량은 2~4 %이며, 6 % 이상 사용하면 부피는 작아지지만 빵 껍질의 색과 속살이 부드러워진다.

⑤ 소금

소금은 반죽과정에서 점탄성을 높여 주고 반죽시간을 연장하며, 단백질분해효소의 작용을 억제해 주고 젖산세균 발육을 억제하며 노화를 막아 주고 풍미를 부여하며 감미를 조절해 준다. 밀가루에 소금을 많이 넣으면 반죽의 끈기가 강해지고 효모작용을 저해하지만 적정량을 넣으면 효소작용을 억제하고 효모의 발효를 촉진하는 작용을 하므로 소금의 첨가량으로 발효를 조절할 수 있는데 1.5~2.0 %가 가장 알맞다.

⑥ 유지류

유지제품으로 버터, 마가린, 쇼트닝 등의 고형지방을 용도에 따라 사용하며 열량을 낮추기 위해 지방 대체품을 사용하기도 한다. 제과에서 지방질은 제품을 부드럽게 해주고 수분 증발을 막아 주어 식감과 저장기간을 좋게 해준다. 특히 케이크에서는 쇼트닝성, 크리밍성 및 윤활성을 부여한다. 제빵에서는 반죽의 팽창을 도와주는 윤활작용을 하며 수분 증발을 막아 주고 저장기간을 늘려 주며 겉껍질을 부드럽게 하고 반죽의 취급과 성형을 쉽게 해준다. 사용량은 제품에 따라 다르지만 2~3 % 정도이다.

⑦ 화학 팽창제

무발효 빵류와 제과에서 팽창제로 쓰이는 탄산수소소듐(중조), 탄산암모늄 등은 제품에 쓴맛을 내고 색을 누렇게 하며 좋지 않은 냄새를 발생할 수 있다. 이를 개량한 것이 합성 팽창제인 베이킹파우더인데 백반(alum), 암모늄백반, 타타르산수소포타슘, 인산수소칼슘, 글루코노델타락톤 등의 산성물질을 혼합하고 녹말 등의 희석제를 첨가한 혼합물이다.

⑧ 기타

제품에 영양가를 높이고 내부를 부드럽게 하며 갈색화를 촉진하기 위해 사용하는 유제품(milk), 유화작용과 부드러운 식감 등을 위해 사용하는 달걀(egg), 풍미 개선과 보존성 등을 높이기 위해 사용하는 향신료, 반죽의 점도와 저장성을 높여 주는 안정제 등이 사용된다.

(2) 과자의 제조

과자류는 밀가루와 첨가물 등을 혼합하여 가공 처리한 떡류, 건과류, 캔디류, 초콜릿류, 껌류, 잼류 등으로 분류되며 한식, 일식, 양식 과자로 구분하기도 한다. 한식 과자에는 찹쌀, 밀가루, 곡물, 꿀, 열매 등을 재료로 하여 기름에 지지는 유밀과, 기름에 튀기는 강정류, 판에서 찍어내는 다식류, 엿에 버무리는 엿 강정류, 설탕액이나 꿀 등에 졸여 만드는 정과, 숙실과류 등이 있다. 일식 과자에는 앙금류에 한천 등을 넣고 가열 농축시킨 양갱류, 쌀을 가공 처리하여 설탕, 엿 등을 넣어 굳혀 만드는 미과류 등이 있다. 여기에서는 서양 과자류의 종류와 제조방법을 설명하고자 한다.

① 비스킷류

비스킷(biscuit)은 재료의 배합이나 제조방법에 따라 분류하는데 다양한 제품이 있다. 일반적으로 배합비율에 따라 다음과 같이 분류한다.

- 하드비스킷 : 중력분 이상을 사용하여 설탕과 지방질의 함량을 적게 하고 글루텐 생성 정도를 높이기 위해 장시간 혼합 반죽을 하여 맛이 담백하고 광택이 나며 단단하고 보통 바늘구멍이 있다. 배합비율은 밀가루 100 %, 엿 또는 설탕 30~55 %, 곡물가루 0~20 %, 지방질 1~5 %, 팽창제 1~2 %, 소금 0~0.5 % 등이다.
- 소프트비스킷(쿠키) : 박력분을 사용하며 하드비스킷보다 설탕과 지방질을 많이 넣어 제품은 부드럽고 단맛이 강하다.
- Fancy biscuit : 설탕과 달걀을 많이 넣어 연하고 부드럽게 만든 제품으로 모양이 다양하다.

• 기타 : 크래커(cracker)는 설탕을 사용하지 않고 박력분에 지방질, 소금 등을 혼합 반죽하여 장시간 발효시킨 후 성형하여 다시 소금을 넣어 단맛이 적고 독특한 식감이 있게 만든 제품으로 소다크래커, 치즈크래커 등이 있다. 파이(pie or puff pastry)는 반죽과 반죽 사이에 지방질을 넣고 말아 일정한 모양으로 제조한 제품이며, 웨하스(wafers)는 부드러운 상태의 반죽 2매를 plate 사이에 넣고 구운 제품이다. 또한 스낵(snack)은 곡류, 고구마, 견과류 등을 팽화와 유탕 처리 등으로 가공한 제품으로 바삭거림과 부드러움성이 중요하다.

비스킷의 제조 공정은 다음과 같다.

원료 → 혼합 및 반죽 → 성형 → 굽기 → 냉각 → 포장 → 제품

원료의 혼합과 반죽은 비스킷 종류에 따라 조금 다르지만 장시간 반죽을 하고 제품에 따라서 모양을 성형한다. 비스킷은 연속식 오븐을 사용하여 굽는데 입구 온도 180~200 ℃, 중간 온도 220~250 ℃, 출구 온도 120~150 ℃에서 8~15분간 구으면 팽창, 착색, 열의 내부 침투 및 건조가 이루어지고, 굽고 난 후는 온도와 습도가 급격히 변화되지 않게 냉각한다. 크래커의 경우는 260~300 ℃에서 3~4분간 굽기를 하면 감미가 적고 독특한 조직감을 가지게 된다.

② 초콜릿

초콜릿(chocolate)은 카카오나무(*Theobroma cacao*)의 열매에서 얻은 카카오콩(cacao bean)을 미세하게 분쇄하여 설탕, 우유 등을 혼합하여 제조하는 제품이다. 종류는 배합비율과 조성에 따라 black chocolate, milk chocolate, sweet chocolate 등으로 구분한다.

또한 제조 형태에 따라 plate, shell, covering, coating, powder 등으로 나눈다. milk chocolate은 plate, shell의 형태로, sweet chocolate는 plate, covering 형태로 많이 제조된다. 초콜릿의 제조 공정은 다음과 같다.

카카오콩 → 볶기 → 카카오닙 → 파쇄 → 카카오페이스트
카카오닙 → 알칼리 처리 → 파쇄 → 카카오버터

→ 혼합 → 정련 → 템퍼링 → 성형 → 냉각 → 포장 → 제품

표 11-11 초콜릿의 원료 배합(%)

	black chocolate	milk chocolate	sweet chocolate
분당(가루설탕)	44.56	41.44	51.56
전지분유	8	24	10
카카오버터	10	22	14
비타초콜릿	36	12	23
레시틴	0.5	0.5	0.5
바닐린	0.05	0.05	0.05
향료	0.01	0.01	0.01

- 볶기 : 100~150 ℃에서 25~50분간 볶아 수분함량을 0.5 % 이하가 되도록 한다. 카카오 콩은 볶으면 외피와 배유의 분리가 쉽고, 향미의 발현, 수분과 휘발성 물질 제거, 배유의 미립화가 쉬우며 색을 좋게 한다.
- 혼합 및 미립화 : 분리된 코코아닙(cocoa nib)을 grinder로 파쇄하면 vita chocolate cacao paste, chocolate liquor가 된다. 여기에 설탕, 분유 등을 혼합시켜 만든 초콜릿 반죽을 refiner로 15~30 μm까지 미립화시킨다.
- 정련 및 조온 : 미립화된 chocolate dough에 카카오버터, 레시틴 등을 혼합하여 50~70 ℃에서 24~72시간 정련(conching)하면 초콜릿의 독특한 향과 혼합한 설탕, 분유 등의 균일한 분포가 이루어져 촉감이 좋아진다. 정련이 끝난 뒤 29~31 ℃로 유지하며 1시간 정도 조온(tempering)하면 β-형의 안정한 결정이 생성되어 제품 표면에 광택이 있고 조직이 단단해지며 성형이 쉬워지고 지방블룸(fat bloom) 현상을 방지할 수 있다. 지방블룸 현상은 지방의 동질다형현상(polymorphism)에 의해서 생성되는 것이다.
- 성형 및 냉각 : 일정한 모양의 틀(mold)에 넣어 9~10 ℃에서 20분 정도 냉각한다. 초콜릿은 습도가 80 % 이상이면 표면의 설탕이 녹아 결정화되는데 이를 sugar blooming이라 하며, 고온에서 카카오버터가 녹아 저온에서 다시 굳어져 표면 광택이 없어지는 현상을 지방블룸이라 한다. 이들 현상을 방지하기 위해 저온으로 유지하며 건조한 곳에 보관해야 된다.

③ 캔디

캔디(candy)는 설탕을 주원료로 하여 물엿, 녹말, 당알코올, 유제품, 유기산, 식용색소, 향료 등을 혼합하여 녹여 만든 과자류의 일종이다. 캔디류는 첨가하는 재료, 배합비 및 당액의 열처리에 따라 다양한 종류로 구분하는데 고온(130~150 ℃)으로 가열하는 하드캔디(hard candy)와 저온(110~130 ℃)으로 가열하는 소프트캔디(soft candy) 그리고 가열 처리하지 않는 tablet candy 등으로 구분한다. 하드캔디는 드롭프스(drops), 타피(taffy), 브리틀(brittle) 등과 같이 단단하고 흡습성이 적으며 고온 처리한 것으로 제조 공정은 다음과 같다.

재료 → 용해 → 농축 → 여과 → 농축 → 혼합 및 반죽 → 성형 → 냉각 → 포장 → 제품

↑ (혼합 및 반죽): 유기산, 색소, 향료 등

소프트캔디는 폰당(fondant), 캐러멜(caramel), 누가(nougat) 등과 같이 비교적 저온에서 설탕 등을 녹여 시럽 형태로 만들어 성형한다. 캐러멜의 제조 공정은 다음과 같다.

재료 → 용해 → 혼합 → 농축 → 혼합 → 냉각 → 압연 → 절단 → 포장 → 제품

↑ (혼합): 버터, 향료 등

가열하지 않는 캔디류는 tablet류, coating류, nut류, 건조품류 등으로 설탕액의 시럽을 이용하여 만드는 제품이다. 최근에는 무설탕(sugarless) 제품으로 당알코올을 이용한 제품들이 제조, 생산되고 있다.

(3) 빵의 제조

빵은 밀가루 반죽에 부원료, 조미료, 팽창제 등을 넣어 이산화탄소로 팽창시켜 굽거나 찌거나 튀겨서 만드는 제품이다. 빵은 반죽을 발효하는 방법에 따라 발효빵과 비발효빵으로 구분하는데, 반죽에 효모를 넣어 발효하는 발효빵에는 식빵류, 과자빵류, 롤빵류 등이 있고 비발효빵에는 케이크류, 생과자류, 도넛류 등이 있다. 또한 익히는 방법에 따라 식빵류, 과자빵류(크림빵, 단팥빵, 롤빵류, 크로와상 등), 특수빵류(도넛, 찐빵, 토스트류 등), 조리빵류(피자, 햄버거, 샌드위치 등) 등으로 구분하기도 한다.

① 제조법

빵의 종류에 따라 원료 배합은 다양하지만 여기에서는 식빵 제조방법에 대하여 알아보

기로 한다. 식빵의 제조 공정은 다음과 같다.

재료 → 배합 → 반죽 → 발효 → 완성(나누기, 굴리기, 재우기, 만들기 등)
→ 재우기 → 굽기 → 냉각 → 포장 → 제품

• 배합 : 식빵의 일반적인 원료 배합은 표 11-12와 같이 밀가루에 대하여 설탕 2~5 %, 소금 1.5~2.0 %, 지방질 2~3 %, 효모 2 %, 물 50~60 % 등으로 하며 필요에 따라 분유, 달걀, 개량제 등도 혼합한다.

• 반죽 : 반죽방법에는 배합에 사용할 모든 재료를 믹서에서 한 번에 혼합하는 직접반죽(straight dough)과 먼저 밀가루와 효모를 혼합하여 발효한 후 나머지 재료를 넣고 다시 반죽하는 간접반죽(sponge dough)이 있다. 직접반죽법은 믹서로 먼저 저속(30~35 rpm)에서 2~3분간 혼합반죽한 후 고속(60~70 rpm)에서 8분 정도 반죽(kneading)하는데 반죽의 최종 온도는 29 ℃ 정도가 좋다. 직접반죽법은 소규모 생산에 적합하며 짧은 시간에 발효를 끝낼 수 있고 제품의 향미가 좋으며 감량률이 낮다.

간접반죽법은 전체 밀가루의 70 %에 효모 등을 넣고 저속으로 45분 정도 혼합한 후 4~5시간 정도 1차 발효하고(이때 온도는 25 ℃ 정도가 좋음) 나머지 밀가루와 재료를 혼합하여 반죽한 후 지방질을 넣고 저속에서 2~3분, 고속에서 5~7분 본 반죽을 만든 후 1시간 정도 발효한다. 이때 최종 반죽 온도는 27~28 ℃ 정도가 좋다. 간접반죽법은 발효시간이 길고 복잡하지만 반죽의 수화력이 뛰어나며 효모를 절약할 수 있고 제품이

표 11-12 빵의 원료 배합 예

원료	직접반죽법	스펀지법	
		스펀지반죽	본반죽
밀가루	100(%)	70(%)	30(%)
효모	2	2	-
효모먹이	0.2	0.2	-
소금	2	-	2
설탕	5	-	5
유지	4	-	4
물	56	38.8	17.2

가벼우며 조직감이 좋고 대량생산이 가능하다.

- 발효 : 발효는 반죽할 때 충분히 형성된 글루텐과 효모에서 생성된 이산화탄소에 의해 반죽이 팽창하는 공정으로, 제빵 공정에서 가장 중요한 과정이다. 직접반죽을 발효할 때 온도 27~29 ℃, 습도 75 %를 유지하면서 1시간 정도 가스빼기와 발효를 반복한다. 1차 발효를 30~40분 한 후 가스빼기를 하고, 2차 발효는 가스빼기 후 15~20분이 경과한 후 실시하며 나머지 5~10분 정도는 반죽을 분할하는 데 사용한다. 직접반죽의 발효에서 가스빼기는 반죽 내부에 축적된 이산화탄소를 제거하고 남아 있는 이산화탄소를 골고루 퍼지게 하며 효모 생육 촉진, 영양 공급, 반죽온도 조절 등의 효과가 있다.

  간접반죽법에 의한 발효는 온도 27 ℃, 습도 75 %에서 4~5시간 정도 직접반죽법과 같은 방법으로 실시한다. 발효는 반죽의 팽창, 숙성, 향미 증진 등의 목적으로 실시하는 발효빵의 중요한 공정이다.

- 완성 : 발효를 끝낸 반죽을 성형까지 여러 공정을 거치는 것을 완성이라 한다. 발효가 끝난 반죽을 분할기(divider) 등으로 15~20분 정도 빠른 시간에 분할하여 발효의 편차가 없게 한다. 분할한 반죽 조각은 효모의 작용을 지속시키고 매끄러운 표면을 만들기 위해 굴리기(rounding)로 둥글게 만든다. 굴리기를 하면 분할된 반죽의 글루텐 구조가 정돈되며 가스가 균일하게 분산되어 내부 상태가 균일해지고 분할할 때 형성된 절단면의 점착성을 줄이고 표면을 형성하여 탄력을 유지하며 중간 발효와 가스 보유력을 좋게 한다.

  중간발효(재우기 또는 intermediate proof)는 분할과 굴리기 공정에서 손상된 글루텐

TIP Kneading과 Dough

Kneading는 날화(捏和)라고도 한다. 예를 들면 버터, 초콜릿, 비누, 생고무, 합성수지, 점토, 안료 등 점조도(粘稠度)가 높은 물질을 만드는 일을 말하며, 보통의 혼합은 교반기에 의한 난류(亂流)나 대류를 이용하는 데 대해, 반죽기에서는 전단(剪斷)·뒤집어 포개기·압축·압연(壓延) 등의 작용을 가하여 반죽한다.

Dough는 밀가루에 물과 우유, 다른 재료(팽창제, 안정제, 연화제, 농후제, 당화제)를 혼합하여 만든 된반죽이다. 손으로 치대어 되게 만든 반죽이 도우이고, 스푼이나 거품기로 휘저어 묽게 만든 걸쭉한 반죽이 배터(batter)이다. 보통 도우는 뻑뻑하지만 손으로 작업할 수 있을 정도로 부드러운 편이다.

의 재정돈과 반죽의 유연성 회복, 반죽의 신장성 증가와 들러붙지 않게 얇은 표면의 피막을 형성하기 위한 방법으로서 온도 27~30 ℃, 습도 75 %에서 10~15분간 표면이 마르지 않게 조치하면서 실시한다. 중간발효(재우기)가 끝나면 형성된 가스를 빼내어 조직이 거칠어지지 않게 하기 위해 늘이기(sheeting), 말기(curling), 굴리기(rolling), 봉하기(sealing) 등의 조작을 실시한다. 이 공정이 끝나면 빵 형태와 모양에 따라 적절한 빵틀에 넣는다.

• 재우기(2차 발효) : 성형하여 빵틀에 넣은 반죽은 글루텐이 불안정하고 그대로 굽기를 하면 부피가 작고 기공과 조직이 거칠며 균열이 생겨 색이 진하게 된다. 이를 개선하기 위해 반죽을 다시 발효하여 부드럽고 신장성을 부여하는 재우기를 실시한다. 또한 재우기를 하면 가스에 의해 반죽이 부풀어 오르며 빵의 향에 관여하는 알코올, 유기산, 기타 방향성 물질이 생성되고 글루텐의 신장성과 탄력성이 높아진다.

  재우기는 33~38 ℃, 상대습도 85~90 %에서 1시간 정도 실시하는데 반죽의 상태와 제품의 종류에 따라 다르지만 완제품의 70~80 % 부피, 생반죽의 3~4배 부피, 손가락으로 눌렀을 때 반죽의 저항성 등을 확인한 후 마친다.

• 굽기 : 굽기는 반죽의 크기, 배합, 발효 상태, 제품의 종류 등에 따라 온도와 시간을 조절하는데 3단계를 거쳐 굽는 것이 이상적이다. 굽기 공정에서의 물리, 화학적 반응과 반죽의 변화는 다음과 같다.

  1단계에서는 가스가 급격히 증가하여 반죽에 함유된 가스가 열에 의해 팽창하고 온도가 상승함에 따라 효모의 발효속도도 높아져 생성된 이산화탄소 및 휘발성 물질이 기화하고, 물에 용존되어 있던 이산화탄소도 기화하면서 급격한 팽창(oven spring)이 일어난다. 이때 피막이 일찍 형성되어 표피가 딱딱하게 되면 팽창이 충분히 일어나지 못하므로 이를 방지하기 위하여 오븐에 증기를 불어넣어 습도를 올려야 한다. 이후 반죽의 온도가 점차 올라가서 60 ℃ 정도가 되면 효모는 사멸하나 알코올의 증발 및 가스의 팽창은 계속해서 일어난다. 그러나 75 ℃ 정도가 되면 글루텐이 응고하기 시작해서 110 ℃에 도달하면 완전히 응고되어 빵의 골격을 형성한다.

  2단계에서는 110~200 ℃의 온도에서 구우며, 주로 빵 껍질의 색깔이 형성되는 시기로서 점차 황갈색으로 변하고 반죽의 녹말질이 호화된다.

  3단계에서는 200~240 ℃ 온도로 구우며 빵의 중심부까지 열이 침투하여 구워지는 시기이다. 오븐 내의 굽는 시간은 제1단계 15분, 제2단계 20분, 제3단계 15분으로 50분

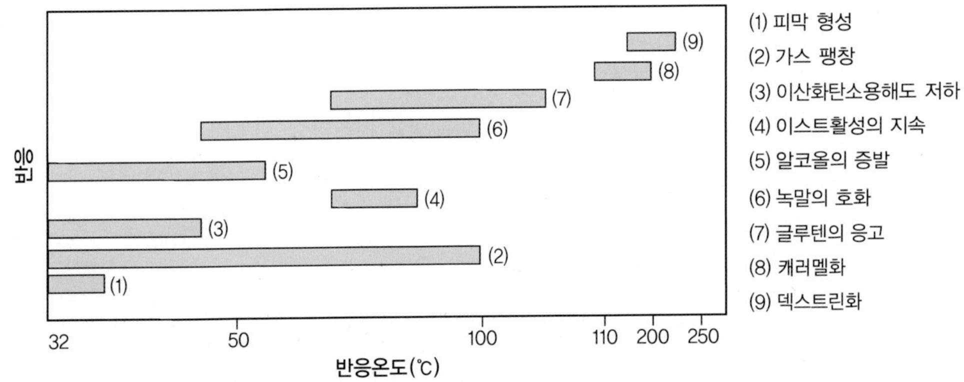

그림 11-13 굽기 중에 일어나는 반죽의 반응

표 11-13 오븐에서 일어나는 반응

물리적 반응	•피막 형성 •가스용해도 저하	•가스 팽창 •알코올 증발
화학적 반응	•이스트 작용 •녹말 호화 •당의 캐러멜화	•이산화탄소 생성 •글루텐의 응고 •갈색 반응

간 굽는다. 오븐은 여러 가지 형태가 있으며 제품에 따라 선택한다.

• 식히기 : 구운 빵은 실온에서 중심부의 온도가 30 ℃ 될 때까지 약 2시간 정도 방냉한다. 그러나 품온을 급격히 떨어뜨리거나 찬바람으로 식히는 것은 좋지 않다. 방냉한 빵을 바람에 쐬면 풍미가 떨어지므로 밀폐된 장소에 보관하는 것이 좋고, 빵의 중심부 온도를 떨어뜨리지 않고 포장하면 곰팡이가 발생하기 쉽다.

② 기타 제빵법

• 액체발효법(liquid fermentation method) : 액체발효법(액종법)은 간접발효(스펀지발효)법을 보완하는 것으로 분유의 완충작용을 이용해 발효를 안정화하는 방법이다. 액체발효는 효모, 설탕, 소금, 효모먹이, 맥아 등에 물을 넣고 완충제로 탈지분유와 탄산칼슘 등을 넣어 2~3시간 발효하여 액종을 만든다. 이렇게 하면 효모를 미리 예비 발효하여 사용하게 되므로 발효시간을 단축시키고 대량생산이 가능하다.

• 연속식 제빵법(continuous dough mixing method) : 액체발효법을 개선한 기계적인 방법으로 연속식 제빵법이 있다. 연속식 제빵법은 연속식 반죽기로 반죽하여 즉시 나

누기를 하고 틀에 넣어 발효한 후 오븐으로 자동 이동시켜 만드는 방법으로 짧은 시간에 제품을 생산할 수 있다. 공정이 하나의 제조라인으로 이뤄지고 특수장치와 계량장치로 구성되어 최소의 인원과 공간으로 생산할 수 있기 때문에 설비와 노동력이 감소하고 발효 손실이 적다.

- 속성 제빵법(no-time dough method) : 직접반죽법을 변형하여 발효시간을 현저히 줄이거나 발효시간을 주지 않고 산화제와 환원제를 사용하여 기계적으로 반죽을 형성하는 방법이다. 글루텐 형성에 산화제는 브로민산포타슘과 아이오딘산포타슘 등이, 환원제로는 L-시스테인 등이 사용되며 반죽이 완료된 후 40분 내에 발효가 되므로 공정은 짧으나 제품의 식감, 풍미가 나쁘고 광택이 없으며 제품이 불안정하다.
- 냉동 반죽법(frozen dough method) : 냉동 반죽법은 반죽이나 제품의 변질을 지연시키기 위해 반죽의 발효를 일시적으로 정지시킨 후 필요에 따라 제품을 생산할 수 있는 방법으로 냉장법, 냉동법 등 다양하지만 제빵 공정 중 동결시점에 따라 명칭이 달라지며 프랜차이즈 업체 중심으로 성형 냉동 반죽법이 일반적으로 사용된다.

  반죽의 노화 온도와 최대 얼음결정 생성 온도를 피해 냉동해야 하기 때문에 식빵 제조에서는 내부온도가 -4℃ 이하가 되도록 저장해야 하고, 포장하여 -18~-29℃에서 8~12주 보관할 수 있다. 냉동 반죽법은 수요에 따라 생산과 공급 조절이 편리하고 신선제품으로서 여러 가지 빵류를 소량씩 생산할 수 있다.

3) 발아현미

곡식의 싹을 틔우면 새 생명의 탄생으로 유기물의 결합구조가 이완됨으로써 먹을 때 부드럽고 체내에서 소화시키기 용이한 형태로 된다. 또한 싹을 틔우면서 새 생명에 영양분을 공급하기 위해 종자 자신이 가지고 있는 영양물질을 분해할 각종 효소가 증대되고, 전에 없던 새로운 영양분이 생성된다. 곡류를 있는 그대로 섭취하는 것보다는 발아과정을 거침으

TIP 옥수수와 감자류를 이용한 가공식품

녹말질을 주원료로 한 옥수수와 감자류를 이용한 가공식품은 여러 용도로 사용되고 있다. 종류로는 corn flake, corn meal, pop corn, mushed potato, potato flake, chips, oblate 등이 있다.

로써 더욱 향상된 영양가를 얻을 수 있다. 최근 소비자들이 이런 발아현미와 같은 천연식품들이 암과 성인병을 예방하는 특성을 갖고 있어 이들을 섭취하려는 경향이 높아지면서 곡류뿐만 아니라 조류, 두류(콩, 땅콩 등)에 이르기까지 다양한 제품들이 소개되고 있다.

발아현미로 가공하는 과정은 왕겨만 살짝 벗겨내고 갓 찧은 것 중 표면이 까칠까칠하고 윤기가 없는 현미를 골라서 물에 담가 씻되 싸라기나 덜 여문 쌀들이 물에 뜨는 것은 선별해 내버리고 씻겨진 현미는 상온(18 ℃)에서 침지시킨다. 면포(綿布)를 씌워 수분이 사라지지 않도록 하면 하루 정도 지나 2.5~5 mm 정도 싹이 나기 시작하는 것을 선별하여 냉장실에 보관하거나 말린 후 그늘에서 통풍이 잘되는 곳에 보관한다. 가정에서도 누구나 쉽게 가공할 수 있으며 공업적 공정은 대략 다음과 같다.

도정 → 선별 → 세척 → 침지 → 발아 → 건조/냉장 보관

발아를 시키면 일반 백미보다도 여러 가지 면에서 품질이 향상되는 것으로 보고되었다.

발아현미가 백미보다 좋은 점은 지방, 단백질, 미네랄, 아미노산, 칼슘, 각종 바이타민 B군이 풍부하게 들어 있으며 특히 식이섬유의 양이 증가되어 효능이 향상된다. 또한 백미처럼 밥을 지을 수 있고 잘 씹혀지며 꺼칠꺼칠한 느낌을 주지 않는다.

벼과 식물의 씨앗 내 종피와 배아, 줄기 등에 헤미셀룰로스 형태로 분포되어 우리 몸에서는 소화시킬 수 없는 상태지만 발아과정에서 효소분해작용을 거치면서 가수분해되어 인체가 흡수할 수 있는 아라비노자일란(arabinoxylan)이 되는 것을 비롯하여 뇌에 존재하는 신경전달물질로 혈액순환을 활발하게 하여 주고, 뇌세포 대사기능을 높여 주는 효능이 있는 감마오리자놀(GABA) 성분은 현미 100 g을 싹 틔우는 과정에서 295 mg이나 생겨난다.

표 11-14 백미와 발아현미의 영양가 비교(기준 : 100 g)

영양성분 및 영양가	백미	발아현미
열량(kcal)	364	372
식이섬유(%)	0.24	1.27
칼슘(mg)	6.6	12.6
바이타민(mg)	0.06	0.2
지방(%)	1.1	2.7
단백질(%)	7	8

그리고 자연 상태의 초과산화물제거효소(superoxide dismutase; SOD)는 고분자라서 인체에 흡수가 잘 되지 않지만 현미가 발아할 때는 SOD가 효소작용에 의해 저분자화되서 인체 흡수가 잘 되고 효과도 높다. 이외에도 곡류가 싹이 트면서 바이타민 B_1, B_2, B_6, B_{12}, 판토텐산, 니코틴산, 폴산 등이 많이 증가하고 아연과 같은 미네랄은 활성화되어 체내 흡수율이 높아지는 등 영양학적으로 매우 효능이 높은 산물로 전환된다.

TIP 우리떡·전통떡

떡이란 곡물가루를 찌거나 삶아 익힌 음식으로 농경사회가 시작되면서부터 유래된 전통음식으로 각종 통과의례와 절기 등에 만들어 먹는 고유의 풍습이 있었으며, 현재 기능성 떡 및 웰빙식으로 각광을 받고 있다. 종류로는 만드는 방법에 따라 찌는 떡(시루떡, 백설기 등), 치는 떡(인절미, 단자 등), 지지는 떡(화전, 전병 등), 빚는 떡(송편, 경단 등)이 있고 지역에 따라 종류와 모양 등이 다양하다.

연습문제

01 쌀 도정에서 완전미 생산에 쓰이는 기기는?

① 색채 분석기 ② 염색기 ③ 염색체 분리기 ④ 색채 선별기

02 밀가루의 품질 측정에서 Amylograph는 무엇을 측정하는 방법인가?

① 점탄성 ② 가소성 ③ 신장도 ④ 점도 변화

03 옥수수 녹말을 제조할 때 아황산에 침지하는 이유가 아닌 것은?

① 마쇄 공정 용이 ② 부패방지 ③ 젖산발효 증대 ④ 이물질 제거

04 다음 변성 녹말류 중 효소에 의해 생산되는 것은?

① 덱스트린류 ② 산화 녹말류 ③ 가교 녹말류 ④ 에테르 녹말류

05 제빵 원료 중 고형지방의 효과가 아닌 것은?

① 노화방지 ② 저장성 향상 ③ 잡균 번식 방지 ④ 조직의 유연성

06 곡물 도정의 원리에 대하여 설명하시오.

07 제분에서 조질 공정을 거치는데 그 이유가 무엇이며, 그 방법에 대해 설명하시오.

08 녹말당 제조에 이용하는 미생물에는 어떤 것이 있는가?

09 제빵에서 반죽의 발효방법에 어떤 방법들이 이용되는지 말하시오.

10 D.E.(Dextrose equivalent)란 무엇을 나타내는 것이며 D.E.값에 따라 녹말의 특성을 어떻게 설명할 수 있는가?

11 초콜릿 제조과정에서 왜 blooming 현상이 일어나는지 설명하시오.

12 무설탕캔디는 어떤 것을 설탕 대신에 사용하는지 말하시오.

정답과 해설

1. ④ **2.** ④ **3.** ② **4.** ① **5.** ③

6. 마찰, 찰리, 절삭, 충격 작용의 복잡하고 혼합된 공정으로 껍질과 겨층을 제거한다.

7. 밀의 배유와 껍질을 잘 분리하여 제분 효과를 높이고 가공성을 개량하기 위해 수분을 첨가하는 것으로, tempering은 실온에서 3% 정도의 수분을 첨가하여 밀 내부에 수분이 침투 확산되어 제분 적성을 개량하는 것이고, conditioning은 tempering한 후 수분 확산 효과를 높이기 위해 40℃ 이상 온도로 일정 시간 재우기 하는 방법이다.

8. 녹말을 포도당, 맥아당 및 syrup(물엿) 등으로 분해하는 효소를 생성하는 미생물로서 완전형의 *Rhizopus delemar*, 한계형의 *Aspergillus niger* 등이 당화용 효소를, *Bacillus subtilis* 등이 액화용 효소를 생성한다.

9. 제빵에서 반죽을 발효하는 방법으로는 직접반죽법, 스펀지 반죽법, 액체(액종) 발효법, 연속식, 노타임 반죽법, 냉동 반죽법 등이 이용되고 있다.

10. 녹말의 당화율로 $\frac{\text{직접 환원당(포도당)}}{\text{고형분}} \times 100 = \%$로 표시하며 D.E값이 높으면 단맛, 결정성이 증가하고 흡습성, 점도 등은 감소되며 평균 분자량이 적어져 삼투성과 보존 효과가 커진다.

11. 지방의 성질 중 결정화 과정에서 동일물질임에도 불구하고 다른 결정체가 만들어지는 동질다형(polymorphism) 때문에 일어나는 현상이다.

12. 자일리톨, 에리트리톨, 아이소말트, 말티톨, 락티톨 등의 당알코올이 활용된다.

CHAPTER 12

두류 가공

콩(soybean, *Glycine max*)은 콩과식물(family of legumes)에 속하는 식물의 종실(edible seed)로서 우리나라에서 생산되는 두류(legumes)로는 콩, 팥(small red bean), 녹두(mung bean), 강낭콩(kidney bean), 완두(green peas), 땅콩(peanut) 등이 알려져 있다. 콩의 원산지는 동남아시아이며, 우리나라에서는 삼한시대부터 재배되었다고 한다. 콩은 비교적 양질의 단백질과 지방질이 다량 함유되어 있어 '밭에서 나는 고기'라고 할 정도로 우수한 영양 공급원이며, 오랫동안 콩나물, 두부, 간장, 된장 등 소화흡수율이 좋은 식품 형태로 가공되어 섭취하여 오고 있다. 특히 곡류를 주식으로 하는 식생활에서 부족하기 쉬운 필수 아미노산인 라이신(lysine) 등을 보충하는 역할을 한다. 여기에서는 이러한 콩 가공제품의 특성과 이를 이용한 가공 공정을 이해하고자 한다.

1. 콩의 품종 및 특성

콩은 일반적으로 그림 12-1과 같이 종피와 배아로 구성되는데, 종피는 셀룰로스 등이 주

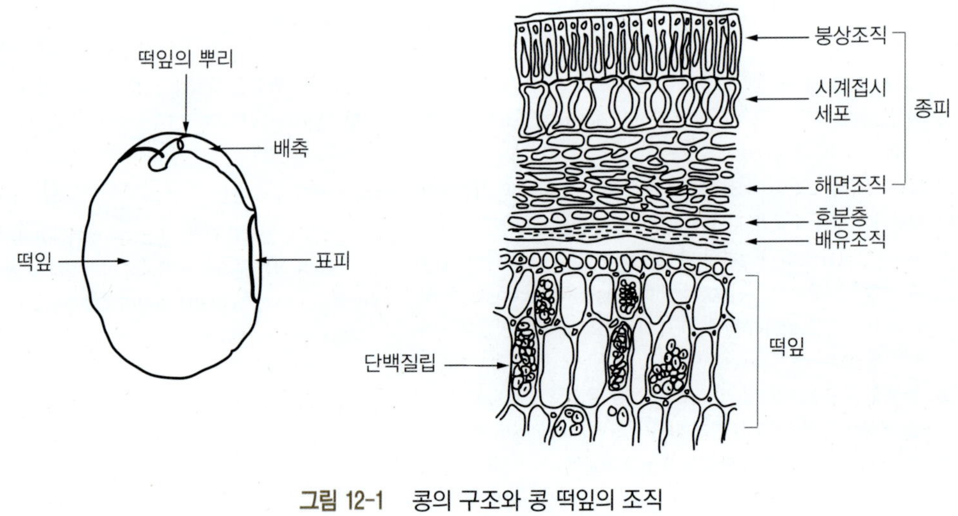

그림 12-1 콩의 구조와 콩 떡잎의 조직

성분이고, 배아는 그 중량비율이 92 %로서 자엽(cotyledon)이 90 %로 대부분이고, 나머지는 배축(hypocotyl)이 2 %를 차지하고 있다. 발아하여 식물체로 성장시 자엽에서 양분이 공급된다. 콩의 영양성분은 주로 자엽에 들어 있어서 콩 가공시 주로 이용되는데, 품종에 따라 차이를 나타낸다.

콩은 가공 용도에 따라 표 12-1과 같이 요구되는 품종과 특성을 나누어 볼 수 있다.

표 12-1 콩의 가공 용도별 요구 특성 및 적합 품종

가공 용도	요구 특성	적합 품종
두부용	• 두부의 조직감, 향미, 외관이 좋은 제품 → 단백질 함량 높고, 탄력성, 트립신 저해제 함량 낮은 품종 수분흡수율이 높고 종피 비율이 높지 않은 품종	중대립종, 단백질 함량 높은 종 - 광안콩 - 태광콩
두유용	• 콩의 비린맛/냄새, 장내 가스 발생 적어 식용이 용이한 제품 → 콩 비린내 유발하는 리폭시제네이스 활성 낮거나 없는 품종 종피의 두께 얇고 탈피가 용이한 품종	주로 수입콩 이용 국내는 진품콩 (리폭시제네이스 불활성화 품종)
나물용	• 발아율 높고, 외관 우수한 제품 → 탄수화물 함량 높아 생육 우수 배축의 성장이 단시일 내 빠른 소립종	소립종, 종실의 균일도 높은 종 - 은하콩, 광안콩 - 오리알태
장류용	• 미생물 발효에 의한 관능 특성이 우수한 제품 → 분해시 아미노산, peptide 조성이 조미용으로 우수한 품종 노란색 외관 성상	두부용과 유사 (청국장: 탄수화물 함량 높은 종 우수)

2. 콩의 성분과 건강 기능성

1) 콩의 성분

콩은 일반적으로 단백질 20~45 %, 지방질 18~22 %, 탄수화물 22~29 %, 그리고 회분 4~5 % 정도의 일반 성분을 함유하고 있다. 콩 단백질은 약 90 %가 수용성 단백질로 존재하며, 대부분이 글로불린(globulin)계에 속하는 글리시닌(glycinin)이다. 지방질은 대부분이 중성지방으로서, 구성 지방산은 리놀레산(linoleic acid) 52~57 %, 올레산(oleic acid) 32~36 %, 팔미트산(palmitic acid) 등의 포화지방산이 7~14 %가 함유되어 있다. 또한 인지방질로서 레시틴(lecithin)이 1~3 % 정도 함유되어 있다. 일반적으로 레시틴은 식품가공에서 다른 지방질을 물과 잘 섞이도록 해주는 유화제로 사용되며, 체내에 들어가면 지방질의 소화 흡수를 도와주는 역할을 한다. 탄수화물로서는 셀룰로스, 펙틴, 펜토산, 갈락탄 등의 다당류가 존재하고, 자당(약 5 %) 이외에 특이적으로 비소화성 올리고당류로서 3당류인 라피노스(raffinose) 1~2 %와 4당류인 스타키오스(stachyose) 3~8 %가 존재한다. 그 밖에 바이타민, 무기질이 소량 함유되어 있다. 기타 배당체 성분으로는 적혈구 용혈작용이 있는 사포닌(saponin)과 황색색소의 일종으로 에스트로겐 호르몬 유사작용을 하는 아이소플라본(isoflavone)이 대표적이다. 영양 저해물질로는 트립신 단백질분해효소의 작용을 억제하는 물질인 트립신 저해제, 적혈구 응집소인 헤마글루티닌(hemagglutinin) 등이 존재하나, 가열 처리를 통하여 쉽게 불활성화된다. 바이타민 C는 없고, 리폭시제네이스 활성에 의하여 독특한 콩의 풋내가 나타나게 된다. 콩 올리고당류인 라피노스와 스타키오스는 대장 내에서 혐기성 세균에 의해 분해되어 N_2, CO_2, CH_4 등의 가스가 발생하기도 한다.

2) 콩의 건강 기능성

최근 콩으로 만든 식품을 장기간 섭취하면 각종 성인병 예방 효과가 있다는 연구 결과가 속출하고 있다. 이 같은 기능성을 나타내는 콩 속의 생리활성 성분으로는 대표적으로 식이섬유소, 올리고당, 아이소플라본, 사포닌, 레시틴, 펩타이드, 바이타민 E 등을 들 수 있다.

식이섬유소는 변비 완화, 콜레스테롤 감소, 심혈관질환 예방에 효과가 있다. 변비일 때 수용성 섬유소는 영양분 및 수분과 결합하여 팽창해서, 비수용성 섬유소는 소화되지 않아 대장을 자극하여 변의를 느끼게 한다. 반면, 설사의 경우 섬유소가 변의 수분을 흡착하고 장내 균에 의하여 분해되어 탄소 길이가 짧은 지방산을 형성함으로써 장의 건강에 도움을 준다. 또한 식이섬유소는 소장에서 음식물의 흡수속도를 늦추어 급격히 혈당이 올라가는 것을 막아줄 수 있을 뿐만 아니라 음식 또는 쓸개즙을 통해 배출되는 콜레스테롤이 장에서 다시 흡수되는 과정을 막아주어 혈액 내 콜레스테롤 농도를 낮추는 작용을 한다.

올리고당도 정장작용을 한다. 콩 올리고당은 장에서 소화효소에 의하여 소화가 되지 않고 대장에서 우리 몸에 유익한 비피두스균이 잘 자랄 수 있도록 해 주고, 이 결과 유해균의 성장을 막고 장을 튼튼하게 하는 효과가 있다. 아이소플라본은 산화방지뿐만 아니라 성호르몬인 에스트로겐과 비슷한 물질로 여성의 성호르몬을 일정 수준으로 유지해 줄 수 있어 특히 폐경기에 나타나는 증상을 완화해 줄 수 있다. 또한 식품의 칼슘 흡수를 촉진하고 칼슘 배설을 감소시켜 골다공증 예방에 효과가 있다.

레시틴은 세포막의 인지방질로 물과 기름이 잘 섞일 수 있도록 유화작용을 한다. 따라서 소장에서 지방이 잘 소화되고 흡수될 수 있도록 중간 역할을 해준다. 또한 세포막이 노화되어 세포막의 인지방질이 콜레스테롤로 대체되면 세포막이 단단해지고 물질의 이동도 자유롭지 못하여 세포막의 역할을 제대로 할 수 없는데, 레시틴을 섭취하게 되면 세포막의 성분과 기능을 유지할 수 있게 하여 노화를 늦추는 효과가 있다.

사포닌도 유화제 특성을 지니며 종전에는 적혈구 막을 파괴하는 독성물질로 알려져 있었다. 하지만 최근 연구에서 사포닌은 몸 안에서 DDMP라는 물질을 만들어 활성산소와 반응하고, 초과산화물제거효소(superoxide dismutase)와 같이 몸 안의 독성 산소 물질을 억제하는 산화방지 효과를 지니고 있다. 식이섬유소와 비슷하게 혈액 내 콜레스테롤을 낮추는 효과도 있다.

이외에도 콩 펩타이드는 항암, 항콜레스테롤, 혈압 강하, 면역 증강, 바이타민 E는 산화방지, 노화방지, 항암 등 다양한 생리활성이 보고되고 있다. 특히 아이소플라본, 사포닌, 레시틴, 바이타민 E 등은 항산화 영양소로 알려져 있다. 즉 몸 안에서는 정상 산소 형태를 벗어나 불안정한 상태의 산소 분자가 발생하는데, 이 같은 활성산소가 많이 생기면 세포막, 미토콘드리아 막 또는 핵 내 유전 정보에 손상을 입혀 세포가 비정상적으로 단백질을 만들거나 변형되어 심장병, 암, 당뇨병, 노화 촉진 등 성인병이 생길 수 있는 가능성이 높아지게 된다. 따라서 산화방지 영양소는 이러한 활성산소를 제거하는 역할을 수행하여 성인병 예방에 효과를 나타내게 된다.

3. 콩 가공식품

우리 식생활에서 콩은 부족한 단백질과 지방질을 제공하는 우수한 영양 공급원이며, 여러 생리활성성분을 포함하고 있지만, 조직이 견고하여 소화 흡수가 매우 어렵다. 볶은 콩의 소화율은 50~70 %인 데 비하여 두부는 95 %, 간장은 98 %, 된장은 85 %이다. 이와 같이 콩을 적당히 가공하여 소화율을 높인 두유, 두부, 간장, 된장 등과 같은 가공제품의 생산은 콩의 이용률을 높이는 것이다. 콩의 소비 용도는 제유용이 큰 부분을 차지하고, 식품가공용, 양조용, 사료용 등으로 이용되고 있다. 크게 두부, 두유, 콩나물, 콩기름, 콩단백 등의 비발효식품과 된장, 고추장, 청국장 등의 발효식품으로 분류할 수 있다.

1) 두부

(1) 두부의 일반적 특성

두부(soybean curd)는 높은 영양과 저렴한 가격, 언제 어디서나 쉽게 구할 수 있다는 이점 덕분에 꾸준히 우리네 밥상에 오르는 찬거리로 사랑받고 있다. 우리나라 전래 시기는 분명치 않으나 고려 말 또는 그 이전이라는 추측이 지배적이다. 조선시대에는 우리나라의 두부 만드는 솜씨가 뛰어나서 중국과 일본에서 그 기술을 전수해 갔다고 한다. 체내의 신진대사와 성장발육에 꼭 필요한 아미노산과 칼슘, 철분 등 무기질이 다량으로 함유되어 있는 단백질식품인 두부는 맛뿐만 아니라 영양 면에서 더할 수 없이 훌륭한 식품이다.

콩 단백질인 글리시닌(glycinin)과 알부민(albumin) 등을 응고시켜 만든 두부의 소화율은 볶은 콩의 소화율 약 60 %보다 높은 95 %에 달한다. 따라서 고기 섭취로 인한 콜레스테롤 증가로 합병증이 우려되는 당뇨병 환자들에게 단백질 섭취를 위해 적극 권할 만하며, 두부의 원료가 되는 콩 속의 생리활성성분 덕분에 항암, 골다공증 예방, 고혈압 예방, 콜레스테롤 감소 등의 효능을 기대할 수 있다. 또한, 뛰어난 소화흡수율에도 불구하고 열량이 낮아 다이어트 식품으로도 좋은 효과를 발휘한다.

두부는 콩을 물에 충분히 침지하여 물과 함께 마쇄하여 끓인 다음, 여과 또는 압착하여 얻어진 두유에 응고제를 첨가하여 응고시켜 압착한 것이다. 따라서 수분함량(80 % 내외)이 높고, 지방산의 불포화도가 높아 지방질의 산패 및 미생물에 의한 변질이 쉽게 일어날 수 있어 저장성에 유의해야 한다. 우리나라에서는 보통두부, 순두부, 연두부 등이 주종을 이룬다. 가장 많이 섭취되는 보통두부는 특유의 담백한 맛을 나타내며, 비교적 단단하고 탄력성이 있다. 연두부는 조직감(texture)이 균일하며 매끄러운 표면을 갖고 있으나, 지나치게 연한 물성을 지닌다. 순두부는 조직감과 형태가 균일하지 않고, 보통두부보다 견고성이 약하다.

(2) 두부의 제조과정

일반적으로 두부의 제조과정은 그림 12-2와 같이 기본적으로 콩에서 두유를 만드는 공정과 두유에서 두부를 만드는 공정으로 나눌 수 있으며, 제품의 종류에 따라 압착 여부나, 응고 시 사용하는 용기와 응고방식이 다르다. 보통 두부의 제조과정을 중심으로 알아보면 다음과 같다.

① 원료

원료로서 콩은 충분히 세척하여 이물질의 혼입이 없도록 한다. 단백질의 응고로 두부가 형성되기 때문에 콩의 수용성 단백질 함량이 높을수록 높은 수율을 얻을 수 있으며, 오래 저장된 콩보다는 저장기간이 짧고 물의 흡수속도가 빠른 콩을 사용하는 것이 좋다.

② 침지

콩을 물에 침지하는 목적은 충분히 물을 흡수하게 함으로써 마쇄를 비교적 용이하게 하기 위함이다. 온도가 높으면 물의 흡수가 빠르고, 낮으면 물과 흡수는 늦어진다. 침지시간에 따라 두부의 조직 등 품질에 상당한 차이가 발생한다. 콩이 너무 긴 시간 물에 침지되면 발아를 위한 준비 활동이 시작되고, 콩 성분물질이 분해될 수 있고, 콩 단백질이 변성되어 응고 상태가 불량하게 된다. 반면에 침지시간이 부족하면 팽윤 상태가 부족하여 단백질 및 고형분의 추출이 어렵고 마쇄 공정이 불충분하게 된다. 물의 양은 콩 중량의 2.2~2.3배 정도이면 충분하고, 침지시간은 보통 여름에 5~8시간, 겨울철에는 14~18시간이다.

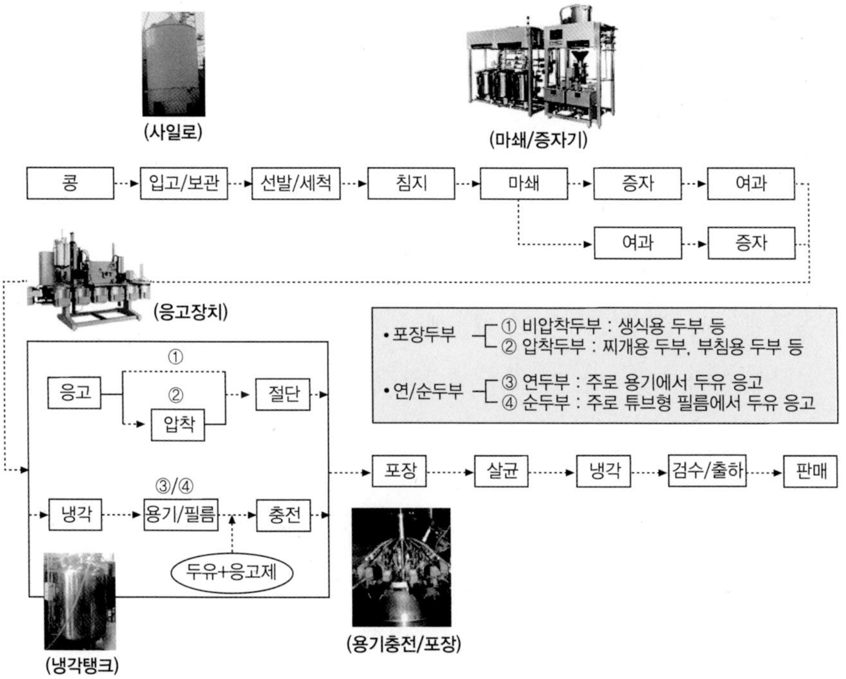

그림 12-2 두부 제조 공정도

③ 마쇄

콩의 마쇄 목적은 세포를 파괴시켜 세포 내에 있는 수용성 물질, 특히 단백질을 최대한으로 추출하고자 하는 것으로 그라인더를 사용하여 미세하게 마쇄할수록 추출률이 높아진다. 다만, 껍질 등 두유가 생기지 않는 부분들을 너무 미세하게 마쇄해 버리면, 나중에 비지를 분리하는 작업이 대단히 어렵게 되고, 비지가 체의 그물눈을 막아 버리는 결과를 초래한다. 최근에는 300 mesh 정도의 여과망을 채용한 스크루식 여과기가 사용되면서 상당히 미세하게 마쇄할 수 있게 되었다. 마쇄할 때에는 물을 주입하며 진행하는데, 이는 마쇄 중 발열을 방지하고 물에 용해하는 성분을 용출시켜 내기 위해서이다. 마쇄 시 물의 첨가량이 높을수록 수용성 물질의 추출률이 높아지나 끓일 때 연료비가 많이 들고 작업하기 불편하므로 콩의 8~10배가 적당하다. 가수량을 적게 하면, 추출률이 저하되고 단백질의 일부가 열변성되어 두유의 농도가 저하된다. 마쇄에 사용되는 물은 침지수와 함께 두부의 맛에 영향을 주고, 특히 칼슘, 마그네슘의 함량이 많은 수질은 단백질의 용출을 방해하여 두유의 수율을 떨어뜨린다.

④ 가열

마쇄한 콩죽을 여과하기 전에 끓이는데 이 가열과정의 목적은, 콩의 고형분과 단백질의 추출 수율을 높이고, 트립신 저해제와 여러 효소를 불활성화하며, 콩비린내를 없애고 살균하는 데 있다. 가열은 100 ℃ 정도가 양호하다. 가열이 너무 지나치면 단백질 변성에 의한 수율 감소와 지방 산패로 인하여 두부 맛이 변하고 조직이 단단해지므로, 콩비린내가 없어지고 두유 자체의 향기가 나도록 할 정도면 충분하다. 지금 널리 이용되고 있는 가열솥은 마쇄된 콩죽에 직접 증기를 불어넣기 때문에 수증기가 분출되는 힘에 의해 교반이 되면서 설익는 부분이 생기지 않는다. 이 경우 증기의 일부가 응축되기 때문에 가수량의 조절이 필요하다. 마쇄 시 섞여 들어간 공기가 가열하면 외부로 분출되면서 단백질이나 사포닌 때문에 거품을 형성하게 되고, 이로 인하여 열전달이 방해되어 설익는 부분이 생길 수가 있다. 거품을 제거하기 위하여 종실유 등의 소포제를 소량 첨가하면 좋다.

연두부 또는 순두부는 보통두부보다 가수량이 적기 때문에 분쇄된 콩은 상당히 농후하게 되어 과열되는 것에 주의해야 한다. 과열되면 두유에 용출할 단백질이 불용화되어 두부의 수율을 대폭 떨어뜨리게 된다.

⑤ 여과

가열을 끝낸 마쇄 콩죽에서 비지를 분리해서 두유를 얻는다. 두유를 만드는 방법에는 압착여과법, 진공여과법, 원심분리법 등이 있다. 압착법은 두유를 대부분 회수할 수 있는 장점이 있으나 여과포가 파열되는 경우가 있고, 진공여과법은 미세한 입자가 통과되는 단점이 있다. 콩을 미세하게 마쇄하였을 경우에는 연속작업이 가능한 원심분리법이 효과적이다.

⑥ 응고

응고과정은 두유에 응고제를 가하여 단백질을 지방과 함께 응고시키는 공정이다. 응고제의 종류, 첨가량, 두유의 농도, 온도 및 점도, 수질(pH, 경도), 교반 방법 등에 따라 두부의 맛, 촉감, 수율 등이 달라질 수 있다. 중요한 것은 두유와 응고제를 충분히 균일하게 혼합하는 것이고, 모든 조건이 적절히 조화를 이룰 때 좋은 응고 상태가 된다.

가. 응고제

현재 두부용 식품첨가물로 사용되고 있는 응고제는 염화마그네슘($MgCl_2 \cdot 6H_2O$), 황산칼슘($CaSO_4 \cdot 2H_2O$), 글루코노델타락톤(glucono-δ-lactone) 등으로 그 특성과 사용조건은 다음과 같고, 표 12-2에 요약하여 비교하였다.

- 염화마그네슘($MgCl_2 \cdot 6H_2O$) : 염화마그네슘은 해수에서 소금을 채취한 후의 부산물인 간수의 주성분으로, 콩 본연의 맛을 가장 잘 나타내는 응고제이다. 우리나라는 물론 일본에서도 염화마그네슘은 응고제의 대명사처럼 사용되고 있으며, 맛있는 고급 두부가 제조된다. 간수는 예부터 사용되었으나 근래에 들어 해양오염 등의 문제로 법적으로 사용이 금지되었고, 간수에서 염화마그네슘을 따로 분리하여 현재 식품첨가물로 사용한다. 염화마그네슘은 황산칼슘이나 글루코노델타락톤과는 달리 두유와 혼합하면 바로 반응하는 속효성 응고제이다. 일반적으로 속효성 응고제는 유부처럼 보수성이 적은 두부를 제조할 때는 일도 빠르고 응고작업도 쉬우나, 보수성이 큰 두부를 제조할 때는 숙련된 기술이 필요하다. 즉, 두부 제조 시 두유와 교반할 때 먼저 응고된 부분이 다시 파쇄되어 단단한 두부가 되는 문제가 생기고, 연두부에서는 두유의 농도가 높기 때문에 충분히 교반해 주어야 하는데 빠른 반응성 때문에 균일하게 응고시키는 데 상당한 어려움이 있다. 그러나 소비자들이 고급의 맛있는 두부를 원하고 있어 반응속도와 맛을 적당히 조절한 혼합제제가 개발되어 현재 사용되고 있다.
- 황산칼슘($CaSO_4 \cdot 2H_2O$) : 황산칼슘은 보통두부 제조 시 가장 널리 사용되고 있는 응

고제이다. 이는 반응속도가 느려 사용하기가 쉽고, 부드럽고 보수성이 좋은 두부가 되기 때문이며, 무엇보다 값이 저렴하다는 것이 큰 장점이다. 황산칼슘의 용해도는 물 100 mL에 약 0.25 g 정도로 적고, 온도에 의한 편차도 적다. 두유 중에 황산칼슘 현탁액을 투입하고 교반하면 황산칼슘은 두유 중에서 서서히 순차적으로 녹아 칼슘이온이 단백질과 결합하여 응고하므로, 보수력과 수율이 좋은 부드러운 두부가 제조된다. 용해속도는 황산칼슘 결정의 질, 결정의 입도분포에 따라 크게 달라진다. 황산칼슘이 과잉 사용된 두부는 찌개 등을 끓일 때 열을 받으면 재응고되어, 매우 딱딱한 두부가 되므로 가능하면 최저 필요량으로 부드러운 두부를 만들어야 한다. 염화칼슘은 물에 잘 녹아 작업하기에 편리하고 응고가 신속히 일어나는 장점이 있으나, 두부를 만들었을 때 보수력이 낮아 수율이 떨어지며 두부의 조직감이 거칠고 단단한 것이 단점이다. 염화칼슘을 사용할 때는 세 번으로 나눠서 조용히 가하여 교반한다.

- 글루코노델타락톤(glucono-δ-lactone; GDL) : GDL은 황산칼슘과는 달리 두유에 균일하게 용해되어 조금씩 글루콘산(gluconic acid)으로 전환되고, 두유는 이 산과 반응해서 보수력이 풍부하고, 응고된 단백질의 망상구조가 균일한 부드러운 조직의 응고물이 된다. 다만, 조직이 너무 연하고 신맛이 약간 나는 단점이 있다. 이 반응은 저온에서는 잘 일어나지 않는다. 따라서 연두부 또는 순두부에는 미리 냉각한 두유에 이 GDL을 가하여 혼합해 두고 이 두유를 연속적으로 다수의 용기에 주입 밀봉하여 열수 중에서 가열하면 보수력이 풍부한 응고물인 연두부 또는 순두부가 된다. GDL의 물에 대한 용해도는 20 ℃에서 100 mL의 물에 59 g으로 매우 높다. 따라서 황산칼슘은 현탁 상태로밖에 사용할 수 없으나, GDL은 두유 농도에 영향이 없을 정도의 소량의 물에 용해하

표 12-2 두부 응고제의 특성 비교

응고제	첨가 온도(℃)	용해성	장점	단점
염화마그네슘 ($MgCl_2 \cdot 6H_2O$)	75~80	수용성	속효성이고 보수력이 좋으며 맛이 뛰어남	압착 시 물이 잘 빠지지 않음
황산칼슘 ($CaSO_4 \cdot 2H_2O$)	80~85	불용성 (난용성)	지효성이고 두부 색이 좋고 조직이 연하며 수율이 좋음	물에 잘 안 녹아 사용이 불편하고 맛이 떨어짐
염화칼슘 ($CaCl_2 \cdot 2H_2O$)	75~80	수용성	응고시간이 빠르고 압착 시 물이 잘 빠짐	수율이 낮고 두부가 거칠며 딱딱함
글루코노델타락톤 (glucono-δ-lactone)	85~90	수용성	사용이 쉽고 응고력이 우수하며 수율이 높음	신맛이 약간 있고, 조직이 매우 연함

여 사용할 수 있고, 두유와 혼합하는 시점에서는 산 성질이 없어 응고반응 없이 두유와 균일한 혼합이 가능하다. GDL의 응고는 황산칼슘의 응고에 비해 두부의 면이 보다 치밀하다. 두유 중에서 서서히 글루콘산으로 변화하는 과정에서 응고가 일어나기에 황산칼슘보다 한 단계 늦게 응고반응이 진행되고, 부분적 응고현상이 아닌 전체적인 응고반응으로 더욱 치밀하고 강하게 응고시킨다. 황산칼슘은 첨가량을 증가시켜도 그다지 경도에 변화가 없으나 GDL은 경도가 증가한다. 그러나 과잉의 첨가는 두부 맛에 좋지 않은 영향을 주고 비경제적이기 때문에 적당량의 첨가가 바람직하다.

나. 응고제의 첨가량

첨가량은 두유단백 농도 4~5 %에서 염화마그네슘은 전체 두유의 0.25~0.35 %, GDL은 0.2~0.3 %, 황산칼슘은 0.3~0.4 %까지가 표준이다. 황산칼슘의 경우 가열 후 냉각하면 경도가 상당히 높아져 씹을 때 부드럽지 않은 촉감이 있을 수 있다. 이는 가열 시 미반응의 황산칼슘이 두부 속에서 반응하여 더욱 단단하게 만드는 것이므로 적당량을 사용하여야 하며, 제조 후 물에서 미반응의 황산칼슘이 용해되어 나가도록 충분히 침지하는 것이 좋다. 염화마그네슘을 혼용하였을 경우 이러한 현상을 많이 줄일 수 있다.

다. 두유의 농도

두유의 농도는 추출률에 의해 결정되는데 품종, 계절에 따라 콩이 변하므로 달라지게 된다. 농도가 너무 낮으면 두부가 딱딱해지고 물빠짐이 심하게 일어나서 수율이 줄어든다. 응고제의 양을 많이 사용하거나 응고온도가 높은 경우도 이와 같은 경향이 있다. 작업량이 많으면 시간에 쫓겨 두유의 온도가 내려가기 전에 응고작업을 하게 하므로 굳은 두부가 생성된다. 두유의 농도가 높으면 부드럽고 탄력있는 두부가 되므로 품질이 향상된다. 두부도 딱딱한 것보다는 부드러운 두부를 선호하여 두유의 농도도 계속해 올라가고 있다. 그러나 너무 높으면 저어줄 때 응고된 단백질이 부서지기 쉽다.

라. 수질

응고에 영향을 미치는 수질은 크게 pH와 경도인데, 음용수로 가능한 정도의 수질이라면 큰 영향은 없다. 일반적으로 pH는 6.6~6.8 정도가 두부 제조에 알맞고, pH가 낮을수록 두부는 딱딱해지고 높을수록 부드러워진다. 경도가 높은 물로는 좋은 두부제품을 만들기 어려운데 이는 물에 포함된 Ca^{2+}, Mg^{2+} 이온이 응고제 역할을 하여 두유의 점도를 높이기 때문이다. 점도가 높은 두유는 응고제와의 혼합 교반에 문제가 있고, 응고제와의 반응도 예민해지기 때문에 역시 좋은 두부를 얻기 어렵다.

⑦ 제품과 부산물

응고된 두부는 압력을 가하여 탈수와 성형을 시키며, 냉수 속에서 3시간 정도 수침시켜 냉각과 함께 과잉의 응고제를 제거하고 소비자 판매단위로 절단하게 된다. 성형할 때의 압력은 두부의 수율, 조직감에 영향을 미친다. 성형상자에 주입하고 나면 압착하는데 자연압, 에어 프레스, 유압 프레스 등이 사용되고 있다. 압착할 때 처음부터 강하게 압착하면 내부의 잉여 응고제가 밖으로 나오면서 표면에 막을 형성하게 된다. 표면에 막이 형성되면 그 다음부터는 압착이 잘 되지 않으므로 성형포에 붙는 문제가 발생한다. 따라서 처음에는 가볍게 압력을 가하고 점차로 압력을 증가시키는 것이 탄력성 있는 두부가 형성되며 수율도 비교적 높은 것으로 알려져 있다. 이러한 현상은 염화마그네슘 등을 사용하는 고급 두부에서 잘 일어나므로 주의해야 한다. 부산물로서 비지는 가용성 단백질이 대부분 제거되었기 때문에 영양가는 그다지 높지 않으나 맛이 비교적 좋아 조리를 하여 식용하기도 하지만 대부분 사료로 이용된다.

TIP 염화마그네슘을 이용한 부드러운 두부 제조방법

염화마그네슘은 두부의 관능 면에서 우수하지만 두유와의 응고반응속도가 매우 빨라서 두부 조직이 거칠어지게 된다. 예를 들어 염화마그네슘을 사용하여 제조한 강원도 초당두부는 고소하고 맛있지만 조직이 거칠고 퍽퍽한 특성을 나타낸다. 염화마그네슘으로 두부를 만들 때 부드러운 조직감을 구현하는 기술적인 방법으로 다음 두 가지가 추천된다.

① 유화 염화마그네슘 방법

유화 염화마그네슘은 염화마그네슘, 물, 식물성 유지, 유화제로 되어 있어서 W/O상의 유화 응고제이다. 이때 W상이 염화마그네슘 수용액이다. W/O상의 유화 염화마그네슘은 두유(W상)에 투입해도 바로 응고반응이 일어나지 않고, 고속으로 역유화를 시키면 O상(식물성 유지)이 두유에 분산되면서 염화마그네슘 수용액이 두유와 반응을 일으키게 된다. 이를 통해 상대적으로 응고반응속도를 조절하여 부드러운 조직감을 얻을 수 있다. 유화 염화마그네슘은 고온의 두유(85~90 ℃ 수준)에 바로 적용하는 방식이다.

② 냉두유방법

저온에서 두유와 응고제로 염화마그네슘을 혼합하고 다시 온도를 높여 응고시키는 방법이다. 이러한 냉두유방식은 두유의 온도를 5 ℃ 수준으로 낮추어 응고반응속도를 제어한다.

(3) 두부의 제품

① 보통두부

두유(농도 6~8 %)에 응고제를 넣어 응고시킨 응고물을 압착, 성형시켜 수분을 제거한 후 세척, 냉각하여 만든 일반적인 두부제품이다.

② 연두부

냉각된 농후한 두유(농도 9~11%)를 응고제와 함께 구멍이 없는 사각형의 플라스틱 용기에 넣고 탈수하지 않은 채 두유 전부가 응고되게 한 전두부로서 외관이 매끈할 뿐만 아니라 두유의 영양소를 그대로 보유하는 것이 특징이다. 90 ℃ 정도에서는 용기가 변형되는 등의 문제가 발생할 수 있기에 약 85 ℃에서 35~40분 정도 가열하는 것이 보통이다. 고형물의 농도가 진하여 지나치게 응고되는 경우가 있으므로 가열시간을 너무 길게 하지 않아야 한다. 주로 간식용, 찌개용으로 사용된다.

③ 순두부

농후한 두유를 응고제와 함께 플라스틱 필름용기(plastic film bag; PE, PVDC 재질 등)에 넣고 응고제를 소량의 물에 녹여 함께 넣어 봉한 다음 90 ℃에서 40분 정도 가열 응고시킨 후 20~30 ℃로 냉각하면 균일한 젤상의 순두부(포장두부)가 만들어진다. 연두부 또는 순두부에서는 상등액의 제거가 없으므로 그만큼 콩 이용률이 높아지게 된다.

④ 얼림 두부

얼림 두부는 두부를 얇게 썰어 얼린 다음, 탈수 건조하여 풍미와 저장성을 좋게 한 해면상의 두부 가공품으로 동결두부라고도 한다. 수분이 10 % 내외이며 수송하기에 편리하나, 공기에 의한 지방산화로 인하여 보관에 주의해야 한다. 두부를 얼리면 부피가 늘어나고 강한 압력으로 인해 단백질이 수축되며, 수분을 제거하면 조직이 긴밀해지고 탄성이 생긴다. 이것이 녹으면 얼었던 물이 빠지면서 작은 구멍이 많이 생기나, 단백질이 원상태로 돌아가지 않고 해면상 조직을 이루게 된다.

⑤ 기름 튀김 두부

기름 튀김 두부는 얇게 썬 생두부에서 수분을 제거한 후 기름에 튀긴 것으로 유부라고도 하며, 주로 유부초밥을 만드는 데 사용된다. 생두부 제조에서 응고 시 가열시간을 약간 짧게 하여 만드는데, 너무 오래 가열하면 튀길 때 기름의 침투가 나빠진다. 얇게 썬 두부는 대나무발 사이에 놓고 압착하여 물을 빼는데, 탈수가 지나치면 제품이 너무 단단해지고, 충분하지 않으면 두부 속의 물로 인하여 기름이 튀어오르나 속이 거친 제품이 된다. 탈수한 두부는 땅콩기름 또는 유채기름을 사용하여 황갈색 표면이 될 때까지 튀기며, 이후 기름을 제거하여 제품을 만든다.

⑥ 유바

유바는 두유를 일정 온도로 계속 가열하여 표면에 형성되는 얇은 막을 건져서 그대로 이용하거나 가공한 것이다. 차를 마실 때 곁들이는 음식으로 즐겨먹던 것으로, 일본이나 동남아시아에서 주로 식용한다.

2) 두유

(1) 두유의 일반적 특성

두유(soymilk)에는 양질의 단백질뿐만 아니라 불포화지방산이 풍부하고, 콜레스테롤이 없으며 칼슘, 인 등의 무기질과 바이타민 E가 비교적 많이 함유되고 L-카니틴 등 기타 영양성분이 강화되어 아침식사 대용으로도 안성마춤이다. 두유는 콩을 침지, 마쇄하여 수용성분을 추출하거나, 분리대두 단백질(soy protein isolate)을 물에 분산시켜 다른 성분들과 같이 안정화시켜 만든 음료로서 우유와 외관이 비슷하다. 두부, 콩치즈 등을 제조하는 중간 원료이기도 하다. 주로 동남아시아 지역에서 많이 소비되고 있는데, 국내에서만 수천 억 원의 시장을 형성하고 있다. 단순두유(plain soymilk), 조제두유(formulated soymilk), 대두음료(soy drink) 형태의 제품이 일반적이다.

두유에는 단백질, 지방질, 탄수화물, 무기질, 바이타민과 같은 필수 영양소가 함유되어 있고 소화율도 높고 우유에 비해 단백질 함량이 높으면서 열량은 더 낮다. 우유에 알레르기가 있는 유아나 젖당불내증(lactose intolerance)이 있는 성인에게는 훌륭한 우유 대체음료이다. 콩 속에 존재하는 리폭시제네이스(lipoxygenase)는 콩을 마쇄하는 단계에서 콩 속의 불포화지방산을 산화시켜 에틸바이닐케톤(ethyl vinyl ketone), 헥산알(hexanal), 펜탄알(pentanal) 등으로 분해시켜 콩 비린내(beany flavor)를 유발하게 된다. 이 리폭시제네이스는 열수와 함께 마쇄 시 온도 80℃ 이상으로 10분 이상 처리해야 불활성화된다.

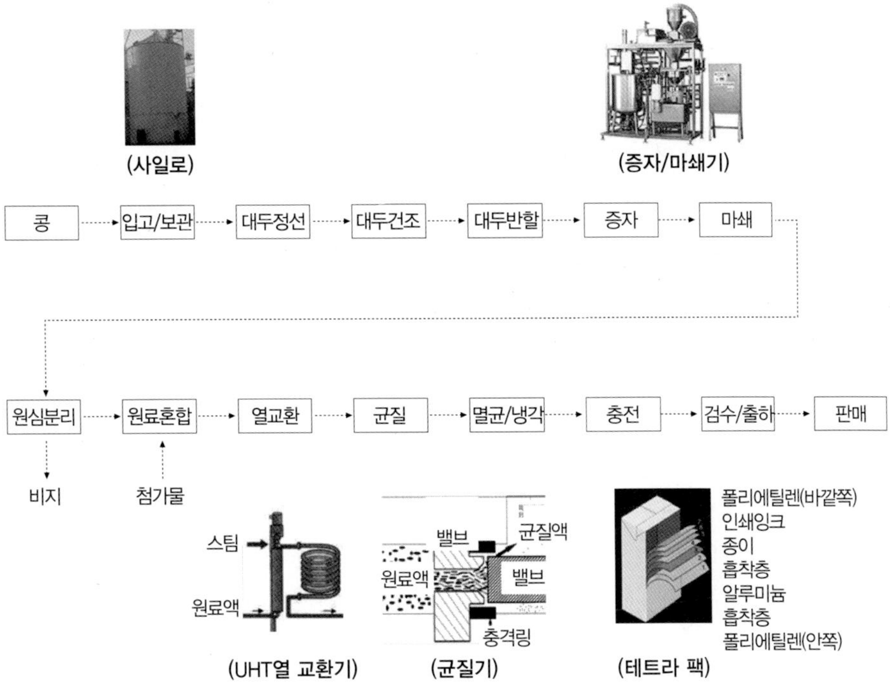

그림 12-3 두유 제조 공정도

(2) 두유의 제조과정

두유의 일반적인 제조 공정은 그림 12-3과 같다.

① 원료 : 주원료인 콩의 입고 및 보관

② 정선 : 콩의 불순물 제거

③ 건조 : 가열 팽창시켜 탈피가 용이하며, 관능을 높이기 위하여 수분 제거

④ 반할 : 건조된 콩을 반으로 쪼갬

⑤ 증자 : 트립신 저해제, 리폭시제네이스 불활성화 및 조직을 연화시켜 마쇄가 용이

⑥ 마쇄 : 물과 콩을 일정한 비율로 섞어 곱게 갈아줌

⑦ 원심분리 : 원심력을 이용하여 비지 분리

⑧ 원료 혼합 : 두유 제조에 필요한 원료(당, 영양강화제, flavor) 및 분리유액을 혼합

⑨ 열교환 : 필요한 온도에 맞추어서 조절

⑩ 균질 : 유통 및 저장 시 발생할 수 있는 침전물(주로 단백질)과 지방 부유 억제, 유액의 분리 방지, 관능 향상, 소화에 도움을 주기 위하여 균질화함

⑪ 멸균/냉각 : 일정 온도와 압력에서 멸균(135~150 ℃, 5~10초), 신선도 유지를 위해 급속 냉각

⑫ 충전 : 무균 상태에서 테트라 팩(Tetra Pak)에 충전, 질소 충전으로 산패 방지

⑬ 검수 : 소비자에게 가기 전 다시 한 번 완제품 검사

⑭ 출하 : 냉장차를 이용하여 판매처로 이동

3) 콩나물

콩나물은 원료 콩을 물에 담가 수분을 충분히 흡수시킨 후 어두운 곳에서 발아시켜 자주 물을 주어 성장시킨 것이다. 콩나물은 재배방법이 간단하고 계절에 상관없이 짧은 기간 내에 생산할 수 있는 장점을 지니며, 담백한 맛과 더불어 바이타민이 부족하기 쉬운 겨울철에 국이나 무침 등으로 많이 이용되고 있다. 콩에는 바이타민 C가 거의 없으나 콩나물에는 콩이 발아, 성장하면서 바이타민 C가 생성되고, 바이타민 B군도 증가하며, 숙취 해소에 좋다고 알려진 아스파라진산을 다량 함유하고 있어 해장국의 재료로 많이 사용된다.

4) 콩기름

콩에는 20 % 정도의 지방질이 함유되어 있는데, 올레인산, 리놀레산, 리놀렌산 같은 불포화지방산이 많다. 콩기름(soybean oil)은 식용유로 사용되기도 하고, 마가린 등의 경화유 제조나 유화용 그림물감의 원료로도 쓰인다. 콩기름은 주로 헥세인(hexane) 등을 이용한 용매추출법에 의하여 그림 12-4와 같은 제조과정을 통하여 만든다. 콩을 정선, 건조하여 탈피한 후, 50~60 ℃ 가열하여 압편 로울러로 눌러서 납작하게 플레이크를 만든다. 이 박편으로부터 용매 추출하여 얻은 기름을 용매와 기름의 끓는점의 차이를 이용한 분별증류를 통하여 분리하여 회수한다. 콩기름은 그 자체에 천연 산화방지제인 토코페롤을 함유하고 있으며, 인지방질, 유리지방산, 색소, 냄새 등의 불순물이 들어 있으므로 탈검, 탈산, 탈색, 탈취 등의 정제과정을 거쳐 최종 제품을 얻게 된다.

5) 콩단백질

콩단백질(soy protein)은 콩을 조쇄, 탈피, 박편화하여 지방을 추출하고 남은 탈지대두박(단백질 함량이 50 % 내외)에서 비단백 수용성분을 제거시켜 제품의 단백질 함량을 높인

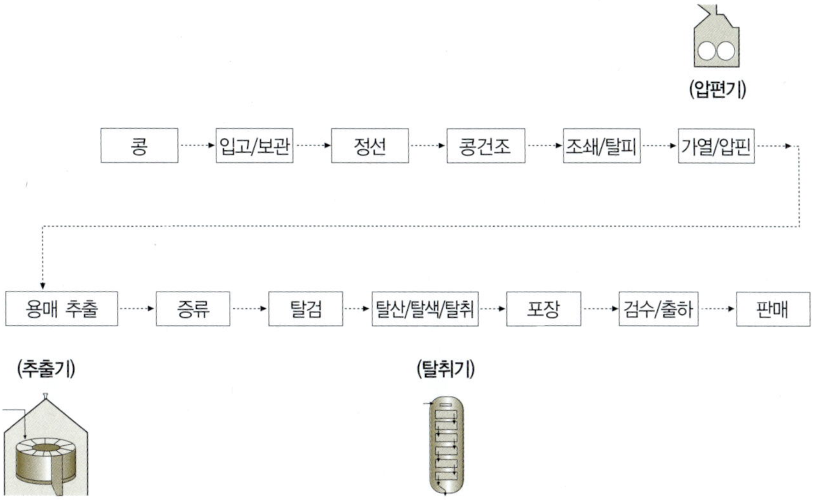

그림 12-4　콩기름 제조 공정도

것이다. 단백질을 70 % 이상 함유한 농축 콩단백질(soy protein concentrate)과 90 % 이상의 단백질을 함유한 분리 콩단백질(soy protein isolate), 탈지대두박이나 농축 콩단백질을 원료로 하여 고압사출(extrusion)시켜 육류와 유사한 씹는 조직감(texture)을 부여한 조직 콩단백질(textured soy protein) 등이 있다. 육제품의 첨가제, 환자용 유동식이나 우유 단백질의 대체품 등으로 사용된다.

6) 간장

간장, 된장, 고추장, 청국장과 같은 장류는 두류 및 곡물을 비교적 높은 소금 농도에서 분해, 발효시킨 전통적인 발효 조미식품이다. 감칠맛을 내는 글루탐산(glutamic acid)의 함량이 높고, 또한 칼슘(Ca), 포타슘(K)과 같은 알칼리성 염류와 철(Fe) 성분을 많이 함유하여 맛과 영양이 좋은 식품이다. 오랫동안 이어온 우리나라 사람들의 전통적인 채식 위주의 식생활에서 중요한 조미료인 동시에 부식으로 애용되어 오면서, 특히 부족하기 쉬운 단백질의 중요한 공급원 식품으로서 역할을 해오고 있다.

(1) 간장의 일반적 특성

간장은 콩을 주원료로 하여 밀, 쌀 등의 곡류를 삶아서 종국(코지균)을 배양하여 당화시키고 소금을 넣어 발효, 숙성시켜 얻는 액체 조미료이다. 즉 글루탐산 등의 아미노산에 의한 구수한 맛, 포도당 등 당류에 의한 단맛, 소금에 의한 짠맛 그리고 발효산물인 알코올과 유기산 등 여러 가지 유기성분에 의한 향기와 색이 조화된 천연의 조미료이다. 『식품공전』에 따르면 간장은 단백질 및 탄수화물이 함유된 원료로 제국하거나 메주를 주원료로 하여 식염수 등을 섞어 발효한 것과 효소분해 또는 산분해법 등으로 가수분해하여 얻은 여액을 가공한 것으로 정의한다. 현재 대부분의 양조간장은 세균을 접종하여 짧은 발효기간에 효율적인 생산 공정에 의해서 만들어지며, 필요에 따라서 산분해 간장 등이 첨가되기도 한다. 간장은 일반적으로 사용하는 원료의 종류와 제조방식에 따라 다음과 같이 분류된다.

- 재래식 간장(조선간장) : 재래식 메주를 주원료로 하여 식염수 등을 섞어 발효·숙성시킨 후 그 여액을 가공한 것이다.
- 개량식 간장(양조간장) : 콩, 탈지대두, 맥류 또는 쌀 등을 제국하여 식염수 등을 섞어 발효·숙성시킨 후 그 여액을 가공한 것이다.
- 산분해 간장(아미노산 간장) : 단백질 또는 탄수화물을 함유한 원료를 산으로 가수분해한 후 중화하여 얻은 여액을 가공한 것이다.
- 효소분해 간장 : 단백질 또는 탄수화물을 함유한 원료를 효소로 가수분해한 후 그 여액을 가공한 것이다.
- 혼합간장 : 양조간장 원액과 산분해 간장 원액을 적정비율(일반적인 혼합비율은 5:5 또는 6:4)로 혼합하여 가공한 것이거나, 두 간장을 혼합한 뒤 숙성시켜 가공한 것이다.

(2) 간장의 제조과정

① 재래식 조선간장

전통적인 조선간장은 콩으로 메주를 만드는 과정과, 메주와 염수를 혼합하여 발효 숙성시키는 과정으로 구성되고, 이후 메주덩어리를 분리하여 얻은 발효액을 열처리 살균하면 간장이 완성된다. 즉 선별, 세척된 원료 콩은 수 시간 물에 침지, 증자하고, 이 증두는 식기 전에 마쇄하여 직육면체 모양으로 성형한 후, 30℃ 정도의 건조 공기로 3일 정도 말린다. 이어서 35℃에서 1주일 정도 띄우고, 상온에서 한 달 정도 숙성하면 메주가 완성된다. 이때 메주의 표면에는 주로 털곰팡이(*Mucor*)와 거미줄곰팡이(*Rhizopus*) 등의 곰팡이가 번식하고, 내부에는 주로 고초균(*Bacillus subtilis*)이 증식하면서 단백질, 녹말질 및 지방질분해 효소들을 분비한다.

완성된 메주는 물로 잘 씻고, 소금물에 섞어서 담금 숙성 과정을 거치게 된다. 메주와 염

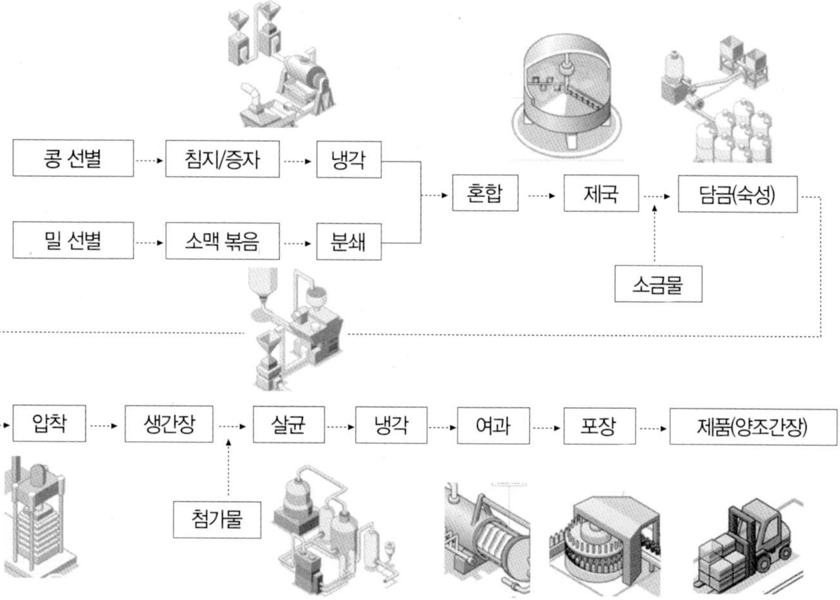

그림 12-5 간장 제조 공정도

자료 : 샘표식품(http://www.sempio.com)

수를 혼합한 것을 간장덧이라고 하는데, 간장덧의 숙성에 주로 관여하는 미생물 중 내염성 젖산균과 내염성 효모는 간장의 독특한 풍미에 크게 관여한다. 숙성 후에 여과를 통해 메주덩어리를 분리하여 얻는 액체부분이 생간장이고, 달이는 과정(살균)을 통해 저장성을 높이고 풍미와 색깔을 향상시키며 농축시킨다.

② 개량식 양조간장

현재 대량으로 공장에서 주로 생산되는 것은 개량식 양조간장이고, 이를 중심으로 그림 12-5와 같이 제조과정을 알아보고자 한다.

가. 원료의 처리

주원료로서 콩 또는 탈지대두, 밀(소맥), 식염 등이 사용되며, 부원료로서 당, 캐러멜 등이 첨가되기도 한다. 콩 또는 탈지대두는 침지, 증자 과정을 거쳐 냉각되고, 녹말질 원료로서 밀은 볶은 후 분쇄되어 이후 혼합하게 된다.

- 콩의 침지 및 증자 : 정선된 콩은 세척, 침지한다. 실온에서 10~15시간 침지하면서 수시간 간격으로 물을 갈아주는 것이 좋다. 수화된 콩은 회전식 증자관에서 1시간 정도

가압, 가열한 후 급냉시킨다. 콩의 증자는 열처리과정으로 콩단백질의 변성을 유도하여 곰팡이 효소에 의한 단백질 분해를 용이하게 한다. 미변성 단백질은 나중에 끓이는 과정에서 변성으로 인한 침전물 형성과 제품의 혼탁을 유발하여 품질이 저하되는 원인이 된다. 일반적으로 간장을 담그는 데에는 탈지대두가 많이 쓰인다. 탈지대두란 일반 콩에서 기름성분을 제거한 것이다. 탈지대두도 일정 시간 물에 담가 놓아 불린 후 가압, 증자한 후 냉각한다. 이와 같이하여 메주가 잘 뜨게 한다.

- 밀 볶음 및 분쇄 : 녹말질 원료로서 주로 밀이 사용된다. 밀은 간장덧에서 발효를 유도하며, 독특한 향과 색택을 형성하며, 제국(메주를 띄우는 과정)을 쉽게 하기 위해 볶은 후 분쇄한다. 밀을 볶는 목적은 밀 안의 수분이 열에 의해 팽창하면서 할쇄를 쉽게 하고, 녹말 호화 및 효소 작용을 용이하게 하는 것이다. 또한 미생물 사멸과 적절한 색과 향기를 부여해 준다. 볶은 밀은 분쇄기로 할쇄하는데, 이는 발효 미생물이 번식할 수 있는 표면적을 증가시켜 효소작용이 원활하게 하고 수분 조절을 돕는다.

나. 제국

증자된 콩 또는 탈지대두와 할쇄된 밀을 5:5 또는 6:4 비율로 고르게 혼합하고 종균을 접종한 후, 국실 내에서 온도와 습도를 적절히 유지하면서 국균(주로 곰팡이로 *Aspergillus oryzae*와 *Asp. sojae*)을 띄우게(증식, 배양) 되는데, 이 과정을 제국이라고 한다. 황국균으로서 *Asp. oryzae*는 녹말질 분해효소의 활성이 상대적으로 강하고, *Asp. sojae*는 단백질 분해효소의 활성이 강하다. 제국과정에서 국균은 균체 외로 다양한 가수분해효소를 분비하게 된다. 중소 공장에서는 국실 내에서 국상자를 이용한 제국이 일반적이며, 대규모 공장에서는 통기량과 품온 조절(27~31 ℃ 범위)이 용이한 기계제국이 이루어진다.

다. 담금

제국이 끝난 간장용 메주(코지)를 소금과 물과 함께 혼합하여 간장덧을 만드는 조작이 담금이다. 담금에서 염수의 농도는 간장의 숙성과 품질에 큰 영향을 미친다. 식염농도가 낮으면 아미노질소 성분의 용출이 좋고 발효가 양호하게 되며, 간장의 색은 짙고 산미를 나타낸다. 반대로 식염농도가 높으면 코지의 효소작용을 저해하여 단백질의 아미노산 전환율을 낮출 수 있다. 간장덧의 최종 염농도는 16.5~18 %가 적절하다.

라. 숙성

간장덧 중의 발효 미생물들이 분비한 효소가 작용하면서 복잡한 생화학적 반응들이 일어나 간장의 맛과 풍미가 부여되는 과정이 숙성이라고 한다. 보통 공장에서는 숙성탱크에서 약 6개월 정도 숙성된다.

간장덧은 주기적으로 교반시켜 주는데, 이는 효소의 용출을 도와주고 품온 유지와 공기를 공급하여 발효를 도와주는 효과가 있다. 간장 양조에 관여하는 미생물은 국균, 젖산균, 고초균, 효모 등이 있는데, 간장덧은 염분이 약 18 % 정도이므로, 숙성과정 중에는 주로 내염성 젖산균과 내염성 효모가 작용한다. 내염성 젖산균은 젖산을 생성시켜 pH를 낮추고 향과 풍미를 제공한다. 낮은 pH에서 내염성 효모가 생육되며 고농도 염용액에서 알코올, 글리세롤, 농축된 아미노산을 생성시켜 간장의 풍미를 증진시킨다.

발효된 간장은 최종 염농도가 18 %, pH가 4.6~4.9 범위이고, 환원당 2~5 %, 알코올 1~2 %, 유기산 1~2 %를 함유한다. 유기산의 60~80 %가 젖산이고, 아미노산 함량 중 20 %가 글루탐산으로 구수한 맛에 크게 관여한다.

마. 압착

숙성 탱크 안에서 소금물과 함께 숙성된 메주를 제미라 하고, 이것을 압착기와 압착포를 이용하여 짜서 고형분을 분리하고 액체부분을 얻는 공정을 압착이라고 한다. 이 과정을 통해 간장원액(생간장)을 얻는다.

바. 가열살균 및 냉각

간장의 보존성을 높이고 품질을 향상시키기 위해 고온 순간살균한다. 이는 간장 달임이라고도 하는데, 생간장 중에 존재하는 잔존 효소를 불활성화하고, 미생물을 살균하는 동시에 풍미 부여와 청정화를 통해 간장 품질을 향상시킨다. 보통 85 ℃에서 20~30분간 가열하면 색도는 짙어지고 보존성은 향상된다. 가열이 끝난 후에는 즉시 냉각하여 알코올이나 휘발성 성분들의 손실을 최소화한다.

사. 여과

보다 깨끗하고 맑은 간장을 위해 규조토를 이용한 여과 공정을 거친다. 이 과정을 통해 가열과정에서 생성되는 불용성 단백질 침전물을 여과, 제거하게 된다.

아. 포장 및 제품화

살균이 끝난 간장은 소비자에게 전달하기 위해 알맞은 용량으로 포장한다.

③ 혼합간장

개량식 양조간장에 산분해 간장을 3 : 1 또는 1 : 3 비율로 섞어서 제조한 것이 혼합간장인데, 공장 제조 간장제품의 큰 비중을 차지하고 있다.

- 산 가수분해 및 중화 공정 : 가격이 저렴하고 지방 함량이 적은 탈지대두를 이용하여 물과 식용 염산(최종 약 18 % 정도)을 첨가하여, 산 가수분해시킨다. 분해액에는 탈지대두에 있던 다량의 아미노산이 함유되어 있어 이를 아미노산액이라고 한다. 산분해 간장 제조 시 원료 중의 유지성분이 염산과 반응하여 유해성분인 2-chloro-1,3-propanediol(MCPD)과 1,3-dichloro-2-propanol(DCP)이 생성될 수 있는데, 이와 같은 유해물질의 생성을 최소화하기 위해서는 염산의 농도를 18 % 이하로 하고, 원료 중의 지방 함량이 1 % 미만이 되도록 하는 것이 필요하다고 한다.
- 압착 조정액 제조 : 압착여과기를 사용하여 아미노산액을 깨끗이 거른 후, 중화조에 옮겨 가성소다(NaOH)로 중화하여 pH 4.8~5.2로 조정한다. 이와 같은 액을 조정액이라고 한다.
- 여과 농축 및 탈취 : 조정액은 다시 한 번 여과를 거친 후 좋은 맛과 냄새를 위해 진공탈취하고, 농축시킨다.
- 배합 및 살균 : 탈취, 농축된 아미노산액은 양조간장 공정에서 생산된 생간장(간장원액)과 혼합한 후 고온살균, 냉각한다.
- 여과 : 다공성 여과재료를 통과시켜 앙금, 미생물 균체, 고형물 그리고 농도가 낮은 현탁 입자 등을 분리한다.
- 포장 및 제품화 : 살균이 끝난 간장은 소비자에게 전달하기 위해 알맞은 용량으로 포장한다.

7) 된장

된장이라 함은 콩을 주원료로 하여 메주를 만들고 식염수에 담가 발효하고 여액을 분리하여 가공한 것 또는 콩이나 탈지대두, 쌀, 보리, 밀 등을 주원료로 하여 식염, 종국을 섞어 제국하고 발효, 숙성시킨 것을 말한다. 된장은 소화율도 85 % 이상으로 높고, 쌀에서 부족하기 쉬운 필수아미노산 라이신(lysine) 함량이 높다. 그 종류는 재래식 된장과 개량식 된장으로 나뉘며, 재래식 된장은 풍미가 적고 영양분이 적어 최근에는 개량식 된장을 이용하고 있다. 숙성 중 된장에 있는 코지, 곰팡이, 효모 그리고 세균 등의 작용으로 된장은 독특한 맛과 냄새를 가진다.

(1) 재래식 된장

옛날부터 가정에서 제조하였던 콩 발효식품으로 간장에서와 같이 콩을 쪄서 메주를 만들어 소금물에 담근다. 볏짚으로 메주를 싸서 띄우게 되면, 주로 고초균(*B. subtilis*)이 접종되어 발효가 진행되고 이후 메주덩어리를 걸러내어 액체부분은 간장을 만들고, 고형분은 소금을 첨가하여 재워 두면 재래식 된장이 완성된다. 소금을 첨가하여 재울 때 추가적으로 증자, 마쇄한 콩을 메주의 10 % 정도 첨가하여 담그면 맛이 더욱 향상된다.

(2) 개량식 된장

공장에서 대량으로 제조되는 공장식 된장으로, 이는 주로 고초균이 관여하는 재래식 메주를 이용하는 방식과 황국균(*Asp. oryzae*)을 번식시킨 녹말질 원료(밀 또는 쌀, 보리) 코지를 이용하는 방식의 절충된 방법에 의하여 제조된다. 제조 공정은 콩, 식염, 밀 등의 원료처리, 녹말질 원료를 이용한 코지 제조, 원료 혼합 및 담금, 숙성, 제품화로 구성되며, 그림 12-6과 같이 요약된다.

① 원료 선별

주원료는 콩, 녹말질 원료(밀 등), 그리고 소금 등이다. 된장은 콩을 주원료로 하여 발효시킨 식품으로 좋은 대두를 선별하는 것이 무엇보다 우선시된다. 양질의 대두를 사용하기 위해 다단계의 원료 선별과정을 거치고, 색이 좋은 콩을 고른다.

② 침지 증자

조직이 단단한 콩을 미생물에 의한 자연적인 방법으로 분해하기 위해서는 적당한 시간 동안 콩을 물에 불려서 삶아야 발효균이 콩 속으로 쉽게 침투할 수 있다. 콩의 침지는 25 ℃에서 16~17시간 정도 침지하고, 이어서 콩과 녹말질 원료인 밀은 증자한다.

③ 제국(메주 띄우기)

증자한 콩에 고초균을 분무하여 균일하게 혼합한 후 제국실에서 70시간 정도 띄우기를 하면 각종 효소의 분비로 콩의 분해를 촉진시켜 콩메주를 제조한다. 증자한 밀에는 황국균을 균일하게 혼합하고 국실에서 밀코지를 만든다. 고초균과 황국균의 최적 배양을 위하여 각기 다른 방에서 제국이 이루어진다. 고초균은 43 ℃에서, 곰팡이는 27 ℃에서 제국이 이

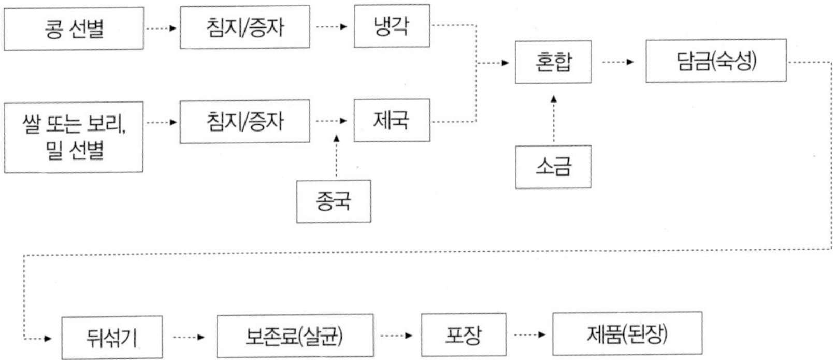

그림 12-6 된장 제조 공정도

루어진다.

④ 담금 숙성

완성된 콩메주와 밀코지에 적정량의 소금과 종수(물, 염수, 콩증자액 등)를 첨가, 혼합하여 탱크에 담궈 두는 과정으로, 오랜 숙성시간을 거쳐 된장 고유의 맛과 향이 만들어지게 된다. 종수의 첨가는 담금작업을 쉽게 하고, 중량 증가와 숙성을 촉진시킨다.

⑤ 혼합(보존료 첨가)

겨자분말 및 주정(에탄올)을 첨가하여 숙성제품의 보존성을 증대시킨다.

⑥ 포장

생산된 된장을 먹기 편한 용량별로 소포장을 한다.

8) 고추장

고추장은 콩과 녹말질 원료에 고춧가루를 혼합해서 발효시킨 우리나라 고유의 발효장류이다. 콩의 단백질 가수분해물인 아미노산의 구수한 맛, 녹말질이 가수분해되어 생성된 단맛, 고춧가루의 캡사이신(capsaicin)에 의한 매운맛, 소금의 짠맛이 조화된 맛을 발휘한다. 『식품공전』에 의하면 고추장은 두류 또는 곡류 등을 제국한 후 여기에 덧밥, 고춧가루, 식염 등을 혼합하여 발효 또는 당화하여 숙성시킨 것을 말한다.

재래식 고추장은 콩과 멥쌀 등의 녹말질 원료를 이용하여 메주를 만든 후, 증자한 찹쌀가루, 고춧가루, 소금 등을 혼합해서 담금, 숙성을 통하여 만들어진다. 반면에, 주로 공장에

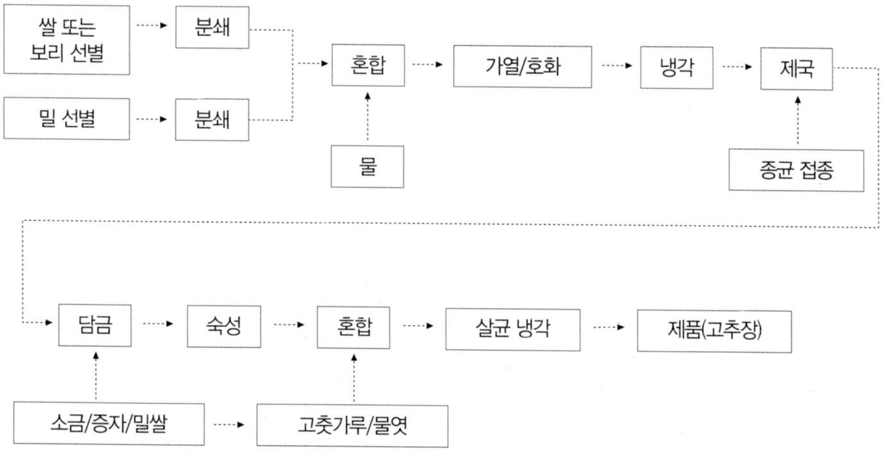

그림 12-7 고추장 제조 공정도

서 제조되는 고추장은 밀 원료에 황국균을 접종하여 만든 코지를 이용하는 개량식 고추장에 해당된다. 이 개량식 고추장의 제조과정은 그림 12-7과 같이 요약할 수 있는데 제국, 원료 혼합, 담금, 숙성, 제품화로 구성되며, 이를 중심으로 알아기로 한다.

(1) 원료의 처리

고추장의 주원료는 콩과 녹말질 원료(밀, 밀쌀, 찹쌀 등), 고춧가루와 소금이며, 부원료로서 엿기름이 있다. 밀은 분쇄 후 증자과정을 통해 스팀으로 쪄서 다음 과정인 제국 단계에서 미생물에 의한 발효가 용이하도록 한다. 좋은 품질을 위해서는 쌀 또는 밀쌀, 찹쌀을 섞는다. 밀쌀 또는 찹쌀은 밀처럼 침지, 증자시켜서 담금 단계에서 효소에 의해 쉽게 분해되도록 한다.

(2) 제국

증자한 밀에 황국균을 접종하고, 잘 성장할 수 있도록 일정 시간 동안 일정한 온도와 습도를 유지시켜 주는 과정을 통하여 국균이 다양한 효소를 생산하여 축적하게 된다. 이렇게 생산된 효소는 담금과정에서 밀과 증자 밀쌀을 분해하게 된다.

(3) 담금 숙성

증자한 밀을 제국한 것(곡자 또는 국)에 적정량의 소금, 증자한 밀쌀을 함께 섞어 담금 탱크에 담아 두는 과정으로, 이 과정 중에 제국 단계에서 생성된 다양한 효소에 의해 밀쌀과 곡자가 분해되어 고추장 숙성물이 완성된다.

(4) 혼합

일정 기간(50일) 동안 숙성시킨 고추장 숙성물에 고춧가루와 물엿 등의 재료를 혼합하여 고추장의 맛을 만들어 낸다.

(5) 살균 냉각

70 ℃로 10~20분 정도 가열하여 유통 중에 미생물에 의한 재발효를 억제하고 보존성을 증진시킨다.

(6) 포장

생산된 고추장을 먹기 편한 용량별로 소포장을 한다.

9) 청국장

청국장은 콩의 발효 가공식품 중에서 가장 빠른 시간 내(보통 2~3일)에 발효, 숙성되며 특이한 풍미와 우수한 영양성분을 함유한 우리나라 전통 발효식품이다. 『식품공전』에 의하면 청국장은 콩 등을 주원료로 하여 적절한 온도에서 발효시켜 제조한 것이거나 이에 양념 등을 적절히 가하여 조미한 것이라고 정의된다.

재래식 제조방법은 볏짚 등에 들어 있는 야생의 고초균을 이용하여 발효시키는 데 반하여 이 균을 순수 배양하여 이용하는 것을 개량식이라 한다. 즉, 원료인 콩을 선별하여 물에 침지하고 증자한다. 콩을 발효시키는 종균(고초균)은 액체배양을 통하여 준비하고, 증자한 콩에 접종하여 42~43 ℃로 유지하면서 24~36시간 정도 발효시킨다. 발효한 콩에 소금을 첨가하고, 마쇄한 후 계량 포장하여 청국장을 제품화한다.

청나라에서 전래되었다는 의미로 청국장이라 불리는데, 일본에서는 절에 납품하였던 이유로 납두(낫토, natto)라고 부르고, 동남아시아와 아프리카 등에서도 콩을 속성 발효시킨 비슷한 발효식품이 있다.

일반적으로 청국장은 자극적인 냄새를 풍기나, 고단백질 식품으로서 독특한 점성과 부드러운 촉감을 나타낸다. 또한 청국장은 함유되어 있는 여러 종류의 효소(트립신, 펩신, 아밀

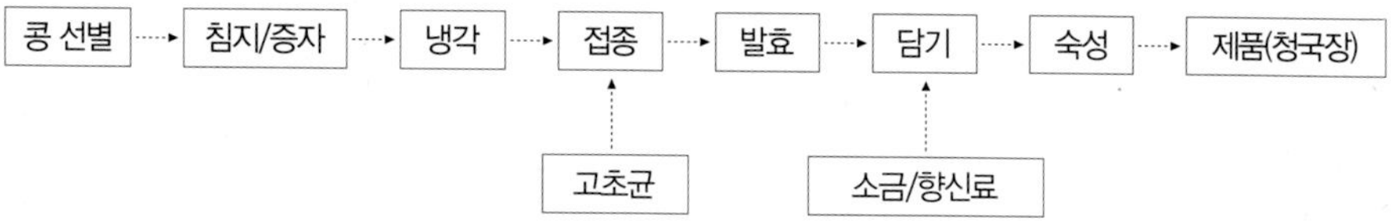

그림 12-8 청국장 제조 공정도

레이스, 인버테이스, 카탈레이스 등)작용에 의해 소화성이 좋고, 바이타민 B_2와 B_{12} 등이 많이 함유되어 있으며, 정장 효과와 영양소의 흡수 촉진 및 혈중 콜레스테롤을 감소시키는 등 건강 증진작용을 한다고 알려져 있다.

청국장의 고미성분은 주로 콩 단백질의 분해산물로 소수성 아미노산을 포함하는 펩타이드류에 기인하고, 독특한 점질물은 글루탐산이 약 100분자 정도 중합된 폴리펩타이드(gamma-polyglutamic acid)와 과당이 중합된 프럭탄(fructan)이 혼합된 것으로 보고되고 있다.

연습문제

01 다음 중 콩에 함유된 성분이 아닌 것은 무엇인가?

① 글리시닌 ② 아이소플라본

③ 리놀레산 ④ 락토스

02 두부를 제조할 때 사용되는 응고제로 적당하지 않은 것은?

① KCl ② $CaSO_4$

③ $MgCl_2$ ④ $CaCl_2$

03 두부 제조 시 응고제를 첨가할 때 두유의 온도 범위는 무엇인가?

① 30~40 ℃ ② 50~60 ℃

③ 60~65 ℃ ④ 75~80 ℃

04 전두부가 보통두부와 비교하여 제조상 차이점은 무엇인가?

① 응고제를 넣어 두유 중의 단백질을 응고시킨다.

② 농후한 두유를 응고제와 함께 용기나 필름에 충전하여 응고시킨다.

③ 가열 응고시킨 후에 냉각시킨다.

④ 콩을 증자, 마쇄하여 만든 두유에 응고제를 넣는다.

05 콩을 증자, 마쇄하여 두유를 제조할 때 균질화하는 주된 목적이 아닌 것은?

① 단백질 침전을 방지하기 위하여 ② 지방이 부유하는 것을 막기 위하여

③ 소화가 잘 되도록 하기 위하여 ④ 저장성을 향상시키기 위하여

06 콩을 갈아서 만든 두유에서 콩 비린내 등의 불쾌취가 나는 주된 원인이 되는 효소는?

① 단백질가수분해효소 ② 아밀레이스

③ 리폭시제네이스 ④ 트립신 저해제

07 콩 가공품에서 육류와 유사한 조직감을 주는 제품은 무엇인가?

① 콩나물 ② 탈지대두박

③ 조직 콩단백질 ④ 분리 콩단백질

08 콩 발효식품 제조과정에서 제국 시 콩 코지(koji)를 사용하는 주된 목적은 무엇인가?

① 강력한 가수분해효소를 얻기 위하여

② 잡균의 오염을 방지하기 위하여

③ 다양한 미생물의 번식이 잘 되게 하기 위하여

④ 균일하게 수분을 확산시키기 위하여

09 간장 발효 후에 압착 여과하여 얻은 생간장을 달이는 주된 목적은 무엇인가?

① 맛을 내기 위하여　② 향기를 좋게 하기 위하여
③ 색도를 좋게 하기 위하여　④ 살균하기 위하여

10 간장덧 관리에 있어서 교반하여 주는 주목적이 아닌 것은?

① 젖산균과 효모가 번식 및 발효를 잘 하도록
② 숙성작용이 균일하게 일어나도록
③ 간장 제조 시 색을 좋게 하기 위하여
④ 효소의 용출을 촉진시키고 산소를 공급하기 위해

11 된장의 숙성과정 중에 생성되는 성분이 아닌 것은?

① 포도당, 맥아당　② 유기산, 알코올
③ 아미노산, 에스터　④ AMP, GMP

12 재래식 된장 제조 시 볏짚에서 접종되어 주로 메주 내부에서 번식하는 균은 무엇인가?

① *Aspergillus oryzae*　② *Aspergillus sojae*
③ *Bacillus subtilis*　④ *Saccharomyces rouxii*

13 개량식 된장 제조에 관한 설명으로 틀린 것은?

① 제국하는 온도는 22~25 ℃ 정도이다.
② 종균은 황국균과 고초균을 이용한다.
③ 코지의 원료는 주로 밀이다.
④ 제국의 목적은 녹말당화와 강력한 효소 생산이다.

정답과 해설

1. ④ **2.** ① **3.** ④ **4.** ②
5. ④ **6.** ③ **7.** ③ **8.** ①
9. ④ **10.** ③ **11.** ④ **12.** ③
13. ①

CHAPTER 13

과일, 채소류 가공

과일과 채소는 바이타민류와 무기질 이외에 생리활성물질을 함유하고 있고 식이섬유가 많으며 색, 맛, 향 등의 기호성이 높은 식품이다. 소득 향상과 식생활의 변화에 따라 과일, 채소류의 소비가 증가하고 있으나 안전한 먹거리에 대한 기대 또한 크다.

본 장에서는 과채류의 이화학적, 생화학적 특징을 이해하고, 생육기간과 생산시기에 알맞는 가공방법에는 어떤 것들이 있는지 살펴보며, 부패와 변질 등을 방지하기 위한 적절한 가공기술을 활용하여 식용 가치를 높여주고 고부가가치의 상품으로 개발할 수 있는 과일, 채소류의 가공품을 알아보고자 한다.

1. 과일, 채소류의 특징

과일, 채소류는 어류나 육류 등과 달리 수확 후나 저장 중에도 발아, 숙성(ripening), 노화(aging) 등의 생리현상이 일어나고 호흡작용과 증산작용으로 신선도가 떨어지며, 중량뿐만 아니라 성분 변화 등이 쉽게 일어나기 때문에 생식으로 이용하든 가공 공정에서 처리하든 이들의 특성을 이해하는 것이 매우 중요하다.

1) 호흡작용

청과물은 수확 후에 생존에 필요한 에너지를 호흡에 의해 얻는다. 따라서 지속적으로 호흡작용이 이루어지며 이러한 생리상태를 나타내는 호흡량은 호흡속도(respiratory rate) 또는 호흡강도라고 한다. 호흡량은 과일이나 채소의 종류에 따라 또는 숙성도에 따라 많은 차이가 있으며 주위 온도에 의해서도 차이가 생기는데 호흡량이 많으면 저장성이 나빠지므로 온도를 낮추어 호흡량이 적도록 유도해 주어야 한다. 이러한 호흡현상은 효소작용을 촉진하게 되어 온도가 상승하면 증가하는데 온도가 10 ℃ 상승하였을 때 반응속도의 비율(Q_{10})은 청과물의 경우 2~3이나 된다. 또한 호흡작용은 호흡계수(respiratory quotient; RQ)로 나타내며 이것과 함께 O_2와 CO_2의 농도에 따라 저장성을 결정하게 된다(5장 표 5-3 참조).

2) 숙성작용

숙성은 과일의 성장이 끝난 시기부터 일어나는 생리현상으로 호흡이 상승하고 에틸렌이 생성되며 효소활성이 활발하게 진행되면서 여러 성분 변화를 일으킨다. 숙성작용이 진행되는 데는 호흡과 밀접한 관계가 있다. 과일의 숙성작용은 과일의 종류와 품종에 따라 다르게 나타나며 수확 후 호흡량이 많아지는 것을 climacteric rise(CR)라고 한다. 이 현상이 나타나는 것을 climacteric 과일, 호흡 상승이 없는 것을 non-climacteric 과일, 그리고 중간형 과일로 분류한다(2장 그림 2-5 참조).

수확한 과일의 호흡량이 최고조에 도달한 때를 climacteric maximum, 이전을 pre-climacteric rise, 이후를 post-climacteric rise라고 하여 3단계로 나눈다. 이러한 단계가 나타나는 시기와 정도는 과일의 종류, 품종, 수확기 등에 따라서 다르다.

대체로 climacteric maximum 때 또는 그 직후에 착색이 시작되며, post-climacteric rise 때부터 방향이 생기고 과육의 연화가 일어난다. pre-climacteric rise 때에는 과육이 신선하며 단단하지만, post-climacteric rise 이후부터 생리 기능의 변화로 저장력이 급속히 저하된다. 호흡에 상승현상이 있는 채소는 대체로 탄수화물의 함량이 많고, 원예적 수확숙도에 달하면 수확 후에도 숙성작용으로 완숙에 이른다.

과채류의 숙성현상에 수반하여 에틸렌이 생성되는 사실은 오래 전부터 알려졌으며, 소량의 에틸렌을 공급해도 착색과 성숙이 촉진된다. 에틸렌은 클로로필을 분해하여 녹색을 소멸시키지만, 다른 색소에 대해서는 그러한 작용을 하지 않는다. 따라서 녹숙기의 토마토는 숙성 중에 녹색이 사라지고 카로텐과 리코펜의 생성으로 고유의 색깔을 나타내게 된다. 에틸렌이 호흡작용의 부산물이라는 견해도 있으나, 에틸렌의 생성이 호흡의 상승현상을 유도하여 성숙을 촉진한다는 견해가 일반적으로 받아들여져 성숙을 촉진하는 일종의 호르몬으로 생각하게 되었다.

3) 증산작용

과일, 채소류의 증산작용(transpiration)은 수확 전의 중요한 생리현상인데 수확 후 저장 중에는 증산작용이 신선도, 용량 감소 등의 상품 가치에 영향을 미친다. 채소류나 과일은 90 % 이상이 수분이고, 수분이 비교적 적은 서류도 60 % 이상을 차지한다. 과채류는 이와 같이 수분함량이 높아서 환경에 따라 그 수분을 상실하기 쉽고 이에 따라 중량 감소가 심하며 신선도를 유지하기가 어렵다.

증산작용은 cuticle층을 통해 이루어지는 표피 증산과 기공을 통해서 이루어지는 기공 증산이 있는데, 대부분의 경우 기공 증산으로 인해 시들고 방향성분이 없어져 품질이 저하된다. 일반적으로 50 % 감량이 되면 신선도가 떨어지고 광택이 없어지며 주름이 생기기도 한다. 증산작용이 가장 심한 것은 중량에 비해 잎의 면적이 큰 잎채소류, 잎의 표면에 cuticle층이 발달하지 않은 종류, 특히 비결구성 채소류이다. 뿌리채소류는 증산작용이 적지만, 역시 장기간 저장하면 점차 중량이 감소하고 풍미도 떨어진다. 과채류 중에서도 토마토나 성숙한 호박은 증산에 의한 수분 손실이 적지만 오이, 애호박, 가지 등은 수분 손실이 많아 시들거나 색깔과 광택을 잃기 쉽다. 저장 중의 중량 감소에는 호흡에 의한 탄수화물의 손실도 있지만, 그로 인한 감량은 많은 종류가 10 % 이내이며, 대부분은 증산작용에 의한 수분 손실이다.

증산은 대기의 포차(vapor pressure deficit)에 대체로 비례한다. 포차는 현재의 수증기 압력과 주어진 온도에서의 포화 시 수증기 압력과의 차이로서 상대습도가 낮을수록, 또한 습도가 같다면 온도가 높을수록 크다. 또한 공기가 유동하면 식물체를 둘러싸고 있는 수증기가 제거되어 포차를 크게 하여 증산을 촉진하므로 저장 중에 바람에 노출되면 수분 손실이 심해진다. 그러므로 증산에 의한 수분의 감량을 적게 하고 신선도를 유지하려면 될 수 있는 대로 온도를 내리고 공기의 유동을 적게 하며 부패의 위험을 경계하면서 습도를 높게 유지해야 한다. 그러나 수확 직후의 식물체는 증산작용이 왕성하므로 적당히 환기하

TIP 휴면현상

생장작용의 반대 개념으로 나쁜 환경에서 종을 보존시키기 위한 생리현상으로 휴면이 있다. 휴면을 촉진시키는 물질은 아스코브산이며, 생리를 촉진시켜 휴면을 각성시키는 물질은 지베렐린(gibberelin)을 들 수 있다.

지 않으면 과습에 의해 부패되기 쉬우므로 주의해야 하며, 저장 전에 수분을 어느 정도 증산시키는 것이 저장성을 높이는 방법이다.

증산작용의 주요 인자로는 온도와 습도이며 과일, 채소류의 저장에서 수분의 증산으로 이를 막아주는 것이 우선되어야 하고 필요에 따라 가식성 필름이나 왁스(검류, 유화제 등 포함) 코팅 처리를 한다.

4) 생장작용

수확 후의 과일, 채소류는 대개 생장이 왕성하지 않다. 그러나 적당한 온도와 습도에서 왕성하진 않지만 계속 생장을 하는 것이 있다. 감자류나 무, 인경채류 등은 발아나 발근 현상이 있고 배추 같은 엽채류는 저장온도가 높으면 중심부에 잎이나 꽃대가 자라나 저장 영양분을 소모하여 수분 손실과 함께 상품 가치를 떨어뜨리는 원인이 된다. 감자의 경우 발아하면 솔라닌이라는 독성성분이 생성되므로 발아 억제를 목적으로 방사선조사를 하기도 한다.

2. 가공에서의 주의점

1) 바이타민류 손실의 최소화

과일 및 채소를 가공할 때 바이타민류 중에 특히 바이타민 C의 손실을 방지해야 한다. 일반적으로 바이타민 E는 열에 가장 안정하여 가열, 건조, 산, 알칼리 처리 등에 의해 거의 손실되지 않으며, 바이타민 A, D도 일반적인 가열이나 통조림의 가공 공정에서 20 % 정도 손실되어 비교적 안정한 편이다. 그러나 바이타민 B_1, B_2는 가공 처리할 때 물에 의하여 20~25 % 정도 손실된다. 또한 바이타민 C는 매우 불안정하여 가공 중에 손실이 많은데 그 원인은 물에 녹아서 손실되는 것과 자가효소(ascorbate oxidase 등)에 의한 산화와 가공 공정이나 저장 중에 산소에 의한 산화 등을 들 수 있다. 자가효소는 80 ℃ 정도에서 파괴되므로 신선할 때 더운 물이나 증기로 데치기(blanching) 처리하는 것이 효과적이며, 자연산화를 방지하려면 껍질을 벗긴 후 또는 절단, 마쇄한 후 공기와 장시간 접촉하지 않도록 한다. 가열 처리할 때도 물에 장시간 끓이지 않고 고온 처리하면 어느 정도 영양의 손실을 막을 수 있다. 바이타민 C는 구리(Cu) 등과 같은 금속이온에 의하여 산화작용이 촉진되므로 가공할 때 처리기구는 금속제를 피하여야 한다.

2) 색소의 변화 방지

살구, 복숭아, 사과, 딸기 등에 함유된 청색, 자색, 적색은 안토사이아닌계 색소로 금속에 의하여 변색되거나 침전되는 성질이 있으므로 가공할 때, 금속용기의 접촉을 피해야 한다. 안토사이아닌 색소는 pH에 따라 색이 변화하므로 가공 중 유기산이 많이 생성되는 경우 pH의 변화를 주의 깊게 관찰해야 한다.

잼, 젤리, 과일주스는 철(Fe)에 의해 녹색 또는 암녹색으로, 구리에 의해 암색으로, 알루미늄(Al)과 주석(Sn)에 의해 자색으로 변색하므로 가공할 때 사용하는 기구는 에나멜 등으로 코팅 처리된 것이 바람직하다.

토마토의 적색 색소인 리코펜은 공기 중에서 장시간 끓이면 갈색으로 변하고, 철이온과 접촉하면 변색되므로 제조할 때 주의해야 된다. 토마토의 경우 감압 농축방법을 사용하면 높은 온도에서 농축하지 않아도 되어 색의 변화를 최소화할 수 있다.

채소에 많이 함유된 엽록소는 산화 또는 자가효소에 의해 녹갈색으로 변색된다.

3) 향기성분의 손실 방지

과일의 향기성분은 에스터 등 휘발성 물질이므로 과도한 가열이나 장시간의 가공 처리는 피해야 한다. 색의 변화와 마찬가지로 향도 과도하게 가열하거나 오랜 시간 가열하게 되면 향기성분들이 손실되거나 이취가 발생할 수 있다. 이를 피하기 위해 아주 높은 온도(1,200 ℃)에서 살균하는 방법(high vacuum flame sterilization)을 사용할 수도 있다. 이 방법을 복숭아 통조림이나 그 밖의 과일 통조림, 케첩 살균 등에 활용하기도 한다.

TIP 과일 생산과 가공

우리나라 과일은 사과, 밀감, 배, 복숭아, 포도, 감 등이 주로 생산되고 있으며, 과일 가공품으로는 주스 50 %, 통조림 10 %, 과일주 5 %, 넥타 2 %, 잼류 2 % 등이 생산되고 있다.

4) 가공기구에 의한 손실 방지

유기산을 많이 함유한 과일은 철, 구리 등 금속제 기계에 의해 풍미가 저하되고 색깔이 불량해지므로 가공기구는 스테인리스 스틸이나 코팅 처리한 것이 좋다.

3. 가공품

과일, 채소류의 가공에서 과일은 주로 주스(juice), 잼, 젤리, 마멀레이드, 통조림, 과실주, 식초 등으로 가공되며 농축즙액이나 건조과일 등도 있다. 채소류의 가공은 과일 가공에 비해 제한적이나 그 가공품으로는 침채류, 건조식품류, 소스류, 조미식품 등이 있다.

1) 주스

과일주스는 과일을 착즙하여 만든 것으로 과일의 맛, 향, 영양적으로 유용한 성분 등이 생과일과 비슷하다. 그러나 과즙은 미생물이나 효소 등에 의해 변질되기가 쉬우므로 가공 처리해야 한다. 과일주스의 종류를 원료별로 분류하기가 어렵기 때문에 일반적으로 천연주스(straight juice), 농축주스(concentrated juice), 냉동주스(frozen juice), 과즙 첨가 음료(fruit juice drink), 넥타(nectar) 및 분말주스(powdered juice) 등으로 분류한다.

천연주스는 과일을 그대로 착즙한 것으로 펙틴 등이 그대로 함유된 혼탁주스와 펙틴 분해효소를 이용하여 투명하게 한 투명주스가 있다.

농축주스는 환원주스(reconstituted juice)를 만들기 위해 50 % 이상 농축하여 만든 주스이다.

냉동주스는 냉동 보존하기 위해 만든 것이며, 과즙 첨가 음료는 과즙이 50 % 이상 첨가된 것을 과육음료, 10~50 % 미만의 과즙이 첨가된 것을 과즙혼합 청량음료라고 한다.

또한 과즙에 과육을 첨가한 스쿼시(squash), 과즙과 과육의 분리가 어려워 갈아서 함께 주스를 만든 넥타가 있다. 분말주스는 당, 색소, 산 등을 적절히 배합하여 만든 가공품으로 색소의 손실을 최대한 막아야 한다. 최근에는 기능성이 있는 과일에 각종 약재를 첨가하여 고온, 고압 처리한 과즙 형태의 주스 그리고 채소류 주스도 개발되어 있다.

(1) 천연과즙 제조

천연과즙의 제조 공정은 다음과 같다.

원료 → 선별 → 세척 → 파쇄 → 착즙 → 사별 → 여과 → 청정 → 조합 → 탈기 → 살균 → 충전 → 냉각 → 제품

① 선별과 세척

과즙원료로 이용할 과일의 수확 시기는 일반적으로 생식용의 적기와 같으며, 수확 직후의 것이 좋다. 과즙원료용 과일로는 과피가 얇아 과즙이 많이 나오고, 성분의 농도가 높은 품종을 선택해야 하며, 숙도가 적당하고 신선하며 풍미가 좋은 것이어야 한다.

만일 불량 과일이 섞이게 되면 과즙 전체의 질이 나쁘게 될 뿐만 아니라, 살균 효과가 떨어져서 저장성이 나빠지므로 주의 깊게 선별해야 한다. 선별이 끝나면 세척과정에서 불순물이나 과일에 살포한 약제, 미생물 등을 제거한다.

② 파쇄와 착즙

과일은 원료의 종류에 따라 이에 알맞은 스테인리스 스틸로 만든 파쇄기로 파쇄하며 파쇄된 과일은 종류에 따라 여러 방법으로 압착하여 착즙한다. 사과, 토마토, 포도, 배 등은 파쇄 후 바로 착즙하고 딸기와 포도는 예열하여 착즙한다. 이때 가열로 풍미가 약간 떨어지나 점성이 낮아져서 추출량이 많아지며 색소도 많이 용출된다. 파쇄 압착장치는 원료의 종류에 따라 적당한 것을 사용하는데, 예를 들면 과육제조기(pulper), 주스 추출기(juice extractor), 수압압착기, 원심분리식 착즙기, 리머(reamer), 회전형 착즙기 등이 있다.

③ 사별

과육제조기, finisher 및 원심분리식 착즙기로 착즙한 것은 다시 체질할 필요가 없으나, 다른 방법으로 착즙하면 과피 조각 등이 있어 외관이 불량하며 저장 중에 품질의 저하를 촉진하게 된다. 따라서 이들을 제거하는 동시에 과육(pulp)의 양 및 크기를 조정하기 위하여 사별을 실시한다. 사별은 평면진동체, 원통회전체 등을 사용하고 체질한 과즙은 균질기(homogenizer)에 통과시켜 과육을 균일하게 만든다.

④ 여과 및 청정

투명한 과즙은 저장 중에 침전되는 침전물을 여과하여 완전히 제거해서 만들기 때문에 향기나 영양가에는 손실이 없고 오히려 색깔이 좋아진다. 그러나 토마토즙과 같은 불투명한 과즙에는 단백질, 펙틴 및 미세 과육 등이 교질 상태로 혼합되어 있어서 70~80 ℃ 정도로 가열하여 단백질을 응고시킨 후 여과하며, 사과 및 포도는 청정(clarification)을 해도 색소에 관계가 없으므로 보통 압착식 여과기(filter press)로 여과한다. 대부분의 과즙에는 펙틴 이외의 점질물을 함유하고 있어서 청정 효과가 적다. 청정방법에는 난백법, 카세인법, 젤라틴법, 규조토법, 펙티네이스법 등이 있다.

- 흰자위를 쓰는 법 : 난백을 따뜻한 물에 용해하여 5 % 정도의 용액을 만들어 과즙 100 L당 흰자위 액 250~300 mL를 넣어 교반한 다음 75 ℃로 가열하면 흰자위가 과즙 안에 용해되어 있는 단백질, 펙틴, 검질 및 점질물을 흡착하여 응고, 침전한다. 응고물을 완전히 침전시킨 다음 여과하면 맑은 과즙을 얻을 수 있다.
- 효소를 쓰는 법 : 펙틴 분해효소인 펙티네이스를 이용하는 방법으로 과즙 중의 함유된 펙틴을 분해하여 혼탁물과 함께 응고 및 침전시키는 방법이다. 이 효소는 pH 3~5, 40~50 ℃에서 잘 작용하므로 사용이 편리하며 사용량은 0.1 % 정도이다. 펙티네이스는 *Penicillium glaucum* 등의 곰팡이에서 분리하여 상품화되어 있다.

⑤ 조합

청징작업이 끝나면 탈기 처리 및 순간살균을 하여 빈 용기에 담아 제품으로 한다. 과일음료 제품을 만들려면 청정이 끝난 과즙에 물, 당분, 향료, 유기산 등을 넣고 조합한다.

⑥ 탈기

파쇄, 착즙, 사별, 여과 등의 공정에서 과즙에는 많은 공기가 함유된다. 특히 reamer, pulper, finisher로 압착한 주스에는 약 0.5 %의 산소가 함유되는데 이를 제거해야 한다. 산소를 제거하면 바이타민 C의 손실이 적게 일어나고, 색깔의 변화가 적으며 특히 호기성 미생물의 번식을 억제할 수 있다. 그리고 살균할 때 또는 용기에 담을 때 거품이 일어나지 않으며 과육 등 부유물질이 위쪽으로 올라와 외관을 나쁘게 하는 것을 방지한다. 그러나 과일주스 중의 공기를 완전히 제거하는 것은 매우 어려우며, 90 % 이상 탈기할 경우 2~3 %의 수분 및 향기성분이 손실되기 쉬운 주스는 향기성분을 미리 회수한 다음 탈기한다. 탈기방법으로는 분무식과 박막식이 있는데, 과일주스를 안개 모양으로 진공관 속에 불

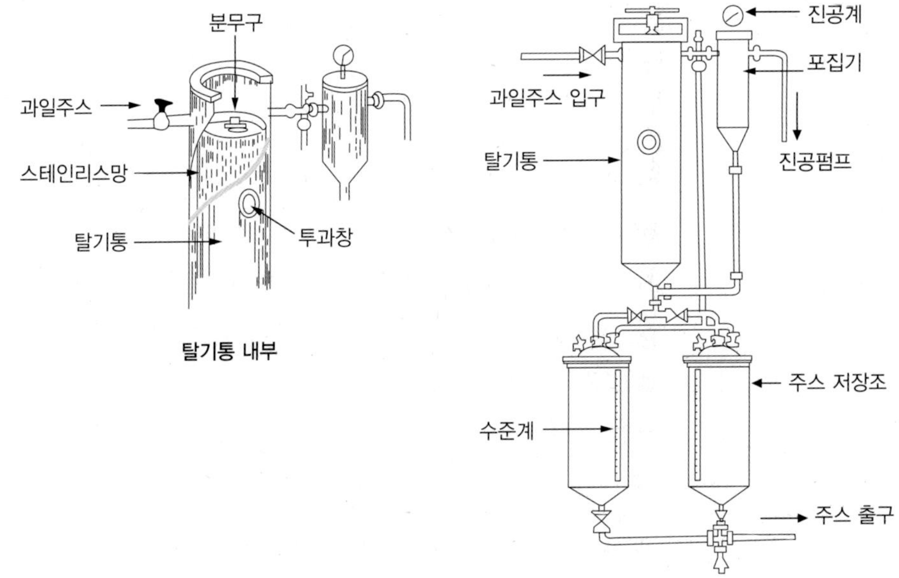

그림 13-1 박막식 탈기장치

어 넣고 흘러내리게 하여 탈기한다. 이들은 모두 20~50 mmHg 정도 되는 진공 상태에서 처리한다.

또한 과일주스의 제조 중에 갈변이 일어나기 쉬운 것은 이에 혼입된 산소에 의해 과즙 중의 페놀 또는 폴리페놀 물질이 자가효소인 페놀산화효소 또는 폴리페놀산화효소에 의해 산화되기 때문이다. 따라서 이를 방지하기 위하여 산화방지제로 아스코브산을 넣으면 갈변 방지에 효과가 있는데, 특히 사과주스에 유효하다. 예를 들면 생과 100 g에 아스코브산을 30 mg 이상 넣으면 어느 품종에나 유효하고 첨가량이 많을수록 유효기간이 길어지는데, 이때 맛에 영향을 주지 않을 정도의 식염을 50 mg 정도 병용하면 갈변방지의 기간을 상당히 연장할 수 있다.

이외에 과일주스의 가공 중에 금속이온이 혼입되면 금속냄새가 날 뿐 아니라 여러 가지 좋지 않은 품질 변화가 일어나게 되는데, 특히 구리 및 철은 아스코브산의 산화를 촉진한다.

⑦ 살균 및 보존

신선한 과일의 내부에는 미생물이 거의 없으나 여과 및 청정한 과즙에는 과피, 제조기구, 용기 등에서 미생물이 혼입되어 과즙을 짠 그대로 방치하면 미생물이 생육하여 부패 및 발

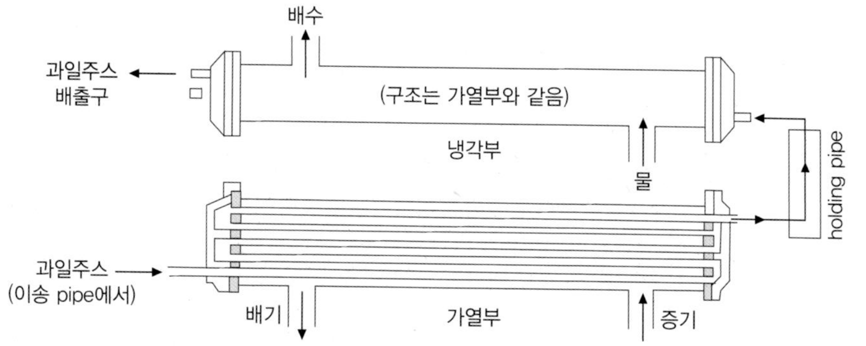

그림 13-2 관상식 순간살균장치

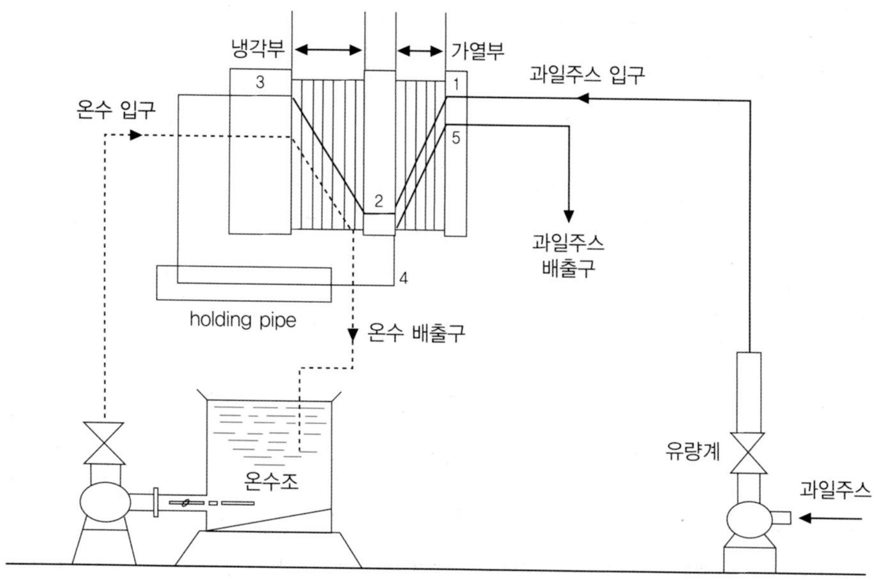

그림 13-3 평판식 순간살균장치

효가 일어나고 동시에 효소작용이 진행되어 품질이 저하된다. 따라서 이를 방지하기 위해 가열하여 살균해야 한다.

주스의 살균 방법에는 순간살균법(flash pasteurization)과 저온살균법 등이 있으나 과즙의 풍미나 색깔이 변화되지 않고 미생물을 사멸시키는 순간살균법이 널리 이용되고 있다. 순간살균장치는 열교환기(heat exchanger)로서 관상식(tubular type)과 평판식(plate type)이 많이 쓰인다. 관상식 순간살균장치는 그림 13-2와 같이 원통(shell) 속에 많은 스테인리스강 파이프가 있으며, 원통에 증기를 가해 파이프를 가열하는데 과일주스가 파이프관 속을 통과하는 사이에 85~95 ℃로 가열된다. 과즙이 파이프를 통과하는 시간은 10~30분이며, 증기의 주입량은 스팀조절기로 자동 조절된다. 배출된 주스는 holding pipe에 들어가 5~10초 정도 머무른 다음 냉각기에서 냉각된다. 냉각기의 경우는 파이프의 주위에 증기 대신 물이 순환된다. 평판식 순간살균기는 그림 13-3과 같이 스테인리스강 평판을 packing 사이에 끼워 압착하여 붙이고 평판과 평판 사이에 주스와 더운 물을 교대로 그리고 반대 방향으로 통하게 하여 열교환이 일어나게 한다.

⑧ 담기, 밀봉 및 냉각

순간살균한 주스는 살균된 용기에 즉시 담아 밀봉 및 냉각하여 제품으로 만든다. 이때 무균으로 작업해야 하는데 이러한 무균포장법(aseptic packaging process)은 순간살균한 과일주스를 과열증기로 살균한 용기에 담아 밀봉하는 무균식 연속 밀봉방법이다.

각 원료별로 살펴보면 사과주스를 제조할 때는 갈변을 막기 위해 0.05 % 아스코브산과 0.05 % 소금물의 혼합액을 사용하고 탈기하여 과즙에 포함되어 있는 공기를 제거해야 한다. 오렌지주스도 산소량을 0.05 % 이하로 낮춰야 되며 포도주스는 침전법, 이산화탄소법, 동결법, 농축여과법 등으로 타타르산을 제거해야 한다. 또한 토마토주스를 제조할 때는 맛과 색을 고정하기 위해 0.5~1.0 % 소금을 넣어 주어야 한다. 한편, 산소 농도를 최소화할 목적으로 진공 밀봉하기도 한다.

2) 잼류

펙틴과 산이 함유된 과일이나 채소로 만드는 대표적인 삼투압 공정의 가공품이 잼류이다. 잼류는 과즙이나 과육에 당류를 넣고 가열 농축하면 펙틴, 산, 당이 gel을 형성하여 응고하는 젤리화 원리를 이용한 제품이다.

잼류에는 과육에 당류를 넣고 적당한 농도로 농축시킨 것으로 과육 자체가 흩어져 혼탁되어 있는 잼(jam), 과즙에 당류를 넣어 농축시킨 것으로 투명하고 일정한 모양을 만들 수 있는 젤리(jelly), 잼이나 젤리에 과피나 과육 조각을 넣어 만든 마멀레이드(marmalade) 등이 있다. 또한 펄프를 제거한 과육에 당을 넣어 반고체 상태로 농축한 fruit butter, 과육을 파쇄하고 가열하여 크림 모양으로 만든 fruit sauce, 당과 과일을 적당히 끓여 만든 fruit preserve 등도 있다.

(1) 젤리화의 원리

잼류는 젤리화의 원리로 제조하는데 젤리화에는 펙틴, 산, 당의 세 가지 성분이 필요하며 이들의 각각 일정한 농도와 비율에 의해 젤리화가 일어난다.

① 펙틴

펙틴은 세포막 속에 셀룰로스와 함께 있는 다당류로 미숙과에는 프로토펙틴으로 존재하고 과일이 익어감에 따라 펙틴으로 되며, 과숙과에서는 펙틴산으로 부분적인 분해가 일어난다. 이러한 분해는 젤리를 만들 때 가열과정에서도 일어나 젤리화가 떨어지는 요인으로 된다.

과일 중의 펙틴 함량을 측정하려면 알코올 테스트를 한다. 즉 시험관에 95 % 알코올 10 mL를 넣고 동량의 과즙을 가해 흔들어 방치한 후 응고하는 모양으로 간단히 알 수 있다.

② 산

산은 젤리화에 직접 관계가 있을 뿐 아니라 맛을 결정하는 요소이다. 젤리화의 최적 pH는 3.46 정도이나 맛을 고려할 때 3.2~3.5 정도가 좋다. 젖산을 첨가할 경우 0.3 %가 최적이고 0.27 %가 최소이며 0.5 %가 넘으면 불량해진다.

표 13-1 펙틴 함량과 가당량과의 관계

알코올 테스트의 결과	펙틴 함량	가당량
① 과즙이 모두 젤리상으로 응고하거나 큰 덩어리가 생길 때	많음	과즙의 1/2~1/3
② 몇 개의 젤리상의 덩어리가 생길 때	적당	과즙과 동량
③ 작은 덩어리가 많이 생기거나 전혀 생기지 않을 때	적음	농축하여 ① 또는 ②의 상태로 하거나 펙틴이 많은 과즙을 넣음

표 13-2 산과 펙틴 함량에 의한 과일의 종류

구분	과실
산과 펙틴이 많은 것	귤, 감귤, 포도(미국종), 살구, 약간 덜 익은 사과
산이 적고 펙틴이 많은 것	덜 익은 복숭아, 무화과, 체리
산이 많고 펙틴이 적은 것	살구, 딸기
산과 펙틴이 중간 정도인 것	잘 익은 사과, 비파, 포도(유럽종)
산과 펙틴이 적은 것	잘 익은 복숭아, 서양배, 과숙 과일

③ 당류

과일은 12 % 정도의 당을 함유하고 있으므로 젤리화에 필요한 당도가 되려면 당을 더 넣어야 한다. 당류로는 설탕, 포도당, 물엿 등을 사용하며, 젤리화에 필요한 농도는 보통 62~65 % 정도이다. 당 농도가 너무 높으면 제품 중에 설탕의 결정이 석출되어 품질을 떨어뜨리는 반면 당도가 50 % 이하로 낮아도 젤리의 품질이 떨어지고 저장성도 낮아진다.

(2) 펙틴, 산, 당의 농도와 젤리화

펙틴의 품질에 따라 차이가 있으나 보통 펙틴을 사용하여 세 성분 중에 두 성분을 고정하고 한 성분의 농도를 달리하면 젤리의 강도가 변하게 된다. 그림 13-4와 같이 펙틴은 농도에 비례하여 젤리 강도가 증가하며, 당은 늘어진 S자 모양으로 젤리 강도가 증가하나, 산은 일정한 농도 이상에서는 젤리 강도가 거의 일정하다. 이들 변화를 볼 때 세 성분의 기본량은 펙틴 : 산 : 당의 비율을 1.0~1.5 %(pH = 3.46) : 0.3 % : 60~65 % 정도로 하는 것이 좋다. 펙틴이 0.75 % 이하일 때에는 설탕을 많이 넣어도 젤리화가 불량해지며, 펙틴이 1.5 %의 경우에는 산 0.35 %, 설탕 50 %인 경우에도 젤리화가 일어나지만, 산이 0.3 %로 떨어지면 설탕을 61.5 % 넣어야 젤리화가 일어난다.

펙틴량이 어느 정도 일정할 때 산이 많으면 당량을 감소시켜도 젤리화가 일어나지만 산이 적으면 당량이 많아야 젤리화가 일어난다. 또한 산이 일정할 때 펙틴이 많으면 설탕이 적어도 젤리화가 일어나나 펙틴이 적으면 당이 많아야 젤리화가 일어난다. 이와 같이 산, 펙틴의 농도를 높이고 당량을 적게 하여 젤리화시키는 것이 유리할 것으로 생각되나 제품의

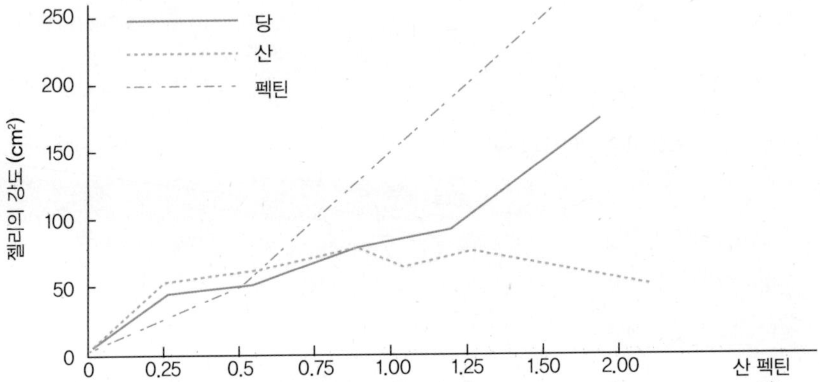

그림 13-4 젤리 제조 중 농도

표 13-3 산도가 일정할 때(0.3 %) 젤리점에서의 당 농도와 펙틴 농도와의 관계

제품 중의 펙틴(%)	0.50	0.75	0.90	1.00	1.25	1.50	1.75	2.00	2.75	4.20	5.50
젤리화에 필요한 최소 당량(%)	당분을 많이 넣어 젤리화가 안 됨		65.0	62.0	54.0	52.0	51.0	49.5	48.0	45.0	43.0

표 13-4 펙틴이 일정할 때(1.5%) 젤리점에서의 산 및 당 농도와의 관계

구연산 첨가량 (%)	전체 산량 (%)	젤리화에 필요한 당량(%)	젤리의 전체량 (%)	구연산 첨가량 (%)	전체 산량 (%)	젤리화에 필요한 산량(g)	젤리의 전체량 (g)
0.00	0.05	75.0	100	1.50	1.55	52.0	100
0.12	0.17	64.0	100	1.70	1.75	52.0	100
0.25	0.30	61.5	100	2.00	2.05	50.5	100
0.50	0.55	56.5	100	2.50	2.55	50.0	100
0.70	0.75	56.5	100	3.00	3.05	50.0	100
1.00	1.05	53.5	100	3.50	3.55	50.0	100
1.25	1.30	53.5	100	4.00	4.05	50.0	100

신맛, 단맛, 젤리 강도 등을 고려하는 것이 좋다. 또 펙틴 중에서도 고메톡실펙틴이 많은 경우 설탕의 첨가에 의해서, 저메톡실펙틴이 많은 경우 염화칼슘의 첨가에 의해서 젤리의 강도를 단단하게 만들 수 있다.

(3) 잼의 제조

잼의 제조 공정은 다음과 같다.

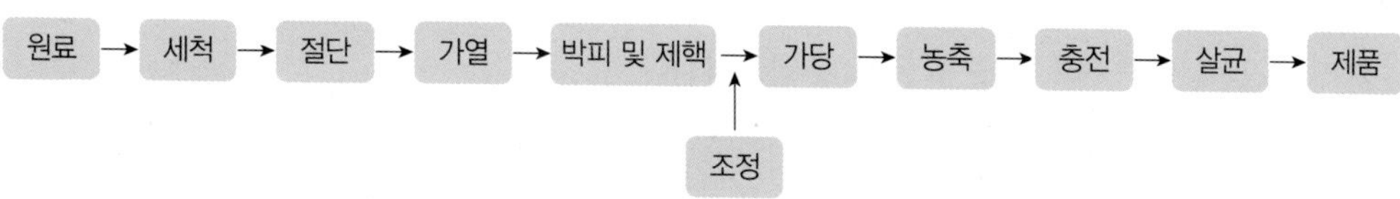

① 세척 및 절단

깨끗이 씻고 꼭지 등을 손질하여 5~10 mm 정도로 절단한다.

② 가열

필요에 따라 원료의 0.5~2배 정도의 물을 넣고 10분 정도 가열한다. 가열은 원료 중의 성분을 추출하고 가열 중에 프로토펙틴을 분해하여 펙틴을 추출하는 데 목적이 있는데, 딸기의 경우는 물을 넣지 않아도 된다.

③ 박피 빛 제핵

불필요한 부분을 제거하고 과육 제조가 쉽게 박피 및 제핵을 한다. 젤리를 제조할 때는 착즙을 하고 즙액이 혼탁해지지 않도록 청정 처리도 한다.

④ 조정

원료에 대한 펙틴, 산, 당의 배합 비율은 펙틴, 산, 당의 함량, 젤리화의 강약 등에 따라 달라지며 농축률과 첨가당 함량에 따라서도 달라진다.

제품의 당도를 조정하기 위한 방법은 다음 공식에 의해 계산한다.

$$C = R_1 / R$$

$$R_1 = \frac{(U \times u) + (S \times s)}{U + S}$$

C : 농축률 R : 제품 당도 R_1 : 원료 전체의 당도 U : 원료 무게
u : 원료 당도 S : 당류의 무게 s : 당류의 당도

⑤ 가당 및 농축

조정이 끝난 원료는 젤리화가 잘 되도록 3번 정도 당을 나누어 넣으며, 15~20분 정도에서 농축이 완료되도록 한다. 농축시킬 때 표면에 떠오르는 거품은 제거해 주며 젤리점(jelly point)은 컵(cup)법, 스푼(spoon)법, 당도계를 이용하는 법 등으로 판정한다.

⑥ 충전 및 살균

젤리점에 도달한 농축액은 준비된 용기에 식기 전에 거품이 섞이지 않게 용기에 담고 80~90 ℃에서 7~8분 정도 살균하고 냉각시킨다.

3) 통조림

통조림(canning)류는 주석관, 알루미늄관, 유리병 등에 과일, 채소류를 넣어 밀봉, 살균하여 미생물을 사멸시켜 부패와 변질을 막아 장기간 저장할 뿐만 아니라 영양을 높이고 직접 식용 가능하며 위생적으로 안전한 식품이다. 원료에 따라 여러 가지 방법으로 가공하지만 과일류는 원료를 관에 충전할 때 당액을 조제하여 사용하고 채소류는 소금액을 조제하

여 사용한다.

과일류로는 복숭아, 감귤, 깐 포도, 딸기, 살구, 파인애플 통조림 등이 있으며 채소류에는 양송이, 완두콩, 죽순, 아스파라거스 통조림 등이 있다.

(1) 제조 공정

과일이나 채소 통조림은 원료에 따라 여러 형태로 제조되고 있으며 주스 등도 캔으로 가공된다. 일반적인 통조림 제조 공정은 다음과 같다.

원료 → 선별 → 세척 → 데치기 → 박피 및 제핵 → 충전 → 주입액 첨가 → 탈기 → 밀봉 → 살균 → 냉각 → 제품

① 선별 및 세척

통조림 제조 목적에 따라 원료를 선택하고 분류한 후 잘 세척하여 불순물 등을 제거한다. 과일의 경우 가공용으로는 생식용보다 2~3일 일찍 수확하는 것이 좋다.

② 데치기

채소나 과일은 뜨거운 물이나 수증기로 데치기를 하여 갈변화에 관여하는 효소를 불활성화함으로써 변색이나 변질을 막고, 조직 내의 산소를 제거하여 산화를 줄이며 통조림 후 용액의 혼탁을 예방하고 껍질을 쉽게 벗겨지게 하며 원료를 깨끗하게 해준다.

③ 박피 및 제핵

껍질 벗기기는 칼, 기계, 산이나 알칼리, 증기 또는 열탕을 이용하며 씨나 핵 부위를 제거해 주어야 되고 이때 씨 부위 과육에 있는 색소를 충분히 제거해야 된다.

④ 충전

통조림 용기에 따라 일정량의 원료를 담고 주입액으로 충전한다. 이때 용기에 가득하게 충전하는 것이 아니고 0.2~0.4 cm 정도의 공극(head space)을 주어야 된다. 통조림 용기는 안지름과 높이에 따라 표준규격으로 정해져 있으며 명칭은 그림 13-5와 같다.

⑤ 주입 액 첨가

통조림의 내용물에 따라 조미액은 달라지지만 일반적으로 과일에는 20~50 %의 당액을,

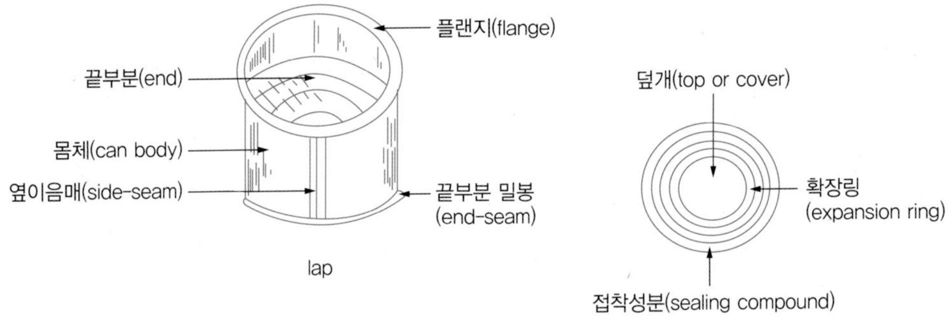

그림 13-5 이중 밀봉통의 명칭

채소에는 15~20 %의 소금물을 주입액으로 사용하는데, 소금물의 경우 철분이나 석회염이 들어 있으면 칼슘과 결합하거나 타닌과 결합하여 침전이 생기기 때문에 주의해야 된다.

통조림 제조에서 주입액은 조미와 향기성분을 부여할 뿐만 아니라 용기 속의 내용물을 보호하고 내용물 사이를 메워 내용물이 통이나 벽에 부딪혀 손상되는 것을 막아 주며 가열 살균할 때 열전도가 잘 되게 한다. 과일 통조림에서 당액의 농도는 다음 식으로 계산된다.

$$W_1x + W_2y = W_3z$$

W_1 : 담는 과일의 무게(g)　W_2 : 주입 당액의 무게(g)　W_3 : 총중량(g)
x : 과일의 당도(%)　y : 주입할 당의 농도(%)　z : 개관 시 규격 당도(%)

$$Y = \frac{W_3z - W_1x}{W_2}$$

Y : 과일 통조림에서 당액의 농도

⑥ 탈기

탈기는 관이나 병 속의 공기를 제거하여 내용물의 변질을 방지하기 위한 방법이다. 탈기를 하면 살균을 하지 않을 때도 통조림 속에 남아 있는 산소를 적게 하여 호기성 세균이나 곰팡이 등의 발육을 어느 정도 억제할 수 있고 저장 중에 통 내부의 부식이나 내용물의 색, 향, 맛 등의 변화와 바이타민류의 영양 파괴를 방지할 수 있다. 또한 탈기는 가열 살균 때에 내용물이 지나치게 팽창하여 터지거나 부풀어 오르는 것을 방지해 준다. 탈기방법으로는 가열 탈기법, 진공탈기법, 증기분사법 등이 있다.

⑦ 밀봉

밀봉은 탈기한 통조림의 부패를 방지하고 미생물이나 공기가 들어가는 것을 방지하기 위해 이중밀봉(double seaming)하는 중요한 공정이다. 밀봉 seamer로는 수동식, 반자동식, 진공권체기 등 여러 종류가 있으며 밀봉에 사용되는 권체기의 주요 구조는 그림 13-6과 같다. 자동식인 진공권체기는 탈기와 밀봉을 동시에 실시할 수 있어 통조림 산업에서 많이 사용한다.

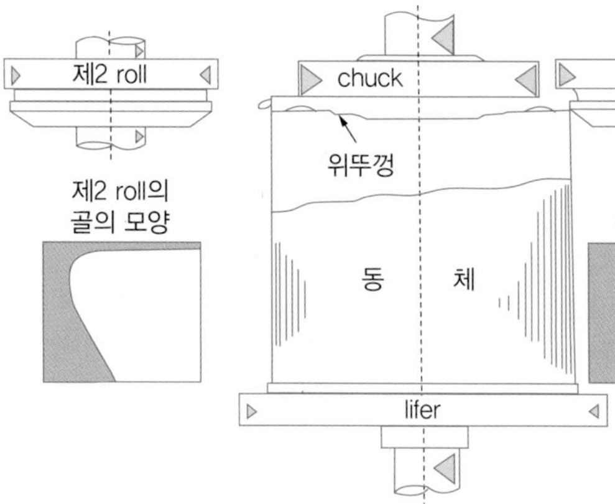

그림 13-6 권체기의 주요 부분

⑧ 살균

살균은 밀봉한 통조림이나 병조림의 미생물을 사멸하여 부패를 방지하고 식품에 열을 가하여 조직감, 맛, 향, 색, 외관 등을 개선하며 통조림 식품의 품질을 유지하기 위한 공정이다. 살균은 미생물의 종류와 성질, 내용물의 종류, 내용물의 pH, 열의 전도도 등을 고려하여 최저 필요조건으로 온도와 시간을 정한다. pH가 4.6 이하이면 산성식품(acid food)이므로 가벼운 열처리를 하여도 무방하나 pH가 4.6 이상이면 저산성식품(low acid food)이므로 *Clostridium botulinum* 오염 가능성을 고려하여 심한 열처리를 하여야 한다.

일반적으로 통조림 살균은 레토르트(retort) 또는 증기솥에서 중심온도 105 ℃ 정도로 가열 처리한다. 고온에서 짧은 시간 살균하여 제품의 색과 향기, 맛 등을 신선한 상태로 유지하기 위하여 고진공 flame 살균 공정(high vacuum flame sterilization; HVFS) 방법으로 1,200 ℃ 이상의 고온에서 짧은 시간 가열하면 몇 분간 살균 처리만으로도 충분한 살균 효과를 얻어낼 수가 있다. 실제로 이런 처리에 의해 영양성분이 얼마나 파괴되었는지를

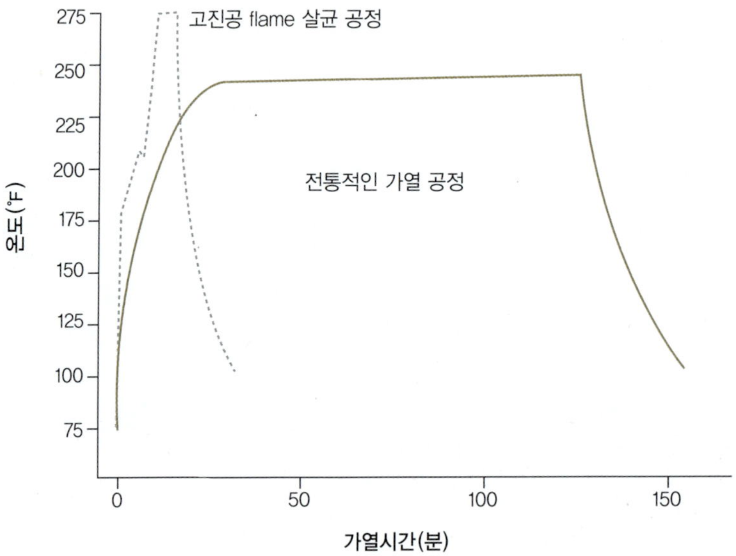

그림 13-7 기존의 통조림 살균방법(conventional process)과 고진공 flame 살균 공정(HVFS process)을 이용한 살균 공정에서의 온도와 열처리 시간 관계

표 13-5 기존의 통조림 살균 방법(Still retort)과 고진공 flame 살균 공정을 이용한 살균 공정 처리 후 바이타민 잔존량 비교

영양성분	기존의 통조림 살균 방법(Still retort)	고진공 flame 살균 공정
티아민	16.0±2.0%	55.8±14.8%
리보플래빈	68.8±27.1%	85.0±11.6%
나이아신	70.4±8.0%	86.7±3.4%

표 13-5에 나타냈다. 바이타민 성분들이 모두 덜 파괴되고 기존의 살균 처리방법(retort)보다도 더 많이 남아 있는 것을 볼 수 있다. 이 방법은 캘리포니아 지역에서 생산되는 토마토 페이스트, 복숭아·살구 통조림 등에 활용하기도 한다.

⑨ 냉각

살균이 끝난 통조림은 내용물이 잔존하는 열에 의해 변질되는 것을 막기 위해 냉수 등으로 빠른 시간 내에 냉각해야 한다. 냉각이 충분하지 않으면 내용물의 조직이 연화되거나 색이 변색되고 호기성 생물의 번식 등이 일어날 수 있다.

과일 통조림 중에서 복숭아 통조림은 증기박피나 알칼리 박피법으로 겉껍질을 제거하고 핵 주위의 색소 제거에도 주의해야 된다. 감귤 통조림은 속껍질의 hesperidin과 펙틴을 제거하는 것이 중요하다.

채소 통조림의 경우 엽록소 색소의 변질을 막아 주는 것이 중요하므로 완두콩 통조림은 $CuSO_4$를 첨가하고, 양송이 통조림은 갈변 방지를 위해 0.01 % 아황산염 처리를 하며, 죽순 통조림은 제품을 흐리게 하는 tyrosine을 제거하여야 한다. 또한 통조림 식품 용기의 불편함을 개선한 식품으로 플라스틱 포장용기에 식품을 담고 가열 살균한 레토르트 식품 또는 레토르트 파우치(retort pouch) 식품이 있다. 레토르트 식품은 통조림보다 가볍고 유연하며 보관면적이 작을 뿐만 아니라 개봉이 쉽고 사용 후 용기 처리가 쉬우며 휴대가 간편하다.

4) 토마토

주스나 잼류와는 약간 다른 개념으로 토마토 가공품이 식품공업에 많이 이용되고 있다. 토마토 가공품으로는 완숙된 토마토의 껍질과 꼭지를 제거하고 0.5 % 정도의 소금으로 맛을 조화시켜 살균 밀봉한 solid pack, 파쇄하여 씨를 제거한 과육과 즙액을 농축하여 12 % 정도의 고형물이 함유된 퓌레(puree), 퓌레를 더 농축하여 고형물이 25 % 이상 함유된 페이스트(paste), 퓌레 등에 여러 향신료와 조미료를 첨가하여 농축시킨 것으로 전체 고형물

표 13-6 토마토케첩의 향신료 및 조미료의 배합 예

종류	A	B	C	D	E
소금	3.35 kg	4.13 kg	2.59 kg	3.33 kg	3.50 kg
설탕	14.98 L	10.31 L	11.51 L	7.50 L	15.00 L
식초	12.00 L	3.16 L	5.60 L	22.00 L	10.00 L
양파	2.72 kg	3.03 kg	2.69 kg	2.08 kg	3.00 kg
마늘	0.03 kg	1.45 kg	0.03 kg	0.04 kg	0.03 kg
계피	0.19 kg	0.17 kg	0.09 kg	0.10 kg	0.15 kg
메이스(mace)	0.03 kg	1.10 kg	0.01 kg	0.07 kg	0.03 kg
정향	0.11 kg	-	0.09 kg	0.08 kg	0.08 kg
올스파이스	0.11 kg	-	-	-	0.05 kg
고추	0.03 kg	0.06 kg	0.04 kg	-	0.05 kg
후추	-	0.10 kg	-	0.04 kg	0.03 kg
로렐(월계수잎)	-	0.10 kg	-	0.08 kg	-
파프리카(paprika)	0.24 kg	-	-	0.13 kg	0.25 kg
완성 케첩량	100.00 L	100.00 L	100.00 L	100.00 L	100.00 L

이 25 % 정도인 케첩과 칠리소스, 토마토주스 등이 있다(표 13-6).

5) 침채류

침채류는 채소를 주원료로 하여 소금을 사용하거나 장류, 조미료, 주박 및 쌀겨 등을 한 가지 또는 여러 가지 혼합하여 제조하는 염장 발효식품이다.

침채류는 숙성 중에 침투작용, 발효작용, 효소작용 등으로 독특한 맛과 풍미가 생성되며 김치, 단무지, 피클류, 일본식 절임류 등으로 구별한다. 그중에 김치는 우리나라의 고유 식품으로 기원전 2000년부터 제조한 식품이며 주원료에 따라 배추김치, 무김치, 오이김치 등으로 분류되며 우리나라에는 31종의 김치류가 있고, 부재료의 종류에 따라 100여 가지의 김치류로 분류한다.

(1) 배추김치 제조

배추김치의 주요 제조 공정은 다음과 같다.

배추 → 선별 → 세척 → 절임 → 탈염 및 세척 → 물빼기 → 양념 넣기 → 담금 → 숙성 → 제품

(절임 ↑ 소금)

(양념 넣기 ↑ 부재료(무, 파, 마늘, 고춧가루, 젓갈 등))

① 원료 처리 및 절임

선별한 원료 배추를 깨끗이 씻은 다음 적당한 크기로 쪼개어 소금물에 담아 절이기를 한다. 절임은 10 % 정도의 소금물에 16~20시간 정도 절인다. 이때 염도는 3 % 정도가 적당하다.

배추를 절임하는 목적은 배추에 알맞은 소금 농도를 맞춰주고 부드럽게 하여 부재료의 혼합을 쉽게 하며, 일부 수분을 제거하고 소금에 의해 세포기능을 정지시키는 것이다. 배추를 절일 때 소금 농도가 너무 높으면 배추의 수분이 삼투작용으로 지나치게 탈수되어 김치가 질겨진다.

② 양념 넣기

절인 배추를 물에 씻고 물기를 어느 정도 제거한 다음 부재료를 배추 사이에 알맞게 넣어주기를 한다. 양념 넣기는 지방과 계절에 따라 다르며 김치의 종류와 김치의 맛이 결정된다.

③ 담금 및 숙성

양념 넣기를 마친 배추를 용기에 담는다. 이때 다양한 용기를 이용하는데 김장용 김치는 질그릇 장독에 넣는 것이 옛날 방식으로 널리 이용되었다. 숙성, 즉 발효과정은 김치의 맛을 결정하는 가장 중요한 공정으로 젖산 발효에 의한 숙성기간, 숙성상태를 일정하게 유지하는 기간, 산패와 연부 현상이 일어나는 기간 등으로 구분한다. 물론 김치의 맛은 소금의 농도, 부재료의 종류와 양, 숙성 온도 및 기간에 따라 결정되며 생성된 유기산과 이산화탄소가 향미를 갖게 한다. 최적조건으로는 소금 농도 3 %, 숙성온도 5~10 ℃, 산도 0.6~0.8 %, pH 4.2가 가장 좋다. 숙성과정 중 당분은 젖산 등으로 변하여 신선한 맛을 주며 젖산세균에 의해 바이타민 B군과 C가 증가한다.

소금의 농도가 낮으면 *Leuconstoc mesenteroides*와 *Streptococcus* 균이 발효 초기에 많이 증식하고, 소금 농도가 높으면 *Lactobacillus brevis*와 *L. plantarum* 등의 증식이 잘 된다.

숙성온도가 낮으면 숙성 및 발효 속도가 늦어지고, 온도가 높으면 빨라지지만 저온에서 숙성하면 김치 맛이 좋아진다. 김치에서 온도와 미생물은 또 저온에서는 *Leuconostocs* 속이 잘 증식하는 반면, *Pediococcus* 속은 잘 증식 못하나 고온에서는 이와 반대이다.

부재료인 양념을 미리 젖산 발효한 후 첨가하면 발효기간을 단축할 수 있고 균일한 제품을 얻을 수 있다. 김치의 발효 및 저장 중 혐기성 세균은 50일까지 급격한 증가를 보이는 반면 호기성 세균은 초기에 증가를 보이다가 곧 생육이 억제되어 그 수가 감소하며, 저장 후기에는 호기성 세균이 다시 급증한다. 이는 피막 형성 효모(산막효모)가 증식하여 젖산이 분해되기 때문이다.

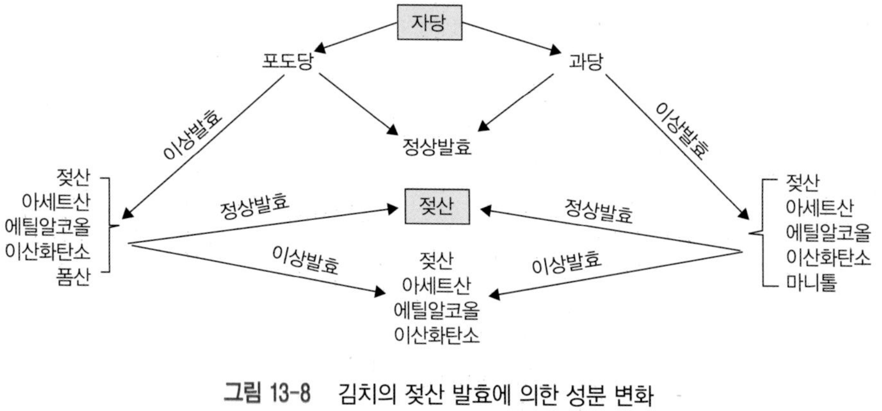

그림 13-8 김치의 젖산 발효에 의한 성분 변화

김치 발효균 중 *Leuconostoc mesenteroides*는 초기에 많이 번식하는 이상 젖산 발효균으로 젖산과 이산화탄소를 생성하여 김치를 산성화하고 혐기상태로 만들어 호기성 잡균의 증식을 억제하여 준다. 또한 *Streptococcus*는 발효 초기, *Pediococcus*는 중기에 활발히 증식하고, *Lactobaccillus*는 후기에 생육한다.

김치 중의 유기산은 채소 중에 함유된 효소와 숙성에 관여하는 각종 미생물들이 분비하는 효소들이 채소 및 기타 재료의 여러 성분에 작용하여 만들어지므로 원료의 종류, 온도, 시간 및 소금 농도에 따라 생성량이 달라진다.

김치 중 휘발성 유기산은 총산 중 20~44 %를 차지하고 비휘발성 유기산인 젖산 함량은 50~67 %이다. 발효과정 중 생성되는 젖산은 미생물의 억제작용, 소금끼를 부드럽게 해주는 작용 등을 한다. 소금 농도가 낮고 저온에서 숙성시킨 김치는 휘발성 유기산인 아세트산과 이산화탄소를 많이 생성하고 김치의 맛을 더 좋게 한다.

비휘발성 유기산으로서 젖산, 옥살산, 말론산, 석신산, 말산 및 시트르산 등이 있으며 짠 김치에는 발효가 억제되어 젖산과 석신산이 적고 시트르산은 많다. 완숙 김치에는 휘발성 유기산으로 폼산과 아세트산이 많다. 또한 김치의 pH가 4.2보다 산성으로 되면 산패가 일어나기도 한다.

(2) 피클

피클(pickle)은 채소나 과일을 소금물 속에서 장기간 젖산세균으로 발효시켜 발효성 당을 제거한 다음 식초, 향신료 등으로 조미하거나 또는 소금, 식초, 향신료 등을 넣어 절인 것을 총칭한다. 사용되는 원료에 따라 오이피클, 양파피클, 토마토피클 등이 있으며 맛에 따라 신맛이 강한 신피클(sour pickle), 단맛이 가미된 단피클(sweet pickle), 향신료인 딜(dill)과 함께 발효시킨 딜피클(dill pickle) 등이 있다.

피클이 김치와 다른 점은 비교적 고농도의 소금물에서 장기간 발효시켜 발효성 당을 제거하여 저장성을 높이는 점, 발효된 것을 씻고 조미하여 살균하는 점 등이다. 피클의 제조에는 자연 발효법과 조절 발효법이 있는데, 여기에서는 조절 발효법을 중심으로 설명하기로 한다.

① 조절된 발효법에 의한 오이피클 제조

자연 발효법에 의하여 피클을 제조할 때는 연부현상, 부풀림(bloater) 등이 생기므로 이를 해결하기 위하여 발효환경을 인위적으로 조절한 발효법(controlled fermentation)을 적용하고 있다. 이것은 오이를 염소로 살균하고 젖산세균 스타터를 접종하여 발효를 시킴으로써 불필요한 미생물의 증식과 가스 발생을 억제하는 방법이다. 오이피클의 제조 공정은 다음과 같다.

원료 오이 → 세척 → 절이기 → 소금물 교체 및 염소 소독 → 산 첨가 → 소금 추가 → 아세트산염 첨가 → 스타터 접종 → 발효 및 가스 배출 → 수세 → 제품화

- 원료 오이 및 세척 : 크고 녹색의 미숙성 오이를 사용한다. 냉장 보관한 오이를 사용할 경우에는 따뜻한 물에 담아 온도를 26~30 ℃로 평형화시킨 후 솔이 달린 세척기로 세척한다.
- 절이기 : 소금물이 담긴 탱크에 오이를 넣는다. 무게 비율로 소금물 40 %와 오이 60 %를 사용한다. 오이 위에 나무판자로 된 격자형 뚜껑을 덮고 그 위에 무거운 나무토막을 눌러 고정시킨다. 나무뚜껑은 많은 틈이 있어서 발효로 생긴 가스가 잘 빠져나갈 수 있도록 한다.
- 소금물 교체 및 염소 소독 : 절임에 사용한 소금물을 배출한 다음 80 ppm의 염소를 함유한 6.6 % 소금물을 나무뚜껑보다 15 cm 더 높게 가하고, 온도는 26~30 ℃로 유지시킨다. 염소의 첨가로 오이에 오염된 초기세균들은 살균된다. 요즘은 원료 오이를 철저히 세척하고 염소 소독 공정을 생략하기도 한다.
- 산 첨가 : 염소가 함유된 소금물 위에 아세트산을 조심스럽게 첨가한다. 아세트산의 첨가는 오이와 소금물의 평형이 이루어질 동안 증식할 가능성이 있는 대장균의 증식을 억제한다. 아세트산은 오이와 소금물을 합한 양 3.78 L(1갤론)당 6 mL의 비율로 첨가하여 평형이 이루어졌을 때 아세트산 농도 0.16 %, pH 2.8 정도가 되도록 한다.
- 소금 추가 : 초기의 소금물 농도를 유지하기 위하여 나무뚜껑 위에 소금을 첨가한다. 이것은 오이에 함유된 수분이 배출되어 소금물의 염도가 낮아지는 것을 보충해 주기 위한 것이다. 6.6 %의 소금 농도가 되게 하기 위해서는 소금물 45 kg에 대하여 2.7 kg의 소금이 필요하다.
- 아세트산염의 첨가 : 아세트산염(sodium acetate; $CH_3COONa \cdot 3H_2O$)을 두 번째의 소금 첨가 2~3시간 후에 0.5 %의 비율로 첨가한다. 오이와 소금물을 합한 양 3.78 L당

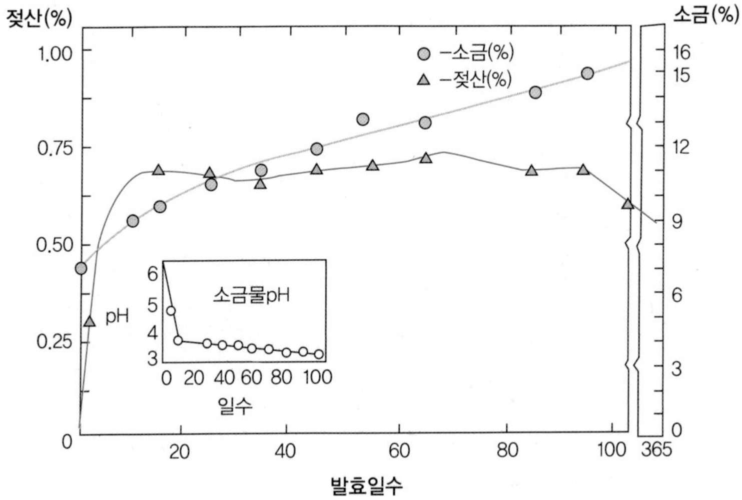

그림 13-9 조절된 발효에 의한 오이피클 제조 시 발효액의 변화

18.8 g을 사용한다. 이것은 소금물의 완충력을 높여서 젖산세균이 발효성 당을 모두 이용하도록 하기 위한 것이다. 그렇지 않으면 후에 효모가 지나치게 많은 이산화탄소를 생산하여 부풀림을 일으킬 수 있기 때문이다.

- 젖산세균 스타터의 접종 : 소금물에 담근 후 18~24시간 후, 그리고 아세트산염을 첨가하고 적어도 2~3시간 후에 젖산세균 스타터를 접종한다. 일반적으로 *Lactobacillus plantarum*과 *Pediococcus cerevisiae*의 두 균종을 사용하지만, *Lactobacillus plantarum*만을 사용하는 경우도 있다. 스타터로 사용되는 젖산세균은 24~30 ℃, 6~8 %의 소금 농도에서 발효를 잘 수행하고, 이산화탄소를 적게 생산하여야 한다.
- 발효 및 가스 배출 : 발효온도를 24~30 ℃로 유지하면서 질소가스를 발효액에 불어넣어 이산화탄소의 배출을 촉진시킨다. 이산화탄소는 미생물에 의한 발효와 오이의 호흡작용에 의해서도 생산되므로 오이를 소금물에 담근 직후부터 질소가스로 이산화탄소를 씻어내는 것이 좋다. 이러한 작업은 피클의 부풀림을 줄이고, 소금물이 부풀어 올라 넘치는 것을 방지하기 위한 것이다. 스타터 접종으로 젖산 발효가 왕성하게 일어나서 10~12일 내에 잔당이 모두 소비되고 발효가 완료된다.

숙성이 너무 지나치게 되면 산막효모가 표면에 발생하고 젖산이 이들 효모에 의해 소모되면서 악취를 발생하기도 하며 연부현상을 일으키기도 한다.

- 수세 및 제품화 : 발효된 오이를 물에 담아 씻고, 식초, 향신료 등으로 조미한 후 저온

살균하여 제품화한다.

(3) 기타

침채류의 숙성에서 김치류, 장아찌류, 술 찌거기류 등으로 구분할 수 있는데 김치류는 발효작용에 의해 숙성, 발효되는 배추 김치류 이외에 깍두기, 동치미 등의 침채류도 있고, 그 밖에 장아찌류에는 과일·채소 장아찌, 단무지 등이 있다.

일본식 침채류에는 기무치(キムチ, kimuchi), 염교절임(辣韮漬, lacgyo zuke), 오이절임(奈良漬, nara zuke) 등이 있다. 기무치의 경우 발효과정 없이 아세트산이나 젖산을 입맛에 맞게 적당량 첨가하여 익은 김치와 같은 형태를 유지하려 하나 발효로 인한 깊고 다양한 맛을 느낄 수 없는 점이 우리 김치제품과 다르다.

서양에서 널리 애용되고 있는 침채류로 피클 이외에 양배추를 소금에 절여 젖산 발효시킨 사워크라우트(sauerkraut) 등도 있다.

TIP 건조방법

가장 오래된 가공방법의 하나로서 건조과일, 건조채소의 가공을 들 수 있는데, 주로 곶감, 건포도, 말린 살구, 당과류, 무말랭이, 절간 건조 고구마 등이다. 그러나 이들은 자가효소에 의해 변색하거나 성분의 변화 등이 일어나기 때문에 이를 방지하기 위해 증기 처리나 냉동 처리 등을 실시하며 일반적으로 유황 훈증을 실시하는데 이때 사용하는 유황의 형태에 따라 품질이 결정된다.

연습문제

01 다음 물음에 O, X로 답하시오.

(1) 통조림 제조의 주요 공정은 탈기, 밀봉, 살균, 냉각이다. _______

(2) 감귤 통조림 제조에서 흐리고 혼탁되는 것은 tyrosine에 의해 발생한다. _______

(3) 토마토 페이스트(tomato paste)의 전체 고형물량은 12.5 % 이상이다. _______

(4) 떫은 감의 탈삽방법으로 가장 좋은 것은 45 ℃ 이상으로 가열처리하는 것이다. _______

(5) 포도 중에 들어 있는 주요 유기산은 타타르산이다. _______

(6) 사과 가공제품을 생산할 때 가장 주의해야 될 것은 조직 사이에 들어 있는 공기이다. _______

(7) 과일주스 제조 시 과즙의 청정에 사용되는 효소는 pectinase이다. _______

(8) 건조과일 제품을 가공할 때 아황산가스로 훈증하는 것은 산화효소 활성을 제거하기 위한 것이다. _______

(9) 오이피클의 소금 농도가 8~11 %일 때 젖산 발효가 잘되어 제품이 좋다. _______

02 과일주스 제조에서 탈기의 효과가 아닌 것은?

① 산화방지 ② 색깔 유지

③ 호기성균 억제 ④ 유리당 증대

03 토마토주스를 제조할 때 소금의 농도는 얼마로 하는 것이 좋은가?

① 0.1~0.3 % ② 0.5~1.0 %

③ 1.5~2.0 % ④ 3.0~5.0 %

04 과채류 수확 후 생리작용의 조절이 필요한데 저장수명과 가장 관계가 깊은 것은?

① 발아, 발근 ② 증산작용

③ 숙성작용 ④ 성장작용

05 과일주스의 청정 공정에 사용하지 않는 방법은?

① 펙틴법 ② 카세인법

③ 젤라틴법 ④ 난백법

06 젤리의 강도를 단단하게 하려는데 맞는 방법이 아닌 것은?

① 당과 펙틴을 높은 온도에서 가열한다.

② Ca^{++}이온을 첨가한다.

③ Pectin esterase작용을 촉진시킨다.

④ 펙틴 분자량이 큰 것을 사용한다.

07 김치 제조에서 맛을 결정하는 요인에 대하여 설명하시오.

08 과채류를 데치기(Blanching)하는 목적은?

09 사과 당도가 9 %이고 고형량 270 g으로 살재임하여 통조림을 제조할 때 내용물의 양은 420 g이며 사과 통조림 규격 당도는 20 %이다. 주입당액의 농도는 얼마로 해야 되나?

10 과일 젤리화의 3가지 요소를 설명하시오.

11 포도즙 1.2 L의 당도가 9 %일 때 16 %의 당 함유 주스를 제조하려면 설탕으로 당은 얼마나 필요한가?

정답과 해설

1. 1) ○ 2) × 3) × 4) × 5) ○ 6) ○ 7) ○ 8) ○ 9) ○

2. ④ **3.** ② **4.** ③ **5.** ① **6.** ①

7. 김치의 맛은 소금 농도 3 %, 5~10 ℃에서 숙성하여 pH 4.2, 산도 0.6~0.8이며 숙성기간과 부재료의 종류와 양에 따라 결정된다.

8. ① 효소의 불활성화 ② 외관, 맛 변화 방지 ③ 변색, 변질 방지, 기포 제거 ④ 박피 용이 ⑤ 부피 감소 등이 있다.

9. 46.46 % :

$$\text{주입당도(\%)} = \frac{\text{내용량(g)}\times\text{규격당도(\%)}-\text{과육량(g)}\times\text{과육당도(\%)}}{\text{내용량(g)}-\text{과육량(g)}}$$

10. 잼류을 가공할 때는 당분, 산 그리고 펙틴질이 조화를 잘 이뤄야 되는데 당분은 농도가 60~65 %, 산은 pH 3.2~3.5가 되도록 0.2~0.3 %, 펙틴질은 1.0~1.5 % 정도 함유되게 조절해야 된다.

11. 1 kg

$$\text{가당량(s)} = \frac{\text{과즙량(목표당도-과즙당도)}}{\text{100-목표당도}}\times 100$$

CHAPTER 14

식용유지의 가공

식용유지는 물리화학적 특성이나 최종 제품의 향미 특성 및 용도에 따라 적절한 추출 및 정제 과정이 필요하다. 따라서 본 장에서는 식용유지의 물리화학적 특성을 이해하도록 하며 아울러 추출과 정제 공정이 어떻게 이루어지는가를 이해하고, 수소첨가 공정 등에 대하여 공부하기로 한다. 또한 대표적인 유지가공에 하나인 버터와 마가린의 제조 공정을 이해하고자 한다.

1. 서론

식용유지는 식물이나 동물에서 분리 또는 추출한 유지를 정제한 것으로 상온에서 액체 또는 고체 상태이다. 전 세계적으로 식용유지는 콩기름, 팜기름(palm oil), 유채기름(rapeseed oil), 해바라기기름 등을 비롯한 식물성 유지가 주를 이루지만, 버터, 쇠고기 기름, 돼지고기 기름 등과 같은 동물성 유지도 사용된다.

우리가 주방에서 주로 사용하는 식용유는 액체 상태의 식물성 유지이다. 주로 유기용매를 사용하여 유지를 많이 함유하고 있는 식물성 원료에서 다양한 지용성 물질이 함유된 유지를 추출한 다음, 여러 단계에 걸친 정제과정을 통하여 거의 모든 성분이 트라이아실글리세롤(triacylglycerol)로 구성된 상온에서 액체 상태인 투명한 식용유를 만든다.

식물성 유지가 모두 상온에서 액체인 것은 아니다. 팜기름, 팜핵기름(palm kernel oil), 코코넛기름(coconut oil) 등은 온대나 한대 지방에서는 상온에서 고체이다. 이렇게 녹는점이 다른 것은 유지를 구성하고 있는 지방산의 조성이 다르기 때문이다. 유지는 그 종류에 따라서 특유한 향미를 지니고 있다. 따라서 각 유지의 물리화학적 특성 및 최종 제품의 향미 특성 및 용도에 적절한 추출 및 정제 과정이 필요하다. 우유에서 얻는 버터는 유지로만 구성되어 있는 것은 아니며, 유지 이외에 물과 기타 우유 성분이 함유되어 있다. 버터의 경우는 식물성 유지를 추출하는 것과는 다른 방법으로 분리하여 제조한다.

주로 많이 사용하는 식용유지의 주요 특성과 용도는 표 14-1과 같다. 식물성 식용유지는 상온에서 대부분 액체 상태로서 리놀레산과 올레산이 주요 구성 지방산이다. 상온에서 고체인 식물성 식용유지인 팜기름은 팔미트산이 주요 지방산이며, 코코넛기름과와 팜핵기름은 포화지방이 90 % 이상이고 로르산이 가장 많은 부분을 차지하는 지방산이다. 버터는 유지방의 특성인 뷰티르산을 비롯한 탄소 수가 짧은 지방산이 10 % 이상을 차지하고 있다. 돼지고기 기름과 같은 동물성 지방은 팔미트산, 스테아르산과 같은 포화지방산이 액체 상태의 식물성 유지에 비하여 녹는점이 높으며 올레산이 가장 많은 부분을 차지한다.

2. 식용유지의 가공 공정

식용유지의 원료는 매우 다양하며 이에 따른 특성과 용도가 다르기 때문에 일률적으로 공정을 설명하기는 어렵다. 여기에서는 전형적인 가공 공정을 설명하고자 한다. 그림 14-1은 일반적인 식용유지 가공 공정이며, 순서는 목적에 따라 다를 수 있으며, 표시한 공정 중

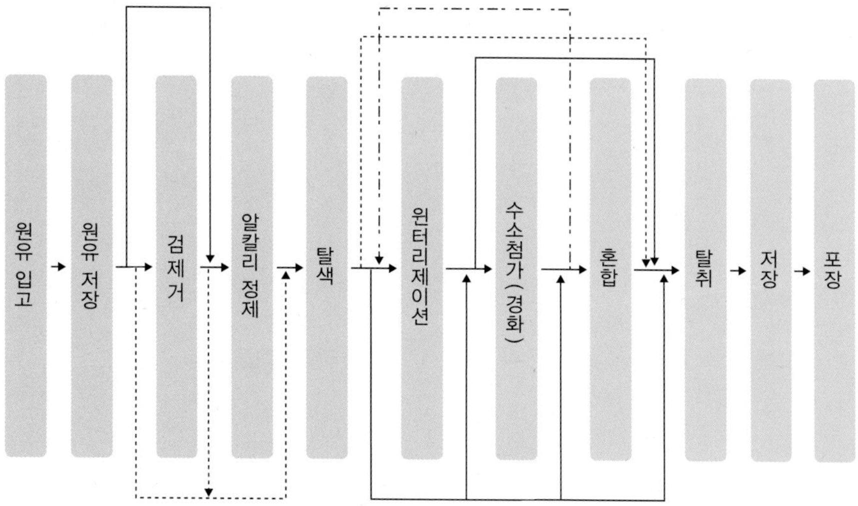

그림 14-1 식용유지의 일반적 가공 공정

표 14-1 식용유지의 주요 특성 및 용도

유지 종류	포화 : 단일불포화 : 다가불포화	녹는점 (℃)	발연점 (℃)	주요 특성	용도
콩기름	15 : 24 : 61	−16	241	51 % linoleic acid, 7 % linolenic acid	요리, 샐러드드레싱, 식용유, 마가린
팜기름	52 : 38 : 10	35	230	44 % palmitic acid	요리, 향미, 식용유, 쇼트닝
유채기름	6 : 62 : 32	−10	242	10 % linolenic acid	튀김, 제빵, 샐러드드레싱
코코넛기름	92 : 6 : 224	−25	177	45 % lauric acid, 17 % myristic acid, 8 % palmitic acid, 8 % caprylic acid	제빵, 캔디, 사탕, 생크림, 커피크리머, 쇼트닝
해바라기기름	11 : 20 : 69	−17	246	다가지방산은 대부분 linoleic acid	요리, 샐러드드레싱, 마가린, 쇼트닝
면실유	24 : 26 : 50	−12	16	48 % linoleic acid	마가린, 쇼트닝, 샐러드드레싱, 튀김 제품
옥수수기름	13 : 25 : 62	−10	236	57 % linoleic acid	튀김, 제빵, 샐러드드레싱, 마가린, 쇼트닝
포도씨기름	12 : 17 : 71	−12	204	70% linoleic acid	요리, 샐러드드레싱, 마가린
올리브유 (extra virgin)	14 : 73 : 11	−6	190	55~83 % oleic acid, 4~21 % linoleic acid, 산도 0.8 % 이하	요리, 샐러드유, 마가린
올리브유(virgin)	14 : 73 : 11	−6	215	산도 2 % 이하	요리, 샐러드유, 마가린
올리브유 (정제유)	14 : 73 : 11	−6	225		요리, 스터프라이, 샐러드유, 마가린
올리브유 (extra light)	14 : 73 : 11	−6	242	향미 거의 없음	요리, 스터프라이, 샐러드유, 마가린
미강유	20 : 47 : 33	−5	254	vitamin E와 γ-oryzanol 풍부	요리, 스터프라이, 튀김
홍화씨유	10 : 13 : 77	−8	265	다가지방산은 대부분 linoleic acid	요리, 샐러드드레싱, 마가린
참기름 (정제하지 않은 것)	14 : 43 : 43		177	oleic acid와 linoleic acid가 주요 지방산	요리, 튀김
참기름 (부분 정제유)	14 : 43 : 43		232	oleic acid와 linoleic acid가 주요 지방산	요리, 튀김
마가린(단단한 것)	80 : 14 : 16	34~43	150	다양한 조성과 특성을 갖도록 배합	요리, 제빵, 양념
마가린(연한 것)	20 : 47 : 33	33~37	150~160		요리, 제빵, 양념
버터	66 : 30 : 4	32~35	150	butyric acid를 포함한 C_{12} 이하인 지방산 약 11 %, 지방 80 % 이상	요리, 제빵, 양념, 소스, 향미
돼지고기 기름	41 : 47 : 12	36~45	138~201	8 % linoleic acid	제빵, 튀김

일부는 생략될 수도 있다.

1) 원료 입고

원료가 공장에 들어오면, 원료에서 시료를 채취하여 분석하고, 원료를 건조하여 저장하며 이물 제거과정을 거친다. 들여온 원료에는 줄기나 잎, 꼬투리, 금속물질, 돌 등이 함유되어 있을거나, 잡초나 다른 열매 등이 포함되어 있을 수 있다. 원료의 저장성을 높이고 가공이 적합하도록 하기 위해서는 이물질을 제거하고 적절하게 건조할 필요가 있다.

곡류와 두류와 같은 씨앗 원료의 경우에는 수분이 13 % 이하이어야 장기간 저장이 가능하다. 다양한 방법으로 원료를 건조할 수 있는데, 63 ℃ 이상으로 가열하면 원료 씨앗에 손상이 일어나 추출 공정을 비롯한 가공 공정에 영향을 미칠 수 있으며 제품의 품질에도 영향을 미칠 수 있다. 건조한 원료는 바로 사용하는 것보다는 4~10일 동안 저장하여 원료에 수분이 고루 퍼지도록 할 필요가 있다. 저장 중에 습도를 낮게 유지해 주면 원료에 화학적 또는 미생물학적인 손상을 막을 수 있을 뿐만 아니라, 곡물의 경우에는 껍질을 보다 효율적으로 제거할 수 있다는 장점도 있다.

이물질을 제거하는 방법으로 자석장치를 사용하여 금속을 제거하거나, 스캘퍼(scalper)를 사용하여 크고 무거운 물질을 제거하며, 체를 사용하여 크고 작은 물질을 제거하기도 하고, 공기를 불어넣어 가벼운 물질을 제거할 수 있다.

2) 원료의 전처리

원료에서 유지가 쉽게 추출될 수 있도록 추출하기 전에 원료를 처리할 필요가 있다. 이에 속하는 단위 조작으로는 계량, 세정, 파쇄, 가열, 박편(flaking) 등을 들 수 있다. 원료에 따라 껍질 제거나 탈수 공정 등이 포함된다.

원료의 무게를 잰 후에 세정작업을 하게 되는데, 이 작업은 앞에서 설명한 바와 같이 이물질 제거하는 작업도 포함된다. 면실(cotton seed)이나 해바라기씨의 경우에는 껍질을 부셔서 제거한다. 이때 씨앗 내부도 몇 개로 조각내어 나중에 추출이 용이하도록 한다. 콩의 경우에도 적절한 압력을 가하여 껍질이 육질 부분에서 분리되도록 한 후 바람을 불어넣어 껍질을 제거한다. 껍질을 제거한 후에는 가열장치에 넣고 서서히 가열하여 박편으로 만들기 좋게 한다.

가열한 원료는 박편 압연기(flaking roll)를 통과시켜 세포벽을 파괴함으로써 유지가 쉽게 추출될 수 있도록 해준다. 박편의 두께는 약 0.3 mm 정도이다. 지방 함량이 낮은 콩 같은 원료는 박편을 바로 용매 추출하는 데 사용하며, 지방 함량이 높은 해바라기씨나 유채씨와 같은 원료는 주로 압착기로 보내어 추출한다.

3) 유지 추출

(1) 기계적 추출

기계적 추출은 압착 공정을 말하며, 이 과정에는 가열, 압착, 냉각, 여과 등의 단위 조작이 포함된다. 박편을 수직형 교반 가열기에 넣고 가열하여 단백질을 변성시킨다. 가열 상태의 원료를 압착하면 함유되어 있는 유지 중 60 %가량이 추출되므로, 유지를 추출하고 남은 박은 용매를 이용하여 남아 있는 유지를 추출한다. 압착하여 얻은 유지에는 미세한 고형 물질이 많이 함유되어 있기 때문에 정제하기 전에 여과장치 등을 사용하여 제거한다. 이렇게 제거한 미세 고형 물질은 다시 압착장치에 넣어 압착한다.

(2) 용매 추출

전처리한 원료는 용매 추출장치로 이동하여 유지를 추출한다. 이 공정에는 추출, 용매 증류, 액상 분리와 같은 단위 조작이 포함된다. 유지를 추출하고 남은 고형 물질(박)은 추출장치에서 꺼내어 용매를 제거하고 가열하여 건조한 후 냉각시킨다. 최종 고형 물질에는 유지 함량이 1 % 이하가 되도록 하는 것이 이상적이다.

다양한 용매를 사용할 수 있으나, 펜테인, 헥세인, 헵테인과 같은 비교적 가벼운 석유 분획물을 사용하며, 대부분 헥세인을 사용하는데, 이는 헥세인이 증발이 용이하고 냄새와 맛이 남아 있지 않기 때문이다. 식용유지 추출용 헥세인은 순수 n-헥세인과 추출용 혼합 헥세인 등 2종류가 있다. 순수 n-헥세인의 경우는 끓는점이 69 ℃이다. 혼합 헥세인에는 n-헥세인 함량이 50~98 %로 다양하다.

식용유지를 추출하는 추출기는 매우 다양하다. 옛날에는 원료에 용매를 같이 넣고 유지를 추출한 후에 유지를 함유한 용매를 분리하였는데, 현재는 대부분 거름장치를 사용한다. 거름장치는 증기가 새어나오지 못하도록 설계된 밀폐장치에 원료가 통과하도록 하고 용매가 위에서 살포되면서 유지가 녹아 흘러내리도록 한 것이다. 주로 많이 사용하는 추출기는 바스켓 추출기(그림 14-2), 로터리 추출기(그림 14-3), 다공 벨트 추출기, 슬라이딩 베드 추

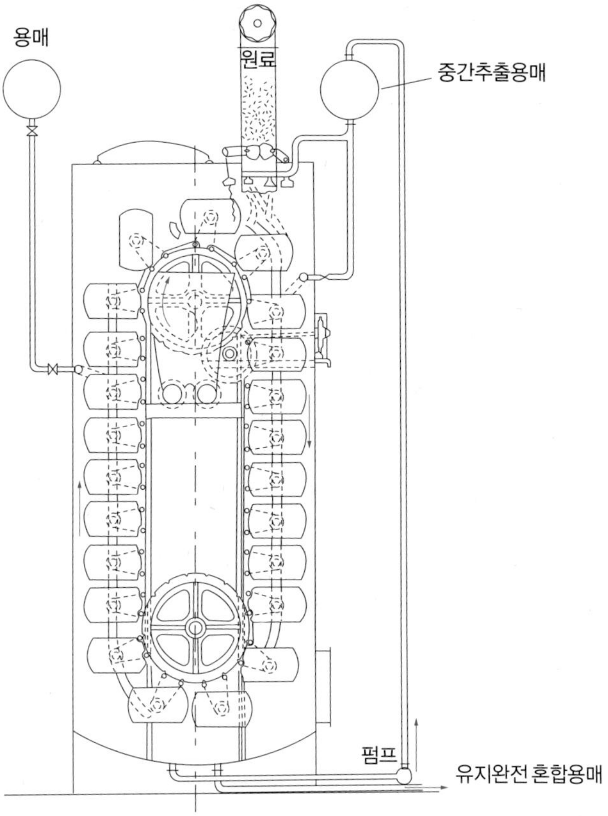

그림 14-2 수직형 바스켓 추출기

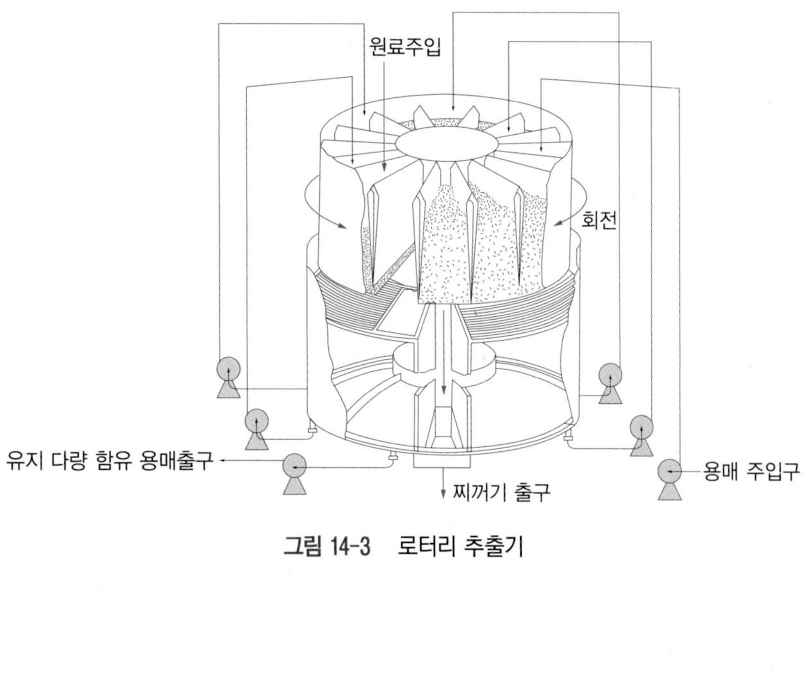

그림 14-3 로터리 추출기

출기, 직사각형 고리 추출기 등이 있다.

거름 추출기는 역류(countercurrent flow)장치로서, 고체 원료와 용매-유지 혼합물(solvent-oil miscella)이 서로 반대 방향으로 이동하면서, 용매-유지 혼합물 내의 유지 농도가 증가하게 된다. 원료가 추출기에 처음 들어가면 유지 농도가 가장 높은 용매 혼합물과 접촉하고 다음에는 보다 낮은 농도의 혼합물과 접촉하며 맨 나중에는 유지를 함유하지 않은 용매와 접촉한다. 용매 혼합물이 추출기에서 배출될 때는 혼합물 중에 함유된 유지의 농도는 30 % 정도가 된다.

추출한 용매-유지 혼합물은 일련의 증류장치를 거치면서 유지와 용매가 분리된다. 첫 번째 증발장치는 증발되어 나오는 수분과 용매의 열을 이용하여 이 혼합물을 유지가 30~80 % 함유되도록 농축시킨다. 이 과정을 통하여 증발된 용매가 응축되는데, 이것을 수집하여 재사용하기 위하여 용매 탱크로 보낸다. 두 번째 증류장치를 사용하여 농축된 혼합물은 대기압이나 진공 상태에서 가열하여 유지 함량이 98 % 정도가 될 때까지 용매를 증발시킨다. 세 번째 증류장치에서는 기압을 50 mmHg 이하로 하여 남아 있는 모든 휘발성 물질을 제거한다. 이때 온도가 유지의 최종 품질에 영향을 미치므로 유지와 용매의 혼합 비율에 따라 온도와 진공도를 적절히 조합하여 적용할 필요가 있다.

4) 정제 공정

(1) 검제거

검제거(degumming)는 추출한 유지에서 검으로 불리는 인지방질, 단백질, 수지 등과 같이 끈적거리는 물질을 제거하는 공정이다(그림 14-4). 이 공정은 액상 유지를 장기간 저장할 때 침전되는 현상을 막고, 인지방질을 수거하여 식품산업에서 긴요하게 사용되는 식물성 레시틴을 얻고, 검 물질을 제거함으로써 알칼리 정제과정 중에 중성지방(triacylglycerol)의 손실을 막는 데 그 목적이 있다. 이 공정은 수분이 인지방질과 같은 보다 극성인 물질과 결합하여 침전되는 원리를 이용하여 이러한 물질을 제거한다. 즉 인지방질을 포함한 검 물질이 물이 존재하면 제한적으로 반응하여 팽윤하게 되고 밀도가 높아지면서 침전이 되고 무극성인 중성지방과 분리된다.

이 공정에서는 추출한 유지에 비교적 적은 양(1~1.3 %)의 물을 가하고 65~70 ℃로 가열하여 정치시키거나 원심분리하여 수화된 검 물질과 유지를 분리한 후, 유지를 건조하고 냉

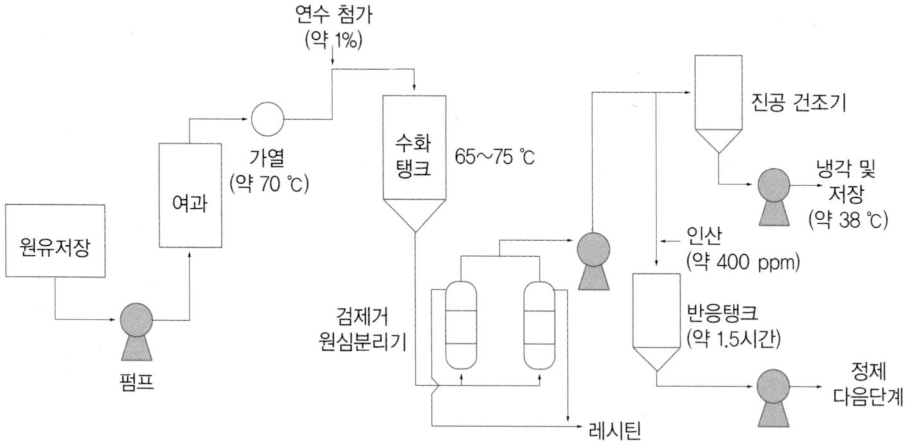

그림 14-4　유지의 검제거 공정

각시킨다. 검제거 공정 중에 첨가하는 물의 양이 너무 적으면 검 물질의 색깔이 매우 진하고 점도가 높으며, 분리한 유지에 인지방질이 남게 되어 유지가 혼탁해진다. 반면에 첨가하는 물의 양이 너무 많으면 물, 수화한 검 물질, 유지 등 3개의 층이 형성될 수 있다. 원료나 추출 공정에 따라 다르지만 추출한 유지에는 인지방질이 1~1.5 % 함유되어 있으며, 첨가하는 물의 양은 인지방질의 약 75 로 경수보다는 연수가 좋다. 인지방질 중 일부가 칼슘이나 마그네슘과 염을 형성하고 있기 때문에 물만 사용하여 검제거를 하면 전체 인지방질 중 10 % 정도는 제거되지 않는다. 따라서 인산을 첨가하여 다음 정제 단계인 알칼리 정제 공정 중에 제거되도록 한다. 검제거를 마친 유지는 38 ℃ 이하로 냉각시켜 저장하며 이때 수분함량은 0.1% 이하이다. 검제거 공정을 통하여 얻은 인지방질은 유화제 등과 같은 식품재료로 널리 사용되는 중요한 물질이다.

(2) 알칼리 정제

유리지방산은 가열 처리를 하지 않은 원료의 조직이 파괴될 때 유지가 효소(lipase)작용에 의하여 가수분해되어 생성된다. 효소작용 이외에 수분이 존재하는 상태에서 열에 의하여 유지가 가수분해되기도 한다. 원료의 유지를 구성하고 있는 지방산은 사슬이 길기 때문에 유리지방산이 향미에 큰 영향을 미치지는 않는다. 그러나 유리지방산은 중성지방에 비하여 끓는점이나 발연점이 낮아 유지를 가열할 때 증발되거나 쉽게 타는 현상이 나타난다.

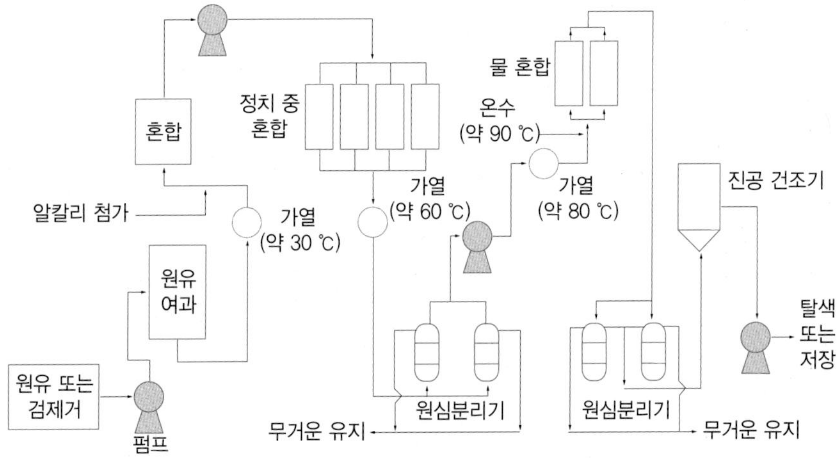

그림 14-5 유지의 알칼리 정제 공정

알칼리 정제(alkali refining)는 유리지방산을 알칼리로 중화시키는 공정이다(그림 14-5). 중화를 하는 데는 주로 NaOH를 물에 녹여 사용하며, Na_2CO_3를 사용하기도 한다. 중화된 유리지방산염은 물과 함께 가라앉혀 제거한다. 주로 원심분리하여 물층을 제거한다. 이때 물층에는 유리지방산염 이외에 단백질, 인지방질, 검류, 금속물질 등도 함유되어 가라앉는다. 유리지방산의 함량을 측정한 후 유리지방산을 중화할 수 있는 양보다 조금 더 많은 양의 알칼리를 첨가하여 유리지방산 이외의 물질도 함께 제거시킨다.

$$\text{R-COOH(지방산)} + \text{NaOH} \rightarrow \text{RCOO}^-\text{Na}^+\text{(비누)} + \text{H}_2\text{O}$$

$$\text{2R-COOH(지방산)} + \text{Na}_2\text{CO}_3 \rightarrow \text{2RCOO}^-\text{Na}^+\text{(비누)} + \text{H}_2\text{O} + \text{CO}_2\uparrow$$

물층을 원심분리한 후에도 유지층에 소량의 물과 비누가 남아 있기 때문에 물로 여러 번 씻어줄 필요가 있다. 씻어준 후에 유지에 남은 물은 진공 건조기로 제거한다.

알칼리 정제는 회분식 정제법(batch refining)과 연속식 정제법(continuous refining)으로 나눌 수 있다. 회분식 정제법은 손실률이 높고, 운용비용이 많이 들며, 에너지 소비량이 높고, 폐수가 많이 생기기 때문에 잘 사용하지 않는다. 건식 회분식 정제법은 강한 알칼리를 사용하고 비누가 고체 또는 반고체 상태로 정제되는 방법으로, 공정이 신속하고 편리하며, 비누가 농축된 형태로, 비누나 수분이 비교적 적게 함유된 정제 유지를 얻을 수 있다. 습식 회분식 정제법은 유리지방산 함량이 15~20 %로 높은 유지의 경우에 사용한다.

유지를 약 65 ℃까지 가열한 다음 알칼리를 첨가하고 뜨거운 물로 씻은 후 정치시켜 비누를 분리하는 방법이다. 연속식 정제법은 유지와 알칼리의 접촉시간이 짧아 비누화가 적으며, 유지와 비누를 효과적으로 분리하여 유지의 손실이 적고, 공정 제어를 잘 할 수 있기 때문에 보다 균일한 품질의 유지를 생산할 수 있다. 유지에 알칼리 용액을 혼합할 때는 약 30 ℃를 유지해 주며, 유지와 알칼리와의 접촉시간을 5~10분 정도로 한다. 그 후에 온도를 60~65 ℃까지 신속히 올려준 후에 원심분리기를 사용하여 유지와 비누를 분리한다. 유리지방산 함량이 높은 유지의 경우에는 유지와 알칼리 용액을 80~90 ℃에서 혼합하여 접촉시간을 15초 이내로 짧게 한 후에 원심분리하기도 한다. 원심분리한 유지를 약 80 ℃로 가열하고, 약 90 ℃로 가열한 물(연수)을 약 15 % 가하여 유지를 씻어준 후에 원심분리한다. 한번 씻어줄 때마다 남아 있는 비누의 약 90 %가 제거된다. 유지에 아직 남아 있는 수분은 약 560 mmHg의 진공 하에서 건조한다. 알칼리 정제한 유지에는 수분이 0.1 % 이하, 비누(sodium oleate)가 50 ppm 이하 함유되어 있다.

(3) 탈색

유지 정제에서 탈색(bleaching)은 색소성분과 기타 다양한 불순물을 제거하는 공정이다. 흡착을 통하여 색깔이 감소되는 것이 가장 확연하기 때문에 탈색 공정이라 일컫는다. 유지의 색이 연해지는 것이 유지의 품질을 높이는 것은 아니지만, 대부분의 소비자는 연한 상태를 좋아하기 때문에 색소를 없애는 작업을 한다. 특히 올리브유를 제외하고는 대부분의 유지는 녹색을 띠는 경우에 좋은 품질의 제품으로 평가받지 못한다. 유지가 탈색 공정을 거치면 색깔이 연해질 뿐만 아니라 맛이 개선되고, 저장성이 향상되며, 산화 안정성이 증가한다.

TIP 미강유 정제 공정의 중요성

미강유(rice bran oil)의 정제 공정에서 가장 문제가 많은 과정이 알칼리 정제 공정이다. 미강유는 현미 도정 부산물인 쌀겨(미강)에서 유지를 추출하여 얻는다. 도정에 의한 조직의 파괴로 지방가수분해효소가 작용하여 유리지방산이 생성되며, 시간이 경과함에 따라 유리지방산의 생성은 계속되어 정제과정에서 다량의 알칼리를 사용해야 한다. 이것은 도정하자마자 쌀겨에서 유지를 추출할 수가 없기 때문에 발생되는 문제 중의 하나이다.

흡착제를 사용하면 유지의 알칼리 정제 공정에서 남은 비누가 제거된다. 유지 산화 생성물은 유지 품질의 척도이기도 하므로 이를 제거할 필요가 있는데, 흡착제를 사용하여 유지의 산화 생성물인 알데하이드와 케톤 등을 제거한다. 인지방질은 검제거 및 알칼리 정제 공정을 통하여 대부분 제거되지만, 일부는 남는다. 흡착 공정을 통하여 남아 있는 인지방질을 거의 다 제거할 수 있다. 흡착제에 금속물질도 흡착되어 제거되는데, 구리, 철, 니켈 등은 산화촉진제로 탈취 공정 중에 시트르산과 같은 금속제거제를 첨가하여 제거한다.

흡착제는 주로 점토 종류로서, 천연 탈색 점토 또는 풀러토(fuller's earth)를 오래전부터 사용해 왔다. 흡착제는 산에 의한 활성 칼슘몬모릴로나이트(calcium montmorillonite), 불활성 아타풀자이트(attapulgite), 활성탄, 이산화규소 등 4개 종류로 분류할 수 있다. 산에 의한 활성 칼슘몬모릴로나이트는 식물성 식용유 흡착제로 많이 사용한다. 이 물질은 색소(특히 적색과 녹색), 인지방질, 산화 생성물, 비누, 금속 등 다양한 물질을 흡착하여 제거한다. 불활성 아타풀자이트는 색소 제거 효과가 적기 때문에 식물성 유지에는 잘 사용하지 않으며, 색소 제거 필요성이 적은 동물성 유지의 흡착제로 사용될 수 있다. 활성탄은 색소 제거 능력이 탁월하며, 이산화규소는 인지방질과 금속 제거 능력이 좋다. 그러나 단독으로 사용하기보다는 다른 흡착제와 함께 사용하는 경우가 많다.

(4) 윈터리제이션

액체 상태의 유지는 추운 겨울에는 유지의 일부가 굳어 엉기게 되는데, 윈터리제이션(winterization)은 이러한 현상을 없애기 위해서 미리 낮은 온도에 저장하면서 굳어 엉긴 유지를 제거하는 공정이다.

윈터리제이션은 여러 가지 요소를 고려하여 수행해야 한다. 유지의 지방산 조성에 따라 굳어 엉기는 특성, 즉 결정 형성 특성이 달라진다. 냉각시키는 온도와 냉각속도 등은 결정핵 형성에 영향을 미치는데, 냉각속도가 빠르면 빠를수록 결정핵의 수가 증가한다. 이제 막 굳으려고 하는 유지성분이 과냉각 액체 상태에서 이미 존재하는 결정체 표면으로 이동하는데 필요한 시간을 어떻게 조절해 줄 것인지도 고려해야 할 점이다. 또한 녹는점이 높은 유지가 결정화된 부분과 잘 접촉하도록 해주고, 녹는점이 낮은 유지성분은 결정화된 부분과 접촉이 잘 되지 않도록 하면서 효과적으로 분리해야 한다. 교반속도도 중요하다. 교반속도가 너무 빠르면 결정체의 크기가 너무 작아 나중에 여과하기가 어려워진다. 교반을 하지 않으면 결정체 주변을 액체 상태의 유지가 둘러싸고 있기 때문에 이제 막 결정화하려고 하는

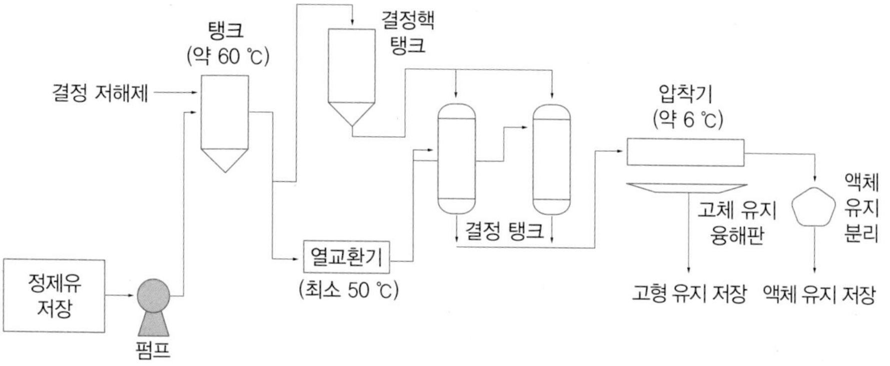

그림 14-6 유지의 윈터리제이션 공정

성분이 이미 존재하는 결정체로 이동할 수 없어 결정체를 키우지 못하고 새로운 결정핵이 만들어지게 되어 교반을 빠르게 할 때와 마찬가지로 결정체 크기가 매우 작아 여과가 어려워진다. 따라서 크고 균일한 크기의 결정체를 형성하는 조건을 설정할 필요가 있다.

윈터리제이션의 일례를 그림 14-6에 나타냈다. 유지를 결정화하기 전에 60 ℃ 정도로 가열하여 이 공정 수행 전에 결정핵이 형성되지 않도록 해준다. 과냉각 상태에서도 결정이 형성되는 것을 방지하기 위하여 결정 형성을 저해하는 물질을 첨가한다. 결정 저해물질로는 레시틴, 모노아실글리세롤, 소비톨 지방산 에스터 등이 있다. 결정화를 수행하는 탱크는 처음에 약 50 ℃로 하며, 시간당 약 3 ℃씩 낮춘다. 과냉각 상태의 온도에 도달하면 결정 형성 물질을 넣어준다. 면실유의 경우는 약 9 ℃이다. 이후에는 냉각속도를 더 늦춘다. 냉각을 진행하면서 커다란 교반기를 서서히 돌린다(15~20 rpm). 결정화를 마치면 유지를 압착기로 옮겨 5~7 ℃에서 100~200 kPa의 압력으로 서서히 압착한다.

(5) 탈취

유지 정제 공정 중 마지막 공정이라고 할 수 있는 탈취(deodorization) 공정은 유리지방산, 글리세롤, 산화생성물, sterol, 탄화수소, 농약 등과 같은 휘발성 물질을 제거하기 위함이 목적이다. 이 공정 중에 가열에 의하여 카로텐과 잔토필과 같은 색소물질의 탈색도 일어난다. 유지에 남아 있을 수 있는 금속을 제거하기 위하여 시트르산과 같은 금속제거제를 첨가하여 생성된 착염은 여과하여 제거한다. 탈취는 회분식, 반연속식, 연속식으로 수행할 수 있다. 어떤 방식을 취하든 탈취 원리는 동일하다. 유지를 230~250 ℃로 가열하면서

2~10 mmHg로 진공 상태에서 수증기를 불어넣어 트라이아실글리세롤 이외의 성분을 휘발시켜 제거한다. 탈취를 적절하게 수행하면 유지의 유리지방산은 0.05 % 이하가 되며, 산화생성물은 과산화물값으로 측정이 불가할 만큼 줄어든다. 탈취한 유지는 맛이 비교적 밋밋하다.

5) 수소첨가(경화)

수소첨가(hydrogenation) 공정은 유지의 화학적 구조를 변화시키는 공정이기 때문에 정제와는 다른 공정이라고 볼 수 있다. 수소첨가를 통하여 2가지 목적을 달성할 수 있다. 첫 번째는 유지의 이중결합을 줄여 유지의 산화 안정성을 증가시킨다. 두 번째는 유지의 물리적 형태를 변환시켜 녹는점을 높이고 다루기 쉽게 만든다. 두 번째 목적을 통하여 유지의 용도와 관능적 특성이 달라진다.

유지의 수소첨가반응을 통하여 2가지 화학적 반응이 일어나는데, 하나는 유지의 이중결합에 수소가 첨가되어 단일결합이 되는 것, 즉 불포화지방이 포화지방으로 변환되는 것과 다른 하나는 기하학적 이성질화(geometric isomerization)에 의한 trans지방이 생성되는 것이다. 수소첨가반응은 이중결합의 수에 비례하지는 않는다. 다시 말하면, 이론적으로 리놀렌산은 리놀레산보다 수소첨가량이 1.5배이고, 리놀레산은 올레산보다 2배이어야 하지만, 실제로는 리놀렌산은 리놀레산보다 수소첨가량이 약 2배이고, 리놀레산은 올레산보다는 약 20배이다.

모든 불포화지방을 포화지방으로 만들기는 어렵기 때문에 완전 수소첨가보다는 부분 수소첨가(partial hydrogenation)한 유지를 생산하는 경우가 대부분이다. 천연 유지의 이중

TIP trans 지방의 표시

미국의 경우 식품의 포장에 지방 함량과 포화지방의 함량을 표시하도록 되어 있었다. 그러나 수소첨가반응에 의하여 생성되는 trans 지방은 포화지방과 유사한 특성이 있음에도 불포화지방으로 분류되었다. 국내에서는 2007년 12월부터 trans 지방을 영양 표시하도록 하였다.

FDA에서는 trans 지방이 많이 함유되어 있는 마가린이 포화지방과 콜레스테롤을 다량 함유하고 있는 버터보다 더 좋을 수 있다고 설명하고 있다.

자료 : http://www.cfsan.fda.gov/~dms/qatrans2.html

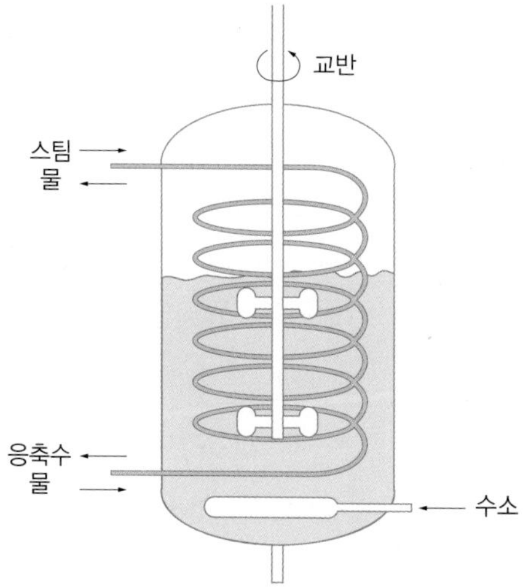

그림 14-7 교반-현탁-회분식 수소첨가반응 탱크

결합은 대부분 cis 형태이지만, 부분 수소첨가한 유지에는 수소첨가 공정 중에 생성된 일부의 trans 형태의 이중결합을 가진 지방이 함유되어 있다. cis 형태의 이중결합이 있는 지방산은 굽어 있는 형태이지만, trans 형태인 것은 포화인 형태처럼 완전 직선은 아니나 비교적 직선에 가깝다. 따라서 trans 지방의 녹는점은 cis 지방에 비하여 높다. 예를 들면 포화지방인 스테아르산의 녹는점은 약 69 ℃이고, cis 형태의 이중결합이 하나인 올레산의 녹는점은 약 16 ℃이지만, 올레산의 trans 이성체인 엘라이드산의 녹는점은 약 44 ℃이다. 부분 수소첨가한 유지에 함유되어 있는 trans 지방은 주로 엘라이드산으로서, 이것의 녹는점이 체온과 비슷하고, 수소첨가 유지로서 식품에 첨가, 가공하여 상온에 저장할 때는 고체 상태를 유지시켜 주는 기능과 이것이 함유된 식품을 섭취하게 되면 입안에서 녹아 부드러운 질감을 느낄 수 있다는 이유 때문에 식품가공에 활용되었던 것이다.

수소첨가한 지방에 trans 형태가 많이 존재하는 것은 이 공정에서 trans 형태가 cis 형태보다 더 잘 생성되며, cis 형태가 trans 형태보다 수소첨가반응이 더 잘 일어나기 때문이다.

수소첨가 공정에는 촉매, 수소, 이중결합이 있는 지방 등 3가지 요소가 필요하다. 수소첨가를 위한 공정으로는 교반-현탁-회분식(stirred-slurry-batch), 루프-현탁-회분식(loop-slurry-batch), 순환-현탁-연속식(flo thru-slurry-continuous), 순환-고정상-연속식(flo thru-fixed bed-continuous) 등 다양한 형태가 가능하다. 이 중에서 교반-현탁-회분식을 많이 사용한다. 교반-현탁-회분식의 경우에(그림 14-7), 밀폐된 탱크에 수소첨가할 유지를

3/4 정도 채우고, 코일 내부로 스팀을 보내어 유지를 가열하고, 니켈을 함유한 현탁액을 반응 탱크에 넣고 수소를 아래쪽에서 불어넣는다. 이때 강하게 교반하여 수소 방울이 잘게 잘라져 유지에 녹아들어 가도록 한다. 수소첨가는 발열반응이므로 온도가 너무 많이 올라가면 냉각이 필요할 수 있는데, 이때는 가열에 사용한 코일에 물을 통과시켜 냉각한다.

기존의 방법으로 수소첨가를 할 경우에 trans 지방이 45 %에 이르기도 한다. 최근에 trans 지방이 건강에 좋지 않다는 정보가 전 세계적으로 확산됨에 따라 수소첨가반응을 자제하거나 trans 지방이 보다 적게 생성되는 조건을 찾기 위한 연구가 진행되고 있다. trans 지방의 저감화를 위한 방법으로는 에스터 교환(interesterification), 초임계 조건에서 수소첨가반응, 전기화학적 수소첨가반응(electrochemical hydrogenation), 수소첨가반응 조건 변경, 새로운 촉매를 이용한 수소첨 반응 등을 들 수 있다.

6) 결정화 및 순화

액체 상태의 식물성 유지를 동물성 유지와 유사한 특성을 갖도록 변환시켜 사용 목적에 맞도록 만든다. 고체 상태의 유지를 제빵에 사용하면 열전달이 신속하게 되어 빵 제품이 독특한 물성을 갖게 된다. 이처럼 빵 제품에 고체 유지를 사용할 때 갖게 되는 보슬보슬한(crumble) 물성을 주는 유지를 쇼트닝(shortening)이라고 한다. 이러한 유지는 빵 반죽에 형성되는 작은 거품 속에 혼입되어 빵 제품이 가볍고 보슬보슬하도록 해준다. 유지의 이러한 특성은 유지의 결정화(crystallization)와 밀접한 연관이 있다.

(1) 유지의 결정화에 영향을 미치는 요소

유지의 결정화 및 결정화한 유지의 특성은 다형현상(polymorphic form), 분자의 조성 형태, 냉각속도 등의 상호작용에 의하여 영향을 받는다. 결정화와 관련하여 동질다형현상(polymorphism)에 관한 내용을 이해할 필요가 있다. 동질다형현상이란 화학적으로 동일한 물질이 서로 다른 형태의 결정체를 형성하는 현상을 말한다. 유지의 열처리 조건에 따라서 유지의 결정이 α-형(육각형; hexagonal), β'-형(beta prime; 직육면체; orthorhombic), β-형(삼사정계; triclinic)을 이룬다. 이러한 결정의 차이는 다음 그림 14-8에서 보는 바와 같이 유지를 구성하고 있는 트라이아실글리세롤이 어떻게 배열되느냐에 따라서 형성된다. α-형이 가장 헐겁게 배열되어 있고 배열이 질서 정연하지 않으며, β-형은 질서 정연하게 배열되어 가장 조밀한 상태이다. α-형은 작은 판(5 μ)이 모여 있는 상태이고, β'-형은 가는 바

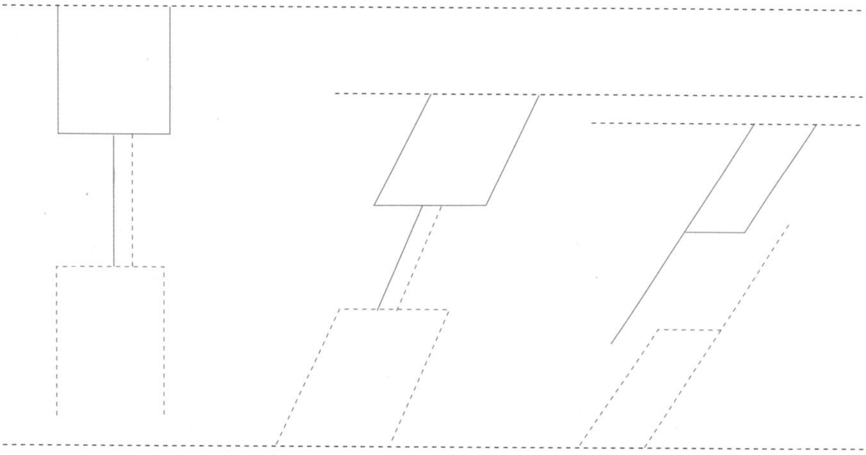

그림 14-8 유지의 동질다형현상

늘(1 μ)이 모여 있는 상태이며, β-형은 길쭉한 바늘(25~50 μ)이 모여 있는 상태이다. 따라서 β-형이 가장 안정하고, α-형이 가장 안정하지 않다. 결정속도가 α-형이 가장 빨라서 과냉각을 아주 신속히 수행하면 α-형이 형성된다. β-형은 결정속도가 가장 느리기 때문에 β-형을 얻기는 쉽지 않다. 따라서 녹는점이 α-형이 가장 낮고 β-형이 가장 높다. α-형은 반투명한 상태이고 β-형은 불투명하고 β′-형은 이 두 가지의 중간 상태이다. β-형은 액체 상태의 유지로부터 분리가 쉽지 않기 때문에 가급적 이 형태가 형성되지 않도록 한다. 분리가 쉽게 되도록 하기 위해서는 비교적 단단하고 균일한 β′-형을 선호한다.

천연 유지의 트라이아실글리세롤은 다양한 지방산이 글리세롤에 결합되어 있다. 글리세롤에 어떠한 지방산이 결합되어 있느냐에 따라 형성된 결정의 다형현상 형태가 다르다. 예를 들면 stearic-stearic-stearic(SSS)과 palmitic-palmitic-palmitic(PPP)으로 구성된 트라이아실글리세롤은 강한(strong) β-형이 되는 경향이 있고, SPS와 PPS는 상당히 강한(fairly strong) β-형이 되는 경향이 있으나, PSP와 PSS는 강한(strong) β′-형이 되는 경향이 있다.

냉각속도도 결정화 유지의 다형현상에 영향을 미친다. 매우 천천히 냉각시키면 유지가 녹는점이 높은 형태로 된다. 결정 구조가 형성되기 시작하면 그 뒤에 결정화되는 유지가 이미 형성된 유지에 달라붙게 된다. 따라서 서서히 냉각시키면 β-형의 유지가 되는 경향이 있다. 신속히 냉각시키면 β-형이 생성될 수 있는 온도 이하로 과냉각되어 β′-형이나 α-형이 될 수 있는 조건이 된다. 낮은 온도에서 결정화가 계속되면 유지가 계속 굳어지면서 α-형이나 β'-형이 형성된다. 현장에서는 α-형은 녹는점이 낮기 때문에 비교적 선호하지는 않는다.

(2) 유지의 결정화 공정

쇼트닝을 생산하기 위한 유지를 결정화할 때는 유지를 냉동시키기 전에 먼저 완전히 녹여야 한다. 결정화 상태의 유지가 존재하면 냉각 시 그 결정 주위에 유지가 침착되어 커다란 결정이 형성되어 원하는 물성을 가진 제품을 얻을 수 없다. 완전히 녹은 상태의 유지를 결정핵이 형성되는 온도보다 높은 온도로 유지하되, 다음 단계인 냉동 공정에서 온도를 최소한으로 낮출 수 있는 온도로 조절하기 위한 열교환장치를 사용한다. 녹은 유지를 냉동기로 보내어 짧은 시간 동안 냉매를 순환시키는 냉각기 외부 재킷에 노출시켜 결정화를 시킨다. 결정화한 후에는 결정화한 유지를 잘 긁어내는 장치가 필요하다. 그리고 냉동기의 조건에 따라 유지의 특성이 달라질 수 있는데, 처리량을 줄이거나, 냉매의 온도를 낮추거나, 투입하는 유지의 온도를 낮춰 냉각기의 온도를 낮추면 보다 부드러운 제품을 얻을 수 있다.

7) 식용유지 제품의 포장

포장은 식용유지 가공 공정의 마지막 단계라고 볼 수 있다. 식용유지의 포장을 통하여 유지를 물리화학적으로 보호할 수 있으며 소비자들에게 편리성을 제공한다.

유지의 포장용기는 산소와 수분의 투과도를 낮추어 유지의 산화와 가수분해를 최소화할 수 있는 소재를 사용해야 한다. 그리고 운반 중에 용기나 내용물이 손상을 입지 않을 만큼

TIP 쇼트닝 제품

쇼트닝은 보슬보슬한 물성을 표현하는 'short'에서 유래되었으며 빵 제품에 고체 유지를 사용할 때 이런 물성을 나타낸다. 쇼트닝은 Procter & Gamble 사가 1911년에 Crisco라는 이름으로 출시하였으며, 이것은 거의 1세기 동안 인기리에 사용되어 왔다. 쇼트닝은 부분 경화유(partially hydrogenated oil)의 대명사처럼 인식되어 왔다. 2004년에는 완전 경화 팜기름에 액상 식물성 기름을 섞어 만든 'Crisco Zero Grams Trans Fat Per Serving All-Vegetable Shortening'을, 2007년에는 1회 섭취분량당 trans 지방이 1 g 이하인 쇼트닝을, 현재 Crisco는 콩기름, 완전 경화 면실유, 부분 경화 콩기름 및 부분 경화 면실유를 섞어 만든 것으로서, 1회 섭취분량에 trans 지방이 0.5 g 이하 함유되어 있음에도 기존의 쇼트닝과 유사한 특성을 지닌다.

견고해야 한다. 유리 용기는 반고체와 액체 상태의 유지 포장에 주로 사용된다. 빛의 투과도를 줄여 유지의 산화를 줄이기 위하여 색깔 있는 유리병을 사용할 수 있으나, 소비자들은 내용물을 볼 수 있기를 바라기 때문에 색깔이 없는 유리 용기를 사용하는 경우가 많다. 요즘은 플라스틱 용기가 액체 유지를 포장하는 재료로 주로 사용된다. 가소성인 쇼트닝은 금속 캔을 주로 사용한다.

제품의 특성에 따라 적절한 방법으로 유지를 용기에 충전한다. 충전 시 공기가 들어가지 않도록 해야 한다. 충전 후 즉시 질소를 불어넣거나, 충전 시 질소가 있는 상태에서 충전하기도 한다. 질소 충전 후 즉시 밀봉한다.

3. 버터 및 마가린 가공

1) 버터 가공

버터는 우유에서 크림을 분리하여 기름속물형 유화된 반고체 상태로 만든 것이다. 버터는 근본적으로 유지방이며, 크림을 사용하여 만들어 소금을 첨가하는 것이 일반적이다. 미생물을 사용하여 발효시켜 신맛이 나도록 만들기도 하며, 소금을 첨가하지 않는 경우도 있다. 일반적인 버터 제조 공정은 그림 14-9와 같다.

(1) 원료

원료는 우유 이외에 다양한 포유류 젖을 사용할 수 있다. 먼저 우유에서 크림을 분리한다. 크림은 이미 분리한 것을 사용할 수도 있다. 크림은 pH가 6.6 이상으로 산패되지 않고 이미나 이취가 없어야 한다. 크림은 85 ℃ 이상에서 살균하여 지방가수분해효소(lipase)를 불활성화시키고 미생물(소결핵균)을 사멸한다.

(2) 발효

발효(ripening) 공정은 유럽에서 주로 수행하는데, 미생물 배양액을 첨가하여 젖당을 젖산으로 발효시키고 향미가 풍부해지도록 한다. 주로 사용하는 미생물은 *Lactococcus lactis* subsp. *lactis*, *Lactococcus lactis* subsp. *cremoris*, *Lactococcus lactis* subsp. *lactis* biovar. *diacetylactis*, *Leuconostoc mesenteroides* subsp. *cremoris* 등이다. 크림이 21 ℃에서

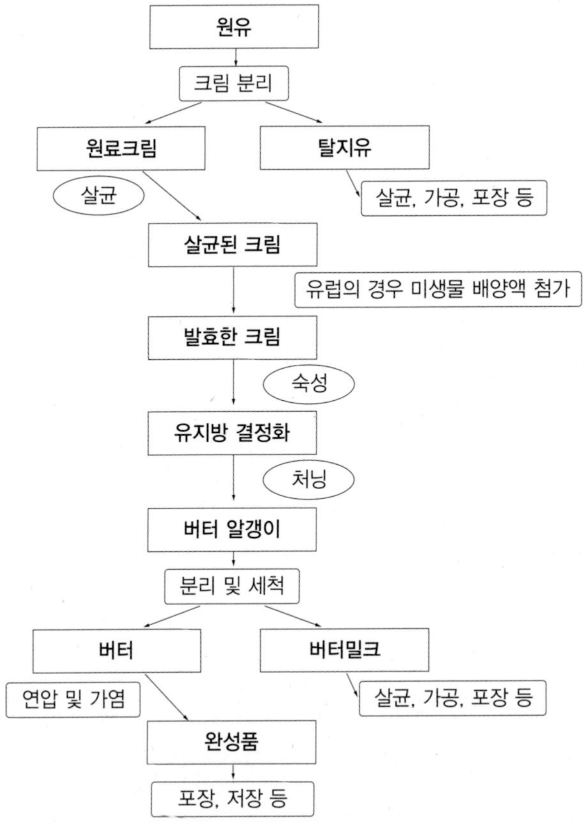

그림 14-9 버터 제조 공정

pH 5.5가 되도록 한 후에 13 ℃에서 pH 4.6 정도가 되도록 한다. 대부분의 향미는 pH 5.5와 4.6 사이에 발달한다. 온도가 낮을수록 향미가 더 많이 발달한다. 발효시켜 만든 버터는 일반적으로 세척하지 않고 가염하지도 않는다. 미생물 배양액을 첨가한 후에는 12시간 정도 21 ℃를 유지해 준다.

(3) 숙성

크림을 5~8 ℃에 보관하여 유지방이 결정화하도록 하여 우유교반(churning)이 잘 되고 적절한 질감을 갖도록 해준다. 보통 숙성(aging)을 마치면 열교환기를 이용하여 원하는 온도로 올려 펌프를 사용하여 우유교반 탱크로 옮긴다. 냉각시킬 때 냉각속도가 빠르면 결정이 작고 많이 생긴다. 냉각속도가 느리면 결정의 수가 적고 결정의 크기가 크다. 냉각을 강하게 할수록 단단해져서 우유교반이나 연압 작업 중에 액체 상태의 유지가 덜 녹아나온다.

단단한 지방으로 구성된 버터를 얻기 위해서는 8 ℃로 신속히 냉각시켜 약 2시간 동안 둔다. 이때 작은 결정이 많이 생성되어 이 결정 표면에 비교적 많은 양의 액체 상태의 유지가 달라붙는다. 그 후에 20~22 ℃로 가열하여 최소 2시간 동안 둔다. 이때 많은 양의 결정이 녹고 단단한 지방 결정만 남아 커진다. 그 후에 온도를 약 16 ℃로 낮춘다. 이때 녹는점이 18 ℃ 이상인 유지가 단단한 지방 결정에 붙게 되고 녹는점이 낮은 유지방은 우유교반과 연압 과정에서 빠져나가게 된다. 보다 연한 버터를 얻기 위해서는 가열 온도를 낮춰 단단한 지방 결정에 액체 유지가 더 많이 달라붙도록 한다.

(4) 우유 교반

크림을 교반하면 버터 알갱이가 생기고 점점 커져서 덩어리가 된다. 이 공정을 통하여 반고체 상태의 버터와 액체 상태인 버터밀크로 분리된다. 버터는 크게 ① 유지방 함량이 25~35 %인 크림을 사용하여 만드는 전통적 회분식(batch) 처닝 방법, ② 유지방 함량이 30~50 %인 크림을 사용하여 연속적으로 만드는 연속식 부유 처닝(continuous flotation churning) 방법(그림 14-10), ③ 약 55 ℃에서 유지방 함량이 약 35 %인 크림으로부터 유지방 함량이 약 82 %인 크림을 분리하여 물속기름형 유화 상태인 것을 기름속물형 상태의 버터를 만들고 버터밀크를 제거하는 공정이 없는 농축 방법(concentration process), ④ 마가린 만드는 방법과 유사하게 버터유에 물과 단백질, 젖당, 무기질, 산, 바이타민, 소금 등을 첨가하여 유화시켜 만드는 무수 유지방 공정(anhydrous milkfat process) 등 크게 4가지 방법이 있는데, ①과 ② 방법이 우유교반이 필요한 방법이다.

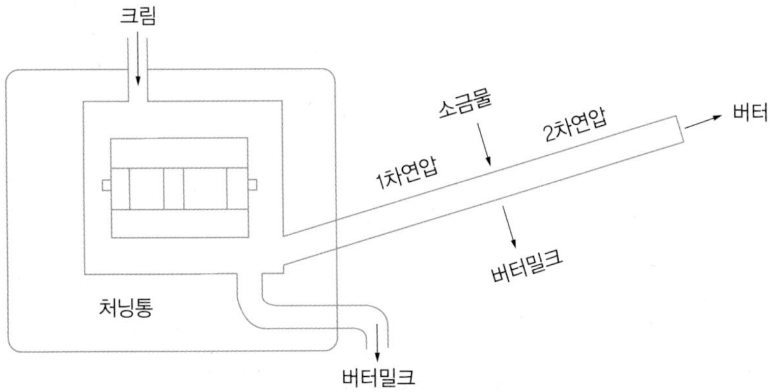

그림 14-10 연속식 부유 처닝 장치

우유교반(churning) 작업의 적정 온도는 주로 사용하는 지방의 녹는점에 영향을 받는다. 여름에는 7~10 ℃이고, 겨울에는 10~13 ℃이다. 우유교반 온도가 너무 높으면 질감이 너무 연하고 기름기가 많은 제품이 생산되며, 우유교반 온도가 너무 낮으면 부스러지기 쉽고 끈적거리는 버터가 생산된다.

(5) 버터밀크 분리 및 세척

버터가 일정 크기가 되면 우유교반을 멈추고 버터밀크를 분리해 낸다. 버터밀크를 분리한 후에 물이 작은 방울로 지방에 고루 퍼져 있도록 유화작업을 한다. 우유교반 후에 남아 있는 버터밀크를 제거하기 위해서 버터를 세척하였으나 현재는 이 작업을 거의 하지 않는다.

(6) 가염 및 연압

맛을 내고 저장성을 높이기 위하여 소금을 첨가한다. 또한 연압(working)작업은 유화가 잘 되도록 해주는 작업으로 이것을 통하여 버터의 질감이 좋아진다. 소금을 첨가할 때는 회분식의 경우에 1~3 %의 소금을 버터 표면에 뿌린다. 연속식의 경우에는 10 % 정도의 소금물에 버터가 잠기도록 하여 가염한다.

가염 후에는 버터를 연압하는데 연압 공정이 버터의 향미와 품질, 외양, 색깔 등에 중요한 영향을 미치게 된다. 연압 공정을 통하여 버터 입자와, 물, 소금이 고루 섞이게 되며 지방은 구형인 상태에서 연속 상태로 되며, 물은 더욱 작은 방울 형태로 되어 버터 지방에 고루 분포하게 된다. 따라서 연압 공정 중에 수분함량을 잘 조절해야 한다.

(7) 포장 및 저장

버터는 모양을 만들어 왁스 종이로 싸 차가운 장소에 보관한다. 버터를 냉각하면 버터가 결정화하여 단단해진다. 포장용기에 산화방지제를 코팅하여 산화방지제가 순차적으로 유출되도록 하여 유지 가공품에 잠재적 산화방지제 양이 상대적으로 저감화할 수 있도록 배려하고 있다.

2) 마가린 가공

마가린은 버터의 대용품으로 현재 대부분 식물성 유지를 사용하여 만든다. 식물성 유지를 정제하고 탈취한 후 수소첨가반응을 하여 원하는 물성을 갖도록 한 후에, 우유, 유화제,

정제유 → 수소첨가 → 각종 재료 첨가 → 혼합 → 냉각 → 압연 및 가염 → 완성품 → 포장, 저장 등

그림 14-11 마가린 제조 공정

바이타민 등과 같은 재료를 첨가하여 혼합하고 냉각시켜 연압 및 가염 과정을 거친다(그림 14-11). 마가린은 실질적으로 원료만 다를 뿐 버터와 비슷한 화학적 조성과 물성을 갖도록 만든 것이다. 즉 마가린의 경우에는 바이타민 A와 D, 색소, 향미료, 유화제를 첨가한다. 수소첨가반응을 거친 유지는 trans 지방이 많이 함유되어 있기 때문에 trans 지방에 대한 부정적 이미지가 확산된 이래 현재는 수소첨가한 유지를 사용하기보다는 팜기름이나 코코넛기름과 같은 상온에서 고체인 유지와 다른 액체 상태의 유지를 적절히 혼합하거나 에스터교환반응(interesterification)을 통하여 trans 지방이 적게 함유된 유지를 사용하는 경우가 많다. 또한 마가린의 물성을 다양화하여 생산한다. 따라서 마가린 제조 공정을 획일적으로 설명하기는 어렵다. 유지의 정제는 앞에서 설명한 유지의 정제 공정을 따르고, 수소첨가반응도 앞에서 설명한 내용에 따른다. 원료를 혼합하여 버터와 유사한 물성과 향미를 갖도록 하는 공정은 버터 가공 공정에는 포함되지 않으며, 가염과 연압 공정은 버터 제조 공정과 유사하다.

TIP 마가린의 유래

마가린(margarine)은 다양한 종류의 버터 대체품을 일컫는 말로 1813년에 Michel Eugéne Chevreul이 'margaric acid'를 발견한 데서 유래하였다. Margaric acid는 진주처럼 침전되는 지방산이라는 데서 붙여진 이름으로서, 그리스어 'margaís(진주-굴)' 또는 'márgaron(진주)'에서 유래하였다. 당시 과학자들은 동물성 유지는 oleic acid, stearic acid, margaric acid로 구성되어 있다고 생각하였으나 1953년 Wilhelm Heinrich Heintz가 margaric acid는 stearic acid와 palmitic acid의 혼합물이라는 점을 밝혔다. 한편, 1869년에 프랑스의 나폴레옹 3세가 군대와 서민이 사용하기에 적합한 버터 대체품을 잘 만드는 사람을 시상하겠다고 하자, 프랑스 화학자 Hippolyte Mége-Mouriés가 '올레오마가린(oleomargarine)'이라고 불리는 대체품을 만들었고, 이 명칭은 그 이후에 줄여서 'Margarine'이라는 상표명으로 사용되었다. 현재는 마가린이 일반 명칭이 되었다.

연습문제

01 가정에서 사용하는 액체 식물성 식용유의 정제 공정에 포함되지 않은 공정은 다음 중 무엇인가?
① 검제거 ② 알칼리 정제 ③ 탈색
④ 탈취 ⑤ 수소첨가

02 검제거의 주요 목적은 무엇이며, 어떤 원리를 이용한 정제 공정인가?

03 알칼리 정제의 주요 목적은 무엇이며, 어떤 원리를 이용한 정제 공정인가?

04 액체 식용유를 낮은 온도에 저장할 때 흐리게 침전되는 현상을 막기 위하여 하는 공정을 무엇이라고 하는가?

05 수소첨가 공정을 실시하는 주요 목적은 무엇이며, 이 공정을 통해 일어나는 주요 화학적 변화는 무엇인가? 수소첨가 공정을 거친 유지를 사용하여 만든 주요 제품은 무엇인가?

06 동질다형현상을 나타내는 유지와 관련하여, 냉각속도가 아주 빠를 때 주로 형성되는 상태는 α-형, β-형, β'-형 중 무엇인가?

07 버터 제조 시 지방 알갱이가 뭉치도록 하여 버터밀크와 분리되도록 하는 공정을 무엇이라 하는가?

정답과 해설

1. ⑤

2. 검제거는 인지방질을 비롯한 단백질, 탄수화물 등 친수성 물질을 제거하는 공정으로서, 물을 첨가하여 친수성 물질을 모아 가라앉히거나 원심분리하여 무거운 친수성 물질을 제거한다.

3. 알칼리 정제는 추출한 유지에 함유되어 있는 유리지방산을 제거하는 공정으로서, NaOH 등과 같은 알칼리를 사용하여 유리지방산을 중화하는 공정이다. 중화한 유리지방산은 비누이므로 가라앉히거나 원심분리하여 제거하고 물로 씻어서 남은 비누를 제거한다.

4. 윈터리제이션

5. 수소첨가 공정을 실시하는 주요 목적은 (1) 액체 상태의 유지를 반고체 또는 plastic 상태로 만들어 다루기 편하고 식품에 사용했을 때 질감에 좋은 영향을 주기 위함이며, (2) 유지의 이중결합을 줄여서 유지의 산화를 감소시키기 위함이다. 이 공정을 통하여 일어나는 주요 화학적 변화는 유지의 이중결합(불포화지방)이 단일결합(포화지방)으로 되는 것과 cis 형태의 이중결합이 trans 형태의 이중결합으로 변하는 것이다. 수소첨가 공정을 거친 유지를 사용하여 만든 주요 제품에는 쇼트닝과 마가린이 있다.

6. α-형 **7.** 우유교반(churning)

CHAPTER **15**

축산식품의 가공

축산식품에는 식육, 우유 및 달걀 등이 대표적이며, 이들 모두는 단백질과 지방이 풍부하고 영양적으로는 필수 아미노산이 많이 함유되어 있어 식품재료뿐만 아니라 식품으로서 매우 중요한 품목 중의 하나이다. 하지만 이에 비해 산패나 부패가 일어나기 쉽기 때문에 다른 재료에 비해 상대적으로 저장기간이 짧은 것이 단점이다. 그러므로 이들을 장기간 보관할 수 있는 다양한 제품을 만들기 위하여 가공방법들이 많이 개발되어 왔다. 이 장에서는 축산식품의 성질과 여러 가공품들에 대하여 이해하고자 한다.

1. 식육류 가공

1) 식육의 구성 및 성분

식육은 주로 근육조직을 중심으로 지방조직, 결체조직, 표피, 신경조직으로 구성되어 있다. 식육은 생체 내에서 기능과 형태가 다른 세 종류의 근육인 골격근, 심근, 평활근 중에서 골격근이 특히 식품에 있어서 주요하며, 심근과 평활근은 부산물로 이용되고 있다.

(1) 식육의 형태와 구조

지방질이 많은 동물을 제외하고는 골격근은 도체의 30~40 % 정도 차지하며, 이 근육의 구조, 화학적 조성 및 기능은 고기의 숙성, 특성 및 이용에 중요하다. 골격근 섬유는 그림 15-1에서와 같이 길고 가지가 없는 섬유상 세포로 구성되어 있다. 한 개의 근섬유는 많은 근원섬유를 함유하고 있으며 근내막이라는 결합조직에 둘러싸여 있으며, 모세혈관과 신경이 분포한다. 근원섬유는 평균지름이 1~2 μm 크기의 가늘고 긴 원통형으로 밝은 부분인 명대와 어두운 부분인 암대가 있다. 근원섬유는 초원섬유로 이루어져 있으며 굵은 섬유는

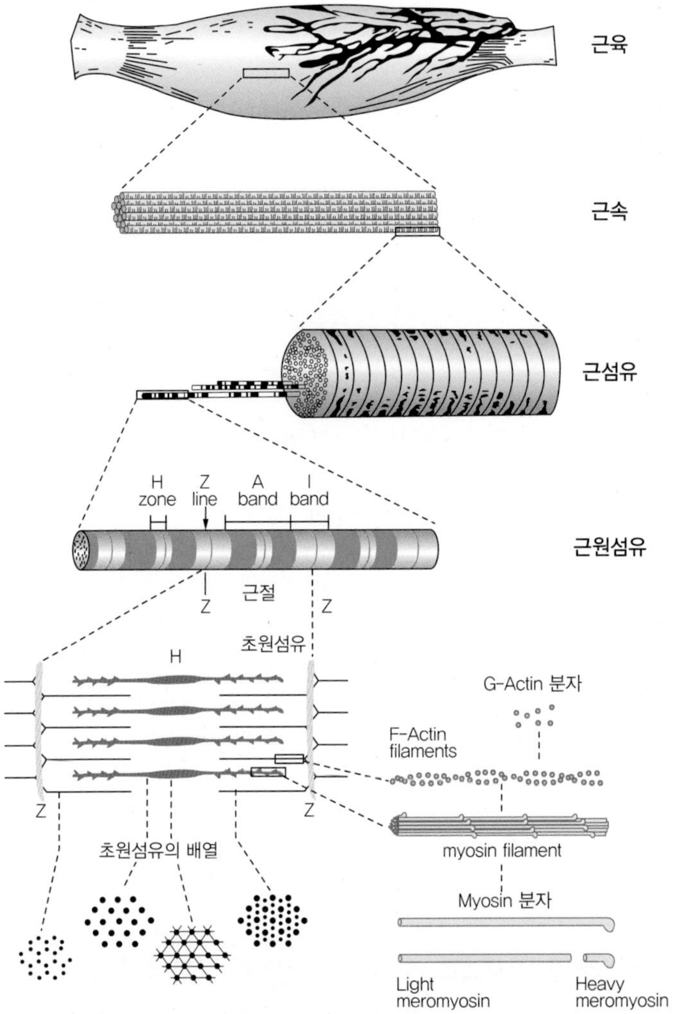

그림 15-1 골격근의 구조

주로 마이오신으로 되어 있어 마이오신 필라멘트, 가는 섬유는 액틴으로 되어 있어 액틴 필라멘트라고 한다. 근섬유는 50~150개가 모여서 1차 근속을 만들고, 이것이 수십 개 모여서 2차 근속을 형성하는데, 이들 근속은 근주막이라는 결합조직에 싸여 있다.

결합조직은 체내의 여러 조직을 연결하고 유지하는 조직으로 근섬유, 기관, 혈관, 신경섬유 등의 주위구조로서 몸 전체에 광범위하게 분포되어 있다. 콜라겐 섬유는 고기의 부드러운 정도를 좌우하는데, 운동량이 많은 근육에 이 섬유가 많으며 이것은 물을 가하고 가열하면 젤라틴으로 된다.

지방조직은 지방세포가 결합조직에 의해 연결되어 주로 피하, 기관 주위, 복강 등에 많은 양이 존재하며 체온을 유지하고, 기관을 보호하며, 영양물질로서 축적된 것인데 근육조직에 침착되면 육질이 향상된다.

(2) 식육의 성분

식육의 화학적 조성은 동물의 종류, 품종, 성별 그리고 영양 상태에 따라 차이가 있다. 일반적으로 수분은 75 % 내외가 함유되어 있으며 일반적으로 수분함량과 지방함량은 반비례의 관계가 있어 지방함량이 많은 고기는 상대적으로 수분량이 적다. 수분은 영양성분은 아니지만 수분이 쉽게 분리 유출될수록 보수성이 낮아져서 식육의 풍미가 나빠지므로 중요한 성분이라고 할 수 있다. 식육은 부위에 따라 성분과 맛이 다르게 나타난다.

일반적인 식육의 성분 조성은 표 15-1과 같다.

표 15-1 육류의 성분 조성

성분 품목	수분 (%)	단백질 (g)	지방질 (g)	탄수화물(g)		회분 (g)	무기질(mg)			바이타민(mg)				
				당질	섬유		칼슘	인	철	A (IU)	B_1	B_2	니아신	C
쇠고기	75.5	22.8	3.7	0.3	0	1.0	19	142	4.8	15	0.12	0.63	16.3	0
돼지고기	72.4	20.7	4.6	0.2	–	1.1	4	218	3.0	10	0.95	0.11	5.0	0
양고기	74.4	16.4	8.0	0	0	1.2	7	210	2.0	0	0.15	0.20	5.0	0
닭고기	73.5	20.7	4.8	–	–	1.3	4	302	–	40	0.09	0.15	5.0	0
오리고기	71.8	23.0	3.8	0	0	1.2	21	225	2.7	0	0.20	0.27	5.7	0

① 단백질

고기에는 20 % 내외의 단백질이 함유되어 있으며, 수분을 제외한 모든 고형분의 약 80 %를 차지한다. 근육 단백질은 기능, 존재 위치 및 염용액에 대한 용해도의 차이에 따라서 근원섬유 단백질, 육기질 단백질, 근장 단백질로 구분된다. 근원섬유 단백질은 전체 단백질량의 약 60 %를 차지하며, 주로 근육의 수축과 이완에 관여하며 높은 이온강도(0.3 M)의 염용액에서 추출되는 염용성 단백질이다. 마이오신, 액틴, 액토마이오신, 트로포마이오신, 트로포닌 등이 여기에 속한다. 육기질 단백질은 인대와 힘줄 등을 구성하는 단백질이며 고농도의 염으로 추출한 잔사로서 콜라겐, 엘라스틴, 레티큘린으로 구성되어 있으며 근육 단백질의 약 10~12 %를 차지한다. 근장 단백질은 근원섬유 사이의 근장에 용해되어 있는 단백질로 마이오겐, 글로불린 X, 마이오알부민, 마이오글로빈 등의 수용성 단백질과 핵, 미토콘드리아 등의 세포내 소기관 단백질들로 구성되어 있다.

② 지방질

동물의 종류, 나이, 영양 조건, 도체 부위에 따라 함량 변동이 가장 심한 성분으로 단백질 다음으로 많이 함유되어 있다. 축적지방은 대부분 중성지방이고 조직지방은 세포의 구성성분을 이루며 콜레스테롤, 인지방질, 당지방질의 함량이 높다.

③ 탄수화물

동물체에 들어 있는 탄수화물은 글리코젠이며 대부분 근육과 간장에 많이 존재한다. 글리코젠의 양은 사후근육에서 일어나는 생화학적 변화와 밀접한 관계가 있다.

④ 바이타민 및 무기질

지용성 바이타민은 적은 편이고, 수용성 바이타민 중에서 바이타민 C는 없으며, 바이타민 B군은 풍부한 편이다. 돼지고기는 다른 육류에 비해 바이타민 B_1의 함량이 높다. 무기질은 약 1 % 내외이며 포타슘, 인, 황이 많으며 칼슘은 적게 들어 있어 전형적인 산성식품이다.

⑤ 육색소

고기의 색에 관여하는 것으로는 마이오글로빈, 헤모글로빈, 사이토크롬, 플래빈 등이 있는데 이 중에서 마이오글로빈과 헤모글로빈이 양적으로 가장 많이 존재한다. 마이오글로빈은 근육에 존재하는 육색소이고, 헤모글로빈은 혈액 중에 존재하는 색소이므로 도살 후 방혈을 한 이후에는 마이오글로빈이 주색소가 된다. 생체조직에서는 환원형으로 적자색의 마이오글로빈과 산소와 결합된 선홍색의 옥시마이오글로빈이 평형을 이루고 있는데, 동물이 죽고 산소가 없어지면 마이오글로빈 분자 중의 철 이온이 2가에서 3가로 산화되어 메트마이오글로빈으로 되며 색도 좋지 못한 적갈색으로 변한다. 염지에 사용하는 아질산과 질산이 존재할 경우에는 이것들로부터 유도된 산화질소와 반응하여 나이트로소마이오글로빈으로 변하여 선명한 분홍빛의 육색을 띠게 된다.

2) 식육의 사후경직과 숙성

(1) 사후경직

도살 직후의 고기는 탄성이 크고 부드러우며 높은 보수력을 가진다. 하지만 일정 시간이 지나면 단단해지며 보수력이 크게 저하되고 질겨서 가열하여도 먹기에 적합하지 않은 상태가 되는데 이러한 현상을 사후경직이라고 한다. 동물의 사후 호흡이 정지됨에 따라 TCA 회로에 의한 ATP 공급이 중단되고, ATP의 농도가 저하되면서 글리코겐이 분해되어 젖산이 생성된다. ATP의 농도가 매우 낮아지고 젖산에 의해 pH가 계속 저하되어 최종 pH에 도달하게 되면 액틴과 마이오신 간의 불가역적 결합이 더욱 많아져서 근육은 강력한 장력을 발생시키며 최대 경직의 상태에 이른다. 최대 경직시간은 동물의 종류, 나이, 영양 상태, 도살 시의 흥분 상태, 온도 등에 따라 달라지므로 이런 점을 고려하여 가공 시점 및 조리 시점을 조절하는 것이 바람직하다.

(2) 숙성

사후경직 후에 근육에 존재하는 효소에 의해서 단백질이 분해되어 근육이 다시 연해지

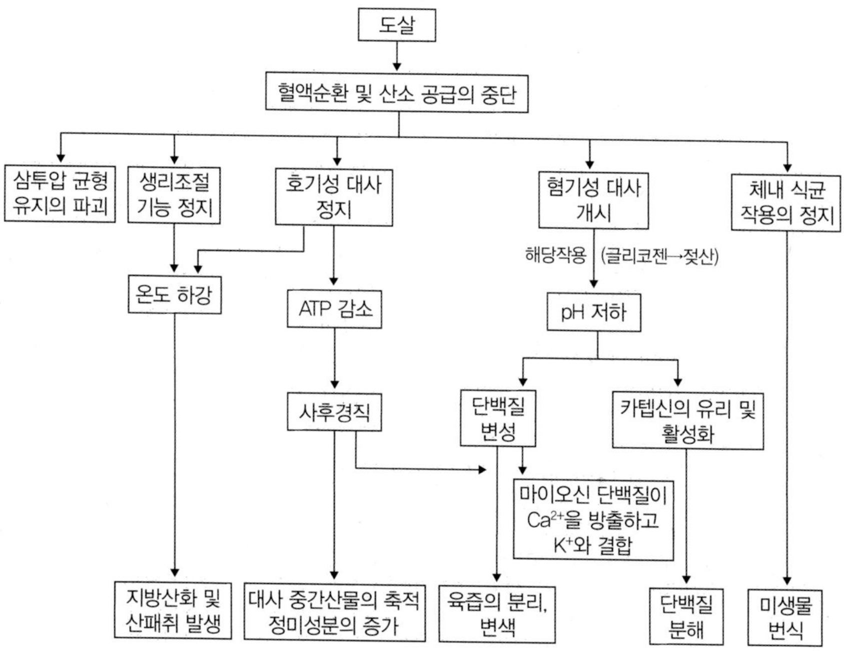

그림 15-2 사후경직 중의 이화학적 변화

고 아미노질소가 증가하여 풍미가 좋아지는데 이를 숙성 또는 자기분해라 한다. 숙성온도는 온도에 따라 상이하지만, 쇠고기의 경우 0 ℃에서 10일, 8~10 ℃에서 4일, 15 ℃에서는 2일 정도가 적당하다. 고온에서 숙성할 경우에 숙성은 빠르지만 부패가 동반될 수 있으므로 저온에서 서서히 진행시키는 것이 안전하다.

3) 식육가공품

식육가공품은 식육을 주원료로 하여 제조 가공한 것을 말하며, 대표적인 가공품으로는 햄, 소시지, 베이컨 등이 있다.

(1) 햄

햄은 원래 돼지의 허벅살을 가리키는 것인데, 현재는 식육을 부위에 따라 분류하여 정형 염지한 후 숙성·건조하거나 훈연 또는 가열 처리하여 가공한 것을 말한다. 햄의 종류 및 그 특징은 표 15-2과 같으며, 일반적인 햄의 제조방법은 아래와 같다.

돈육 → 절단·정형 → 방혈 → 염지 → 수침 → 정형 → 훈연 → 포장

① 절단 및 정형

고기를 절단하여 부위별로 나누고 각 제품에 따라서 정형한다.

표 15-2 햄의 종류와 특징

종류	특징
뼈햄	•돼지 허벅살을 뼈째 다듬어 가공한 제품 •원료를 자르는 방법으로 롱컷과 숏컷이 있음
뼈뺀햄	•원료육에서 뼈를 제거한 후 가공한 제품
로인햄	•등심 부위를 원료로 가공한 제품
숄더햄	•어깨 부위의 고기를 가공한 제품
프레스햄	•햄과 소시지의 중간 형태 •식육의 육괴를 염지한 것이나, 이에 결착제, 조미료, 향신료 등을 첨가한 후 가공한 것 •육 함량 85 % 이상, 녹말 5 % 이하의 것
혼합프레스햄	•육의 육괴 또는 이에 어육의 육괴를 혼합하여 염지한 것이거나, 이에 결착제, 조미료 및 향신료 등을 첨가한 후 가공한 것 •육 함량 75 % 이상, 녹말 8 % 이하의 것

② 방혈

원료육에 잔존하는 혈액을 제거하기 위하여 소금, 질산염, 아질산염의 혼합염을 원료육의 표면에 잘 비벼서 2~4 ℃의 온도로 경사진 곳에 두어서 혈액을 배출시킨다.

③ 염지

원료육에 식염, 질산염, 아질산염, 향신료, 설탕 및 조미료를 넣어서 처리하는 방법으로 저장성을 높이고, 풍미, 색, 보수성을 좋게 하는 역할을 한다. 염지는 염지액(pickle)을 만들어 그 용액에 고기를 절이는 습염법과 혼합물을 고기의 표면에 골고루 바르는 건염법의 두 가지로 나뉜다.

④ 수침

염지가 끝나면 물에 침지하여 표면에 있는 높은 농도의 염분을 제거하여 균일한 풍미를 갖게 하기 위해 10~15 ℃의 온도에서 2~3시간 침지한다.

⑤ 정형

수침이 끝나면 껍질이나 여분의 지방층을 제거하고 정형을 한다.

⑥ 훈연

훈연의 효과를 높이기 위해 훈연실에 매달아 30 ℃, 24시간 건조시킨 후 50~60 ℃에서 1~2일간 훈연을 한다. 훈연을 하면 제품에 방부성이 생겨서 저장성이 좋아지며 풍미가 증진된다(16장 수산식품의 가공 및 저장에서 수산건제품 참조).

⑦ 포장

훈연이 끝나면 습도가 낮은 저온실에서 진공 포장한다.

(2) 베이컨

돼지의 지방이 많은 부위인 복부육(삼겹살) 또는 특정 부위 육(등심육, 어깨 부위 육)을 정형한 것을 염지한 후 훈연하거나 가열 처리한 것을 말하며 제조 공정과 원리는 햄과 거의 유사하다. 베이컨은 원료육의 부위에 따라서 다음과 같이 분류한다.

① 베이컨(bacon) : 돼지의 복부육을 가공한 것

② 로스베이컨(canadian bacon) : 돼지의 중간 부위(등심과 복부육)를 가공한 것

③ 앞다리살베이컨(shoulder bacon) : 어깨 부위를 베이컨 식으로 가공한 것

(3) 소시지

소시지는 식육을 염지 또는 염지하지 않고 분쇄하거나 잘게 갈아낸 것, 식육에 조미료 및 향신료 등을 첨가한 후 케이싱에 충전하여 숙성·건조시킨 것, 훈연 또는 가열 처리한 것으로 육 함량 70 % 이상, 녹말 10 % 이하의 것을 말한다. 소시지는 원료와 제조방법에 따라 더미스틱 소시지와 드라이 소시지로 나뉘며 그 종류는 표 15-3과 같다.

원료와 제조방법이 일정하지 않고 각 지역의 풍토나 소비자의 기호에 따라 다양하나 일반적인 포크 소시지의 제조방법은 아래와 같다.

원료육 → 절단·정형 → 염지 → 파쇄 → 충전 → 건조 → 훈연 → 찜 → 냉각 → 제품

표 15-3 소시지의 종류

종류	품명	특징	비고
더미스틱 소시지	포크 소시지	대표적인 더미스틱 소시지	•수분함량이 많음 •저장성이 낮음
	프랑크푸르트 소시지	쇠고기, 돼지고기를 주원료로 하며 돼지의 작은창자 정도의 굵기로 만들어 케이싱함	
	볼로냐 소시지	대표적 훈제 소시지로 쇠고기와 돼지고기를 원료로 하고 굵은 케이싱함	
	간 소시지	소와 돼지의 간과 돼지고기, 돼지기름이 원료	
	블러드 소시지	소, 돼지의 피를 주원료로 하고 혀나 돼지기름을 섞은 것	
	헤드 소시지	돼지머리고기와 혀 등을 조미해서 끓여 그릇에 담고 굳혀서 만듦	
드라이 소시지	살라미 소시지	쇠고기, 돼지고기와 돼지기름을 주원료로 거칠게 다진 것	•수분을 35 % 이하로 건조함 •저장성을 높임
	세르베라트 소시지	드라이 소시지의 하나로 살라미와 같으나 원료 고기를 곱게 다짐	

2. 유가공

1) 우유의 성분 및 조성

포유동물의 젖은 어린 동물과 인류에게 중요한 식량으로 사용되어 왔으며, 발육에 필요한 영양소가 과부족 없이 함유되어 단일식품으로는 완전한 식품이라고 할 수 있다. 우유의 조성은 젖소의 품종, 나이, 비유기간, 계절, 사료, 착유시간, 젖소의 생리적 조건, 착유방법 등에 따라 차이가 있으며 이들 중에서 가장 중요한 것은 젖소의 품종이다.

우유의 성분은 수분, 단백질, 지방질, 당질, 무기질, 바이타민 및 여러 종류의 미량성분으로 구성되어 있으며 우유와 유가공품의 성분조성은 표 15-4와 같다.

표 15-4 우유 및 유제품의 성분조성

성분 품목	수분 (%)	단백질 (g)	지방질 (g)	탄수화물(g)		회분 (g)	무기질(mg)			바이타민(mg)				
				당질	섬유		칼슘	인	철	A (IU)	B_1	B_2	니아신	C
우유	88.1	3.4	3.4	4.4	0	0.7	112	85	0.1	100	0.03	0.15	0.1	-
연유(유당)	74.1	8.0	7.3	9.0	0	1.6	225	189	0.1	180	0.08	0.46	0.3	2
분유	2.0	26.4	27.5	38.2	0	5.9	909	708	0.5	1,130	0.29	1.46	0.7	6
아이스크림	65.3	4.0	6.2	23.6	0	0.9	130	120	0.1	130	0.04	0.20	0.1	0
버터	17.0	0.5	81.4	0.2	0	1.1	71	-	2.1	2,000	0.07	0	0	0
치즈	43.2	21.8	27.8	2.8	0	4.4	613	613	0.6	700	0.06	0.55	0.4	0
요구르트	79.7	1.6	0.1	18.3	0	0.3	115	-	3.7	86	0.22	0.05	1.0	0

(1) 단백질

우유단백질은 pH 4.6에서 침전되어 부드러운 커드로 변화하는 카세인(casein)과 침전되지 않는 유청단백질(whey protein)로 구분된다. 카세인은 황과 인을 많이 포함하고 있는 단백질로서 우유단백질의 약 80 %를 차지하며 α_{s1}-, α_{s2}-, β-, 그리고 κ-카세인의 4가지 종류로 구성되어 있다. 카세인은 마이셀(micelle) 형태로 존재하며 주위에 많은 인산기들이 있어 칼슘이온에 의해 서로 결합하고 있다. κ-카세인의 마이셀 표면에 친수성 부분이 존재하여 마이셀이 수화되도록 하며 마이셀들이 서로 결합하는 것을 막는다. 카세인의 침전은 두

가지 조건에서 일어나는데, 첫째로 카세인의 등전점인 pH 4.6 부근에서는 분자 간의 음이온에 의한 반발력이 없어져 서로 결합하여 침전을 하며, 두 번째로 레닌에 의해 κ-카세인의 펩타이드 결합이 분해되어 친수성 부분인 파라-κ-카세인의 분리가 일어나고 이것은 칼슘과 결합하며 불용화되고 따라서 마이셀들이 서로 결합하여 침전이 생긴다.

(2) 지방질

우유의 지방질 함량은 3.3~3.7 %로 중성지방이 대부분이며, 그 외에 인지방질, 스테롤과 미량의 지용성 바이타민을 함유하고 있다. 지방산은 60~70 %가 포화지방산으로 팔미트산, 스테아르산, 미리스트산, 뷰티르산으로 구성되어 있으며, 불포화지방산으로는 올레산과 리놀레산 등이 함유되어 있다. 특히 우유에는 다른 식품에 비해 탄소의 수가 4~10개의 저급 지방산의 함량이 높은 것이 특징이다. 우유의 지방은 0.1~0.15 μm 크기의 지방구의 형태로 물에 분산되어 유화상태(emulsion)로 존재하고 있어 빛을 산란시킴으로써 우유가 불투명한 유백색을 띠게 한다.

(3) 탄수화물

우유에 존재하는 탄수화물은 주로 젖당이며, 당질로서 에너지원으로 사용될 뿐만 아니라 장내에 있는 젖산세균의 번식을 도와 다른 유해균의 생육을 억제하는 효과를 가지고 있으며, 젖당의 구성성분인 갈락토스는 유아의 발육에 중요한 역할을 한다.

(4) 바이타민과 무기질

우유에는 수용성 바이타민과 지용성 바이타민들이 골고루 함유되어 있으나 바이타민 C의 경우 가열 처리에 의해 거의 소멸된다. 무기질은 0.5~1.1 % 정도 들어 있으며 비교적 필요한 무기질을 골고루 함유한 편이지만 Fe 및 Cu가 적게 들어 있는 것이 결점이다.

(5) 효소

우유에는 단백질가수분해효소(protease), 라이페이스, 알칼리성 인산가수분해효소, 과산화효소 등의 여러 가지 효소를 함유하고 있는데, 가공상 필요한 효소도 존재하지만 대부분은 변질 및 부패에 관여하므로 우유의 가공 및 저장에 좋지 않은 영향을 줄 수 있다.

2) 유가공품

우유는 영양적으로 우수하지만 부패하기 쉽기 때문에 저장성을 높이기 위한 다양한 가공품들이 만들어져 왔다. 우유의 가공품에는 음용우유, 크림, 버터, 치즈, 아이스크림, 발효우유, 연유 및 분유 등이 있다(그림 15-3).

그림 15-3 우유의 가공제품들

(1) 시유

시유(market milk, city milk)는 음용을 목적으로 시판되는 것으로 젖소에서 착유한 생유를 살균 및 균질화하여 위생상 안전한 형태로 만든 것을 말한다. 이때 살균 처리는 우유의 품질과 영양가의 변화를 최소로 하면서 인체에 유해한 병원균을 사멸시키고 효소를 파괴하여 저장성을 높여 소비자에게 안전한 우유를 공급하도록 하는 것이다. 시유를 생산하는 일반적인 제조과정은 다음과 같다.

원료 → 검사 → 청정화 → 표준화 → 균질화 → 살균 → 냉각 → 포장 → 제품

① 원료 및 검사

목장에서 생산된 우유를 냉각 원유조에 보관하는 과정을 집유라 하며, 집유된 우유는 신선도와 유제품으로서의 적합성을 판정하고 등급을 결정하기 위하여 검사를 수행한다.

② 청정화 및 표준화

우유에 혼입되어 있는 먼지나 협잡물을 제거하기 위하여 여과를 하거나 원심청정기를 이용하여 낮은 속도로 원심분리를 한다. 표준화란 시유의 성분 규격에 맞도록 유지방, 무지고형분 및 강화성분의 함량을 조절하는 과정을 말한다. 탈지우유나 유지방을 사용하여 지방의 함량을 일정하게 한 다음 필요한 경우 바이타민이나 칼슘 등을 강화한다.

③ 균질화

균질화는 우유를 방치할 경우 유지방구들이 서로 모여 덩어리를 이루어 표면에 얇은 크림층이 생성되는 것을 방지하고 동시에 지방입자를 깨뜨려 지방의 소화 흡수를 증가시키는 역할을 한다. 균질화는 우유를 살균하기 전에 50~60 ℃의 온도로 가열한 후 균질기를 통과시켜 지방구의 크기를 1 μm의 크기로 일정하게 유지시킨다.

④ 살균

우유에 존재하는 병원균과 유해균을 사멸하기 위한 처리방법으로 열에 의한 우유성분의 변화를 최소한으로 하기 위해 다음과 같은 방법을 사용한다.

- 저온살균(pasteurization) : 저온 장시간 살균법으로 60~65 ℃로 가열하여 그 온도로 우유를 30분간 유지시켜 살균하는 방법으로 기계설비가 적게 들지만 면적을 많이 차지한다.
- 고온순간파스퇴르(high temperature short time pasteurization, HTST법) : 우유를 72 ℃ 정도로 빠르게 가열하여 15초 동안 열처리하는 방법으로 열교환기가 사용되며 대규모 공장에서 경제적으로 사용하고 있다.
- 초고온살균(ultra-high temperature sterilization, UHT법) : 특수한 열교환장치를 사용하여 우유를 130~150 ℃ 사이에서 1~5초간 살균하는 방법으로 우유 안에 존재하는 모든 미생물을 사멸시켜 냉장하지 않고도 1~3개월간 저장이 가능한 제품을 얻을

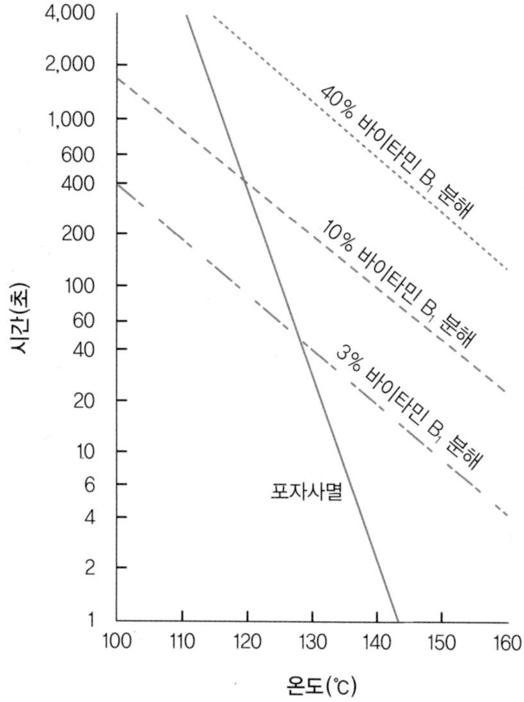

그림 15-4　살균법에 따른 살균온도-시간 프로파일

수 있다. 초고온살균을 처리한 시유는 높은 열처리로 인하여 가열냄새가 나는 것이 특징이다.

⑤ 냉각 및 포장

살균 처리한 우유는 즉시 10 ℃ 이하로 냉각하여 미생물의 번식을 최소한으로 하여 유리병, 플라스틱용기, 종이팩 등의 포장용기에 충전되어 냉장 유통된다.

(2) 가공유

원유 또는 유가공품을 원료로 하여 이에 다른 식품 또는 식품첨가물 등을 가한 후 살균 또는 멸균 처리한 것을 가한 것이거나, 살균 또는 멸균 처리 후 식품 또는 식품첨가물 등을 무균적으로 첨가한 것으로 무지유고형분(탈지분유와 성분 규격이 같은 것) 4 % 이상의 것을 말한다.

① 강화우유

착유한 그대로의 우유에 탈지분유, 유지방, 바이타민, 칼슘이나 철분 등의 무기질을 첨가하여 우유의 성분을 증강시킨 제품을 말한다.

② 환원우유

탈지분유와 유지방을 혼합하고 그 성분 조성을 보통의 우유와 비슷하게 조제한 것으로 분유를 물에 용해하여 일반 조성분이 액상우유와 동일하게 환원시킨 것을 말한다.

③ 유음료

우유에 여러 가지 향료나 감미료를 섞어 조제한 기호음료로 초콜릿우유, 커피우유, 과즙우유 등이 있다.

(3) 농축유

우유의 대부분은 물로 이루어져 있어서 저장하기에는 부피가 크기 때문에 수분을 증발시켜 원유 또는 저지방우유를 그대로 농축하거나 식품 또는 식품첨가물을 가하여 농축한 것으로 설탕의 첨가 유무에 따라서 가당연유와 무당연유로 나뉜다.

① 가당연유

우유에 설탕을 약 16 % 정도 첨가하여 우유고형분 29 % 이상, 우유지방 8 % 이상이 되도록 1/2.5 정도로 농축한 것으로 최종 제품에는 40~50 % 정도의 설탕에 의한 방부력을 가지는 저장성이 있는 유제품이다.

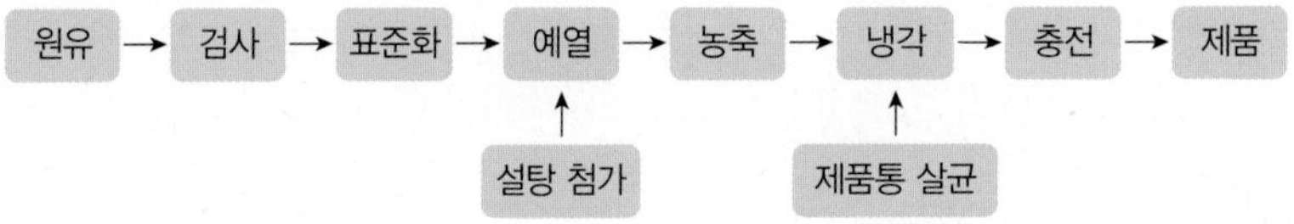

표준화한 우유에 설탕을 첨가하고 80~90 ℃에서 10~30분간 가열 처리하여 예열작업을 하는데 이것은 유해균의 사멸과 효소를 불활성화시키는 동시에 첨가한 설탕을 용해시키는 목적을 가지고 있다. 예열이 끝난 후에 진공 상태에서 농축시켜 고온 증발에 의해 발생할 수 있는 식품의 변질을 방지하면서 농축한다. 농축 완료는 비중이 1.28~1.30 정도에서 하는데 이것은 농축이 1/2.5 정도로 된 것을 의미한다. 농축이 끝나면 신속히 15 ℃ 이하가 되

게 냉각하여 젖당 결정들을 미세하게 만들어 모래알 같은 느낌이 없게 한다. 냉각된 연유는 많은 거품을 가지고 있으므로 12시간 정도 정치시킨 후 충전하여 제품을 완성한다.

② 무당연유

우유를 1/2~1/2.5로 농축하여 만든 것으로 우유고형분은 22 % 이상, 우유지방 6 % 이상으로 밀크크림이라고도 부른다. 제조과정은 가당연유와 동일하나 설탕이 첨가되지 않기 때문에 방부력이 없으므로 반드시 통조림을 하여 살균과정을 거쳐야 하며, 개봉 후에는 냉장 보관하거나 빨리 소비해야 한다.

(4) 분유

분유(dried milk)는 원료우유를 농축 건조하여 분말로 만든 것으로 원료의 종류에 따라서 전유를 건조한 전지분유, 탈지우유를 건조한 탈지분유, 설탕을 가하여 건조한 가당분유, 전지분유에 유당, 바이타민, 기타 영양소를 넣어 유아에게 적당한 영양소를 함유하게 만든 조제분유 등이 있다. 분유는 대부분의 수분을 제거하여 용적이 작고 가벼워서 다루기 용이하며 보존성이 커서 저장과 수송에 유리한 유가공품이다. 전지분유는 우유고형분 95 % 이상, 우유지방 25 % 이상, 수분 5 % 이하로 되어 있다. 전지분유의 제조과정은 다음과 같으며 1/3~1/4로 농축한 농축유를 분무건조기로 보내어 분말로 건조한다. 분무건조는 110~130 ℃의 열풍에 농축유를 안개 모양으로 뿜어 순간적으로 건조시키는 방법으로, 우유는 기화열을 빼앗기 때문에 직접적으로 받는 열이 적어서 열에 의한 변성은 적다.

원료우유 검사 → 표준화 → 예열 → 진공농축 → 분무건조 → 담기·밀봉 → 제품

(5) 크림

우유를 방치하게 되면 지방이 많은 층이 위로 떠오르는데 이것이 크림이다. 크림의 분리는 원심분리기를 이용하여 분리하며 분리된 크림은 커피에 첨가하여 직접 소비되거나 버터, 아이스크림, 제과 등의 제조 원료로 사용한다.

① 커피크림

유지방이 10~30 % 정도이고 라이트크림 또는 식용크림이라고도 하며, 커피의 풍미를 온화하게 하여 쓴맛을 없애고 색을 연하게 한다. 미국에서는 크림과 우유를 혼합하여 우유지

방을 10~12 %로 한 크림을 하프 앤 하프 크림이라 한다.

② 발효크림

우유지방 18 % 이상인 크림을 74~82 ℃에서 30분 동안 살균 처리 후 젖산세균으로 발효시켜 균일화한 것으로 사워 크림이라고도 한다. 과일, 치즈 향신료 등을 사용하여 제품화한다.

③ 휘핑크림

우유지방 30~36 %인 연한 휘핑크림과 36 % 이상의 진한 휘핑크림이 있으며, 케이크나 디저트 등에 이용된다.

우유지방의 함량을 79~81 %로 높인 제품으로 상온에서 거의 고체 상태이므로 플라스틱 크림이라고도 하며, 아이스크림 원료나 크림치즈, 제과용으로 사용된다.

(6) 버터

버터는 원유에서 크림을 분리한 다음 이를 발효, 숙성, 우유교반(churning), 분리세척, 연압 및 가열을 통하여 최종 제품이 만들어진다(14장 식용유지의 가공 참조).

(7) 치즈

치즈는 가장 오래된 유제품 중의 하나로 우유 또는 탈지유에 레닛 또는 젖산세균으로 응고시켜 얻은 커드를 굳혀서 세균이나 곰팡이 등을 이용하여 숙성시켜 만든 것이다. 치즈의 종류는 세계적으로 1,000여 종이 존재하며, 원료우유나 발효의 차이에 따라서 표 15-5로 구분할 수 있다. 치즈의 숙성과정 중 사용되는 다양한 종류의 세균이나 곰팡이에 의해 단백질이 분해되어 아미노산과 펩타이드가 생성되어 특유의 향미와 질감이 형성되며, 지방질의 화학적 변화로 지방산과 락톤, 알코올, 케톤, 알데하이드, 에스터 등의 다양한 화합물들이 숙성치즈의 독특한 향미를 형성한다.

가공치즈는 종류가 다르거나 숙성기간이 서로 다른 자연치즈를 원료로 사용하여 분쇄하고 섞은 후 가열 성형한 것으로 품질이 균일하고 모양과 무게를 자유롭게 할 수 있으며 이용률이 높고 경제적인 제품이다. 치즈의 일반적인 제조법은 다음과 같다.

원료우유 살균 → 스타터 레닛 첨가 → 응고 (커드 생성) → 절단 → 가온 → 유청 제거 → 압착·성형 → 숙성·포장

표 15-5 자연치즈의 종류와 특성

구분	수분(%)	숙성 관여 미생물		치즈의 종류(주요 생산국)
연질치즈	40~60	곰팡이		카망베르(프랑스), 브리(프랑스)
		숙성시키지 않은 것		코티지(미국), 뇌샤텔(프랑스)
반경질치즈	38~45	세균 곰팡이		브릭(미국), 뮌스터(독일), 림버그(벨기에), 하바르티(덴마크), 로케포르(프랑스), 스틸튼(영국), 블루(프랑스)
경질치즈	30~40	세균	발효가스 구멍이 큰 것	에멘탈(스위스), 그뤼에르(프랑스)
			발효가스 구멍이 작은 것	고다(네덜란드), 에담(네덜란드)
			가스구멍이 없는 것	체더(미국), 콜비(미국)
초경질치즈	30~35	세균		파르메산, 로마노(이탈리아)

① 원료유 살균

좋은 품질의 제품을 만들기 위해 알코올시험, 발효시험 및 항생물질 검출시험을 거친 우유를 저온살균이나 순간고온살균을 이용하여 처리한다. 살균과정 중에 가용성 칼슘이 열에 의해 일부 불용성으로 변화되므로 이는 레닛의 응고작용을 저하시키고 숙성을 지연시키므로 0.01 %의 염화칼슘을 첨가하는 것이 좋다.

② 스타터 및 레닛 첨가

살균우유를 냉각한 후 치즈 응고통(cheese vat)에 넣고 탈지유에서 순수 배양된 *Streptococcus lactis*, *Str. cremoris*, *Str. thermophilus*, *Lactobacillus bulgaricus* 등의 젖산세균을 스타터로 사용하여 1~2 % 정도 접종한다. 30 ℃에서 약 1시간 유지하면서 산도가 0.18~0.22 %에 이르도록 발효한다. 발효된 우유에 우유 응고효소인 레닛을 첨가하여 커드를 생성시킨다.

③ 절단

응고 시작 후 30~40분 정도 지나면 횡식절단기나 종식절단기를 이용하여 1~2 cm^3 크기의 정육면체 형태로 절단한다.

④ 가온

절단된 커드를 방치하면 가라앉아 다시 덩어리가 되므로 이를 방지하기 위하여 커드 레이크(curd rake)로 저으면서 서서히 온도를 올린다. 커드 입자에서 조금씩 수분이 빠져나가

오므라들어 부드러운 고무 상태로 되며 탄력이 있는 콩알 정도의 크기가 된다. 연질치즈는 31 ℃ 부근에서 경질치즈는 37~38 ℃로 가온한다.

⑤ 훼이 제거

커드가 적당히 굳어지면 커드 배트의 마개를 열어 유청을 빼내어 커드입자만 남긴다.

⑥ 압착 및 성형

유청은 치즈 틀(cheese hoop)에 넣어 압착기로 압착하여 유청을 제거하는 동시에 일정한 크기와 모양을 갖도록 성형작업을 같이 한다. 치즈의 풍미를 향상시키고, 이상발효를 방지하며 유청을 더 제거하여 단단한 조직을 만들기 위하여 가염 처리한다.

⑦ 숙성 및 포장

5~15 ℃의 온도의 숙성실에서 경질치즈는 85~90 %의 습도로, 연질치즈는 95 % 습도에서 숙성을 한다. 경질치즈는 10 ℃에서 6개월 이상, 연질치즈는 3~8주 사이에 완성이 된다. 숙성 중 단백질과 지방의 분해 및 화학작용에 의해 치즈에 독특한 풍미를 부여한다. 숙성 후 왁스종이, 황산지, 플라스틱 필름 등을 이용하여 포장한다.

(8) 아이스크림

아이스크림은 원유와 유가공품을 주원료로 사용하며 여기에 감미료, 방향료, 안정제 등의 부원료를 혼합하여 얼려서 만든 냉동혼합물이다. 비교적 높은 지방함량으로 부드러운 조직감과 풍미를 갖게 된다. 아이스크림의 제조방법은 다음과 같다.

원유 → 혼합 → 균질화 → 살균 → 냉각 → 숙성 → 교반·동결 → 제품

각종 원료를 혼합 용해한 후 균질기를 이용하여 유화액을 만든다. 이것을 70 ℃에서 30분 또는 85~90 ℃에서 15~20초간 살균한 후 3~5 ℃로 신속히 냉각하여 6시간 정도 숙성을 시킨다. 이후에 -20 ℃의 동결기에 넣어 세게 교반하여 재료 중에 공기를 갖게 하면서 동결시킨다. 이렇게 하는 동안 공기가 작은 기포로 혼입되어 부피가 증가하게 되며 조직은 치밀해지고 아이스크림의 텍스처가 좋아지게 된다. 공기에 의한 원료재료의 증가율을 증용률(over run)이라고 하며 80~100 %가 가장 좋다.

$$증용률(\%) = \frac{아이스크림의 용적 - 원료재료의 용적}{원료재료의 용적} \times 100$$

축산물 가공 기준 및 규격에 따르면 아이스크림은 우유지방분 6 % 이상, 우유고형분 16 % 이상을 함유하며, 아이스밀크는 우유지방분 2 % 이상, 우유고형분 7 % 이상, 셔벗은 무지유고형분 2 % 이상, 저지방 아이스크림은 조지방 2 % 이하, 무지유고형분 10 % 이상, 그리고 비유지방 아이스크림은 조지방 5 % 이상, 무지유고형분 5 % 이상을 함유한 제품을 말한다.

(9) 발효유

발효유는 원유 또는 유가공품을 젖산세균, 효모로 발효시킨 제품으로 젖산세균의 생육으로 인해 유해균이나 병원균의 증식이 억제되어 보존성이 있으며 장내에서 소화흡수를 도우며 정장작용을 한다. 발효유에는 요구르트, 살균 젖산세균 음료와 같은 젖산 발효유와 젖산세균과 효모를 사용하여 만든 쿠미스(koumis), 케피르(kefir)와 같은 알코올 발효유가 있다.

① 요구르트

불가리아 지방에서 오래전부터 이용해 온 음료로 탈지유를 1/2로 농축하고 설탕 8 %를 섞어 80 ℃에서 30분간 살균한 후 냉각하여 2 % 정도의 스타터를 넣고 30~37 ℃에서 12~24시간 동안 발효시킨다.

② 케피르

케피르(kefir)는 코카서스 지방에서 처음 만들어진 발효유로 우유 또는 산양유 등을 원료로 발효시켜서 만든 제품으로 1 %의 산도와 1 %의 알코올을 함유하고 있다.

③ 쿠미스

쿠미스(koumis)는 시베리아 지방에서 마유를 원료로 하여 제조하는 발효유로서 젖당이 마유에 많이 들어 있어서 알코올 발효에 적당하다.

3. 알의 가공

알은 가금류로부터 생산되는 주요 산물로, 영양적 가치가 매우 높으며 식품가공에 유화성, 보수성, 응고성, 기포성 및 기포 안정성을 부여한다. 알의 종류에는 달걀, 오리알, 거위알, 타조알, 메추리알 등이 있으나 일반적으로 알이라 하면 달걀을 의미한다.

1) 달걀의 구조

달걀의 구조는 달걀껍데기, 달걀흰자위, 달걀노른자위의 세 부분으로 되어 있으며(그림 15-5), 그 비율은 가금류의 종류에 따라서 조금씩 차이를 보이고 있다.

달걀껍데기(egg shell)는 내부를 보호하고 공기의 유통 및 수분의 증발을 조절하는 작용을 한다. 산란 직후 달걀껍데기 표면에는 수정관에 분비된 점질물이 부착된 큐티클(cuticle)이 있으며, 이것은 광택이 없고 거칠며 산란 직후 세균에 의한 오염을 막는 역할을 한다. 달걀껍데기의 두께는 0.26~0.36 mm로 칼슘 화합물로 구성되어 있으며 표면에는 기공이 있는 다공질을 형성하고 있다.

달걀흰자위(egg white)는 노른자위 주위에 있는 반투명의 유체로서, 중량의 약 60 %를 차지한다. 점성이 높은 농후 흰자위, 점성이 적고 노른자위를 둘러싸고 있는 내수양 흰자위와 달걀껍데기 근처에 존재하는 외수양 흰자위 및 노른자위를 고정하고 있는 은백색 나선

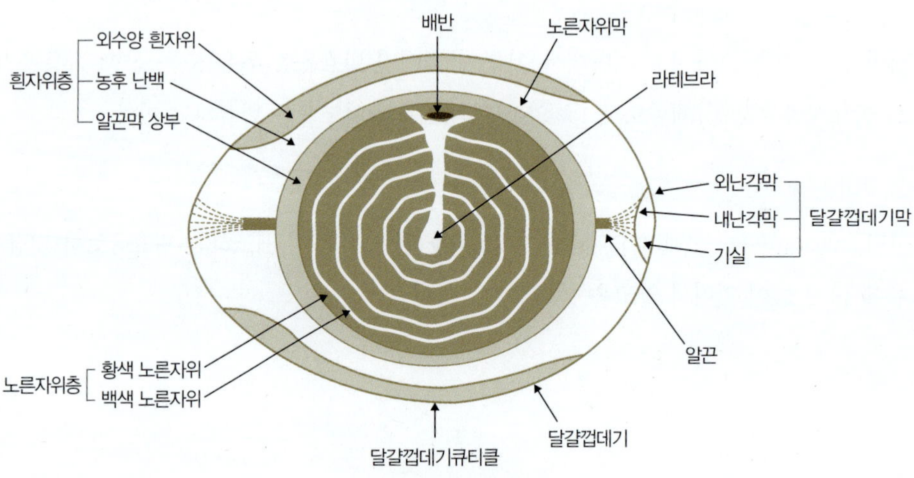

그림 15-5 달걀의 구조

상의 알끈(chalaza)으로 구성되어 있다. 흰자위에는 라이소자임(lysozyme)이라는 항균성 효소가 존재하여 미생물의 침입을 막는 작용을 한다.

달걀노른자위(egg yolk)는 전체의 30~33 %로 노른자위막에 싸여 있으며 황색을 띤다. 노른자위의 상반구 표면 중심부에는 배반(germ disc)이 있으며, 하부는 노른자위 중심부를 향하여 유백색 액상의 라테브라(latebra)가 존재한다. 노른자위는 라테브라를 중심으로 황색노른자위과 백색노른자위의 층을 이루고 있다.

2) 달걀의 성분 및 영양

달걀은 필수아미노산의 함량이 높고 메싸이오닌, 시스틴과 같은 함황아미노산 함량이 다른 식품에 비해 많아 우유와 같이 단일식품으로는 영양 가치가 높은 식품으로 단백질 생물가는 94~97이다. 지방질은 유화성이 강하여 소화 및 흡수가 잘되며, 무기질 중 황과 인의 함량이 높은 것이 특징이다. 특히 철은 가열의 영향을 받지 않고 흡수가 잘되어 혈색소의 합성에 이용되므로 노른자위는 철의 좋은 공급원으로 작용한다.

달걀껍데기는 탄산칼슘 96.4 %, 탄산마그네슘 1. 5%, 인산칼슘 0.18 % 등으로 주로 칼슘 화합물로 구성되어 있다. 달걀껍데기막의 주성분은 단백질과 당질이며 달걀껍데기와 접하는 부분은 당단백질로 되어 있다.

달걀흰자위는 고형분 함량의 90 % 이상이 단백질로 이루어져 있으며, 주성분은 오브알부민으로 전 단백질의 약 54 %를 차지한다. 그 외에도 콘알부민, 오보뮤코이드, 오보글로불린, 라이소자임, 오보뮤신, 아비딘, 플래빈단백질과 같은 단백질로 이루어져 있다. 흰자위 중의 지방질 함량은 0.1 % 이하로 극소량이 존재한다. 저장기간이 길어질수록 노른자위막을 투과하여 흰자위로 이동하므로 지방질의 함량이 증가한다. 흰자위 중의 탄수화물은 1 % 내외로 포도당을 비롯하여 과당, 마노스, 펜토스 등의 당으로 오보뮤코이드, 오보뮤신, 오브알부민 등의 단백질과 결합되어 있다.

달걀노른자위는 고형분이 약 50 %로 높으며, 단백질 16 %, 지방질 32 %, 무기질 2 %, 탄수화물 1 %로 구성되어 있다. 노른자위 단백질은 인단백질이 지방질과 결합된 형태로 존재하며 리포비텔린, 리포비텔리닌, 포스비틴, 리베틴으로 구성되어 있다. 노른자위의 지방질은 노른자위 고형분의 60 % 이상을 차지하며 대부분이 단백질과 결합되어 있다. 또한 지방질의 1/3은 인지방질로서 그중 50~60 %가 레시틴이다.

3) 알 가공품

(1) 건조란

달걀의 껍질을 제거하고 탈수 건조한 것으로 저장성은 높지만 품질이 저하되기 쉽다. 건조란에는 전체를 건조한 건조전란과, 노른자와 흰자를 분리한 후 각각 건조한 마른노른자위 및 마른흰자위의 세 가지가 있다. 흰자위를 그대로 건조하면 환원당과 단백질이 반응하여 갈변이 일어나므로 건조하기 전에 당분을 제거하거나 염산을 이용하여 pH를 5.5로 만든다. 환원당의 제거에는 효모를 이용한 발효법이나 포도당산화효소(glucose oxidase)와 카탈레이스(catalase)를 이용한 효소법이 사용된다. 흰자위의 건조에는 박막건조법이 사용되며, 전란이나 노른자위의 건조에는 분무건조법이 사용된다. 건조란은 주로 아이스크림, 쿠키, 케이크 등에 사용된다.

(2) 동결란

달걀 껍질을 벗겨서 동결한 것으로 전체를 동결한 것과 흰자위와 노른자위를 분리해서 따로 동결한 것이 있다. 폴리에틸렌 봉지에 껍질을 제거한 알을 넣고 -20~-30℃에서 급속히 동결하여 저장한다. 동결한 노른자위는 해동 시 유동성을 잃고 젤 모양으로 굳기 쉬우므로 이를 방지하기 위해 소금 5~10 %(마요네즈, 드레싱용)나 설탕을 10 %(베이커리, 아이스크림용) 정도 섞어서 동결한다.

(3) 마요네즈

마요네즈(mayonnaise)는 노른자위의 유화력을 이용한 대표적인 알 가공품으로 노른자위(10~15 %), 식물성 식용유(60 %)를 주원료로 하여 여기에 식초, 향신료, 조미료 등을 첨가하여 혼합하여 물속기름형(O/W형)으로 유화시킨 것이다. 사용하는 기름은 품질에 영향을 주기 때문에 정제한 올리브유, 면실유 및 콩기름 등을 사용하며, 원료배합이 같더라도 혼합·교반 방법, 원료의 혼합순서 등에 따라서 품질에 차이가 난다. 마요네즈는 공업적으로 진공혼합교반기를 사용하며 노른자위와 조미료를 혼합기에 먼저 넣고 고속으로 교반하여 균일하게 한 후 기름을 조금씩 떨어뜨리다가 점점 양을 늘려서 주입한다. 기름을 다 섞은 후에도 잠시 동안 진공 조건에서 교반을 계속하다가 제품화한다. 진공 조건에서 작업하는 이유는 지방산패를 최소화하기 위해서이다.

(4) 피단

피단(pidan)은 알 속에 소금과 알칼리성 염류를 침투시켜서 흰자위와 노른자위를 응고시켜 숙성한 조미달걀로, 중국에서는 오리알을 원료로 만들기 시작한 것이지만 달걀에도 적용된다. 제조방법으로는 소금, 소석회, 나뭇재, 물을 혼합한 것을 알 껍질에 약 1 cm 두께로 고르게 바른 후 왕겨를 표면에 묻히고 항아리에 담아 밀봉해서 15~20 ℃의 비교적 낮은 온도에서 3~6개월간 보관한다. 이 동안 알칼리가 알 속으로 침투해 흰자위는 투명한 적갈색으로, 노른자위의 외부와 내부는 각각 흑록색과 황갈색으로 변하며 응고되고, 특유의 독특한 풍미를 갖게 된다.

TIP 소시지의 어원

소시지의 어원을 보면, 영어의 sausage, 프랑스어의 saucisse, 이탈리아어의 salsiccia, 스페인어의 salchicha 등은 모두 라틴어인 salsicius로부터 유래된 말이다. salsicius는 소금에 절인다는 뜻으로 소시지의 기원이 염지와 깊은 관련이 있음을 말해준다.

연습문제

01 다음 우유성분 중에서 젖소의 종류 및 계절에 따른 차이가 가장 큰 성분은?

① 단백질　　② 젖당

③ 지방　　④ 회분

02 가당연유의 제조 시 예비가열의 목적이 아닌 것은?

① 농축효율을 높이기 위하여

② 단백질의 변성을 방지하기 위하여

③ 원료유의 미생물과 효소를 파괴하기 위하여

④ 설탕의 용해를 쉽게 하기 위하여

03 우유 균질화의 효과는 무엇인가?

① 지방구의 분산　　② 단백질 분해에 의한 소화 촉진

③ 거품형성능 촉진　　④ 발효의 촉진

04 다음 중에서 시베리아 지방에서 마유(馬乳)를 원료로 제조하는 발효제품은?

① 발효크림　　② 쿠미스

③ 케피르　　④ 칼피스

05 육가공 시 염지의 설명으로 잘못된 것은?

① 제품의 풍미를 향상시킨다.

② 보수성 및 결착성을 증대시킨다.

③ 단백질을 변성시키고 살균의 효과가 있다.

④ 근육 단백질의 용해성을 증가시킨다.

06 다음 육가공품 중 제조 시에 결착력이 필요한 것은?

① 햄　　② 소시지

③ 베이컨　　④ 통조림

07 다음 중 훈연의 목적으로 맞지 않는 것은?

① 보존성 향상　　② 방부성 증가

③ 풍미 증대　　④ 보수성 증가

08 마요네즈 제조 시 유화제의 역할을 하는 것은?

① 소금　　② 식초

③ 달걀노른자위　　④ 식용유

09 달걀껍데기의 외부에 조미료, 향신료 등을 가해 난(卵) 내용물에 침투시켜서 제조한 난가공품은?

① 건조알부민　　② 피단(pidan)

③ 액란(liquid egg)　　④ 커스터드(custard)

10 버터의 제조 시 우유교반(churning)을 하는 목적은 무엇인가?

11 치즈 제조 시 레닌에 의해 커드(curd)가 형성되는 원리에 대하여 설명하시오.

12 식육은 가열 처리에 의해서 갈색으로 변하지만 햄, 소시지의 경우에는 가열 처리 후에도 색이 변하지 않고 유지되는 이유는 무엇인가?

정답과 해설

1. ③ **2.** ② **3.** ① **4.** ② **5.** ③ **6.** ② **7.** ④ **81.** ③ **9.** ②

10. 물리적 충격에 의해 크림에 있는 지방구가 작은 지방입자를 형성하고 버터밀크와 분리하기 위해서

11. Rennin은 κ-casein의 105번째 phenylalanine과 106번째 methionine 사이의 펩타이드 결합을 분해하여 파라 κ-casein을 형성하며 이것은 칼슘에 의해 불용화되어 curd 형태의 응고물이 형성된다.

12. Myoglobin과 같은 성분이 아질산염 또는 질산염과 반응하여 nitrosomyoglobin으로 전환되어 육색을 유지하기 때문이다.

CHAPTER 16

수산식품의 가공 및 저장

삼면이 바다인 우리나라에서 수산업의 중요성은 잘 알려져 있으며 또한 수산물은 우수한 동물성 단백질의 영양 공급원으로서도 중요하다. 하지만 수산물은 다른 동물 단백질보다 쉽게 변성이 일어나기 때문에 수산물의 가공방법이 매우 중요하다. 본 장에서는 주로 수산물의 특성을 배우는 한편, 가공 처리에 따른 수산제품의 특성을 파악할 수 있다.

1. 수산식품의 특징 및 분류

우리나라에서의 수산물은 식품으로서 매우 중요한 위치를 차지하고 있다. 어류 등은 영양학적 측면에서 우수한 동물성 단백질의 공급원이며, 필수아미노산 조성 및 소화율도 다른 단백질 공급원에 비해 우수하다. 또한 해조류는 식이섬유와 무기질이 풍부하여 최근 건강 기능성 측면에서도 부각되고 있다. 하지만 수산물은 농축산물 원료와는 달리 어획 생산량의 예측(계절, 어군 등의 이유)이 어렵고 변질과 부패하기 쉽다는 단점이 있어서 이를 극복하고 다양하게 이용하기 위해 수산가공품으로 많이 활용하고 있다.

수산물(특히 어류)의 저장성이 낮은 이유로는 ① 수분함량이 많아 변패가 용이하다. ② 근육섬유조직이 단순(결체조직이 적다)하여 효소나 미생물의 분해작용이 쉽다. ③ 내장에서 단백질분해효소를 많이 분비하여 자가분해(autolysis)가 쉽게 일어난다. ④ 아가미나 표피 등에 장내세균의 부착 기회가 많다. ⑤ 부착 및 장내 미생물 중 저온 혹은 실온에서 잘 자라는 것이 많다. ⑥ 상대적으로 천연 면역소가 부족하다. ⑦ 지방의 구성성분은 불포화지방산이 많아 지방산화가 쉽게 일어난다 등이다.

따라서 이러한 이유로 대부분의 수산물은 즉시 소비되는 시간적, 지역적, 계절적 제한성을 가지고 있으나 현재 유통 시스템의 급진적 발전으로 소비의 제한성을 극복하고 있다. 또한 다양한 가공기술의 개발로 다양한 수산가공제품으로 발전되고 있다. 즉 수산물을 가열, 건조, 냉동, 염장 등의 가공방법을 이용한 통조림, 연제품(練製品), 조미가공품, 젓갈제품 등이 있다. 그림 16-1과 같이 수산물과 수산가공품을 분류할 수 있다.

그림 16-1 수산물과 수산가공품의 종류

TIP 수산물의 관능검사평가법

1) 근육의 경도 : 단단한 것은 사후강직이 진행 중이다.
2) 아가미 : 담적색, 붉은색이 선명할수록 신선하다.
3) 안구 : 오래될수록 수분의 건조로 안구색이 농축되어 불투명, 혼탁하다.
4) 어피 : 광택, 특유의 색을 유지한 것이 신선하다.
5) 복부 : 탄력이 좋을수록 신선하다.
6) 냄새 : 바닷물 냄새가 날수록 일반적으로 신선하다.

2. 어류의 구조 및 주요 성분

1) 어류의 구조

어육의 근육조직은 골격근(striated muscle; 골격에 부착되어 몸체를 움직이는 것), 평활근(smooth muscle; 내장 등) 및 심근(cardiac muscle; 심장 등)으로 구성되어 있다. 이는 축육의 근육조직과 동일하다. 이 중 가장 많이 존재하고 우리가 식육으로 가장 널리 이용하는 부분은 골격근(횡문근이라 불리기도 함)으로 이는 다음과 같이 구성되어 있다(15장 그림 15-1 참조).

마이오신(myosin; thick filament)과 액틴(actin; thin filament)으로 구성된 근육원섬유마디(sarcomere)가 여러 개 연결된 것을 근원섬유(myofibril; 근섬유의 기본단위)라고 한다. 근원섬유가 여러 개 모여 이루어진 것을 근섬유(muscle fiber)라 하며 이들이 모여서 근육(muscle)을 구성한다. 어류의 근섬유 길이(수~수십 mm)와 직경(수십~수백 μm)은 생선의 종류에 따라 다르며, 고등어의 경우는 근섬유 길이가 5~6 mm이고 직경은 약 50~70 μm이다.

2) 어류의 분류 및 주요 성분

어류는 크게 고기 색에 따라 흰살생선(white meat 혹은 light fish)과 붉은살생선(red

TIP 생선의 신선도 측정법

생선의 신선도를 측정하는 방법으로 바이오센서를 이용할 수 있다. 식품 내에 포함되는 세포 에너지 중 저장·운반 물질인 아데노신삼인산(ATP)이 시간이 흐름에 따라 분해되어 신선도가 나빠지면 생성되는 물질(이노신; HxR, 하이포잔틴; Hx)이 축적되는 것을 이용하였다. 신선함(K값)을 측정하는 장치이다. K값(%)은 아래 식에서 구할 수 있다.

$$\text{K값} = \frac{\text{HxR} + \text{Hx}}{\text{ATP} + \text{ADP} + \text{AMP} + \text{IMP} + \text{HxR} + \text{Hx}} \times 100$$

신선도 측정기는 선도가 좋을 때에 포함되는 성분(ATP, ADP, AMP, IMP 등의 성분)과 선도가 떨어지기 시작하였을 때에 포함되는 성분(HxR과 Hx 성분)을 효소 센서(xanthine oxidase)를 이용하여 K값을 단시간에 간단하게 특정하는 방법이다.

meat 혹은 dark fish)으로 분류를 한다. 대구, 도미 등은 생선의 살코기 색이 흰색인 흰살생선이며, 정어리, 고등어 등은 붉은살생선이다. 붉은살생선에는 근육에 마이오글로빈 등의 색소가 많고 지방 함량이 약 10배 이상 높은 특징이 있어 도살 후 흰살생선에 비해 변패가 쉽게 일어난다.

기호도는 개인별, 국가별로 약간씩 차이가 있는데 미국 등에서는 흰살생선을 선호하여 붉은살생선의 소비가 적었으나 최근 이들의 이용에 대한 연구가 활발히 진행되고 있다. 반면 우리나라에서는 붉은살생선도 흰살생선과 같이 널리 소비되며 선호되고 있다. 두 종류의 어류에서는 아미노산 등의 성분 조성 차이는 거의 없는 것으로 나타난다. 일반적으로 어육은 수분이 65~85 %, 단백질 15~25 %, 지방 0.1~22 %, 탄수화물 1~3 %, 그리고 무기물질 0.8~2 %로 구성되어 있다(표 16-1). 그러나 이러한 성분함량은 어종별, 연령별, 부위별, 계절별, 그리고 사료나 배란 전후에 따라 많은 변화를 보일 수 있다.

표 16-1 흰살생선 및 붉은살생선의 구성 성분 비교

어류	수분(g)	단백질(g)	지방(g)	회분(g)	발열량(kcal/kg)
흰살생선	78~81	16~21	0.2~0.8	1.4~1.6	800~900
붉은살생선	66~74	16~22	8~14	1.2~1.6	1500~2200

(1) 단백질

어육은 일반적으로 15~25 %의 단백질 함량을 나타낸다. 어육 단백질은 근육(기능적인 조직)조직으로의 분류보다는 단백질이 용해되는 특성으로 분류한다. 즉 어육 단백질은 수용성 단백질인 근육세포질 단백질(sarcoplasmic protein; 혈액 등), 염용성 단백질인 근육원섬유 단백질(myofibrillar protein; 생선살 등) 및 불용성 단백질인 스트로마 단백질(stroma protein; 콜라겐 등)로 분류할 수 있다. 어육은 축육 등에 비해 필수 아미노산이 균형 있게 분포되어 있으며 결합조직이 적은 특징을 가지고 있다.

어육 단백질에서 65~78 %로 가장 많이 차지하고 있어 중요하다고 할 수 있는 근육원섬유 단백질은 근원섬유를 형성하는 단백질로서 마이오신, 액틴 및 기타 조절단백질(tropomyosin, troponin, actinin 등)로 구성되고 있다. 근육원섬유 단백질은 어육 가공제품(어묵 등)에서 젤 형성에 가장 중요한 역할을 하며 구성성분 중 마이오신은 젤화에 가장 중요한 역할을 하는 반면에 액틴은 보조적인 역할을 한다. 액틴 자체만으로는 젤을 이루지 못한다.

(2) 지방질

어류에서의 지방 함량은 매우 다양해서 평균 지방 함량은 의미가 없다고 할 수 있다. 일반적으로 붉은고기가 흰살고기보다 지방 함량이 월등히 많으며 축육보다 불포화지방산이 높아 매우 쉽게 산패되어 생선유는 처리를 잘못하면 비린내가 날 수 있다.

어류 지방질도 인체와 같이 저장지방질과 조직지방질로 나눌 수 있는데 대부분은 저장지방질로 구성되어 있다. 어류 지방질의 일반적 지방산 조성은 70~80 %가 불포화지방산으로 구성되어 있다. 등푸른생선(정어리, 청어 등)이라 불리는 붉은살생선에서 **ω**-3(오메가 3) 지방산으로 널리 알려진 DHA(docosahexaenoic acid; C20:5 Δ5, 8, 11, 14, 17)와 EPA(eicosa-pentaenoic acid; C22:6 Δ7, 10, 13, 16, 19)가 간유성분에 다량 들어 있다(그림 16-2). 지방산에 이중결합들이 5개 또는 6개가 있는 **ω**-3 지방산이 전체 지방산의 약 15~30 % 정도를 나타내고 있으며 식물성유는 대략 1 % 정도이다. 최근 널리 **ω**-3 지방산의 기능성이 알려지면서 어류의 지방산에 관심이 높아지고 있다. 또한 전체 지방산의 20~30 %를 차지하는 포화지방산의 주성분으로는 팔미트산(palmitic acid; C16:0)과 올레산(oleic acid; C18:1)이다. 그러나 이러한 불포화지방산과 포화지방산들의 조성 및 함량은 생선의 종류, 서식지, 사료 또는 계절에 따라 크게 변화될 수 있다.

(3) 색소

색소는 크게 분류하여 지용성과 수용성 색소로 분류할 수 있다. 어패류에도 이와 같은 지용성(carotenoid 등)과 수용성(myoglobin 등) 색소가 중요하게 작용한다. 붉은살생선육의 색을 나타나는 붉은색은 myoglobin으로 축육의 적색육과 같은 메커니즘을 나타난다. 즉 붉은색의 myoglobin이 가열이나 산화에 의한 암갈색의 metmyoglobin으로 변화가 일

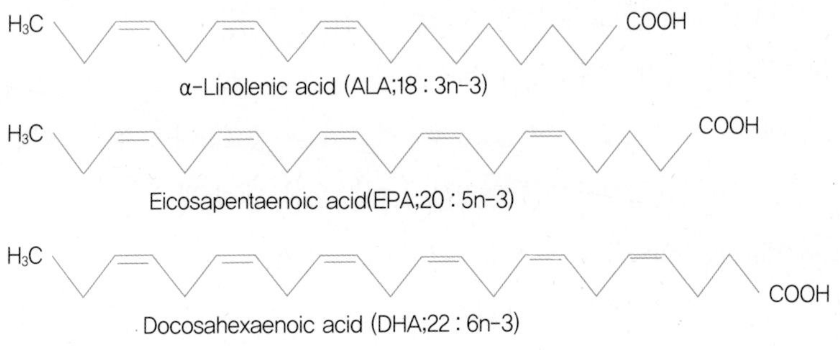

그림 16-2 오메가-3 고도불포화지방산들의 구조

어난다. 또한 게나 바다가재 등 껍질의 푸른색인 아스타잔틴(astaxanthin; carotenoid의 일종)은 가열에 의하여 결합되어 있던 단백질이 변성·분리되어 적색의 아스타신(astacin)으로 변하게 되어 적색을 나타난다. 오징어와 문어의 먹물은 멜라닌(melanin) 색소의 일종인 sepiamelanin에 의해 검은색을 나타낸다.

(4) 가용성 물질

대부분의 적은 분자량 물질들은 물로 용출되어 대사 등의 생리적 작용 및 식품에서 향미 및 변질에 영향을 준다. 이러한 저분자 물질로는 유리아미노산, 저분자 펩타이드, 당류, 유기산, 핵산 등이 있다. 유리아미노산 및 저분자 펩타이드 들은 엑스분 중의 함질소화합물의 성분이다.

최근 관심을 갖고 있는 dipeptide로는 carnosine(β-alanylhistidine; 일반 어패류육에 많이 함유), anserine(β-alanyl-1-methyl histidine; 무척추동물에는 적고 어육에 많음), balenine(β-alanyl-3-methyl histidine; 고래육에 많이 함유) 및 taurine(오징어 등에 많이 함유) 등이 있으며 이에 대한 연구가 활발하게 진행되고 있다. 어육의 감칠맛은 주로 글루탐산, 이노신산(inosinic acid·5′-inosinic monophosphate; IMP)에 의하고, 패류의 감칠맛은 석신산(succinic acid) 등에 의한다.

3. 어패류의 사후 변화

1) 사후경직

냉장시설이 갖추어지기 전 홍해에서는 철갑상어를 잡아서 해안으로 갈 때까지 고기가 상하는 것을 막기 위해, 그물 안에서 꺼내기 전에 몸둥이로 상어를 때려서 인위적으로 사후경직을 일으킨 다음 끌어 올려 고기의 부패를 피하는 방법을 사용하였다. 이렇듯 어패류의 사후경직(rigor mortis) 현상도 축육과 매우 유사하여 자세한 설명은 15장 축산식품의 가공 편을 참조하기 바란다. 즉 해당작용에 의한 육질에 ATP 및 glycogen 함량은 감소하고 젖산이 생성되어 육질의 pH가 낮아진다. 또한 근육이 액토마이오신(actomyosin)으로 되어 액틴과 마이오신으로 분리가 안 일어나는 경직현상이 나타난다. 일반적으로 사후경직 후 변패가 일어난다고 가정하면 사후경직을 늦게 일어나게 하고 또한 경직시간이 연장되도록 하는 것이 선도 유지상 필요하다. 따라서 어획 시에 될 수 있는 한 스트레스(stress)를 주지 말고 어획 후 바로 도살하여 저온에 저장하는 것이 바람직하다.

2) 자가분해

근육이나 혹은 소화기관에 있는 단백질분해효소인 카텝신 등에 의해 단백질이 분해되어 유리아미노산 및 가용성 질소가 증가한다. 즉 사후경직 후 자가분해(autolysis)로 근육이 연화되는 현상이다. 부패와 다른 것은 미생물의 작용이 없이 일어난다는 것이다. 자가분해 시 근육 내에서는 단백질, 지방, 글리코겐이 분해된다. 어육의 자가분해에 영향을 주는 인자로는 ① pH : 카텝신의 최적 pH가 약 4.5이다. 처음에 자가분해가 잘 일어나지 않는 이유는 어육의 pH가 약 7.0이기 때문이며 젖산 생성 후 pH가 저하되면 자가분해가 빠르게 진행된다. ② 온도 : 카텝신 효소의 최적온도를 맞춰 주면 자가분해가 증가한다[일반적으로 해수어(40~45 ℃) > 담수어(25~27 ℃)]. ③ 효소의 양 : 어류의 종류에 따라 존재하는 효소의 양이 달라 자가분해 속도가 다르다. 흰살생선이 붉은살생선에 비해 효소의 양이 적어 자가분해 속도가 느리다. 자가분해를 이용한 예로는 젓갈류와 홍어회 등이다. 수산물을 통조림 제조 시에 약 85 ℃로 10분 이상 가열 처리하면 자가분해가 거의 나타나지 않는다(15장 축산식품의 가공에서 사후경직 참조).

3) 부패(putrefaction)

자가부패가 진행된 어패류는 단백질이 분해되어 유리아미노산 등이 증가하기 때문에 세균의 성장이 용이하다. 어패류는 독특한 냄새를 가지며, 특히 바닷고기는 민물고기보다 비린 냄새가 심하다. 어류 특유의 비린내는 생선의 육질에 널리 존재하는 트라이메틸아민옥사이드(trimethyl amine oxide; TMAO) 성분이 고기가 죽은 후 세균(효소)이나 환원물질(cystein, glutathione 등)에 의해 쉽게 환원되어 트라이메틸아민(trimethyl amine; TMA: 비린내의 주요 성분)으로 변화되기 때문이다(그림 16-3). 어류가 부패하면 TMAO의 양은 점차 감소하고 반대로 TMA는 점차 증가된다. TMAO는 가열에 의해서도 분해되며 특수한 조건, 즉 Fe^{2} 등에 촉매가 되고 cysteine 등이 존재하면 상온에서도 환원된다.

또한 부패과정 중 카복실기제거, 탈아미노제거반응에 의하여 유리아미노산이 분해되어 이산화탄소, 암모니아, 아민 등 부패대사물 생성이 증가한다. 아미노제거반응에서 생긴 암모니아와 트라이메틸아민이 생성되면서 부패과정 중 pH가 상승한다.

$$2RSH + 2Fe^{3+} \longrightarrow RSSR + 2H^+ + 2Fe^{2+}$$

$$(CH_3)_3NO + 2H^+ + 2Fe^{2+} \longrightarrow (CH_3)_3N + 2Fe^{3+} + H_2O$$

$$2RSH + (CH_3)_3NO \xrightarrow[\text{TMAO reductase}]{} RSSR + (CH_3)_3N + H_2O$$

(a) 효소적 반응

$$(CH_3)_3NO \longrightarrow HCHO + (CH_3)_2NH$$

(b) 비효소적 반응

그림 16-3 어패류의 주요 비린내 성분 형성반응

4. 수산물의 가공·저장법

1) 어류의 처리방법

어류는 일반적으로 머리, 몸통 및 꼬리로 나눌 수 있는데 어종에 따라 다양한 형태를 보이나 일반적으로 타원형이라 할 수 있다. 수확한 어류는 저온에서 신속하게 이용 목적에 따라 다양한 방법으로 처리하여야 한다. 이때 처리되는 형태에 따라 표 16-2와 같이 분류한다.

표 16-2 어류의 처리방법에 따른 분류

	처리 종류	처리방법
어체	Round	아무런 처리를 하지 않은 어체
	Semi-dressed	아가미·내장을 제거한 것
	Dressed	두부·아가미·내장을 제거한 것
	Pan-dressed	두부·아가미·내장·지느러미·꼬리를 제거한 것
어육	Filet	Dressed한 것의 뼈를 제거하고 두 쪽으로 나눈 것
	Chunk	Pan-dressed한 것의 뼈를 제거하고 절단한 것
	Steak	Filet한 것을 2 cm의 두께로 절단한 것
	Slice	Steak보다 더 얇게 자른것
	Dice	2~3 cm 크기의 정육면체로 절단한 것
	Chop	어육세절기(chopper)에 넣어 갈은 것

2) 냉동법

오늘날 수산식품은 많은 부분이 냉동 상태로 운반, 저장되고 있다. 냉동 및 냉동 저장은 위해 미생물들의 침입을 막아 소비자에게 유통되는 안전하며 편리한 방법 중의 하나이다. 그러나 어패류는 일반적으로 수분함량이 많고 근육섬유조직이 간단하며 내장 내의 효소에 의한 자가분해가 일어날 뿐만 아니라 부패세균의 침입이 쉽고 천연면역소 등이 적어서 사후 부패작용이 빠르게 일어난다. 따라서 어패류는 포획 후 사후 변화에 따른 부패작용을 억제하기 위하여 머리, 내장을 제거한 후 경직 이전에 냉동이 필요하다. 또 수산물을 냉동시켜 공기를 차단함으로써 산화와 건조를 방지할 수 있다. 보통 어류를 세척 후 냉동 pan에 담가 동결(panning)시키거나 어류에 얼음 막을 입히는 glazing(빙의; 氷衣) 처리를 통해 어류와 공기와의 접촉을 막아 산화·건조를 방지할 수 있다. 새우 등은 액체질소에 담아 급속 개체 냉동을 한다.

3) 수산건제품

수산건제품이란 수산물을 원료로 하여 ① 소건품(plain dried product; 날 마른치) : 날것에 아무것도 첨가하지 않고 건조시켜 수분을 20 % 정도로 한 것. 예 : 오징어, 명태, 미역, 김 등, ② 염건품(salted and dried products; 간 마른치) : 소금(20~40 %)을 가하여 건조시킨 것. 예 : 굴비, 대구포 등, ③ 증건품(boiled and dried products; 찐 마른치) : 내장을 제거하기가 어려운 어종을 증자하여 지방분을 제거한 다음 말리는 방법. 예 : 멸치 등, ④ 훈건품(smoked and dried products) : 연기를 쐰 것으로 건조 효과, 풍미, 저장성(방부제 역할), 지방산화 방지를 목적으로 한 제품들을 말한다. 따라서 이러한 수산건제품들은 수산물을 건조시킴으로써 제품의 가치를 높이고 수송을 편리하게 하며, 특히 부패 혹은 변질되기 쉬운 어류의 수분을 감소시켜 수분활성도를 저하시키고 세균 발육을 방지함으로써 저장기간을 연장하는 것이 목적이다.

훈연은 제품에 식욕을 자아내는 연기 냄새를 주고 제품의 풍미를 향상시키며 외관상 특유의 훈연색을 줄 뿐만 아니라 연기성분 등(페놀류, 폼알데하이드, 유기산류, 알코올류, 카보닐 화합물)에 의하여 항균성을 갖게 되어 균의 번식을 억제함으로써 미생물의 내부 침입을 막는 효과를 가져온다.

이와 같이 훈연을 통하여 가공하는 방법에는 냉훈법, 온훈법, 열훈법 외에 액훈법, 전기

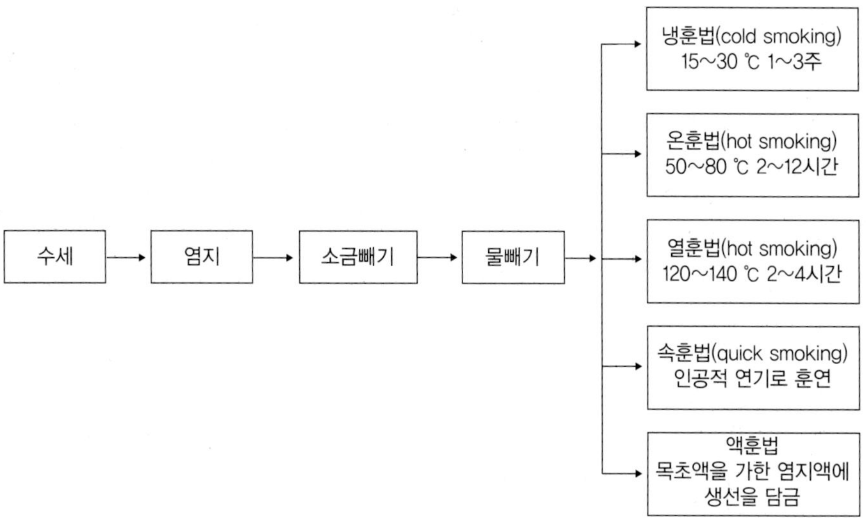

그림 16-4 훈제어를 제조하는 여러 가지 방법

훈연법 등이 있다(그림 16-4). 냉훈법은 장기 저장을 필요로 하는 제품의 제조에 쓰이는 방법으로 훈건하여 수분을 약 40 % 이하가 될 때까지 건조하는 방법이다. 온훈법은 수분이 많은 조미품의 제조를 목적으로 하는 방법이다. 열훈법에서는 고기가 변성하는 외에 보존성도 떨어지므로 진공포장이나 저온 저장을 필요로 한다. 액훈법은 훈연재로부터의 연기를 건류하여 액화시킨 것에 침지하고 건조하여 가열한 후 착색, 착향하여 마무리하는 방법으로 제조기간을 단축하기 위해서 고안된 방법이다. 훈제어로는 청어, 고등어, 정어리, 꽁치, 연어, 송어, 대구류, 가자미, 상어, 장어, 오징어 등이 있다. 제법에 따라 냉훈청어, 온훈연어 등으로 구별하기도 한다.

그리고 어패육을 한번 훈제한 후 통조림으로 만들기도 한다. 보통 상질의 식물성기름(올리브기름 또는 면실유)을 주입하고 밀봉 살균하여 훈제유침 통조림으로 생산한다. 훈제 통조림은 가열 살균에 의해 살빛이 변화하는 것을 막기 위해서 살균을 생략하고 진공권체만을 하는 경우도 있다. 또 살균을 하더라도 고온을 피하여 90 ℃에서 30~40분 정도 가열 처리한다. 제품으로는 연어, 방어, 청어, 정어리, 꽁치, 굴, 전복, 소라, 모시조개 등이 제조 생산된다.

4) 염장품

소금을 첨가하여 저장성과 맛을 증진시키거나 발효시켜 풍미를 부여할 수 있는 저장방법으로, 소금을 직접 뿌리는 마른간법(dry salting)과 소금물에 침지하는 물간법(brine salting)이 있다. ① 염장어 : 고등어, 조기 등의 소금량은 보통 원료의 20~30 % 정도로 염장한다. ② 젓갈 : 새우젓·오징어젓·명란젓·굴젓·멸치젓 등이 대표적인 것으로 소금을 첨가하여 자가분해를 완만하게 진행시킴과 동시에 발효한 식품으로 어패류의 단백질이 분해되어 감칠맛 등이 증가하나 숙성 중 부패하지 않도록 저온에서 저장하는 것이 좋다.

5) 연제품(어묵붙이)

어육은 축산물과 같은 동물성 식품과 비교할 때 영양학적 관점뿐 아니라 식품가공학적 측면에서도 다른 점을 나타내고 있다. 즉 어육은 축육에 비해 저장하기 까다롭고 변질되기 용이하여 어육가공품이 개발되어 왔다. 수산가공식품의 한 가지 방법으로 가장 널리 알려진 연제품(surimi-based products, 일본어로는 kamaboko)은 처음에 일본에서 개발되었고 현재는 한국, 중국 등은 물론 미국 등에서도 보편화되어 그 수요가 매년 급증하고 있는 추세이다. 연제품의 전체 제조 공정은 그림 16-5와 같다.

(1) 연제품의 제조원리

일반 어육을 가열하면 단순히 육단백질에서 수분이 분리되고 경화시킬 뿐 gel을 형성하지는 않으나 어육을 식염과 함께 갈아서 고기풀(surimi paste)을 만든 다음 가열하면 gel이 된다. 이때 gel 형성에 중요한 단백질 성분으로는 어육 단백질의 60~70 %를 차지하는 마이오신으로 어육 중에는 액토마이오신으로 존재한다. 액토마이오신은 2~3% 의 식염에 녹아 마쇄하면 액토마이오신 분자 내에 (-)전하가 많아 반발적으로 분산되어 점성이 높은 sol 상태의 점성 고기풀이 된다(그림 16-6). 이후 성형 후 가열하면 액토마이오신 분자가 엉기고 단백질끼리 망상결합(network)을 형성해 탄력있는 gel이 된다.

(2) 수리미 제조

연제품의 중간 가공 원료로 수리미(surimi)를 제조한다. surimi란 일본용어로서 기계로 뼈를 발라낸 생선 살코기를 물로 세척한 후 저장기간을 늘리기 위해 냉동보호물질(cryoprotectant)을 섞어 넣어 얼린 어육덩어리를 말한다. surimi 가공은 1906년에 일본에서 상품화되었고, 많은 기술 개발과 연구를 통해 1960년대 급격한 생산량 증가를 가져왔다. 1960년대 원양어선에서 surimi가 선상 가공되기 시작하여 생선 그대로를 수송하는 것보다

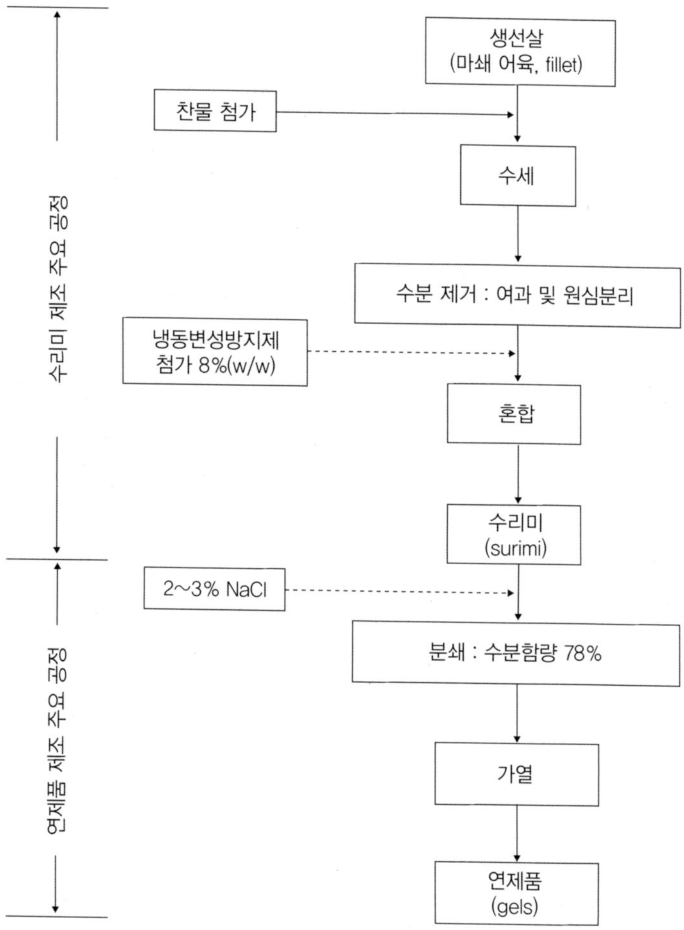

그림 16-5 수리미(surimi) 및 이를 이용한 연제품 제조 주요 공정

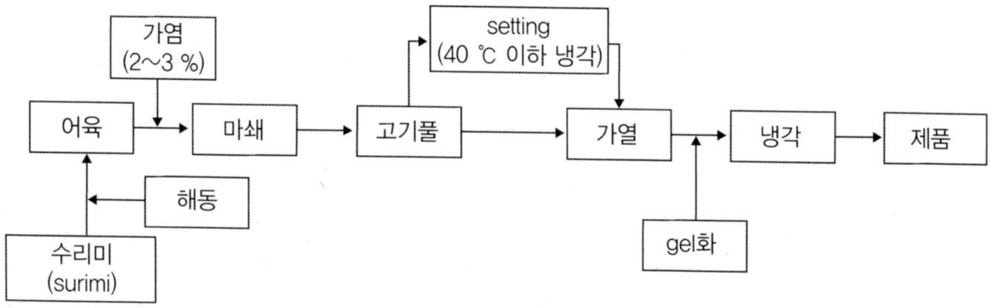

그림 16-6 연제품(surimi-based product)의 제조 공정

가공시간을 절약할 수 있고 원료육의 품질 보존에 큰 도움이 되었다. 즉 장시간 냉동저장된 어육을 이용하여 연제품으로 만들면 부적당하나 어육을 surimi로 만든 후 냉동저장하면서

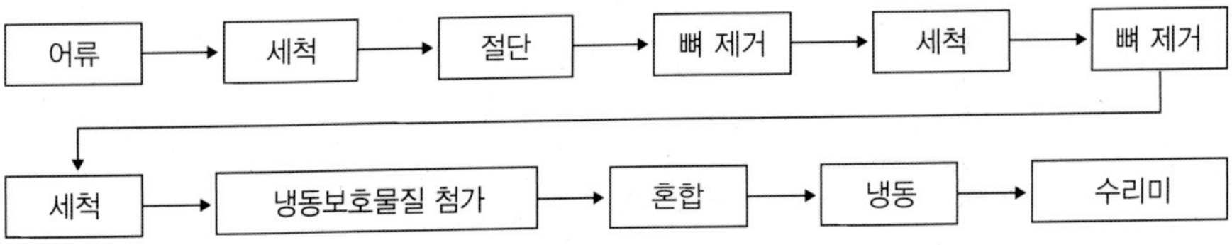

그림 16-7 수리미의 제조 공정

수요에 따라 해동하여 연제품을 가공하면 품질에 영향을 미치지 않는다.

surimi 제조 공정은 생선을 filet화하여 갈고 씻어내는 과정을 2~3차례 거친 후 탈수하여 냉동변성을 억제하는 적당한 부원료(냉동보호물질; 주로 설탕과 소비톨)를 첨가해 가볍게 갈아 냉동한다(그림 16-7).

(3) 냉동보호물질

냉동보호물질들로는 여러 종류의 탄수화물, 단백질, 지방질과 무기질들이 있다고 알려졌다. MacDonald와 Lanier(1991)는 여러 첨가물들의 냉동보호물질의 메커니즘들을 요약하였다. 그들은 크게 두 종류의 메커니즘으로 나누는데, 하나는 냉동 시 혹은 냉동저장 시 변성되는 요인들을 제거하는 냉동변성방지(cyroprotection) 메커니즘과 변성되는 힘들에 맞서 근육 단백질의 안정성을 주는 냉동변성안정(cryostabilization) 메커니즘이다. 냉동변성방지 성분들로는 비교적 분자량이 적은 것들인 설탕, polyols과 유기인산이나 그들의 염들이다. 냉동변성안정메커니즘의 성분들로는 비교적 분자량이 큰 것과 무기물들이다.

(4) 연제품 탄력의 영향 요인

연제품에서는 탄력이 중요한 품질 요인이다. 탄력에 영향을 주는 요인은 매우 광범위하고 미세한 사항까지 연관이 있으나 여기에서는 크게 영향을 주는 요인들에 대해서 간략히 설명하기로 한다. 물론 품질 혹은 탄력에 가장 중요한 요인은 원료(신선하고 품질 높은 어종 등)가 차지하지만 이는 당연한 내용이라 생략한다.

① 고기풀(surimi paste)의 제조 조건에서 고려해야 할 사항은 다음과 같다.

- 식염 첨가량 : 2.5~3.5 % 식염이 맛이나 탄력면에서 적당하다.
- pH 조절 : 고기를 갈 때 pH를 6.5~7.0이 되도록 조절하여 근육원섬유 단백질의 용해를 증가시키면 연제품의 탄력성을 증가시킨다.

• 폴리인산염 : 다염기성 산이므로 소량이라도 이온강도를 높이는 효과가 크고 가수분해되면 알칼리성이 되므로 pH를 높이는 효과도 커서 단백질 용해를 증가시키나 최근에는 첨가제 사용을 억제하고 있어 사용에 제한적이다.

② 가열조건은 젤 탄력에 중요한 영향을 준다. 생선 단백질은 축산 단백질과는 다른 독특한 성질이 있는데 하나는 낮은 온도(40 ℃ 이하)에 방치하면 젤화[(setting; 저온 젤화, 일본어로는 수와리(suwari)]되는 특성이 있고 다른 하나는 약 60 ℃에서 가열하면 젤이 약화[gel softening; 일본어로는 모도리(modori)]되는 것이다. 따라서 젤의 탄력을 높이기 위해 저온 젤화(setting) 현상을 응용하면 강화된다. 즉 저온(0~4 ℃)에서 방치(setting)한 후 가열하면, 바로 가열한 것에 비해서 제품의 탄력이 좋아진다. 또한 60 ℃ 부근에서 장시간 가열하면 탄력이 약해지므로 가능하면 가열온도가 높고(80 ℃ 이상) 가열속도가 빠를수록 탄력이 강해진다.

③ 첨가제의 종류 및 첨가순서도 최종 제품의 조직감(textural quality)에 중요한 효과를 나타낸다. 일반적으로 소금과 냉수를 제일 먼저 넣어주어 세절되는 동안 myofibrillar protein이 변성 없이 쉽게 용해되도록 한다. 그 다음 순서로는 탄력보조제 혹은 증량제를 첨가하는데 이들은 연제품에서 일반적으로 많이 사용된다. 탄력보조제 혹은 증량제로는 주로 녹말, 달걀흰자위 등을 사용하는데, 적당량 첨가는 맛이나 탄력을 보조하기도 하나 저가제품일수록 고기 함량 대신에 녹말을 다량 넣어 증량제로 사용되고 있다. 또한 탄력 강화를 위해 효소(transglutaminase)나 산화제(ascorbic acid 등)를 넣어 주면 효과가 있다고 보고되었다.

6) 해조류 가공품

해조류는 ① 녹조류 : 엽록소(chlorophyll)를 가져 녹색을 띠며 얕은 바다에서 서식하며 청태, 청각 등이다. ② 갈조류 : 엽록소 외에 갈색 색소를 가지며 다소 깊은 바다에서 서식하고 미역, 다시마 등이다. ③ 홍조류 : 엽록소 외에 적색 색소를 가지며 깊은 바다에 서식하며 김, 우뭇가사리 등이다. 특히 가공제품으로는 홍조류의 한천이 중요하다.

(1) 우무 및 한천의 일반적인 특성

우무(해동우무, 牛毛)란 우뭇가사리를 삶아(끓임) 녹인 후 식혀 굳힌 것을 말하며, 이러한 우무를 일단 얼린 후에 말린(건조한) 것을 한천(agar)이라 한다. 따라서 한천은 우뭇가

사리의 세포벽 주성분인 갈락탄(galactan)인 다당체이다. 갈락탄 구조는 D-galactose와 3, 6-anhydro-L-galactose가 교대로 반복해서 직선상으로 결합한 아가로스(agarose)와 분지상(branched)을 가진 아가로펙틴(agaropectin)으로 되어 있다.

(2) 한천 가공제품

한천은 열수나 온수에 용해하여 졸(sol)이 되고, 이것을 냉각하면 응고하는 강한 젤화 능력이 있다. 이러한 응고력을 이용하여 식품가공용으로 많이 이용되며, 광택이 있어 도료나 광택제로, 또한 미생물 배지, 의약용 등으로 다양하게 이용되고 있다. 한천은 저농도(0.5~1.5 %)에서도 강한 젤을 형성하여 빵·과자·우유·유제품·청량음료·아이스크림 등의 가공식품에 안정제로 사용되며, 푸딩·젤리 등의 재료로도 이용된다. 또한 한천 구조 성분이 난소화성 복합다당체라 일종의 식이섬유소이다. 식이섬유소는 혈압 강하, 혈중 콜레스테롤 저하, 대장암의 예방, 혈당 감소, 당뇨병 예방 및 면역력 증강 효과가 크므로 다이어트 식품의 소재로 많이 이용된다. 따라서 한천은 소화기관 내에서는 소화되지 않으므로 영양적으로는 가치가 없으나 비만 방지용 저칼로리 식품으로 또는 다량의 수분을 함유하고 있어 변비를 막는 완화제로 이용된다.

연습문제

01 다음 물음에 O, X로 답하시오.

(1) 어류에서 식육으로 가장 널리 이용하는 부분은 평활근이다. ________

(2) 어체에 얼음 막을 입히면 산화·건조를 억제하여 저장을 높일 수 있다. ________

(3) 어패류의 색소는 지용성(carotenoid 등)이다. ________

(4) 일반적으로 수리미 제조 시에는 단백질변성방지제를 첨가한다. ________

(5) 자가분해는 효소 및 미생물의 작용으로 일어난다. ________

(6) 어류가 부패하면 TMAO는 점차 증가된다. ________

(7) 도살 후 붉은살생선이 흰살생선에 비해 변패가 쉽게 일어난다. ________

02 수산물(특히 어류)의 저장성이 낮은 이유가 아닌 것은?

① 수분함량이 많아 변패가 용이하다.

② 근육섬유조직이 복잡하여 효소나 미생물의 분해작용이 쉽다.

③ 내장에서 자가분해효소를 많이 분비하여 자가분해가 쉽게 일어난다.

④ 아가미나 표피 등에 장내세균의 부착 기회가 많다.

03 연제품 제조 중 축산 단백질에 비해 생선 단백질만 가지는 2가지 특이한 점은 무엇인가?

04 어묵이나 어육 가공제품을 가공하면서 gel 형성에 가장 중요한 역할을 하는 것은 무엇인가?

05 고등어와 같은 붉은살생선의 특징이 아닌 것은?

① 지방함량이 많다.

② 지방성분 중에는 불포화지방이 많이 차지하고 있다.

③ 흰살생선에 비하여 변패되기 쉽다.

④ 어묵의 젤을 만들기가 좋다.

06 수산물 중 특히 어육의 감칠맛 성분은?

① 아스파트산 ② 아스파라진

③ 글루탐산 ④ 구아닌

07 어육을 가공함에 있어 잘못 설명하고 있는 것은?

① 사후경직 시간을 연장하는 것이 선도 유지에 유리하다.

② 자가분해가 일어나면 유리아미노산의 증가로 세균의 번식이 용이해진다.

③ 내장에는 효소가 많기 때문에 내장을 제거하고 가공 처리하는 것이 바람직하다.

④ 연제품을 만들 때 망상 결합을 유지하기 위하여 녹말을 첨가하는 것이 바람직하다.

08 수산물가공에서 자가분해가 일어나는 것을 조절하는 것이 매우 중요한데 자가분해에 영향을 미치는 요소가 아닌 것은?

① pH ② 저장 및 보관온도
③ 어육의 색깔 ④ 효소의 양

09 수산물을 가공 처리할 때 이용되는 방법이 잘못 설명되고 있는 것은?

① 얼음 막을 입히는 glazing 처리로 산화 또는 건조를 막을 수 있다.
② 생선의 부패과정에서 pH가 떨어지므로 염을 첨가하여 중성 pH를 유지해야 한다.
③ 건제품으로 만드는 것은 수분활성도를 낮추기 위함이다.
④ 내장을 제거하기 어려운 경우에는 증자한 다음 지방분을 제거하고 말린다.

10 훈제연어와 같이 훈건품을 만드는 목적으로 타당하지 못한 것은?

① pH를 높여주기 위함 ② 풍미를 개선
③ 저장성을 높이고자 함 ④ 지방 산화방지

11 Surimi 공정에서 냉동보호물질로 효과가 가장 미미한 것은?

① 소비톨 ② 설탕
③ 자일리톨 ④ 이눌린

12 연제품의 탄력을 향상시키기 위한 노력으로 합당하지 못한 것은?

① 식염을 0.1 % 이내로 첨가한다. ② pH는 6.5~7.0 수준을 유지한다.
③ 폴리인산염을 첨가한다. ④ 40 ℃ 이하에서 방치 후 가열한다.

13 훈연법 중 보존성이 떨어져 진공포장이나 저온저장이 필요한 방법은?

① 냉훈법 ② 온훈법
③ 열훈법 ④ 전기훈연법

정답과 해설

1. (1) × (2) ○ (3) × (4) ○ (5) × (6) × (7) ○ **2.** ②
3. 하나는 낮은 온도(0~4 ℃ 이하)에서 방치하면 젤화(setting)되는 특성이 있고, 다른 하나는 약 60 ℃ 이상에서 가열하면 젤이 약화(gel softening)되는 것이다.
4. 마이오신이며 액틴만으로는 젤 형성이 어렵다.
5. ④ **6.** ③ **7.** ④ **8.** ③ **9.** ② **10.** ① **11.** ④ **12.** ① **13.** ③

CHAPTER 17

음료 가공

음료에는 양조주, 증류주, 혼성주와 같이 알코올을 포함하고 있는 알코올성 음료와 기호음료인 차, 커피, 코코아, 탄산음료와 같은 비알코올성 음료로 구분할 수 있다. 본 장에서는 여러 가지 음료 가공품들의 종류와 제조방법에 대하여 살펴보고자 한다.

1. 알코올성 음료(주류)

1) 주류의 분류

주류인 술은 알코올 음료로 알코올 성분이 1도 이상 들어 있는 음료를 말한다. 알코올 음료의 원료로는 쌀, 보리, 수수 등과 같은 녹말질 원료와 사과, 포도 등과 같은 당질 원료인 과일이 있다. 주류를 제조방법에 따라 분류하면 다음과 같다.

- 주류
  - 양조주(발효주)
    - 단발효주 — 포도주, 사과주 등의 과일주
    - 복발효주
      - 단행복발효주 — 맥주
      - 병행복발효주 — 청주, 탁주, 약주, 소홍주
  - 증류주 — 소주, 위스키, 브랜디, 보드카, 고량주, 진, 럼
  - 혼성주
    - 재제주 — 백주, 홍주
    - 합성주 — 합성청주, 감미포도주 등
    - 리큐어 — 큐라소, 페퍼민트 등

2) 주류의 종류

(1) 양조주

① 약주와 탁주

약주와 탁주는 우리나라 재래술이며, 녹말류를 당화, 주정발효시킨 것으로 주모를 사용하여 만드는데, 녹말 액화와 당화균은 *Aspergillus oryzae*이다. 주모(술밑)는 찐 쌀에 종국을 접종시켜 국자를 만들어 물을 가하여 담근 뒤 효모를 번식시킨 것이다.

탁주는 주모와 술덧을 담가 20 ℃에서 약 1주일간 발효시킨 후 체로 받친 것으로 알코올 함량이 6~8 %가량이 된다.

약주는 탁주의 발효액을 포에 넣어 압착·여과한 것으로 탁주보다 맑고 알코올 농도가 12 % 내외로 다소 높다.

② 청주

청주는 일본에서 생산되는 대표적인 술이며, 우리나라에서도 생산된다. 탁주의 제조와 유사하며, 다른 점은 순곡으로만 제조하여 주발효 후에 압착·여과해서 후발효를 25~35일간 시키고 침전물을 제거하여 가열, 살균시킨 것이다. 청주의 제조 공정은 다음과 같다.

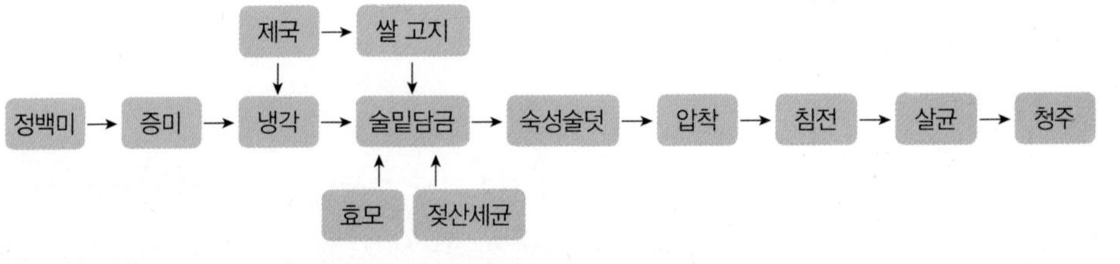

- 쌀겨를 제거한 정백미를 수세한 후 쌀을 찌고, 여기에 종국을 접종시킨 후 30~37 ℃로 보온하여 국자에 고지균을 번식시켜 출국할 때 어느 정도 건조된 국이 되도록 한다.
- 쌀 고지와 찐 쌀에 물을 가하고 순수 배양한 청주 효모를 첨가하여 주모(술밑)를 담근다.
- 주모는 작은 통에 나누어 저온에서 공기를 공급하면서 효모의 번식을 왕성하게 하며, 동시에 젖산세균도 번식시켜 잡균의 침입을 방지하면서 2~3주간 발효시킨다.
- 술덧은 술밑에 찐 쌀과 쌀 고지, 물을 혼합한 것을 3회에 걸쳐 순차적으로 첨가한다.
- 숙성술덧은 압착기로 짜서 주박과 술을 분리하고 여과한 술은 차가운 곳에 방치하여

침전물을 제거한다. 압착한 청주는 25~35일간 후발효시켜 숙성을 시킨 다음, 60~63 ℃에서 수 분간 가열한 후 냉암소에서 단시간 숙성시킨 후 제품으로 한다.

③ 맥주

맥주는 보리를 발아시켜 생성된 효소로 녹말을 당화시켜 맥아즙을 만들고 여기에 홉을 넣어 끓인 후 효모를 첨가하여 발효시킨 것으로 당화와 발효과정이 뚜렷하게 구분되는 단행복발효주이다. 맥주는 그 제조방법에 따라 표 17-1과 같이 분류할 수 있다.

맥주의 원료는 보리와 홉이다. 이조맥은 보리알이 크고 껍질이 얇은 황갈색의 대맥으로, 녹말 함량이 많으며 단백질이 적어 맥주의 양조에 적당하다. 홉은 쓴맛 성분인 후물론과 루풀론을 함유하고 있어 맥주의 특유한 쓴맛과 방부력을 부여하며 거품을 오랫동안 안정시키는 역할을 한다.

효모는 발효가 끝나면 이산화탄소와 함께 발효액의 표면에 떠오르는 상면효모인 *Saccharomyces cerevisiae*와 발효 도중이나 발효가 끝났을 때 가라앉는 성질이 있는 *Sac. carlsbergensis*가 있는데, 영국은 상면효모를, 독일을 비롯한 유럽, 일본 그리고 우리나라에

표 17-1 제조법에 따른 맥주의 종류

구분	종류	특징
색	옅은 색 맥주	우리나라 제품
	중간색 맥주	
	짙은 색 맥주	맥아를 구워서 만든 색으로 진하고 특유의 향이 있는 흑맥주
발효	상면발효 맥주	맥아 농도와 발효온도가 비교적 높고 색이 진하며 알코올 함량이 높음
	하면발효 맥주	알코올 도수와 발효온도가 낮으며 부드러운 맛과 향기를 가짐 대부분의 맥주가 해당
살균	생맥주	살균하지 않은 것
	라거 맥주	살균하여 병에 담은 것
양조법	드라이 맥주	맥주에 남아 있는 당을 최소화 하여 단맛이 적고 담백한 맛을 내는 맥주
	디허스크 맥주	맥아 껍질을 제거하여 쓴맛이 적으며 맛이 깨끗함
	아이스 맥주	영하 3~5 ℃의 탱크에서 숙성시켜 잡미를 제거한 순수한 맛을 가짐
알코올 함량	무알코올성 맥아음료	
	비알코올성 맥아음료	
	라이트 맥주	저알코올 맥주, 저탄수화물 맥주

서는 하면효모를 사용하고 있다. 맥주의 제조방법을 간략하게 나타내면 다음과 같다.

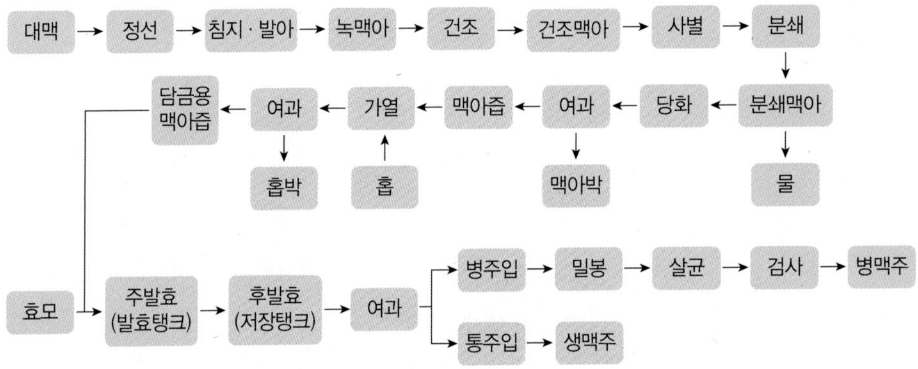

- 원료 대맥을 수세, 침지시킨 후 발아실에서 14~17 ℃의 온도에서 약 8일 동안 발아시킨다.
- 발아한 맥아(녹맥아)를 볶아 건조시켜 건조맥아를 만들고 뿌리와 협잡물을 제거·정선한 후 분쇄하여 분쇄맥아를 만든다.
- 분쇄한 맥아에 물을 가하여 가열하면 당화가 이루어지고, 당화가 끝나면 여과하여 맥아즙을 얻는다.
- 여과한 맥아즙에 홉을 넣고 2시간 정도 끓인 후 여과한 후 여액을 5 ℃로 냉각시킨다.
- 냉각된 맥아즙은 6~8 ℃에서 10~12일간 주발효시킨다.
- 주발효 후에 저장탱크로 옮겨 0~2 ℃에서 약 3개월간 후발효를 시킨다. 이 과정에서 맥주에 이산화탄소가 포화되고 효모는 침전하여 투명해진다.
- 숙성한 맥주를 여과하여 생맥주로 시판하거나, 살균 후 병입하여 병맥주로 판매한다.

④ 포도주

포도주는 대표적인 과일주로서 포도의 과즙을 과피에 붙어 있는 야생효모나 배양효모를 이용하여 알코올 발효시킨 것이다. 포도주는 그 제조방법에 따라서 표 17-2와 같이 분류할 수 있으며, 제조방법은 다음과 같다.

- 원료 포도는 당분이 많고, 산이 적당하며 향기가 좋은 품종을 사용하며, 파쇄 제경기를 이용하여 포도송이는 과즙과 파쇄된 과피는 밑으로 떨어지고 과경은 따로 배출된다.
- 포도주의 갈변과 오염을 방지하기 위하여 아황산을 0.02 % 첨가하고 8~10시간 후에 주모를 가하여 18~20 ℃에서 10~20일간 주발효를 시킨다.

표 17-2 **포도주의 분류**

구분	종류	특징
색	적포도주	포도껍질을 제거하지 않고 발효하여 안토사이아닌 색소로 인해 붉음
	분홍포도주	고유의 연분홍색이 나타날 때까지 껍질과 함께 발효
	백포도주	초록색 또는 노란색 포도를 압착하여 즙을 짠 것
당 함량	감미 포도주	당도가 1 % 이상, 후식용
	생 포도주	당도가 1 % 미만, 식사와 함께 음용
용도	테이블 와인	14 % 이하의 알코올 함량, 당분이 적은 드라이 와인
	디저트 와인	알코올 14~20 %, 식후 음용
발포성	발포성 포도주	이산화탄소가 녹아 있는 것
	비발포성 포도주	기포가 없는 포도주

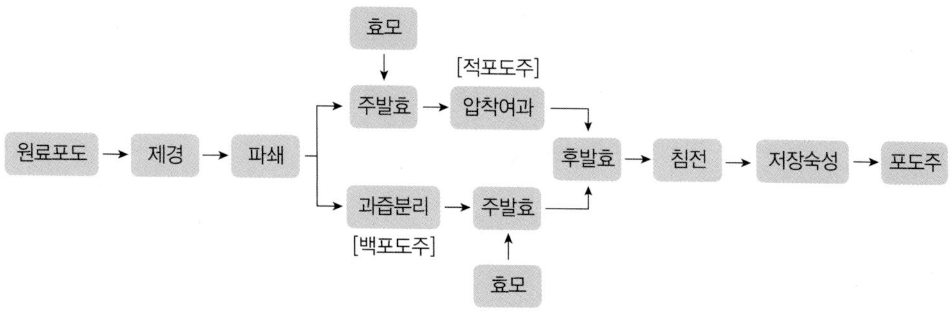

- 주발효가 끝난 덧은 찌꺼기를 압착·제거 후 후발효 탱크로 옮겨지고 발효마개를 장치하여 17 ℃에서 한 달 동안 후발효를 시킨다. 발효가 끝나고 이산화탄소가 나오지 않으면 마개를 나무로 바꾸어 저장하는데 약 1년간 소요된다.

(2) 증류주

증류주는 알코올과 물의 혼합물인 발효액을 증류시켜서 알코올 도수가 높은 술을 말하며, 증류할 때 에스터, 알데하이드, 고급 알코올류 등이 함께 증류되어 독특한 향미를 가지고 있다.

① 소주

소주는 곡류의 녹말을 원료로 하여 알코올 발효를 시킨 술덧을 증류하여 만든 증류식 소주와 고구마, 보리, 타피오카 등의 녹말을 원료로 발효시킨 후 연속식 증류기에 의해 제조된 주정을 물로 희석한 희석식 소주가 있다.

② 위스키

위스키는 맥아의 효소로 보리의 녹말을 당화시키고 효모로 발효를 한 후 증류해서 농축한 것을 숙성시킨 것이다. 재료에 따라서 맥아를 원료로 한 맥아 위스키, 옥수수, 호밀, 밀 등에 맥아를 넣어 제조한 곡물 위스키, 이 두 가지를 혼합한 블렌디드 위스키 등이 있다. 또한 생산지에 따라서 스카치, 버번, 테네시, 아이리시, 라이 위스키 등이 있다.

증류한 위스키는 참나무 통에 넣어 숙성하는 동안 휘발산, 알데하이드, 에스터 등이 증가하고, 통에서 타닌 수지가 녹아나와 착색되며 맛이 좋아진다. 보통 4~10년 정도의 숙성 기간을 거친다.

③ 브랜디

브랜디는 과일을 원료로 하여 발효시켜 증류한 후 나무통에서 저장한 것을 말하지만 보통의 경우 포도주를 증류한 술을 말한다. 브랜디의 종류는 매우 다양하지만 프랑스 코냑 지방에서 생산되는 코냑이 대표적이다. 브랜디의 품질은 숙성기간에 따라 품질이 달라지므로 숙성년도와 품질을 약어로 표시하여 등급화하고 있다. 저장원주가 3~10년은 별셋(three star), 10~20년은 VSO, 20~30년은 VSOP, 30~40년은 VVSOP, 50~70년은 XO, 70년 이상은 Extra로 표시한다.

④ 고량주

수수를 분쇄하여 증자한 다음 누룩을 혼합하여 반고체 상태로 만들어 밀폐한 발효조에 넣어서 당화·발효시킨 후에 증류한 것으로 알코올 농도가 40~45 %이다.

TIP 브랜디의 유래

브랜디는 연금술의 실험과정 중에 태어난 증류주의 일종이다. 지금부터 약 700년 전인 13세기경에 프랑스에서 연금술사이자 의사인 아노드 빌르뇌브(Arnaud Villeneuve)가 이것을 '아쿠아 비타(Aqua vitae)', 곧 '생명의 물'이라고 불렀는데 아쿠아 비타는 처음에는 약용으로 사용되다가 점차 술로 인식되어 오늘날과 같은 브랜디로 발전하였다.

⑤ 럼

열대산 증류주로서 사탕수수즙, 당밀을 원료로 발효시켜 증류한 것으로 알코올 함량은 40~60 %이다.

⑥ 보드카

러시아의 대표적 술로서 호밀을 맥아로 당화시켜 발효한 것을 증류한 술로서 알코올 함량은 40~60 %이다.

⑦ 진

맥아를 원료로 한 발효주에 향료를 가하여 증류한 것으로 알코올 함량이 40 % 내외의 술이다.

2. 비알코올성 음료

1) 차

차는 차나무의 어린 잎이나 어린 싹을 원료로 한 음료로 원산지는 중국의 운남 지방, 인도의 아삼 지역, 일본 및 티베트 산맥의 고산지역이다. 인도, 실론, 인도네시아산 등의 열대종은 타닌 함량이 많고 향미와 떫은맛이 강한 품종으로 홍차 제조에 적합하며, 한국, 일본, 중국의 온대종은 타닌보다 색소 화합물이 많아 녹차 제조에 적합하다.

차의 종류는 가공방법에 따라 다음과 같이 비발효차, 반발효차, 발효차로 분류할 수 있다.

- 차
  - 비발효차
    - 배건차 — 녹차, 녹단차
    - 증건차 — 전차, 옥로차, 말차, 번차
  - 반발효차 — 우롱차, 포종차
  - 발효차 — 홍차, 홍단차

차의 성분은 주로 카테킨을 주성분으로 하는 타닌, 카페인 등의 퓨린 염기, 글루탐산과 에틸아민으로부터 형성되는 테아민이다. 이들은 품종, 기후, 채취시기, 토질, 고도 등에 따라 차이가 난다. 차에 함유되어 있는 타닌은 약 12 % 정도이며 카테킨류, 카테킨류와 갈산

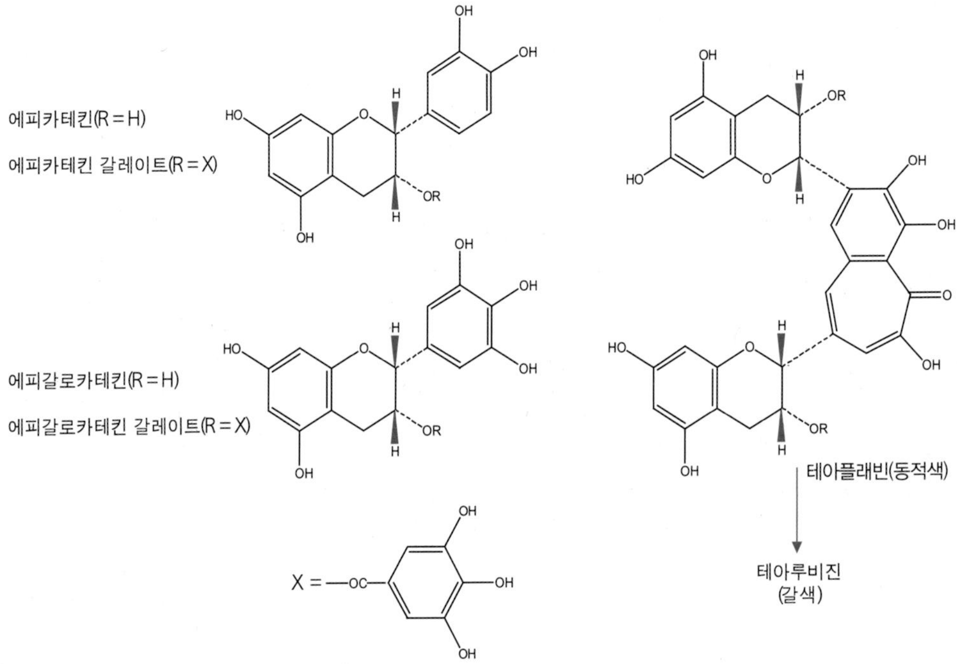

그림 17-1　카테킨류 및 그 산화 생성물

의 에스터로 구성되어 있다. 이 성분은 녹차의 쓰고 떫은맛을 나타내고, 홍차에서는 적색을 나타낸다(그림 17-1). 카페인은 어린 싹에 많고 1~3 % 들어 있으며, 테아민은 감칠맛을 내고 1% 정도 함유되어 있다.

(1) 녹차

녹차는 찻잎을 솥에 넣어 볶아서 만드는 종류(배건차; 덖음차)와 수증기로 가열하여 만드는 종류(증건차; 찐차)가 있다. 전자는 고소한 향이 짙으나 후자는 고소한 향보다는 풋내가 난다. 공장단위의 제조법으로는 증건법을 이용하고 있으며 소규모 단위로는 배건법을 사용하고 있다. 증건법에 의한 녹차 제조 공정은 다음과 같다.

증열 → 냉각 → 조유 → 유념 → 중유 → 정유 → 건조

① 증열

찻잎에 수증기를 가하여 산화효소를 불활성화시키며 풋내를 없애기 위한 공정이다. 녹차의 유연성을 향상시키고 녹차 고유의 향미를 나게 하며 유념과 건조 작업을 쉽게 한다.

② 조유(첫 손질)

열풍 하에서 찻잎을 저어 주면서 가볍게 문질러 차의 수분을 균일하게 건조하는 공정이다.

③ 유념(2차 손질)

조유엽의 문지름 부족과 고르지 못한 건조를 바로잡아 수분을 고르게 한다.

④ 중유

2단계 건조 공정으로 원통형의 회전건조기를 이용하여 정형 공정에 적합한 건조도로 조정하는 것이다.

⑤ 정유

찻잎의 내부 수분을 문질러 말리면서 정형 조작을 하는 것이 주목적으로 유압판의 압력으로 회전운동을 하면 침상 형태로 정형된다.

⑥ 건조

정유 후의 찻잎은 수분함량 13 % 내외인데, 열풍건조기를 이용하여 수분함량을 6 % 내외까지 건조한다.

(2) 홍차

찻잎 속의 산화효소의 작용에 의해 카테킨류를 산화·중합시켜 특유의 적등색을 만들고, 발효작용에 의해 독특한 방향을 내게 한 것으로, 채취한 찻잎을 저온에서 생잎의 60 %까지 건조하여 세차게 비벼준 후 발효실에 넣어 20~25 ℃, 습도 95 %에서 2~3시간 발효시키면 산화효소에 의해 갈변반응이 일어나 점점 홍차의 색을 띠게 되며 풋냄새가 없어지면서 독특한 방향이 생성된다. 발효 후 수분이 4~5 %가 되도록 건조하여 제품화한다.

(3) 우롱차

녹차와 홍차의 중간 향미를 가지는 반발효차로 주로 중국과 타이완에서 많이 생산된다. 찻잎을 햇볕에 말려 시들게 한 후 실내에서 발효시키고 볶아 건조한 제품이다.

2) 커피

커피(coffee)는 천초과에 속하는 아카네라 상록 관목의 열매를 건조한 후(이를 coffee

bean이라고 함) 볶아서 분쇄하거나 추출하여 건조시킨 가공식품이다. 또는 이에 식품첨가물을 가한 기호성 식품을 말하는 것으로 커피 성분은 카페인(caffeine)과 트라이고넬린(trigonelline)과 클로로겐산(chlorogenic acid)을 함유하고 있으며 커피의 쓴맛은 볶을 때에 당류가 탄 캐러멜에 의해서 난다.

아프리카와 동남아시아의 열대지역에서 재배되고 있으며, 에티오피아 원산의 아라비카종(*C. arabica*), 콩고 원산의 로부스타종(*C. canephore*의 변종 *C. robuta*), 아프리카 서해안 원산의 라이베리카종(*C. liberica*)이 있다. 세계 총 생산액 중 아라비카종이 80 %, 로부스타종이 약 20 %이고 라이베리카종은 많지 않다. 아라비카종은 풍미가 우수하지만 병충해에 약한 반면, 로부스타종은 풍미나 맛은 좋은 편은 아니지만 병해에 강한 아주 튼튼한 품종이다. 수용성 성분이나 카페인의 양이 다른 품종에 비하여 많아서 인스턴트커피 제조에 많이 사용하는 품종이다.

커피의 공정은 그림 17-2에서 보는 바와 같이 숙성된 커피나무의 열매에서 종자를 분리하여 건조시킨 후 볶으면 커피의 독특한 방향이 생성되고 착색이 되며, 볶는 정도에 따라서 커피의 풍미에 영향을 미치게 된다. 볶은 커피콩을 냉각시킨 후 적당한 입자 크기로 분쇄한 것을 레귤러커피라 하며, 인스턴트커피는 볶은 커피콩을 분쇄하여 뜨거운 물로 여러번 추출하여 농축한 후 분무건조나 냉동건조하여 분말화한 제품이다. 냉동건조 커피가 분무건조 커피보다 공정 중 향의 손실이 적기 때문에 고급제품으로 소개되며 그래뉼커피(agglomerated coffee)는 분무건조한 인스턴트커피를 다시 곱게 분쇄하여 습기를 가해 냉각·건조한 제품으로 찬물에도 잘 녹으며 일반적으로 적게 볶을수록 쓴맛이 증가한다. 또

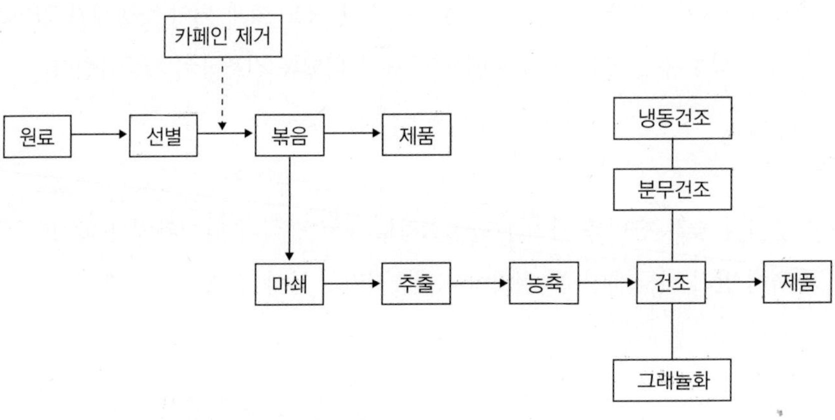

그림 17-2 커피제품의 생산을 위한 다양한 제품생산 공정도

한 당분은 캐러멜화되면서 커피 특유의 갈색이 나온다.

커피 공정에서 가장 중요한 공정의 하나인 볶는 과정(roasting)에서 생콩을 화력으로 볶으면 커피콩에 함유되어 있는 유분이나 다분, 향기성분이 화학변화를 일으켜서 커피의 독특한 풍미나 향기, 진한 맛이 생긴다. 어떤 종류의 콩을 선택하느냐에 따라서도 맛과 향에 차이가 발생하나 볶는 온도, 볶는 시간, 볶으면서 콩을 혼합하여 주는 작업에 따라 각기 다른 향이나 맛을 내게 된다.

볶음조건은 생두를 200~250 ℃의 고온으로 15~20분간 볶는다. 볶음의 정도는 우리나라에서는 연한볶음(American roast), 중간볶음(medium roast) 강한볶음(French roast)의 세 가지로 분류하고 있으나 미국에서는 8단계로 나누고 있다. 볶음콩의 성분은 볶음, 분쇄에 의해서 다르지만 수용성의 성분은 클로로겐산 4.5 %, 카페산 0.5 %, 키니산 0.5 %, 다른 불휘발산 1.0 %, 트라이고넬린 1.0 %, 카페인 1.2 %, 페놀류 2.0 %이다. 분쇄는 분쇄기로 하며 분쇄 정도에 따라 세면(30~32 mesh), 중면(24~28 mesh), 조면(18~20 mesh)이 있다. 볶은 커피는 커피콩(100 %)을 볶은 것 또는 이를 분쇄한 것을 의미하고 인스턴트커피(instant coffee)는 볶은 커피의 수용성 추출액을 농축하여 건조한 것이다.

또한 조제커피는 볶은 커피나 인스턴트커피에 식품 또는 식품첨가물을 혼합한 것을 말하며 액상커피는 볶은 커피의 추출액 또는 농축액이나 인스턴트커피를 물에 용해한 것 또는 여기에 당류, 유성분, 크림 등을 혼합한 것을 말한다. 원두커피 또는 레귤러커피로 불리는 커피는 원두를 볶은 것으로, 분쇄를 하지 않은 커피(roasted whole bean coffee)와 분쇄를 한 커피(roasted and ground coffee)로 구분된다. 인스턴트커피는 볶은 커피를 뜨거

TIP 커피의 종류

식품공전에서는 커피를 다음과 같이 네 가지 유형으로 분류하고 정의하고 있다.

1) 볶은 커피 : 커피원두(100%)를 볶은 것 또는 이를 분쇄한 것
2) 인스턴트커피 : 볶은 커피의 가용성 추출액을 건조한 것
3) 조제커피 : 볶은 커피 또는 인스턴트커피에 식품 또는 식품첨가물을 첨가한 것
4) 액상커피 : 볶은 커피의 추출액 또는 농축액이나 인스턴트커피를 물에 용해한 것, 또는 이에 당류, 유성분, 비유크림 등을 혼합한 것

규격은 납(2.0 mg/kg 이하), 주석(150 mg/kg 이하, 액상 캔제품에 한한다), 타르색소(불검출), 세균수(1 mL당 100 이하, 액상제품에 한한다), 대장균군(음성, 액상제품에 한한다) 등으로 규정되어 있다.

운 물로 추출한 후 이를 다시 건조하여 사용자가 뜨거운 물만 타서 마실 수 있도록 되어 있어 가용성 커피라고도 부른다.

인스턴트커피는 180℃ 부근의 고온 고압에서 장시간 추출하기 때문에 열수로 추출하는 원두커피에 비해 맛과 향이 다르다. 인스턴트커피는 건조방식에 따라 분무건조 커피와 냉동건조 커피로 분류한다. 분무건조 방식은 약 200~230℃ 부근의 더운 공기 속으로 커피 추출액을 미세한 방울로 뿌려주어 바닥에 떨어지는 시간(보통 5초 이내) 내에 수분의 증발로 건조된다. 매우 빠른 시간에 건조되므로 맛과 향이 뛰어난 식품 건조방식으로 사용되고 있다. 한편 냉동건조방식에서는 먼저 냉동 농축(freeze cocncentration)과정을 통해 고형성분의 농도를 높인 다음 이를 -40℃ 이하로 냉동시킨 후 동결 상태에서 감압하에 승화작용으로 수분을 제거하기 때문에 맛과 향의 손실이 적어 가장 품질이 뛰어난 커피라 할 수 있다.

과립형 커피 혹은 그래뉼커피는 분무건조 커피를 미세한 분말로 분쇄한 후 수증기로 가습하여 뭉친 후 건조하는 과정을 거치기 때문에 물의 침투가 용이하여 차가운 물에도 잘 녹는 특성을 가진다. 카페인 제거 커피(decaffeinated coffee)는 원료로 카페인이 제거된 원두를 사용하는 것이 다를 뿐, 원두커피로부터 분무 또는 냉동 건조 커피의 형태에 이르기까지 다양한 모양을 갖는다. 과거 염화메틸렌 용매를 사용하여 카페인을 분리하여 왔으나 발암 가능성으로 인하여 최근에서 초임계 추출방법을 이용하여 카페인을 제거하는 방법을 활용한다.

3) 코코아

브라질, 가나, 에콰도르 등 적도 부근에서 재배되는 카카오 나무의 종자인 카카오콩을 볶은 후 자엽의 유지 일부를 제거한 다음 분말화한 것이다. 숙성된 열매를 3일간 발효시킨 후 건조하여 얻은 카카오콩을 볶아 파쇄하면 껍질, 배아, 자엽으로 분리가 되며, 이 중에서 자엽을 마쇄하면 카카오페이스트를 얻게 된다. 카카오페이스트를 압착·분리한 카카오 지방은 초콜릿의 원료로 사용하며, 유박을 분말화하면 코코아가 된다.

4) 탄산음료

탄산을 함유한 음료를 총칭하며, 제조방법으로는 감미료, 신미료, 착향료, 착색료 등을 음용수에 적당히 배합하여 조합당액으로 만든 다음 일정량을 병에 담은 후 탄산수를 채우는 포스트 믹스 방식과, 조합당액과 물을 미리 정량해서 혼합기로 일정 비율로 연속적으로 혼합한 것에 탄산을 압입하는 프리믹스 방식이 있다.

(1) 사이다

사이다란 사과 과즙을 알코올 발효시킨 사과술을 의미하지만 우리나라에서는 탄산수에 단맛을 가미한 탄산음료를 지칭한다. 당액에 산미료, 착향료, 착색료 등을 가하여 혼합당액을 만든 후 병의 용량에 15~20 % 주입하고 탄산을 포화시킨 탄산수를 첨가하여 병에 충전하여 제조한다.

(2) 콜라

캐러멜로 색을 내고 카페인이 함유된 탄산음료로, 콜라라는 이름은 초기에 카페인을 넣기 위해 콜라나무의 열매를 사용한 것에서 유래되었다. 우리나라에서는 조합원액에 감미료, 착색료, 탄산 등을 배합하여 제조한다.

4) 기타 음료

(1) 스포츠 음료

이온음료라고도 불리는 일종의 혼합음료로, 땀으로 소실되는 수분과 미네랄을 신속히 공급함으로써 인체의 기능을 정상적으로 유지시켜 주는 음료이다. 약알칼리성으로 체액과 비슷하며 저칼로리, 무기질 균형 및 바이타민 강화 등의 특징을 갖는다.

(2) 아미노산 음료

아미노산은 단백질의 기본 성분으로 피로회복, 콜레스테롤 저하 및 당뇨 예방의 효과가 있으며, 신체를 약알칼리성 상태로 유지시켜 주는 기능을 가지고 있다. 이러한 아미노산을 섭취하는 가장 좋은 방법은 양질의 단백질을 함유한 식품을 골고루 섭취하는 것이나, 피곤하고 소화기능이 많이 떨어진 상태에서는 충분한 흡수를 기대하기 어렵다. 최근 등장하고 있는 아미노산 음료는 단백질이 액체 속에 분해된 상태이므로 편리하며 흡수가 빨라 아미노산 섭취의 새로운 방법으로 주목받고 있다.

연습문제

01 다음 중에서 증류주가 아닌 것은?

① vodka ② rum ③ burgundy ④ whisky

02 맥주 제조에 있어서 hop의 역할이 아닌 것은?

① 단백질을 침전시켜 혼탁을 방지한다. ② 향기와 고미를 준다.
③ 맥주의 저장성을 높인다. ④ pH 조절 및 주발효를 촉진시킨다.

03 다음 중에서 발효차가 아닌 것은?

① 보이차 ② 우롱차 ③ 옥로차 ④ 홍차

04 다음 중 white table wine인 것은?

① Rhine ② Port ③ Claret ④ Chianti

05 포도주 제조 시 아황산을 사용하는 이유로 맞지 않는 것은?

① 향미 증대 및 후숙 용이 ② 유해균의 증식 저해
③ 과피나 종자의 성분을 용출 ④ 타타르산의 석출 방지

06 다음 커피 중 향을 가장 많이 함유하고 있을 것으로 예상되는 커피는?

① 인스탄트커피 ② 냉동건조 커피 ③ 조제커피 ④ 캔커피

07 커피의 맛과 향에 영향을 미치는 중요한 요소가 아닌 것은?

① 카페인 제거 공정 ② 볶는 온도 ③ 볶는 시간 ④ 커피콩의 종류

08 커피 제조 시 커피추출물을 농축하는 데 적합한 공정은 어느 것인가?

① 가열농축 ② 감압농축 ③ 냉동농축 ④ 송풍농축

09 맥주를 후발효시키는 목적은 무엇인지 간단하게 설명하시오.

정답과 해설

1. ③ **2.** ④ **3.** ③ **4.** ① **5.** ① **6.** ② **7.** ① **8.** ③
9. 맥주의 청정 부여 및 숙성, 이산화탄소의 포화, 남은 엑스분의 재발효

CHAPTER 18

시판 간이식품

최근 스피디한 사회생활로 인해 많은 시간을 들여서 조리하는 것보다 신속하고 간편하게 먹는 식품에 대한 선호 경향이 급증하고 있고(미국의 경우 증가율이 매년 20 % 상회) 또 간단한 처리만으로도 식품의 품질이 유지되는 신선한 상태로 구입할 수 있어 이에 대한 관심이 높아지고 있다. 그러나 간편한 반면에 살균과정을 생략하는 경우도 많아 신속한 유통이 이루어지지 못하면 변질된 식품을 섭취하게 되고 만다. 따라서 본 장에서는 이런 시판 간이식품의 제조과정을 이해함으로써 보다 안전한 식품을 공급할 수 있는 방안을 모색하는 데 필요한 기초지식을 습득하고자 한다.

1. 신선편이식품

신선편이 농산물이라는 표현에서부터 세척농산물 또는 신선편이(편의)식품 등 다양한 용어들이 등장하고 있는데, 이는 한마디로 말해서 수확한 농산물을 선별하여 다듬고 세척하여 포장함으로써 안전하게 바로 먹을 수 있는 식품 또는 식재료를 말한다. 프레시 커트(fresh-cut)란 용어로, 또는 커트채소(cut vegetables)라는 말로 사용하기도 한다. 과거에는 전처리 농산물, 반가공 농산물 또는 최소가공 농산물이란 용어를 사용하기도 하였다.

1) 신선편이식품의 의미와 가공

신선편이식품이란 최소한의 가공을 통해 신선한 상태로 다듬거나 절단하여, 세척, 선별, 박피 과정 등을 거친 농산물(과일, 채소, 나물, 버섯)로서 본래의 식품적 특성은 갖고 있으며, 위생적으로 포장되어 있어 즉시 소비할 수 있을 정도로 편리하게 이용할 수 있는 농산물이나 가공 처리된 식품을 말한다. 최근 국내에서 소개되고 있는 신선편이식품의 다양한 형태는 표 18-1과 같다.

표 18-1 국내에서의 신선편이식품 및 가공 형태

구분	품목	가공 형태
과일	파인애플	박피, 세절
	여러 가지 과일	박피, 세절
채소	마늘	박피
	양파	박피, 세절
	상추	세척
	피망	세척
	양배추	세척, 절단
기타	밤	박피
	도라지	박피
	콩나물	세척
샐러드	혼합 샐러드	채소+과일, 채소, 채소+드레싱

이들은 열을 가하지 않고 바로 섭취하게 되므로 여러 가지 영양소, 즉 바이타민, 필수지방산, 식이섬유, 무기질 등을 효과적으로 섭취할 수 있도록 처리한다. 그러나 이와 같은 신선편이식품의 경우 열 처리과정이 생략되므로 대장균뿐만 아니라 식중독균인 황색포도상구균, 살모넬라 및 *Bacillus cereus* 균의 오염 가능성이 높아 처리 공정에서 오염을 최소화하여 안전한 식품을 제조하여 공급하는 것이 매우 중요하다. 특히 신선도를 유지하기 위해서 가벼운 처리과정이 요구되는 바 허들 기술을 이용하는 것이 바람직하다. 허들 기술의 적용에 대해서 10장 허들 기술 편을 참조하기 바란다.

신선편이식품의 주요 가공 공정은 그림 18-1과 같다. 물론 품목에 따라서 중간과정 중 일부를 생략할 수 있다. 표면 살균이나 가벼운 열처리를 하거나 또는 가열 처리를 생략한 채로 제품을 출하하기도 한다. 따라서 미생물의 오염이나 번식을 최소화하기 위하여 저온저장이나 저온 유통이 바람직하다. 이때 항균액을 분무하기도 하며 국내에서는 허용되지 않았으나 미국에서는 이산화염소를 에어졸화하여 살균시키는 데 활용하기도 한다.

일반적으로 농산물은 수확 후 호흡을 하거나 색상이 변질되거나 물리적 변화와 증산 등에 의하여 품질이 떨어져 손실이 발생하는데, 대체로 30~50 %까지 손실이 일어나기도 한다(선진국의 경우 10 % 내외). 농산물은 공산품과 다르게 수확한 후 쉽게 부패하는 특성이 있으므로 손실률을 최소화하고 품질과 신선도를 유지하기 위하여 전처리과정이 필요하다. 그중의 하나로 세척과정이 있는데 열매채소류, 잎채소류, 딸기, 복숭아 등에 이르기까지 세

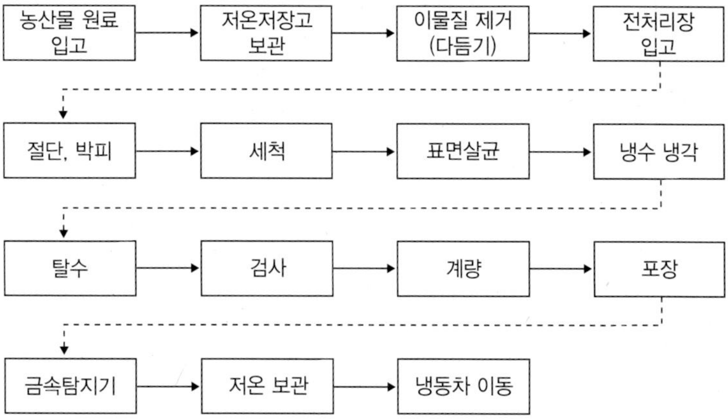

그림 18-1 신선편이식품의 주요 가공 공정

척 공정이 확산되고 있다. 일반 과일이나 야채들은 세척 및 컷(cut)을 했을 때 보존기간이 50 %까지 단축된다.

이에 따라 천연소재를 첨가물로 넣는데 요즘은 바이타민 C, 칼슘, 천연 당제품을 첨가하여 수명을 연장하기도 한다. 세척을 하는 과채류는 상추, 깻잎, 무, 감자, 고구마, 당근, 고추, 가지, 파프리카, 방울토마토, 참외 , 딸기, 포도, 복숭아, 천도복숭아 등에 이른다.

세척과정에서 사용하는 방법 중 차가운 염소수 세척은 미생물을 살균하거나 오염물질이나 즙액을 제거하는 데 효과적이다. 이 과정에서는 세척수의 온도(가능한 13 ℃가 최적), 접촉시간, 염소 농도(50~100 ppm), pH(약산성) 등이 중요한 변수가 된다.

신선편이식품은 세척을 할 경우 일반 과일이나 채소보다 빨리 품질이 변할 수 있으므로 신속하게 수분을 제거하고 적합한 MA(modified atmosphere) 포장을 하여 신선도 및 안전성을 유지하여 준다. 수분 제거를 위해 원심력을 이용할 수 있으나 이보다는 컨베이어로 이송하면서 강한 공기를 불어주어 수분을 제거하는 방법이 바람직하다.

신선편이 농산식품에서 일어나는 품질 변화를 방지하는 대표적 방법 몇 가지를 소개한다면 다음 표 18-2와 같으며, 현재 이런 방법들을 많이 활용하고 있다.

2) 신선편이식품의 포장

신선편이식품에 사용하는 포장방법은 플라스틱 필름포장과 용기포장으로 구분할 수 있는데 필름포장은 운송하는 데 편리한 진공포장이 대부분을 차지하고, 일부 품목에서 포장

표 18-2 신선편이 농산식품에서 일어나는 품질 변화를 방지하는 대표적 방법

품질 변화	효과적인 방지 방법
갈변화 현상	바이타민 C, 시트르산, MA 포장, 품종 선택, 가식성 필름포장, 온도, 열처리
연화	칼슘 처리, 연화효소작용 억제, MA 포장, 가식성 필름포장, 온도, 열처리, 품종 선택
미생물 오염	염소, 오존, 정교한 절단, pH, 온도, HACCP, 초음파 처리

내부에 선도유지에 적합한 기체 조성을 갖게 하는 MA 포장을 활용한다. 그리고 용기포장은 휴대 및 이용의 편리성으로 샐러드 및 과일류에 많이 사용하고 있으며 최근에는 취급의 편리성과 선도유지를 함께 고려하여 용기에 필름으로 밀봉한 포장기술도 활용하고 있다. 그러나 신선편이 농식품에 대한 수요가 늘어나면서 신선편이식품의 유통기간이 늘어나게 되었는데 유통기간 중에 포장 내부에 높은 이산화탄소 축적으로 인한 생리장애 발생 및 휘발성물질 생성에 의한 이취가 발생할 수 있다. 따라서 이런 문제를 극복하기 위해서는 필름포장 이용 시 상대습도의 유지뿐만 아니라 기체투과성까지도 고려해야 한다.

신선편이제품은 과일, 채소뿐만 아니라 나물 및 버섯류까지 확대되고 절단 및 혼합 형태 등이 다양해지면서 각 품목별 품질 유지에 적합한 포장기술과 환경친화적 포장재료 사용을 위해 다음과 같은 사항을 유의해야 한다.

① 신선편이식품은 농산물의 절단 또는 박피 과정이 필수적인 것으로 이 과정에서 호흡률이 증가하고 색깔이 변하여 쉽게 품질이 변할 수 있으며 미생물 수 또한 늘어날 수가 있다. 따라서 신선편이식품의 포장은 무엇보다도 신선도를 유지할 수 있도록 품목별 적정한 기체 조성을 갖는 MA 조건 유지가 필요하다.

② 신선편이식품은 편리성 제공 기능이 중요한데, 소비자가 쉽게 포장 백(bag) 또는 용기를 개봉할 수 있도록 해야 하고, 이용하고 남은 것을 다시 활용할 경우 보관 등이 용이해야 하며, 어느 장소이던지 휴대가 편리할 수 있는 기능을 고려해야 할 것이다.

③ 신선편이식품은 건강에 좋은 기능 성분을 갖고 있는 신선 과일, 채소 등이 원료이므로 소비자에게 구입하고자 하는 신선편이식품에 대한 영양 정보를 포장에 명시하여 제공하여야 한다. 이는 앞으로 소비자들이 신선편이식품을 지속적으로 구입하게 하는 중요한 원인이 될 것이다.

④ 신선편이식품을 포장하는 필름은 쉽게 생분해되는 등 환경친화적인 방법을 추구하여야 할 것이다. 휴대가 용이하고 품질 유지와 위생적인 제품 보관을 위하여 신선편이

식품의 포장은 필수적이지만 포장필름이 환경보호에도 기여할 수 있도록 생분해성 필름의 사용을 고려해야 할 것이다. 따라서 용기 포장방법, 품목별 적정 포장조건 및 다양한 혼합 형태에 대한 선도유지 포장기술이 보완되고 포장재 레이블에 품목별 영양정보 및 생산이력 등을 표시하여 소비자가 신선편이식품에 대한 신뢰를 갖도록 포장방법이 개선되어야 한다.

3) 신선편이식품의 장·단점

신선편이식품의 장점으로는 첫째, 인건비가 절약되고, 둘째, 음식 폐기물의 절약이 가능하며, 셋째, 작업의 속도가 증가할 것으로 예상되어 생산성이 향상되고, 넷째, 제품의 다양화와 균일한 품질관리가 용이하며, 마지막으로 편의성이 증대된다는 점을 예상할 수 있다.

반면 몇 가지 단점들이 남아 있다. 첫째, 살균 처리를 하지 않으므로 식품 안전성에 문제가 예상된다. 특히 종사자의 개인위생 관리가 부적절하거나 세척 소독이 미흡한 경우 식중독균이 검출될 수 있다. 신선편이식품에서 가장 중요한 요소는 무엇보다도 안전성이다. 특히 열처리가 생략되는 공정에서 안전성 관리를 위하여 수확 후 관리와 수확 전 관리 체계가 매우 중요하므로 농산물의 생산, 유통 과정에서 위해 요소들의 개입을 막기 위하여 적용하는 우수 농산물 관리제도(Good Agricultural Practices), GMP(Good Manufacturing Practices)나 HACCP은 물론 이와 더불어 안전성에 문제가 생길 경우에 대비하여 이력추적 관리제도를 함께 병용해 나가는 것이 바람직하다.

둘째, 과도한 기계설비비가 소요된다. 살균은 하지 않지만 여러 공정을 거치면서 청결 상태를 유지해야 하므로 이런 보완시설 설비를 위하여 많은 비용이 든다는 단점이 있다.

셋째, 미생물의 오염 및 확산을 방지하기 위해서는 냉장유통(cold chain) 라인이 요구되는데 우리나라는 현실적으로 어려움이 많다. 그럼에도 이것은 안전 문제를 위하여 해결해야 하는 문제들이다.

TIP 편이식품

포장재만 개봉하면 바로 먹을 수 있거나(ready to eat) 조리에 이용(ready to cook) 가능하도록 위생적인 제조과정을 거쳐 포장되어 있다.

2. 육포 가공방법

육포는 간식으로 또는 천재지변이나 등산할 때 비상시에 식용하는 비상식량으로 사용되고 있으며 옛날에는 고기의 저장방법으로 활용되어 왔다. 홍두깨살을 주로 사용하며 양념으로는 진간장, 조청, 백설탕, 청주, 배, 청양고추, 참기름, 마늘, 양파, 감초, 정향, 회향 등을 사용한다.

육가공품의 제조 시 다양한 종류의 보존제와 산화방지제가 이용되고 있으나, 많은 소비자들이 합성첨가물의 안전성에 의문을 제기하고 있기 때문에 최근에는 천연 보존료의 사용이 증가하고 있다. 첨가하는 성분 중 천연 식품재료로는 지금까지 섭취해온 식품이나 한약재를 이용하는 것이 안전한 것으로 생각되고 있으며, 이들은 인체에 유용한 생리활성물질과 식품의 보존성 물질이 함유되어 이중의 효과를 동시에 기대할 수 있다.

한약재로서 널리 사용하는 감초는 단맛 성분인 글리시리진(glycyrrhizin)을 함유하고 있으며, 거의 모든 한약의 구성성분으로 쓰여 그 안전성이 이미 확인되었으며 여러 가지 질병에 대한 치료 효과와 항균작용 및 우수한 산화방지능이 알려져 있다. 이외에도 정향, 회향, 고추는 향신료로 널리 이용하고 있는 것으로 정향은 식중독세균의 증식 억제, 항응고 활성 기능을 나타내며, 회향은 소화불량 등에 사용하는 천연 약재로서 항염증작용, 항암작용 등이 알려져 있고, 고추는 담의 치료, 해독효능이 있다. 이들을 첨가함으로써 육포의 품질이 향상되며 이들 외에 다양한 한약재 성분들을 이용할 수 있을 것이다.

전통적인 육포제조법으로 자연건조한 육포는 건조시간이 오래 걸리는 단점이 있고, 건조환경에 따라 건조 중에 오염될 가능성이 있다. 반면에 육포를 열풍건조하면 건조시간을 단축하고 저장성을 향상시킬 수 있으나 열풍의 온도가 높을수록, 그리고 건조시간이 경과할수록, 지방의 산화가 촉진되고, 색의 변화에서 명도, 적색도, 황색도가 모두 증가하는 것으로 나타나 품질이 저하되는 단점을 내포하고 있다.

육포의 절임과정에는 설탕이 들어가는데 설탕 대신 감초, 각각의 향신료의 추출물 등을 사용하여 제조할 수 있다. 육포를 제조하는 공정은 그림 18-2와 같다.

0.5 cm 두께로 쇠고기 홍두깨살을 육절기로 결 방향에 맞춰 썰고 조미하여 8시간 절임하는 동안 2시간 간격으로 양념이 골고루 섞이도록 아래위로 뒤섞어 준다. 절임이 끝난 후 1시간 동안 핏물을 제거하고 송풍건조를 통해 건조한다. 육포에 사용하는 향신료에는 여러 가지 형태가 있고 맛과 취향에 따라 다양한 차이를 보여준다. 향신료 염지액으로 조청,

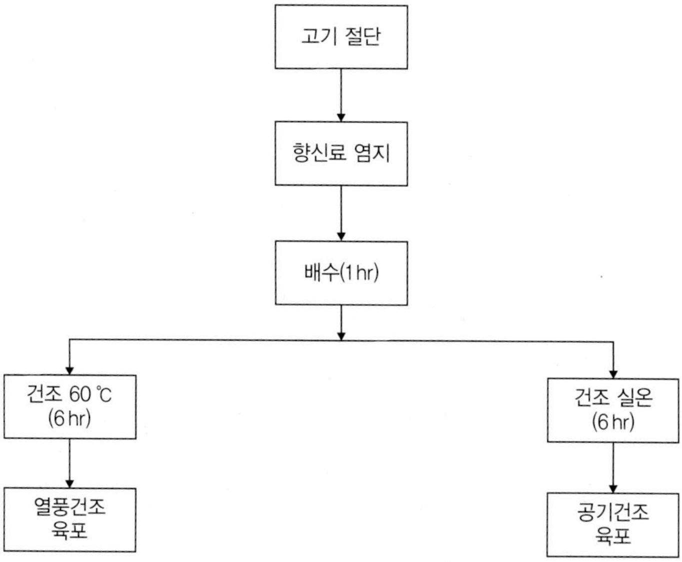

그림 18-2 육포 가공 공정

진간장, 참기름, 청주, 마늘, 배, 양파즙을 활용하기도 하며, 첨가한 성분에 따라 설탕 첨가 육포, 감초 첨가 육초, 감초 및 정향 첨가 육포, 감초 및 회향 첨가 육포, 감초 및 청양고추 첨가 육포처럼 특정 성분을 많이 첨가한 육포를 제조할 수 있다.

일반적으로 육포에 함유된 지방이 산패되는 것을 방지하기 위하여 진공포장을 하여 유통하며 형태는 원통형, 판형, 스틱형으로 다양한 형태로 제조한다.

TIP 염지액(향신료 혼합용액)

포크시즈닝 10.95 %, 설탕 30.80 %, 간장 23.84 %, 소브산포타슘 0.48 %, 비프분말 2.60 %, 마늘분말 0.54 %, 핵산 1.57 %, 흑후추 0.61 %, 양파분말 0.54 %, 아질산소듐 0.04 %, 탄산소듐 0.61 %, 인산염 0.61 %, 폴리 안티 옥사이드 0.61 %, 물 26.2 %으로 이루어진 염지액을 만든다.

연습문제

01 다음 중 신선편이식품으로 보기에 적절하지 않은 것은?

① 프레시 커트(fresh-cut) ② 커트채소(cut vegetables)
③ 김장김치 ④ 샐러드

02 신선편이식품의 원료로 적절하지 않은 것은?

① 닭고기 ② 과일
③ 버섯 ④ 채소

03 신선편이식품에 대하여 잘못 설명하고 있는 것은?

① 열을 가하지 않고 바로 섭취하므로 바이타민, 필수지방산, 식이섬유, 무기질 등을 효과적으로 섭취할 수 있도록 처리된다.
② 열 처리과정이 생략되므로 대장균뿐만 아니라 식중독균의 오염 가능성이 매우 높다.
③ 신선도를 유지하기 위해서 허들 기술을 이용하는 것이 바람직하다.
④ 신선한 식품일 뿐만 아니라 편리하고 안전한 식품이다.

04 신선편이식품에 요구되는 공정이 아닌 것은?

① 표면살균 ② 가벼운 열처리
③ 초음파 처리 ④ 레토르트에 의한 열처리

05 신선편이식품에서 오염되기 쉬운 식중독균이 아닌 것은?

① 대장균 ② 살모넬라
③ *Asp. oryzae* ④ 황색포도상균

06 신선편이식품의 세척 시 중요하지 않은 변수는?

① 세척수 온도(13 ℃) ② 바이타민 C(0.05 %)
③ 염소 농도(50~100 ppm) ④ pH(약산성)

07 신선편이식품의 공정으로 불필요한 것은?

① 세척 ② 박피
③ 식품첨가물 첨가 ④ 절단

08 신선편이식품에서 일어나는 품질 변화 중 가장 미미한 것은?

① 지방산패 ② 갈변화 현상
③ 연화 ④ 미생물 오염

09 신선편이식품의 연화를 방지할 목적으로 타당치 못한 것은?

① 칼슘 첨가 ② 시트르산 첨가
③ 가식성 필름포장 ④ MA 포장

10 신선편이식품의 미생물 오염을 최소화할 수 있는 방법이 아닌 것은?

① 염소　　② 오존　　③ 초음파 처리

④ HACCP　　⑤ 품종 선택

11 신선편이식품에서 일어나는 현상과 대책으로 잘못 설명하고 있는 것은?

① 신선편이제품의 유통기간이 길어지면 포장 내부에 높은 이산화탄소 축적으로 인한 생리장애 발생이나 휘발성 물질 생성에 의해 이취가 발생할 수 있다.

② 농산물의 절단 또는 박피 과정이 필수적인 것으로 이 과정에서 호흡률이 증가하고 색깔이 변하여 쉽게 품질이 변할 수 있다.

③ 신선편이식품은 신속하게 공정이 이루어지므로 미생물의 오염을 걱정할 필요가 없어 HACCP 같은 공정이 필요치 않다.

④ 신선편이식품은 연화에 관여하는 효소를 불활성화시키지 못하였으므로 연화현상으로 품질이 저하될 수 있다.

정답과 해설

1. ③ **2.** ① **3.** ④ **4.** ④ **5.** ③ **6.** ② **7.** ③ **8.** ① **9.** ② **10.** ⑤ **11.** ③

APPENDIX 가공실험

01 밀가루의 습부량(wet gluten 함량) 측정

1. 재료 및 실습기구

강력분, 중력분, 박력분, 자기접시, 약수저, 헝겊주머니, 250 mL 비커

2. 실습과정

① 시료 25 g을 자기접시에 달아 넣는다.

② 물 15 mL를 서서히 가하고, 시료가 접시나 약수저에 들러붙지 않도록 주의하면서 잘 이겨 구형의 반죽(dough ball)을 만든다.

③ 비커에 담은 30 ℃의 물에 반죽을 30분 동안 담가 두어 수화한다.

④ 물에 적신 헝겊주머니에 수화한 반죽을 넣어 가볍게 주무르면서 흐르는 물로 약 15분간 녹말을 씻어내어 글루텐(gluten)을 얻는다(물에 적신 헝겊주머니의 무게를 미리 측정하면 좋다).

⑤ 녹말이 글루텐에 남아 있는지 확인하기 위하여 비커에 담긴 깨끗한 물에 반죽을 눌러 나오는 액체를 한두 방울 떨어뜨려 탁하지 않은지 확인한다(탁하면 ④를 반복하고 탁하지 않으면 ⑥으로 넘어간다).

⑥ 손바닥으로 약간의 힘을 가해 글루텐의 물기를 잘 제거하고, 사전에 무게를 잰 비커에 넣어 글루텐의 무게를 측정하여 다음 식으로 습부량(wet gluten 함량)을 계산한다.

$$\text{Wet gluten(\%)} = \frac{\text{gluten 무게(g)}}{\text{시료 무게(g)}} \times 100$$

02 식빵 제조 실습

1. 배합 기준

원부재료	시료 A	시료 B	비고
강력분	300 g	300 g	시료 A : 설탕 12 g 시료 B : 설탕 24 g
건조효모	6 g	6 g	
설탕	12 g	24 g	
소금	4 g	4 g	
버터	36 g	36 g	
우유	130 mL	130 mL	
물	50 mL	50 mL	

2. 실습기구

반죽용 그릇, 밀대, 밀판, 식빵팬, 약수저, 거즈, 랩, 200 mL 눈금실린더(measuring cylinder), 500 mL 비커, 항온기, 오븐

3. 실습과정

① 강력분 300 g을 반죽용 그릇에 넣고 건조효모 6 g, 설탕 3 g, 물 50 mL, 소금 4 g을 미리 혼합하여 30 ℃의 항온기 내에 30분간 둔다.

② 손으로 잘 섞고 설탕(시료 A는 9 g, 시료 B는 21 g)을 넣고 우유 130 mL를 나누어 넣으면서 10분 정도 반죽을 만든다.

③ 반죽에 버터 36 g을 넣고 10~15분 정도 내려치고 치대며 반죽을 만든다.

④ 반죽을 잘 둥글려서 밀가루를 뿌린 그릇에 담고 반죽 위에 젖은 거즈를 올려놓은 후 30 ℃의 항온기에서 1시간 정도 1차 발효한다.

⑤ 반죽을 2개로 분할하여 잘 둥글린 후 랩을 씌워 15분 정도 실온에서 중간 발효한다.

⑥ 반죽을 밀대로 밀어 가스를 제거하고, 양 옆을 접어 준 후 꼼꼼히 돌돌 말아 반죽의 끝을 잘 마무리한다.

⑦ 식빵팬에 성형한 반죽을 담고 랩을 씌워 30 ℃의 항온기에서 30분간 2차 발효한다.

⑧ 180 ℃에서 미리 예열한 오븐에 넣어 20분 정도 굽는다.

⑨ 빵의 외관, 색깔, 조직감, 빵 거죽, 맛을 5점 척도로 평가한다.

03 고구마녹말 제조 실습

1. 재료 및 실습기구

고구마, 칼, 믹서기, 200메시 체, 5 L 용기, 사이펀용 튜브, 받침유리(slide glass), 덮개유리(cover glass), 현미경

2. 실습과정

① 고구마 100 g과 물 100 mL를 믹서기에 넣고 1분간 마쇄한다.

② 5 L 용기 위에 200메시 체를 놓고 체 위에 마쇄한 액을 부어 거른 후, 체 위에 5 L의 물을 더 부어 녹말박에서 녹말을 마저 분리한다.

③ 얻어진 녹말 유액을 1시간 정도 실온에 두어 녹말을 가라앉힌다.

④ 사이펀을 사용하여 웃물을 조용히 내보낸 후 풍건시킨다(조녹말).

⑤ 조녹말의 외관, 색깔, 맛을 5점 척도로 평가한다.

⑥ 소량의 물에 적당량의 녹말을 더해 만든 녹말 현탁액을 받침유리에 2~3방울 떨어뜨린 다음 현미경의 배율을 150~400으로 맞추어 관찰한다.

04 호박잼 제조 실습

1. 재료 및 실습기구

호박, 설탕, 칼, 도마, 저울, 나무주걱, 펙틴, 약수저, 온도계, 당도계(50~80 brix), 가스레인지, 냄비, 병, 병뚜껑

2. 실습과정

① 호박을 물로 씻고 껍질을 벗긴 후, 가운데에 있는 씨를 제거하고, 5 mm 두께로 세절한다.

② 호박의 무게를 달아 냄비에 넣고, 호박이 잠길 만큼 물을 붓는다.

③ 약한 불로 점성이 충분히 높아질 때까지 저으면서 가열한다.

④ 호박 무게의 70~80 %의 설탕을 계량하여 준비한 후, 계량한 설탕의 절반 정도를 냄비에 넣고 약한 불로 가열한다.

⑤ 설탕이 녹으면 나머지 설탕을 넣어 녹인 후 약간 센 불에서 주걱으로 저으며 젤리점에 도달할 때까지 가열 농축한다.

⑥ 호박 무게의 1 %에 해당하는 펙틴을 첨가한 시료를 별도로 만들어 펙틴을 첨가하지 않은 시료와 비교한다.

⑦ 젤리점에 도달하면 미리 씻어 말려둔 병에 잼을 넣고 뚜껑을 닫은 후 거꾸로 세워 둔다.

⑧ 충분히 식힌 뒤 외관, 색깔, 텍스처, 맛을 5점 척도로 평가한다.

05 코코아 로스팅(cocoa roasting) 실습

1. 초콜릿 제조과정과 코코아 로스팅의 종류

(1) 초콜릿 제조과정

코코아콩(cocoa bean) → 발효 → 건조 → 로스팅(roasting) → 분쇄 → 사별 → 코코아매스(cocoa mass), 코코아액(cocoa liquor) → 부재료 첨가(우유, 설탕 등) → 냉각 → 초콜릿

(2) 코코아 로스팅의 종류

코코아콩 로스팅(cocoa bean roasting), 코코아배젖 로스팅(cocoa nib roasting), 코코아액 로스팅(cocoa liquor roasting)

2. 재료 및 실습기구

코코아콩, 약절구, 절구공이, 팬, 나무주걱, 약수저, 유리 배양접시, 저울, 온도계, 가스레인지, 건조오븐

3. 실습과정

(1) 코코아콩 로스팅(cocoa bean roasting)

① 코코아콩 시료 100 g을 미리 가열한 팬 위에서 볶는다. 이때 코코아콩의 온도는 120~140 ℃를 유지하며 15~30분간 볶는다.

② 5분마다 한 번씩 시료를 채취하여 향을 5점 척도로 평가한다.

③ 가장 향기 발현이 좋은 조건을 선정한다.

(2) 코코아배젖 로스팅(cocoa nib roasting)

① 코코아콩 시료 100 g의 껍질을 손으로 제거해 닙 상태로 만든다.

② 코코아배젖 시료를 미리 가열한 팬 위에서 볶는다. 이때 코코아배젖의 온도는 120~140 ℃를 유지하며 15~30분간 볶는다.

③ 5분마다 한 번씩 시료를 채취하여 향을 5점 척도로 평가한다.

④ 가장 향기 발현이 좋은 조건을 선정한다.

(3) 코코아액 로스팅(cocoa liquor roasting)

① 코코아콩 시료 100 g의 껍질을 손으로 제거해 닙 상태로 만든다.

② 코코아배젖을 곱게 분쇄하고 50 ℃에서 가열하여 약간 촉촉한 분말 상태로 만든다.

③ 촉촉한 분말을 유리 배양접시에 1 mm 두께로 넣는다.

④ 유리 배양접시를 140 ℃로 예열시킨 건조오븐에서 가열한다. 이때 코코아액의 온도는 120~140 ℃를 유지하며 15~30분간 가열한다.

⑤ 5분마다 한 번씩 시료를 채취하여 향을 5점 척도로 평가한다.

⑥ 가장 향기 발현이 좋은 조건을 선정한다.

06 초콜릿 제조 실습

1. 배합 기준

원부재료	시료 A	시료 B	비고
분당	45.45 g	41.45 g	시료 A : 블랙 초콜릿 시료 B : 밀크 초콜릿
생크림	8 g	24 g	
카카오버터	10 g	22 g	
카카오매스	36 g	12 g	
레시틴(lecithin)	0.5 g	0.5 g	
바닐린(vanillin)	0.05 g	0.05 g	

2. 실습기구

약절구, 절구공이, 용융 볼, 중탕 볼, 몰드, 유산지, 짤주머니, 칼, 약수저, 저울, 나무주걱, 온도계, 가스레인지, 건조오븐

3. 실습과정

① 카카오매스와 카카오버터를 잘게 썰어 용융 볼에 넣고 중탕으로 60 ℃에서 녹인다.

② 분당과 생크림을 넣고 완전히 녹을 때까지 5분 동안 저어 준다.

③ 약절구와 절구공이로 최대한 곱게 갈아 준다.

④ 60 ℃로 예열시킨 건조오븐에서 30분 동안 정련(conching)한다.

⑤ 정련한 직후 레시틴(lecithin)과 바닐린(vanillin)을 혼합하여 계속 저어 준다.

⑥ 45 ℃가 되면 찬물을 사용하여 20분 이내에 28 ℃로 냉각시킨다.

⑦ 28 ℃에서 10분간 둔 후, 30 ℃로 다시 가열하고 5분간 유지한다.

⑧ 녹인 초콜릿을 짤주머니에 넣어 몰드나 유산지에 붓고 냉장고에서 20분, 상온에서 30분 굳힌 후 5점 척도로 관능 평가한다.

07 퍼지(fudge) 제조 실습

1. 배합 기준

원부재료	시료 A	시료 B	비고
설탕	200 g	200 g	시료 A : 물엿 무첨가 시료 B : 물엿 첨가
Half and half	118 mL	118 mL	
카카오매스	28 g	28 g	
버터	14 g	14 g	
물엿	-	30 mL	

2. 실습기구

소스팬, 은박접시, 저울, 온도계, 가스레인지, 나무주걱 또는 거품기, 현미경, 링 스탠드, 눈금실린더(measuring cylinder), 약수저, 받침유리, 덮개유리

3. 실습과정

① 버터를 제외한 모든 재료를 배합 기준에 따라 소스팬에 넣고 소스팬을 가스레인지 위에 놓는다.

② 온도계를 링 스탠드에 고정하여 소스팬 안에 넣어 시료의 온도를 측정할 수 있도록 하되, 온도계가 소스팬 바닥에 닿지 않게 주의한다.

③ 초기에는 나무주걱으로 교반하며 서서히 가열한다.

④ 카카오매스가 다 녹은 다음 가열온도를 높여 신속히 끓인다.

⑤ 최종 온도가 112℃가 되면 가스레인지를 끄고 버터를 넣는다.

⑥ 112℃에서 나무주걱으로 강하게 휘저어 퍼지 1을 만들고, 40℃가 될 때까지 냉각한 다음 나무주걱으로 강하게 휘저어 퍼지 2를 만든다. 이때 퍼지가 광택을 잃고 굳으려 할 때까지 휘저어야 하며, 짓이김(kneading) 수도 있다.

⑦ 각 퍼지의 품질을 5점 척도로 관능 평가하고, 현미경의 배율을 200~400으로 조절하여 결정의 크기나 모양을 관찰한다.

08 캐러멜 제조 실습

1. 배합 기준

원부재료	시료 A	시료 B	시료 C	시료 D	비고
설탕	200 g	100 g	200 g	200 g	시료 A, B, C, D는 성분배합이나 가열온도가 다름
물엿	25 g	50 g	25 g	25 g	
버터	6.5 g	6.5 g	6.5 g	6.5 g	
우유	150 g	150 g	150 g	150 g	
소금	0.4 g	0.4 g	0.4 g	0.4 g	
카카오매스	-	-	-	15 g	
온도기준	121 ℃	116 ℃	119 ℃	119 ℃	

2. 실습기구

소스팬, 링 스탠드, 은박접시, 약수저, 저울, 칼, 나무주걱, 온도계, 가스레인지, 현미경, 덮개유리, 받침유리

3. 실습과정

① 각 재료들을 배합 기준에 따라 소스팬에 넣고 눌지 않도록 주의하면서 배합 기준에 명시한 온도(116, 119, 121 ℃)까지 가열한다.

② 이때 온도계를 링 스탠드에 고정한 채 소스팬에 넣어 시료의 온도를 측정하되, 온도계가 소스팬 바닥에 닿지 않도록 주의한다.

③ 미리 버터를 발라 놓은 은박접시에 담아 굳히되, 굳기 전에 미리 칼로 금을 낸다.

④ 캐러멜의 품질을 5점 척도로 관능 평가하고, 현미경의 배율을 200~400으로 조절하여 결정의 크기나 모양을 관찰한다.

09 어묵 제조 실습

1. 배합 기준

원부재료	시료 A	시료 B	시료 C	비고
생선살(도미, 고등어)	50 g	50 g	50 g	시료 A : 대조군 시료 B : 녹말 첨가 시료 C : 콩단백질 첨가
소금	1.25 g	1.25 g	1.25 g	
옥수수녹말	-	5 g	-	
콩단백질	-	-	5 g	

2. 실습기구

볼, 약수저, 저울, 나무주걱, 온도계, 칼, 가스레인지, 찜통, 나무도마, 믹서기

3. 실습과정

① 생선살을 바른 뒤 배합 기준에 맞춘 나머지 재료와 함께 믹서기에 넣고 분쇄한다.

② 분쇄한 생선살 재료를 동그랗게 빚는다.

③ 미리 가열하여 수증기가 올라오는 찜통에 넣은 다음 15분간 찐다.

④ 어묵을 식힌 다음 5점 척도로 관능 평가를 한다.

10 소시지 제조 실습

1. 배합 기준

원부재료	시료 A	시료 B	비고
돈육(등심)	500 g	500 g	시료 A : 아질산염 첨가 시료 B : 아질산염 무첨가
스파이스	18 g	18 g	
정제염	2 g	2 g	
콩단백질	10 g	10 g	
양파	25 g	25 g	
마늘	10 g	10 g	
아질산염	0.03 g	-	

2. 실습기구

칼, 약수저, 저울, 나무주걱, 온도계, 볼, 가스레인지, 찜통, 나무도마, 믹서기, 소시지 충전기, 천연 돈장 케이싱, 바늘

3. 실습과정

① 갈아 놓은 돈육(등심)에 정제염을 섞고 한 방향으로 치댄다.
② 스파이스를 넣고 한 방향으로 치댄다.
③ 양파와 마늘을 넣고 한 방향으로 치댄다.
④ 콩단백질을 넣고 한 방향으로 치댄다.
⑤ 시료 A(아질산염 첨가군)의 경우 아질산염을 0.03 g 첨가한다.
⑥ 소시지 충전기에 시료를 채워 넣는다.
⑦ 천연 돈장 케이싱의 직경에 맞는 노즐을 사용하여 충전한다.
⑧ 충전 시 들어간 공기는 바늘을 이용하여 빼준다.
⑨ 케이싱 끝을 묶고 적당한 크기로 꼬아 준다.
⑩ 물을 넣고 미리 가열한 찜통에 소시지를 넣고 중심온도가 70 ℃에 도달한 때부터 25분간 가열한다.
⑪ 가열 후 찬물로 냉각하고 5점 척도로 관능 평가를 한다.

11 요거트 제조 실습

1. 재료 및 실습기구

탈지유 (또는 탈지분유), 설탕, *Lactobacillus bulgaricus*와 *Streptococcus lactis* 배양액 (또는 시판 요거트), 유리 용기, 항온기, pH meter, 교반기(또는 숟가락), 냉장고, 가열용기, 주걱

2. 실습과정

① 100 mL의 탈지유에 설탕을 8 %(w/v) 농도로 첨가한다.

② 설탕이 첨가된 탈지유를 85 ℃에서 15분간 가열 살균한 뒤 20~30 ℃까지 냉각시킨다.

③ *Lactobacillus bulgaricus*와 *Streptococcus lactis* 순수 배양액을 1 : 4로 혼합한 starter를 냉각된 탈지유에 3 %(v/v)가량 첨가한다. 균주가 없을 경우에는 동일 양의 요거트를 사용한다.

④ 탈지유를 유리용기에 넣은 후 30 ℃에서 10시간가량 배양한다.

⑤ 배양이 완료된 요거트는 냉장 보관하여 발효를 정지한다.

⑥ pH meter를 사용하여 요거트의 발효 정도를 확인한다. 발효가 완료되면 요거트는 pH 4.5가량의 산성을 띠며 응고된다.

⑦ 응고된 요거트를 교반기 또는 수저를 이용하여 섞어 준다.

⑧ 교반이 완료된 요거트의 외관, 색, 향, 맛을 5점 척도로 평가한다.

12 수분활성도(water activity) 측정 실습_상대습도평형방법

1. 재료 및 실습기구

측정 식품인 케이크와 크래커, 데시케이터(desiccators) 12개[염화리튬(lithium chloride), 염화마그네슘(magnesium chloride), 탄산포타슘(potassium carbonate), 질산마그네슘(magnesium nitrate), 아이오딘화포타슘(potassium iodide), 염화소듐(sodium chloride), 질산소듐(sodium nitrate), 황산암모늄(ammonium sulfate), 염화포타슘(potassium chloride), 질산포타슘(potassium nitrate), 황산포타슘(potassium sulfate), 증류수]

각 온도에서 각각의 염으로 만든 포화용액이 갖는 수분활성도

온도(℃)	염화리튬	염화마그네슘	탄산포타슘	질산마그네슘	아이오딘화포타슘	염화소듐
5	.113+/-.005	.336+/-.003	.431+/-.005	.589+/-.004		.757+/-.003
10	.113+/-.005	.335+/-.003	.431+/-.004	.574+/-.003	.721+/-.003	.757+/-.002
15	.113+/-.004	.333+/-.002	.432+/-.003	.559+/-.003	.710+/-.003	.756+/-.002
20	.113+/-.003	.331+/-.002	.432+/-.003	.544+/-.002	.699+/-.003	.755+/-.001
25	.113+/-.003	.328+/-.002	.432+/-.004	.529+/-.002	.689+/-.002	.753+/-.001
30	.113+/-.002	.324+/-.001	.432+/-.005	.514+/-.002	.679+/-.002	.751+/-.001
35	.113+/-.002	.321+/-.001		.499+/-.003	.667+/-.002	.748+/-.001
40	.112+/-.002	.316+/-.001		.484+/-.004	.661+/-.002	.747+/-.001
온도(℃)	질산소듐	황산암모늄	염화포타슘	질산포타슘	황산포타슘	증류수
5	.786+/-.005	.824+/-.007	.877+/-.005	.963+/-.021	.985+/-.009	1.000+/-.003
10	.775+/-.005	.821+/-.005	.868+/-.004	.960+/-.014	.982+/-.008	1.000+/-.003
15	.747+/-.004	.817+/-.004	.859+/-.003	.954+/-.010	.979+/-.006	1.000+/-.003
20	.754+/-.004	.813+/-.003	.851+/-.003	.946+/-.007	.976+/-.005	1.000+/-.003
25	.743+/-.003	.801+/-.003	.843+/-.003	.936+/-.006	.973+/-.005	1.000+/-.003
30	.731+/-.003	.806+/-.003	.836+/-.003	.923+/-.006	.970+/-.004	1.000+/-.003
35	.721+/-.003	.803+/-.004	.830+/-.003	.908+/-.008	.967+/-.004	1.000+/-.003
40	.710+/-.003	.799+/-.005	.823+/-.003	.890+/-.012	.964+/-.004	1.000+/-.003

2. 실습과정

(1) 수분활성도를 측정할 식품들의 등온흡습곡선을 그린다

① 준비한 염으로 각각의 포화용액을 만든다.

② 포화용액이 들어 있는 각각의 데시케이터에 알루미늄 컵에 담긴 시료(케이크 또는 크래커, 5 g)를 넣는다.

③ 5~7일 후 데시케이터에서 시료들을 꺼내 건조기나 수분함량 측정기를 사용하여 시료들의 수분함량을 측정한다.

④ 수분함량과 포화염용액의 수분활성도를 그래프로 그려서 아래와 같이 등온흡습곡선을 만든다.

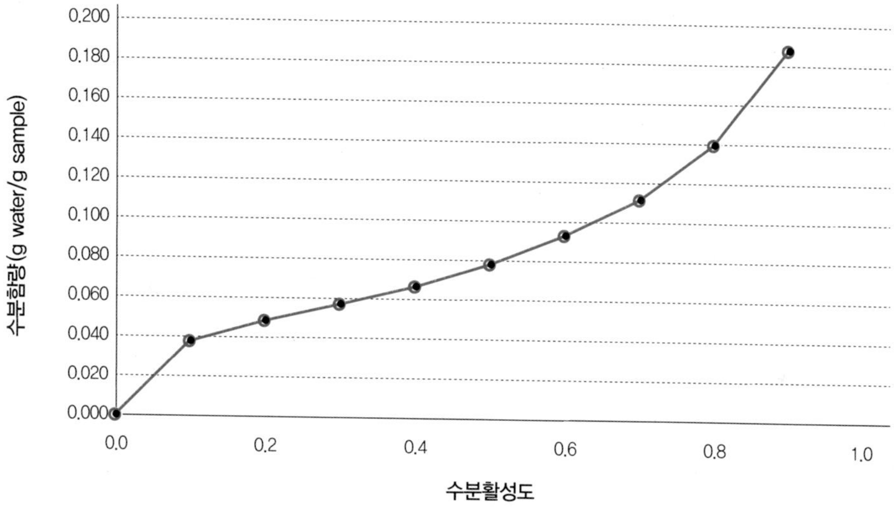

(2) 수분활성도 결정

수분활성도를 측정할 식품의 수분함량을 측정하고, 그 값을 해당 식품의 등온흡습곡선에 적용하여 세로축 식품의 수분함량에 대응하는 가로축의 수분활성도 값을 읽어 시료의 수분활성도를 구한다.

13 녹말식품의 노화도 측정

1. 재료 및 실습기구

빵 또는 떡, 시차주사열량계(differential scanning calorimetry; DSC), DSC pan, 저울, 약수저, 핀셋, 증류수

2. 실습과정

① 시료를 약 10 mg 칭량하여 DSC pan에 담는다.

② 같은 방법으로 10 mg의 증류수를 DSC pan에 담아 대조구로 삼는다.

③ DSC를 20 ℃에서 130 ℃까지 5 ℃/min의 속도로 가열한다.

④ 40 ℃에서 80 ℃ 범위의 흡열 peak의 넓이를 측정하여 식품별 녹말의 노화 정도를 비교한다.

3. 실습의 활용

녹말식품들을 냉장(4 ℃) 온도로 저장하여 녹말의 노화속도를 증대시킨 후에 2일 간격으로 6일간 시료를 각각 채취하여 각 식품별 녹말의 노화 속도와 정도를 비교한다.

참고문헌

김명희, 박원종, 오남순, 이효구. 전통발효식품. 도서출판 보성(2006)

김병기, 김철재, 송태희. 가공식품의 이해. 신광출판사(2000)

김재욱, 조성환, 지의상, 차원섭. 농산식품가공학. 문운당(2001)

권기대, 김미환, 류기형, 박지양, 박희용, 이양순, 임병순. 전통곡류식품. 도서출판 보성(2006)

노봉수, 김석신, 장판식, 이현규, 김태집. 식품저장학. 수학사(2008)

농촌진흥청. 고품질 쌀 생산과 관리(2003)

농촌진흥청 작물 과학원. 쌀의 물질과학(2005)

박원종, 박희용, 이승기, 이경행. 식품 가공의 이해. 효일문화사(2006)

손태화, 성종환, 강우원, 문광덕. 식품가공학. 형성출판사(2002)

송재철, 박현정, 최신 식품가공저장학. 효일(1998)

식품의약품안전청. 식품공전(2006)

식품저널. 식품유통연감(2008)

송재철, 박현정. 최신식품가공학. 효일(1998)

신성균, 이석원, 이수정, 주난영, 최남순. 식품가공저장학. 파워북(2008)

오만진, 손종록, 정재홍, 금종화, 이가순, 오준세, 이규희, 이상덕. 농산식품가공학. 선진문화사(2007)

이삼빈, 고경희, 양지영, 오성훈. 발효식품학. 효일(2001)

장학길, 이영택. 식품가공학. 신광출판사(2004)

정강현, 임지순, 오문헌, 김종국. 식품가공학. 문운당(2007)

조재선. 김치의 연구. 유림문화사(1997)

주현규, 강현기, 허태현, 박원종, 김동우. 식품가공학. 유림문화사(2004)

정동효, 이한창, 심상국, 한복려. 콩발효식품. 홍익재(2006)

장학길, 유병승. 식품가공저장학. 라이프사이언스(2008)

한응수. 김치의 기술과 경영. 유림문화사(1997)

한응수. 첨과물 저장과 가공 기술. 유림문화사(1997)

金田尙志, 十五嵐脩. 改訂食品加工. 光生館(1996)

五明紀春, 品川弘子, 吉川企世子, 古我可一. 食品加工. 學文社(1987)

樽谷降之, 北川博敏. 園藝食品の 流通·貯藏. 加工. 養賢堂(1986)

Dijkstra AJ, Hamilton RJ, Hamm W (Ed). In '*Trans Fatty Acids*', Blackwell Pub., Ames, IA, USA(2008)

Gunstone FD (Ed). In '*Vegetable Oils in Food Technology: Composition, Properties and Uses*', Blackwell Publishing and CRC Press, Boca Raton, FL, USA(2002)

http://www.sempio.com/

http://www.taejingns.com/

Hui YH (Ed). In '*Bailey's Industrial Oil and Fat Products*', 5th Ed, John Wiley & Sons, Inc., New York, NY, USA(1996)

Karleskind A, Wolff JP. (Ed). In '*Oils and Fats Manual: A Comprehensive Treatise: Properties -Production - Applications*', Intercept Ltd., Andover, UK(1996)

Lawson H (Ed). In '*Food Oils and Fats: Technology, Utilization, and Nutrition*', Chapman & Hall, New York, NY, USA(1995)

Liu K. *Soybeans : Chemistry, Technology, and Utilization*. Springer(1997)

Liu K. *Soybean as Functional Foods and Ingredients*. AOCS Press(2004)

O'Brien RD (Ed). In '*Fats and Oils: Formulating and Processing for Applications*', 2nd Ed, CRC Press, Boca Raton, FL, USA(2004)

Patterson HBW. In '*Handling and Storage of Oilseeds, Oils, Fats, and Meal*', Elsevier Applied Science, London, UK(1989)

Riaz MN. *Soy Applications in Food*. CRC(2006)

Rossell JB, Pritchard JLR (Ed). In '*Analysis of Oilseeds, Fats, and Fatty Foods*', Elsevier Applied Science, London, UK(1991)

Smith JS, Y.H Hui. *Food Processing*. Blackwell Publishing. Iowa(2004)

Stauffer CE (Ed). In '*Fats and Oils*', Eagan Press, St. Paul, MN, USA(1996)

찾아보기 index

ㅅ

ㅇ

ㅈ

ㅎ

찾아보기_영문

A

B

C

D

Q

R

S

T

U

W

X

Z

저자 소개

노봉수
서울대학교 식품공학과 학사, 석사
University of California, Davis 식품공학과 석사, 박사
동서식품(주) 기술연구소 연구원 역임
(주)보락 기술고문 역임
(현) 서울여자대학교 식품공학과 교수

김석신
서울대학교 식품공학과 학사
충남대학교 식품공학과 석사
The Ohio State University 대학원 식품공학과 박사
국방과학연구소 선임연구원 역임
(현) 가톨릭대학교 식품영양학과 교수

장판식
서울대학교 식품공학과 학사, 석사
KAIST 생물공학과 박사
Iowa State University 생화학과 Post Doc.
(현) 서울대학교 식품생명공학부 교수

이현규
서울대학교 식품공학과 학사
University of Rhode Island 식품과학과 석사
North Carolina State University 식품과학과 박사
호서대학교 식품영양학과 조교수
(현) 한양대학교 식품영양학과 교수

박원종
충남대학교 식품공학과 학사
건국대학교 박사
(현) 공주대학교 식품공학과 교수

송경빈
서울대학교 식품공학과 학사
North Carolina State University 식품공학과 석사
University of Wisconsin-Madison 식품공학과 박사
University of Wisconsin-Madison 생화학과 Post Doc.
(현) 충남대학교 식품공학과 교수

이희섭
서울대학교 식품공학과 학사, 석사
서울대학교 식품공학과 박사
Burnham Institute for Medical Research Post Doc.
(현) 부산대학교 식품영양학과 교수

이수복
서울대학교 식품공학과 학사, 석사
Kyoto University 식품공학과 박사
Iowa State University 분자생물학/생화학과 연구원
(현) 연세대학교 식품영양학과 부교수

황금택
서울대학교 식품공학과 학사
Cornell University 식품과학과 석사, 박사
미연방농무성 동부지역 연구소 연구원
목포대학교, 전북대학교 교수
(현) 서울대학교 식품영양학과 교수

민세철
충남대학교 식품공학과 학사
Ohio State University 식품공학과 석사, 박사
University of California, Davis 식품공학과 Post Doc.
University of Idaho-Washington State University School of Food Science 교수
(현) 서울여자대학교 식품공학과 부교수
University of Idaho 겸임교수

심재훈
서울대학교 식품공학과 학사, 석사, 박사
University of British Columbia 박사 후 연구원
(현) 한림대학교 식품영양학과 부교수

실무를 위한 **식품가공저장학**

2025년 8월 10일 초판 10쇄 발행
2015년 8월 20일 초판 1쇄 발행

지은이 노봉수 · 김석신 · 장판식 · 이현규 · 박원종 · 송경빈
이희섭 · 이수복 · 황금택 · 민세철 · 심재훈

발행인 이 영 호
발행처 **수 학 사**
10881 경기도 파주시 회동길 56 기한재 1층
출판등록 1953년 7월 23일 제2020-000143호
전화번호 031) 946-4642(代) 팩스 031) 944-1457
http://www.soohaksa.co.kr
디자인 북큐브

정가 27,000원

ISBN 978-89-7140-394-5 (93590)